Deepen Your Mind

Deepen Your Mind

前言

本書的出發點

Python 是目前最受歡迎的電腦語言之一，近年來在 TIOBE 和 IEEE 等程式語言排行榜上長期佔前 3 名。Python 也在逐步代替原來的 Basic 語言，成為中學和大學生入門學習電腦程式設計的首選語言。所以，當前使用 Python 進行 Excel 程式設計以提高工作效率的使用者越來越多。

目前，使用 Python 進行 Excel 程式設計的使用者主要有兩類：一類是懂 Python 但不懂 Excel VBA，有辦公自動化和資料分析需求的使用者；另一類是原來對 Excel VBA 熟悉，因為各種原因需要學習和使用 Python 進行 Excel 程式設計的使用者。

透過 Excel VBA 和 Python 雙語言對照學習，一方面讀者可以快速掌握這兩種語言，另一方面可以學習 Excel 辦公自動化和資料分析的各項內容。

透過閱讀本書，讀者能以最快的速度，系統地從 Excel VBA 程式設計轉入 Python 程式設計或從 Python 程式設計轉入 Excel VBA 程式設計，或同時學會兩種程式設計方法。

本書的內容

第 1 ～ 12 章介紹 Excel VBA 和 Python 兩門語言的對照講解。這部分內容約佔全書的一半，是重中之重。對熟悉 Excel VBA 的讀者來說，首先過了語言關，再談後面的 Python 辦公自動化和資料分析才有意義。筆者使用 VB 和 VBA 超過 20 年，並且經歷過從 VB 6 升級到 VB.NET，深知語言關很難過。所以，筆者想到了對照學習這個辦法。

所謂的對照學習，不是將兩門語言機械地放在一起，自說自話，而是先將兩門語言的語法全部打碎，然後實現對語法基礎知識「點對點」的對照、融合和重建，在自己熟悉的語境中快速理解和掌握另一門語言。

第 13～22 章同樣透過 Excel VBA 和 Python 的對照講解介紹 Excel 資料處理和分析，以及介面設計、檔案處理和混合程式設計等各種專題。

第 13 章介紹使用 Excel VBA 和 Python xlwings 實現 Excel 物件模型有關的操作。Excel 物件模型主要包括 Excel 應用物件、工作表物件、工作表物件和儲存格物件等。

第 14 章介紹使用 Excel VBA 和 Python Tkinter 建立表單與控制群組成程式介面的方法。

第 15 章介紹讀 / 寫文字檔和二進位檔案的方法。

第 16 章介紹使用 Excel VBA 和 Python xlwings 呼叫 Excel 工作表函式的方法。

第 17 章介紹使用 Excel VBA 和 Python xlwings 實現 Excel 圖形的建立、變換等。

第 18 章介紹使用 Excel VBA 和 Python xlwings 實現 Excel 圖表的建立、座標系的設定等。

第 19 章介紹使用 Excel VBA 和 Python xlwings 實現 Excel 樞紐分析表的建立與設定。

第 20 章介紹使用正規表示法處理 Excel 資料，並且詳細講解了正規表示法的撰寫規則。

第 21 章介紹統計分析的相關內容，包括資料匯入、資料整理、資料前置處理和描述性統計等。

第 22 章介紹 Python 與 Excel VBA 混合程式設計的 3 種方法。

本書的特點

本書以雙語言對照的方式介紹使用 Excel VBA 和 Python 開發 Excel 腳本。在保證內容的系統性和邏輯性的前提下，本書內容遵循從簡單到複雜、循序漸進的原則，並且範例豐富。全書共有 22 章，覆蓋了語言基礎和 Excel 辦公自動化與資料分析程式設計的主要內容。本書對 Python xlwings 的介紹全面，大部分章節使用了該工具。

本書的適用讀者

首先，本書是為熟悉 Excel VBA 並希望使用 Python 進行 Excel 程式設計的讀者撰寫的；其次，本書也適合任何對 Excel 腳本開發感興趣的讀者閱讀，如職場辦公人員、資料分析人員、大學生、科學研究人員和程式設計師等。

為了方便讀者學習，本書大部分範例的資料和程式均可下載，下載方式請至本公司官網尋找對應書號下載。

聯繫作者

本書從醞釀到完稿兩年有餘，書稿經過反覆修改。儘管如此，因為筆者水準有限，書中難免存在不足之處，懇請讀者們批評指正（電子郵件：274279758@qq.com）。

作者

目錄

第 1 章 | Excel 程式設計與 Python 程式設計概述

1.1　關於 Excel 程式設計 1-2

　　1.1.1　為什麼要進行 Excel 程式設計 1-2

　　1.1.2　選擇 VBA 還是選擇 Python 1-2

1.2　使用 Excel VBA 撰寫程式 1-3

　　1.2.1　Excel VBA 的程式設計環境 1-3

　　1.2.2　撰寫 Excel VBA 程式 1-5

1.3　使用 Python 撰寫程式 1-6

　　1.3.1　Python 的特點 1-6

　　1.3.2　下載並安裝 Python 1-7

　　1.3.3　Python 的程式設計環境 1-8

　　1.3.4　撰寫 Python 程式 1-9

1.4　程式設計規範.. 1-12

　　1.4.1　程式註釋.. 1-12

　　1.4.2　程式續行.. 1-13

　　1.4.3　程式縮排.. 1-14

第 2 章 | 常數和變數

2.1　常數 2-2

　　2.1.1　Excel VBA 常數 2-2

  2.1.2　Python 常數 2-3

2.2　變數及其操作 2-5

  2.2.1　變數的命名 2-5

  2.2.2　變數的宣告 2-6

  2.2.3　變數的賦值 2-7

  2.2.4　鏈式賦值 2-10

  2.2.5　系列解壓縮賦值 2-11

  2.2.6　交換變數的值 2-11

  2.2.7　變數的清空或刪除 2-12

  2.2.8　Python 物件的三要素 2-13

2.3　變數的資料型態 2-14

  2.3.1　基本的資料型態 2-14

  2.3.2　資料型態轉換 2-17

2.4　數字 2-20

  2.4.1　整數數字 2-20

  2.4.2　浮點數數字 2-22

  2.4.3　複數 2-23

  2.4.4　類型轉換的有關問題 2-24

  2.4.5　Python 的整數快取機制 2-25

第 3 章　運算式

3.1　算術運算子 3-2

3.2　關係運算子 3-4

3.3　邏輯運算子 3-7

3.4　賦值運算子和算術賦值運算子 3-8

3.5　成員運算子 3-9

3.6　身份運算子 3-11

3.7　運算子的優先順序 3-12

第 4 章　初識 Excel 物件模型

4.1　Excel 物件模型 4-2

    4.1.1　物件及相關概念 4-2

    4.1.2　Excel 物件及其層次結構 4-3

4.2　操作 Excel 物件模型的一般過程 4-4

    4.2.1　使用 Excel VBA 操作 Excel 物件模型的一般過程 4-4

    4.2.2　與 Excel 相關的 Python 套件 4-6

    4.2.3　xlwings 套件及其安裝 4-7

    4.2.4　使用 xlwings 套件操作 Excel 物件模型的一般過程 4-7

4.3　與 Excel 物件模型有關的常用操作 4-9

    4.3.1　獲取檔案的當前路徑 4-10

    4.3.2　物件的引用 4-11

    4.3.3　獲取末行行號：給參數指定常數值 4-13

    4.3.4　擴充儲存格區域 4-14

    4.3.5　修改儲存格區域的屬性 4-15

第 5 章　流程控制

5.1　判斷結構 5-2

    5.1.1　單分支判斷結構 5-2

    5.1.2　二分支判斷結構 5-3

5.1.3 多分支判斷結構 5-5

5.1.4 有嵌套的判斷結構 5-7

5.1.5 三元操作運算式 5-9

5.1.6 判斷結構範例：判斷是否為閏年 5-12

5.2 迴圈結構：for 迴圈 5-14

5.2.1 for 迴圈 5-14

5.2.2 嵌套 for 迴圈 5-17

5.2.3 Python 中的 for…else 的用法 5-18

5.2.4 for 迴圈範例：求給定資料的最大值和最小值 5-19

5.3 迴圈結構：while 迴圈 5-21

5.3.1 簡單 while 迴圈 5-21

5.3.2 Python 中有分支的 while 迴圈 5-24

5.3.3 嵌套 while 迴圈 5-25

5.3.4 while 迴圈範例：求給定資料的最大值和最小值 5-26

5.4 Excel VBA 的其他結構 5-28

5.4.1 For Each…Next 迴圈結構 5-28

5.4.2 Do 迴圈結構 5-29

5.5 其他敘述 5-30

5.5.1 Excel VBA 中的其他敘述 5-30

5.5.2 Python 中的其他敘述 5-32

第 6 章 | 字串

6.1 建立字串 6-2

6.1.1 直接建立字串 6-2

6.1.2 透過轉換類型建立字串 6-6

6.1.3　字串的長度 6-7

6.1.4　跳脫字元 6-7

6.2　字串的索引和切片 6-9

6.2.1　字串的索引 6-9

6.2.2　遍歷字串 6-11

6.2.3　字串的切片 6-12

6.2.4　字串的索引和切片範例：使用身份證字號求年齡 6-14

6.3　字串的格式化輸出 6-16

6.3.1　實現字串的格式化輸出 6-16

6.3.2　字串的格式化輸出範例：資料保留 4 位小數 6-21

6.4　字串的大小寫 6-23

6.4.1　設定字串的大小寫 6-23

6.4.2　設定字串的大小寫範例：列資料統一大小寫 6-25

6.5　字串的分割和連接 6-27

6.5.1　字串的分割 6-27

6.5.2　字串的分割範例：分割物資規格 6-28

6.5.3　字串的連接 6-30

6.5.4　字串的連接範例：合併學生個人資訊 6-33

6.6　字串的查詢和替換 6-35

6.6.1　字串的查詢 6-35

6.6.2　字串的替換 6-37

6.6.3　字串的查詢和替換範例：提取省、市、縣 6-38

6.6.4　字串的查詢和替換範例：統一列資料的單位 6-42

6.7　字串的比較 6-44

6.7.1　使用關係運算子進行比較 6-44

6.7.2　使用函式進行比較 6-46

6.7.3　字串的比較範例：找同鄉 6-48

6.8　刪除字串兩端的空格 6-52

6.9　Python 中字串的快取機制 6-53

第 7 章 | 陣列

7.1　Excel VBA 中的陣列 7-2

　　7.1.1　靜態陣列 7-2

　　7.1.2　常數陣列 7-5

　　7.1.3　動態陣列 7-6

　　7.1.4　陣列元素的增、刪、改 7-7

　　7.1.5　陣列元素的去除重複 7-11

　　7.1.6　陣列元素的排序 7-12

　　7.1.7　陣列元素的計算 7-13

　　7.1.8　陣列元素的拆分和合併 7-15

　　7.1.9　陣列元素的過濾 7-16

　　7.1.10　建立二維陣列 7-17

　　7.1.11　改變二維陣列的大小 7-18

　　7.1.12　Excel 工作表與陣列交換資料 7-19

　　7.1.13　陣列範例：給定資料的簡單統計 1 7-28

　　7.1.14　陣列範例：突出顯示給定資料的重複值 1 7-30

　　7.1.15　陣列範例：求大於某數的最小值 1 7-31

　　7.1.16　陣列範例：建立巴斯卡三角 1 7-33

7.2　Python 中的陣列：串列 7-35

　　7.2.1　建立串列 7-35

　　7.2.2　索引和切片 7-40

7.2.3　增加串列元素 7-42

7.2.4　插入串列元素 7-43

7.2.5　刪除串列元素 7-44

7.2.6　串列元素的去除重複 7-45

7.2.7　串列元素的排序 7-45

7.2.8　串列元素的計算 7-46

7.2.9　串列的拆分和合併 7-47

7.2.10　串列的過濾 7-47

7.2.11　二維串列 7-48

7.2.12　Excel 工作表與串列交換資料 7-49

7.2.13　陣列範例：給定資料的簡單統計 2 7-53

7.2.14　陣列範例：突出顯示給定資料的重複值 2 7-54

7.2.15　陣列範例：求大於某數的最小值 2 7-55

7.2.16　陣列範例：建立巴斯卡三角 2 7-56

7.3　Python 中的陣列：元組 7-57

7.3.1　元組的建立和刪除 7-57

7.3.2　元組的索引和切片 7-59

7.3.3　基本運算和操作 7-61

7.4　Python 中的陣列：NumPy 陣列 7-62

7.4.1　NumPy 套件及其安裝 7-62

7.4.2　建立 NumPy 陣列 7-62

7.4.3　NumPy 陣列的索引和切片 7-65

7.4.4　NumPy 陣列的計算 7-67

7.4.5　Excel 工作表與 NumPy 陣列交換資料 7-72

7.5　Python 中附帶索引的陣列：Series 和 DataFrame 7-73

7.5.1　pandas 套件及其安裝 7-73

7.5.2　pandas Series 7-73

7.5.3　pandas DataFrame 7-79

7.5.4　Excel 與 pandas 交換資料 7-88

第 8 章 | 字典

8.1　字典的建立 8-2

8.1.1　建立字典物件 8-2

8.1.2　Excel VBA 中後期綁定與前期綁定的比較 8-4

8.1.3　Python 中更多建立字典的方法 8-7

8.2　字典元素的索引 8-8

8.2.1　獲取鍵和值 8-8

8.2.2　鍵在字典中是否存在 8-12

8.3　字典元素的增、刪、改 8-13

8.3.1　增加字典元素 8-13

8.3.2　修改鍵和值 8-14

8.3.3　刪除字典元素 8-16

8.4　字典資料的讀 / 寫 8-17

8.4.1　字典資料的格式化輸出 8-17

8.4.2　Excel 工作表與字典之間的資料讀 / 寫 8-18

8.5　字典應用範例 8-23

8.5.1　應用範例 1：整理多行資料中唯一值出現的次數 8-23

8.5.2　應用範例 2：整理球員獎項 8-26

8.5.3　應用範例 3：整理研究課題的子課題 8-29

第 9 章 | 集合

9.1　集合的相關概念 9-2

　　9.1.1　集合的概念 9-2

　　9.1.2　集合運算 9-2

9.2　集合的建立和修改 9-3

　　9.2.1　建立集合 9-3

　　9.2.2　集合元素的增加和刪除 9-5

9.3　集合運算 9-6

　　9.3.1　交集運算 9-6

　　9.3.2　聯集運算 9-8

　　9.3.3　差集運算 9-10

　　9.3.4　對稱差集運算 9-12

　　9.3.5　子集和超集合運算 9-14

9.4　集合應用範例 9-17

　　9.4.1　應用範例 1：統計參加才藝班的所有學生 9-17

　　9.4.2　應用範例 2：跨表去除重複 9-19

　　9.4.3　應用範例 3：找出報和沒有報兩個才藝班的學生 9-23

第 10 章 | 函式

10.1　內建函式 10-2

　　10.1.1　常見的內建函式 10-2

　　10.1.2　Python 標準模組函式 10-6

10.2　協力廠商函式庫函式 10-10

10.3　自訂函式 10-13

10.3.1 函式的定義和呼叫 10-13

10.3.2 有多個傳回值的情況 10-17

10.3.3 可選參數和預設參數 10-19

10.3.4 可變參數 10-22

10.3.5 參數為字典 10-23

10.3.6 傳值還是傳址 10-25

10.4 變數的作用範圍和存活時間 10-27

10.4.1 變數的作用範圍 10-28

10.4.2 變數的存活時間和 Excel VBA 中的靜態變數 10-30

10.5 Python 中的匿名函式 10-31

10.6 函式應用範例 10-32

10.6.1 應用範例 1：計算圓環的面積 10-32

10.6.2 應用範例 2：遞迴計算階乘 10-34

10.6.3 應用範例 3：刪除字串中的數字 10-37

第 11 章 模組與專案

11.1 模組 11-2

11.1.1 內建模組和協力廠商模組 11-2

11.1.2 函式式自訂模組 11-2

11.1.3 腳本式自訂模組 11-4

11.1.4 類別模組 11-4

11.1.5 表單模組 11-4

11.2 專案 11-6

11.2.1 使用內建模組和協力廠商模組 11-6

11.2.2 使用其他自訂模組 11-7

第12章 偵錯與異常處理

12.1　Excel VBA 中的偵錯 12-2

　　12.1.1　輸入錯誤的偵錯 12-2

　　12.1.2　執行時錯誤的偵錯 12-3

　　12.1.3　邏輯錯誤的偵錯 12-3

12.2　Python 中的異常處理 12-5

　　12.2.1　常見異常 12-5

　　12.2.2　異常捕捉：單分支的情況 12-7

　　12.2.3　異常捕捉：多分支的情況 12-8

　　12.2.4　異常捕捉：try…except…else… 12-9

　　12.2.5　異常捕捉：try…finally… 12-10

第13章 深入 Excel 物件模型

13.1　Excel 物件模型概述 13-2

　　13.1.1　關於 Excel 物件模型的更多內容 13-2

　　13.1.2　xlwings 的兩種程式設計方式 13-2

13.2　Excel 應用物件 13-3

　　13.2.1　Application 物件 13-3

　　13.2.2　位置、大小、標題、可見性和狀態屬性 13-6

　　13.2.3　其他常用屬性 13-8

13.3　工作表物件 13-10

　　13.3.1　建立和打開工作表 13-10

　　13.3.2　引用、啟動、儲存和關閉工作表 13-13

13.4　工作表物件 13-17

13.4.1 相關物件... 13-17

13.4.2 建立和引用工作表... 13-18

13.4.3 啟動、複製、移動和刪除工作表....................... 13-23

13.4.4 隱藏和顯示工作表... 13-27

13.4.5 選擇行和列... 13-29

13.4.6 複製 / 剪下行和列... 13-31

13.4.7 插入行和列... 13-34

13.4.8 刪除行和列... 13-38

13.4.9 設定行高和列寬... 13-40

13.5 儲存格物件.. 13-42

13.5.1 引用儲存格... 13-44

13.5.2 引用整行和整列... 13-47

13.5.3 引用儲存格區域... 13-50

13.5.4 引用所有儲存格、特殊儲存格區域、儲存格區域的集合........ 13-55

13.5.5 擴充引用當前工作表中的儲存格區域............. 13-60

13.5.6 引用末行或末列... 13-62

13.5.7 引用特殊的儲存格... 13-65

13.5.8 儲存格區域的行數、列數、左上角、右下角、形狀、大小..... 13-66

13.5.9 插入儲存格或儲存格區域................................... 13-68

13.5.10 儲存格的選擇和清除... 13-71

13.5.11 儲存格的複製、貼上、剪下和刪除.................. 13-74

13.5.12 儲存格的名稱、批註和字型設定....................... 13-80

13.5.13 儲存格的對齊方式、背景顏色和邊框.............. 13-85

13.6 Excel 物件模型應用範例.. 13-88

13.6.1 應用範例 1：批次新建和刪除工作表................ 13-89

13.6.2 應用範例 2：按工作表的某列分類並拆分為多個工作表......... 13-91

13.6.3 應用範例 3：將多個工作表分別儲存為工作表......................13-94

13.6.4 應用範例 4：將多個工作表合併為一個工作表......................13-97

第 **14** 章 介面設計

14.1 表單...14-2

14.1.1 建立表單...14-2

14.1.2 表單的主要屬性、方法和事件 14-3

14.2 控制項..14-7

14.2.1 建立控制項的方法..14-7

14.2.2 控制項的共有屬性..14-8

14.2.3 控制項的版面配置...14-11

14.2.4 標籤控制項...14-13

14.2.5 文字標籤控制項...14-15

14.2.6 命令按鈕控制項...14-18

14.2.7 選項按鈕控制項...14-21

14.2.8 核取方塊控制項...14-23

14.2.9 串列方塊控制項...14-26

14.2.10 下拉式方塊控制項...14-31

14.2.11 旋轉按鈕控制項...14-33

14.2.12 方框控制項...14-35

14.3 介面設計範例...14-36

第 **15** 章 檔案操作

15.1 文字檔的讀 / 寫 15-2

15.1.1　建立文字檔並寫入資料 15-2

15.1.2　讀取文字檔 15-6

15.1.3　向文字檔追加資料 15-9

15.2　二進位檔案的讀 / 寫 15-10

15.2.1　建立二進位檔案並寫入資料 15-10

15.2.2　讀取二進位檔案 15-13

第 16 章　Excel 工作表函式

16.1　Excel 工作表函式概述 16-2

16.1.1　Excel 工作表函式簡介 16-2

16.1.2　在 Excel 中使用工作表函式 16-2

16.1.3　在 Excel VBA 中使用工作表函式 16-4

16.1.4　在 Python 中使用工作表函式 16-6

16.2　常用的 Excel 工作表函式 16-8

16.2.1　SUM 函式 16-8

16.2.2　IF 函式 16-11

16.2.3　LOOKUP 函式 16-17

16.2.4　VLOOKUP 函式 16-21

16.2.5　CHOOSE 函式 16-24

第 17 章　Excel 圖形

17.1　建立圖形 17-2

17.1.1　點 17-2

17.1.2　直線段 17-4

17.1.3　矩形、圓角矩形、橢圓和圓.. 17-6

17.1.4　多義線和多邊形.. 17-9

17.1.5　曲線.. 17-11

17.1.6　標籤.. 17-13

17.1.7　文字標籤.. 17-15

17.1.8　標注.. 17-16

17.1.9　自選圖形.. 17-19

17.1.10　藝術字.. 17-21

17.2　圖形變換.. 17-23

17.2.1　圖形平移.. 17-23

17.2.2　圖形旋轉.. 17-24

17.2.3　圖形縮放.. 17-25

17.2.4　圖形翻轉.. 17-27

17.3　圖片操作.. 17-29

17.3.1　圖片的增加.. 17-29

17.3.2　圖片的幾何變換.. 17-31

第18章 | Excel 圖表

18.1　建立圖表.. 18-2

18.1.1　建立圖表工作表.. 18-2

18.1.2　建立嵌入式圖表.. 18-5

18.1.3　使用 Shapes 物件建立圖表.. 18-8

18.1.4　綁定資料.. 18-10

18.2　圖表及其序列.. 18-12

18.2.1　設定圖表的類型.. 18-12

18.2.2　Chart 物件的常用屬性和方法 18-19

18.2.3　設定序列 18-20

18.2.4　設定序列中單一點的屬性 18-23

18.3　座標系 18-27

18.3.1　Axes 物件和 Axis 物件 18-27

18.3.2　座標軸標題 18-30

18.3.3　數值軸的設定值範圍 18-32

18.3.4　刻度線 18-33

18.3.5　刻度標籤 18-35

第19章 Excel 樞紐分析表

19.1　樞紐分析表的建立與引用 19-2

19.1.1　使用 PivotTableWizard 方法建立樞紐分析表 19-2

19.1.2　使用快取建立樞紐分析表 19-5

19.1.3　樞紐分析表的引用 19-8

19.1.4　樞紐分析表的更新 19-9

19.2　樞紐分析表的編輯 19-10

19.2.1　增加欄位 19-10

19.2.2　修改欄位 19-13

19.2.3　設定欄位的數字格式 19-15

19.2.4　設定儲存格區域的格式 19-16

19.3　樞紐分析表的版面配置和樣式 19-18

19.3.1　設定樞紐分析表的版面配置 19-18

19.3.2　設定樞紐分析表的樣式 19-20

19.4　樞紐分析表的排序和篩選 19-21

19.4.1　樞紐分析表的排序 19-21

19.4.2　樞紐分析表的篩選 19-23

19.5　樞紐分析表的計算 19-25

19.5.1　設定總計行和總計列的顯示方式 19-25

19.5.2　設定欄位的整理方式 19-27

19.5.3　設定資料的顯示方式 19-28

第 20 章 │ 正規表示法

20.1　正規表示法概述 20-2

20.1.1　什麼是正規表示法 20-2

20.1.2　使用正規表示法 20-2

20.2　正規表示法的撰寫規則 20-11

20.2.1　萬用字元 20-11

20.2.2　重複 20-17

20.2.3　字元類別 20-23

20.2.4　分支條件 20-28

20.2.5　捕捉分組和非捕捉分組 20-29

20.2.6　零寬斷言 20-34

20.2.7　負向零寬斷言 20-36

20.2.8　貪婪與懶惰 20-37

20.3　正規表示法的應用範例 20-39

20.3.1　應用範例 1：計算各班的總人數 20-39

20.3.2　應用範例 2：整理食材資料 20-41

20.3.3　應用範例 3：資料整理 20-43

⊞ 第 **21** 章 │ **統計分析**

21.1 資料的匯入 21-2

21.1.1 使用物件模型匯入資料 21-2

21.1.2 使用 Python pandas 套件匯入資料 21-2

21.2 資料整理 21-8

21.2.1 使用物件模型進行資料整理 21-8

21.2.2 使用 Excel 函式進行資料整理 21-8

21.2.3 使用 Power Query 和 Python pandas 套件進行資料整理 21-8

21.2.4 使用 SQL 進行資料整理 21-11

21.3 資料前置處理 21-12

21.3.1 資料去除重複 21-13

21.3.2 遺漏值處理 21-16

21.3.3 異常值處理 21-21

21.3.4 資料轉換 21-27

21.4 描述性統計 21-29

21.4.1 描述集中趨勢 21-29

21.4.2 描述離中趨勢 21-31

⊞ 第 **22** 章 │ **Python 與 Excel VBA 混合程式設計**

22.1 在 Python 中呼叫 Excel VBA 程式 22-2

22.1.1 Excel VBA 程式設計環境ﾠ................................. 22-2

22.1.2 撰寫 Excel VBA 程式 22-2

22.1.3 在 Python 中呼叫 Excel VBA 函式 22-2

22.2 在 Excel VBA 中呼叫 Python 程式 22-4

22.2.1　xlwings 增益集 22-4

22.2.2　撰寫 Python 檔案 22-6

22.2.3　在 Excel VBA 中呼叫 Python 檔案 22-7

22.2.4　xlwings 增益集使用「避坑」指南 22-8

22.3　自訂函式 22-9

22.3.1　用 Excel VBA 自訂函式 22-10

22.3.2　用 Excel VBA 呼叫 Python 自訂函式的準備工作 22-10

22.3.3　撰寫 Python 檔案並在 Excel VBA 中呼叫 22-11

22.3.4　常見錯誤 22-12

第 1 章

Excel 程式設計與
Python 程式設計概述

　　本章主要介紹 Excel 程式設計的背景知識，以及使用 Excel VBA 和
Python 進行程式設計的程式設計環境，並結合簡單範例介紹實現程式設
計的方式和一般過程。

⊞ 1.1 ｜ 關於 Excel 程式設計

　　透過腳本程式設計，可以使 Excel 可以更快地處理批次任務和流程任務，同時可以擴充 Excel 的現有功能。Excel 程式設計目前可以透過 Excel VBA 和 Python 兩種方式實現，至於選擇哪種比較好，本節將舉出建議。

1.1.1 為什麼要進行 Excel 程式設計

　　Excel 具有美觀、好用的圖形化使用者介面。Excel 的圖形化使用者介面中封裝了 Excel 的大部分功能，讓使用者可以使用按鈕、選單項和快速鍵等方式發佈指令。透過圖形化使用者介面，使用者使用滑鼠、鍵盤就可以完成很多辦公任務。

　　既然使用圖形化使用者介面就可以很方便地完成很多辦公任務，那麼為什麼還要程式設計呢？這主要是因為透過程式設計，可以更好、更快地完成很多手動很難完成或無法完成的辦公任務。具體來説，主要包括以下幾方面。

- 可以批次完成重複性的辦公任務。舉例來説，新建 100 張工作表、生成 100 個同事的薪資單。

- 可以更高效率地完成流程化的辦公任務，先做什麼，後做什麼，電腦可以自動完成整個流程。

- 將自己常用但 Excel 預設不提供的功能做成程式，在需要使用時進行呼叫，從而擴充 Excel 的功能。

- Excel 的圖形化使用者介面中只是封裝了大部分常用功能，透過程式設計，可以使用 Excel 沒有封裝的功能。

1.1.2 選擇 VBA 還是選擇 Python

　　VBA 是 VB 的子集，具有簡單易學、功能強大等特點。從 20 世紀 90 年代末至今，VBA 被大部分主流行業軟體用作指令碼語言，包括辦公軟體（如 Excel、Word、PowerPoint 等）、GIS 軟 體（如 ArcGIS、MapInfo、

GeoMedia 等）、CAD 軟體（如 AutoCAD、SolidWorks 等）、統計軟體（如 SPSS 等）、圖形軟體（如 Photoshop、CorelDRAW 等）等。

在上面提到的很多行業軟體中，ArcGIS 和 SPSS 官方已經將 Python 作為內建的指令碼語言，與 VBA 放在一起供使用者選擇。對於其他軟體，如 Excel、Word、PowerPoint、AutoCAD 等，也能找到各種協力廠商 Python 套件，利用它們可以部分或整體替換 VBA，實現對應的程式設計。

所以，對 Excel 而言，進行程式設計目前有 VBA 和 Python 兩種選擇。選擇哪種語言比較好呢？筆者認為，因人而異。如果讀者的 VBA 的基礎比較好，就用 VBA 進行程式設計；如果讀者的 Python 的基礎比較好，就用 Python 進行程式設計。就功能實現而言，目前使用 VBA 和 Python 並沒有顯著的差別。透過 xlwings 套件，VBA 能做的使用 Python 基本上也能做，而且 Python 在資料分析和資料視覺化方面有明顯的優勢。所以，如果讀者兩門語言都不會，那麼建議學習 Python；如果讀者熟悉 VBA，並且在資料分析方向有更高的追求，那麼建議也學習 Python。

如果讀者已經掌握一門語言，對照學習無疑是快速掌握另一門語言的有效方法。本書將 VBA 和 Python 的語法知識全部打碎，實現了基礎知識「點對點」的對照學習，幫助讀者快速掌握語言，同時掌握 Excel 程式設計。

⊞ 1.2 │ 使用 Excel VBA 撰寫程式

本節主要介紹 Excel VBA 的程式設計環境，同時結合簡單範例介紹撰寫 Excel VBA 程式。

1.2.1 Excel VBA 的程式設計環境

本書以 Excel 2016 為例講解如何進行 Excel VBA 程式設計。進行 Excel VBA 程式設計，需要先載入「開發人員」功能區。如果讀者的 Excel 2016 中沒有該功能區，那麼需要先載入它。可以按照以下步驟載入「開發人員」功能區。

（1）點擊「檔案」下拉按鈕，在介面左側展開的下拉式功能表中選擇最下面的「選項」命令，打開的對話方塊如圖 1-1 所示。

● 圖 1-1　「Excel 選項」對話方塊

（2）在打開的對話方塊中，點擊左側欄中的「自訂功能區」連結，打開「自訂功能區」。

（3）在右邊的串列方塊中選取「開發人員」核取方塊。

（4）點擊「確定」按鈕。Excel 主介面中就會出現「開發人員」功能區，如圖 1-2 所示。

● 圖 1-2　「開發人員」功能區

「開發人員」功能區中主要有「程式碼」、「增益集」、「控制項」和 XML 這 4 個功能分區,這裡主要使用「程式」功能分區。點擊 Visual Basic 按鈕,打開 Excel VBA 的程式設計環境,如圖 1-3 所示。

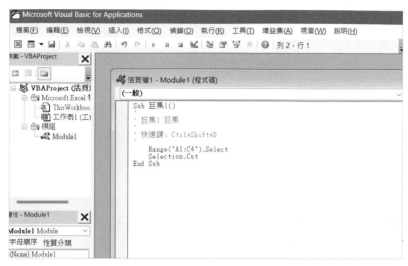

⚲ 圖 1-3 Excel VBA 的程式設計環境

在 Excel VBA 程式設計環境中,使用「插入」選單中的命令可以增加使用者表單、模組和類別模組,或增加已經存在的模群組檔案。使用者表單模組用於設計程式介面,可以使用左下角的「屬性」面板設定表單和控制項的屬性;在模組中可以增加變數、過程和函式;在類別模組中可以增加類別程式。插入一個模組,右邊的空白區域是程式編輯器,在這裡可以輸入、編輯和偵錯工具程式。使用「偵錯」選單中的命令可以進行程式偵錯。

1.2.2 撰寫 Excel VBA 程式

下面撰寫一個簡單的函式,用來求兩個數的和。打開 Excel VBA 的程式設計環境,選擇「插入」→「模組」命令,增加一個模組,在程式編輯器中輸入下面的程式,範例檔案的存放路徑為 Samples\ch01\Excel VBA\VBA.xlsm。

```
Function MySum(sngX As Single, sngY As Single) As Single
  MySum=sngX+sngY
End Function
```

此函式可以實現一個簡單的加法運算。

繼續增加一個 Test 過程，程式如下所示。

```
Sub Test()
  Debug.Print MySum(2, 6)
End Sub
```

該程序呼叫 MySum 函式計算 2 和 6 的和，並在「立即視窗」面板中輸出計算結果。

先在 Test 過程的任意處點擊，然後點擊工具列中的三角形按鈕，執行該過程，在「立即視窗」面板中輸出 2 和 6 的和，即 8。

⊞ 1.3 │ 使用 Python 撰寫程式

Python 是目前最受歡迎的程式語言之一。本節主要介紹 Python 的特點、程式設計環境，以及在 Python 中程式設計的幾種方式。

1.3.1 Python 的特點

Python 誕生於 20 世紀 90 年代，是免費的開放原始碼軟體，被廣泛應用於系統運行維護和網路程式設計中。目前，Python 被越來越多的主流行業軟體用作指令碼語言，故被稱為「膠水語言」。因為 Python 具有簡潔、易讀和可擴充等特點，所以被廣泛應用於科學計算，特別是機器學習、深度學習、電腦視覺等人工智慧領域。

Python 是直譯型語言，一邊編譯，一邊執行。Python 的特點主要包括以下幾點。

- 簡單高效。Python 是一門高階語言，相對於 C、C++ 等語言，它隱藏了很多抽象概念和底層技術細節，簡單易學。使用 Python 程式設計的執行效率雖然沒有 C 等語言的高，但可以大大提高開發的效率。

- 具有大量現成的套件。Python 有很多內建的套件和協力廠商套件，每個套件在某個行業或方向上提供功能。利用它們，使用者可以站在前人的肩膀上，將主要精力放在自己的事情上，達到事半功倍的效果。

- 可擴充。可以使用 C 或 C++ 等語言為 Python 開發擴充模組。

- 可移植。Python 支援跨平台，可以在不同的平台上執行。

此外，Python 還支持物件導向程式設計，透過抽象、封裝、重用等提高程式設計效率。

1.3.2　下載並安裝 Python

在使用 Python 程式設計之前，需要先下載並安裝 Python。使用瀏覽器存取 Python 官網，在首 中選擇 Downloads → Windows 命令，打開 Windows 版本的軟體下載頁面。

在軟體下載頁面中有最新版本和歷史版本的軟體下載連結。讀者可以根據自己所用的電腦的作業系統（32 位元或 64 位元）下載對應版本的 Python。

按兩下下載的 Python 可執行檔，打開的安裝介面如圖 1-4 所示。本書以 Python 3.7.7 為例詳細説明。

選取 Add Python 3.7 to PATH 核取方塊，點擊 Install Now 連結，按照提示一步步安裝即可。

🎧 圖 1-4　安裝介面

1.3.3 Python 的程式設計環境

安裝好 Python 以後，從 Windows 桌面左下角的「開始」選單中選擇 Python 3.7 選項下的 IDLE 命令，打開 Python 3.7.7 Shell 視窗，如圖 1-5 所示。

🎧 圖 1-5　Python 3.7.7 Shell 視窗

第 1 行顯示軟體和系統的資訊，包括 Python 版本編號、開始執行的時間、系統資訊等。

第 2 行提示在提示符號（>>>）後面輸入 help 等關鍵字可以獲取幫助、版權等更多資訊。

第 3 行顯示提示符號（>>>），可以在後面輸入 Python 敘述，並按 Enter 鍵，此時又會顯示一個提示符號，可以繼續輸入 Python 敘述。這種程式設計方式被稱為命令列模式的程式設計，它是逐行輸入和執行的。在本書後面的各章中，凡是 Python 敘述前面有「>>>」提示符號的，就是命令列模式的程式設計，是在 Python 3.7.7 Shell 視窗中進行的。

在 Python 3.7.7 Shell 視窗中選擇 File → New File 命令，打開的視窗如圖 1-6 所示。在該視窗中連續輸入敘述或函式，儲存為 .py 檔案，選擇 Run → Run Module 命令，可以一次執行多行敘述。這種程式設計方式被稱為指令檔的程式設計。

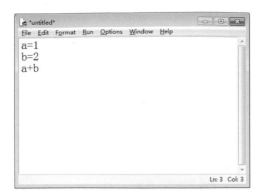

🎧 圖 1-6 撰寫指令檔的視窗

　　IDLE 是 Python 官方提供的程式設計環境。除了 IDLE，還有一些比較高級的程式設計環境，如 PyCharm、Anaconda、Visual Studio 等，如果讀者有興趣，那麼可以查閱相關的資料，這裡不詳細說明。本書內容結合 IDLE 詳細說明。

1.3.4 撰寫 Python 程式

　　使用 Python IDLE 檔案腳本視窗撰寫程式，有命令列模式、腳本式檔案和函式式檔案等幾種方式，下面結合簡單範例分別介紹。

1・命令列模式

　　下面用簡單的相加和累加運算演示命令列模式下的程式設計。打開 Python 3.7.7 Shell 視窗，在提示符號後面輸入下面的敘述，計算兩個數的和，如計算 1 和 2 的和。

```
>>> a=1
>>> b=2
>>> a+b
3
```

　　其中，a 和 b 為變數，它們分別引用數字物件 1 和 2。a=1 為賦值運算式，用賦值運算子「＝」連接變數和數字物件，表示將數字 1 賦給變數 a。a+b 為算數運算運算式，用算術運算子「＋」連接變數 a 和 b，該運算式傳回兩個變數相加得到的和。

　　下面介紹一個連續累加的範例,將 0 ～ 4 的整數進行連續累加。這裡使用一個 for 迴圈,用 range 函式獲取 0 ～ 4 的整數,for 迴圈在這個範圍內一個一個取數字,並累加到變數 s。變數 i 被稱為迭代變數,每迴圈一次,它就取範圍內的下一個值,取到以後與 s 目前的值相加,s+=i 是相加賦值運算式,將 s 與 i 的和賦給 s,等值於 s=s+i。最後輸出 s 的值,即 0 ～ 4 的累加和。

```
>>> s=0
>>> for i in range(5):   # 迴圈取 0~4
        s+=i             # 對 0~4 進行連續累加
>>> s
10
```

　　需要注意的是,for 敘述下面的迴圈本體要縮排 4 個空格。

2 · 腳本式檔案

　　打開 Python 3.7.7 Shell 視窗,選擇 File → New File 命令,打開撰寫指令檔的視窗,並輸入下面的敘述,實現上面範例中的相加運算和累加運算。範例檔案的存放路徑為 Samples\ch01\Python\sam01-01.py。

```
# 相加運算
a=1
b=2
print(a+b)              # 輸出 a 和 b 的和

# 累加運算
s=0
for i in range(5):      # 對 0 ～ 4 進行連續累加
    s+=i
print(s)
```

　　在 Python IDLE 檔案腳本視窗中,選擇 Run → Run Module 命令,在 IDLE 命令列視窗中會顯示下面的結果。

```
>>> = RESTART: .../Samples/ch01/Python/sam01-01.py
3
10
```

這種執行方式將上面範例中的逐步輸入和執行變為全部輸入後一次執行，這種檔案被稱為腳本式 .py 檔案。它相當於巨集，即定義連續的動作序列，執行時一次執行。

3 · 函式式檔案

現在將上面範例中的腳本進行改寫，先將相加和累加的操作改寫成函式，然後呼叫函式，將要相加的數字或累加上限數字作為參數傳入函式，得到最後的結果並輸出。關於什麼是函式及實現函式的各種細節，會在第 10 章進行詳細介紹。在這裡，讀者只需要知道有這樣一個實現方法，知道它有什麼樣的好處就可以。範例檔案的存放路徑為 Samples\ch01\Python\sam01-02.py。

```python
# 定義 MySum 函式實現相加運算
def MySum(a,b):
    return a+b

# 定義 MySum2 函式實現累加運算
def MySum2(c):
    s=0
    for i in range(c+1):
        s+=i
    return s

print(MySum(1,2))          # 重複呼叫 MySum 函式
print(MySum(3,5))
print(MySum(8,12))
print(MySum2(4))           # 重複呼叫 MySum2 函式
print(MySum2(10))
```

在 Python IDLE 檔案腳本視窗中，選擇 Run → Run Module 命令，在 IDLE 命令列視窗中會顯示下面的結果。

```
>>> = RESTART: .../Samples/ch01/Python/sam01-02.py
3
8
20
10
55
```

⊞ 1.4 ｜ 程式設計規範

下面介紹幾種程式設計規範，包括程式註釋、程式續行和程式縮排等。

1.4.1 程式註釋

為了便於自己或他人閱讀和理解程式碼，常常需要在程式中增加註釋。註釋不參與程式的編譯。

【Excel VBA】

在 Excel VBA 中，使用單引號進行程式註釋，既可以整行註釋，也可以在程式尾端進行註釋。對於 1.2.2 節的簡單範例，在程式中增加如下所示的註釋。範例檔案的存放路徑為 Samples\ch01\Excel VBA\ 注釋 .xlsm。

```
Function MySum(sngX As Single, sngY As Single) As Single
  '計算兩個實數的和
  MySum = sngX + sngY
End Function

Sub Test()
  Debug.Print MySum(1, 2)   ' 呼叫函式求 1 和 2 的和
  Debug.Print MySum(3, 5)   ' 呼叫函式求 3 和 5 的和
End Sub
```

【Python】

在 Python 中，使用符號「#」進行單行程式的註釋，使用三引號「'''」進行多行程式的註釋。在 Python 3.7.7 Shell 視窗中，選擇 File → New File 命令，打開撰寫指令檔的視窗，並輸入下面的敘述，實現兩個數的相加運算。為了便於閱讀，這裡增加了必要的註釋。範例檔案的存放路徑為 Samples\ch01\Python\ sam01-03.py。

```
# 定義 MySum 函式實現相加運算
def MySum(a,b):
    return a+b
```

```
'''
使用函式的好處是可以將特定功能做成函式
在必要時可以重複呼叫該函式
從而提高程式設計效率，並且減少程式量
'''
print(MySum(1,2))   #重複呼叫 MySum 函式
print(MySum(3,5))
print(MySum(8,12))
```

1.4.2 程式續行

在撰寫程式的過程中，有時會出現程式行太長，需要斷開分為多行撰寫的情況。此時需要用特定符號指定續行操作。

【 Excel VBA 】

在 Excel VBA 中，程式行斷開的地方用底線指定續行操作。下面的程式在當前工作表的第 3 行的上面插入行，複製第 2 行的格式。範例檔案的存放路徑為 Samples\ch01\Excel VBA\ 续行 .xlsm。

```
Rows(3).Insert Shift:=xlShiftDown,CopyOrigin=:xlFormatFromLeftOrAbove
```

如果覺得程式行太長，希望將它分為兩行，則可以改成下面的形式。

```
Rows(3).Insert Shift:=xlShiftDown, CopyOrigin:= _
                    xlFormatFromLeftOrAbove
```

需要注意的是，續行符號底線前面有一個空格。

【 Python 】

在 Python 中，程式行斷開的地方用反斜線指定續行操作。下面的程式在工作表 sht 的第 3 行的上面插入行，複製第 2 行的格式。

```
>>>sht.api.Rows(3).Insert(Shift=xw.constants.InsertShiftDirection.xlShift
Down,CopyOrigin=xw.constants.InsertFormatOrigin.xlFormatFromLeftOrAbove)
```

如果覺得程式行太長，則可以改成下面的形式。

```
>>> sht.api.Rows(3).Insert(\
        Shift=xw.constants.InsertShiftDirection.xlShiftDown,\
        CopyOrigin=xw.constants.InsertFormatOrigin.\
        xlFormatFromLeftOrAbove)
```

1.4.3　程式縮排

程式縮排可以呈現程式的結構之美。在 Python 中有關於程式縮排的明確的規定。

【Excel VBA】

在 Excel VBA 中，對於敘述行前面縮排多少並沒有明確的規定，既可以是兩個空格，也可以是 4 個空格，讀者可以自己確定。下面的程式有一個判斷結構，當滿足某個條件時執行對應的程式，透過程式縮排，可以更清晰地知道什麼條件執行什麼程式，便於閱讀。範例檔案的存放路徑為 Samples\ch01\Excel VBA\ 縮进 .xlsm。

```
Sub Test()
  Dim intSC As Integer
  intSC = InputBox(" 請輸入一個數字：")
  If intSC >= 90 Then
    Debug.Print " 優秀 "
  ElseIf intSC >= 80 Then
    Debug.Print " 良好 "
  ElseIf intSC >= 70 Then
    Debug.Print " 中等 "
  ElseIf intSC >= 60 Then
    Debug.Print " 及格 "
  Else
    Debug.Print " 不及格 "
  End If
End Sub
```

【Python】

在 Python 中，程式的結構層次是透過縮排來實現的，建議統一縮排 4 個空格，不要使用定位字元進行縮排。

在下面的函式中，第 2 行開始的函式本體相對於第 1 行縮排了 4 個空格。

```python
def MySum(a,b):
    return a+b
```

在下面的判斷結構中，每個條件判斷敘述行下面要執行的程式行縮排 4 個空格。

```python
sc= int(input('請輸入一個數字：'))
if(sc>=90):
    print('優秀')
elif(sc>=80):
    print('良好')
elif(sc>=70):
    print('中等')
elif(sc>=60):
    print('及格')
else:
    print('不及格')
```

第2章

常數和變數

　　常數和變數是電腦語言中最基本的元素，類似於英文中的單字、漢語中的字、高樓大廈的一磚一瓦。所以，學習電腦語言是從這裡開始的。定義好常數之後，在程式執行過程中它的值不能改變；變數的值則可以改變。

⊞ 2.1 │ 常數

在撰寫程式時，有一些字元或數字經常使用，可以將它們定義為常數。所謂常數，就是用一個表示這些字元或數字含義的名稱來代替它們。使用常數能提高程式碼的可讀性，如用名稱 PI 表示圓周率 3.1415926，意義更清晰，表達更簡潔。定義常數的值之後，在程式執行過程中不能改變。常數包括內部常數和自訂常數。

2.1.1 Excel VBA 常數

內部常數是 Excel VBA 已經定義好的常數，常見的有 True、False、Null、Empty 和 Nothing 等。True 和 False 表示邏輯真和邏輯假，是布林類型變數的兩個設定值。Null 表示變形運算式為空，不能用於數值或字串類型的變數。Empty 表示變數沒有進行初始化，為空。Nothing 表示物件為空。物件類型的變數用完以後，將它設定為 Nothing，進行登出以釋放記憶體。

Excel VBA 中還有一些內部常數，如 vbTab 表示表格鍵，實際上表示字串 Chr(9)；vbCrLf 表示確認換行，實際上表示字串 Chr(13) & Chr(10)。下面的程式在兩個字串之間插入 vbCrLf，表示確認換行。本節 Excel VBA 程式範例檔案的存放路徑為 Samples\ch02\Excel VBA\ 常量 .xlsm。

```
Debug.Print "Hello " & vbCrLf & "VBA!"
```

執行後的輸出結果如下。

```
Hello
VBA!
```

Excel VBA 中的常數 vbRed 表示紅色。下面將當前活動工作表中儲存格 A1 的背景顏色設定為紅色。

```
ActiveSheet.Range("A1").Interior.Color = vbRed
```

在 Excel VBA 中，也可以透過 Const 敘述定義常數。舉例來說，下面將圓周率 3.1415926 用字串 PI 來表示。

```
Const PI=3.1415926
```

自訂常數後可以用類似下面的方式使用。

```
Debug.Print PI*2
```

執行後在「立即視窗」面板中輸出 6.2831852。

不能修改已經定義好的自訂常數，否則會彈出錯誤資訊。舉例來說，下面將 PI 的值修改為 3.14。

```
PI = 3.14
```

執行時期彈出的錯誤資訊如圖 2-1 所示。

∩ 圖 2-1 修改自訂常數時的錯誤

2.1.2 Python 常數

Python 內部常數常見的有 True、False 和 None 等。True 和 False 表示邏輯真和邏輯假，是布林類型變數的兩個設定值。None 表示物件為空，即物件缺失。在程式執行過程中不能改變內部常數的值。舉例來說，下面的程式試圖將 True 的值修改為 3，此時會傳回一個語法錯誤。

```
>>> True
True
>>> True=3
SyntaxError: can't assign to keyword
```

為了方便使用，一些內建模組或協力廠商模組中也預先定義了常數，如常用的 math 模組中預先定義了圓周率 pi 和自然指數 e。要使用 math 模組，需要先用 import 敘述進行匯入。

```
>>> import math
>>> math.pi
3.141592653589793
>>> math.e
2.718281828459045
```

在預設情況下，Python 不支援自訂常數。當需要定義常數時，常常將變數的字母使用全部大寫的形式來表示常數，具體如下。

```
>>> SMALL_VALUE=0.000001
>>> SMALL_VALUE
1e-06
```

這樣定義的常數從本質上來說還是變數，因為可以在程式執行時期修改它的值。

```
>>> SMALL_VALUE=0.00000001
>>> SMALL_VALUE
1e-08
```

所以，將變數名稱全部大寫，這是一個約定。當我們看到或用到它們時，就知道這是常數，不要修改它的值。

實際上，math 模組中預先定義的常數 pi 和 e 也是變數，因為可以修改它們的值。

```
>>> math.pi=3
>>> math.pi
3
```

2.2 │ 變數及其操作

與常數不同，在程式執行過程中變數的值是可以改變的。本節主要介紹變數的命名、宣告、賦值和刪除等操作。

2.2.1　變數的命名

變數的命名必須遵循一定的規則，Excel VBA 和 Python 中變數的命名規則有幾點不同之處。下面介紹 Excel VBA 和 Python 中變數的命名規則。

Excel VBA 中變數的命名規則包括以下幾點。

- 變數名稱可以由字母、數字和底線組成，必須以字母開頭。

- 變數名稱不能是 Excel VBA 關鍵字和內建函式的名稱，但可以包含它們。

- 變數名稱最多包含 255 個字元。

- 變數名稱不區分大小寫。

- 變數名稱常採用小駝峰的形式，前面是變數資料型態的英文縮寫，後面是變數的名稱，如變數名稱 intA，前面的 int 是英文 Integer 的縮寫，表示該變數的資料型態為短整數，後面的 A 是變數的名稱。

Python 中變數的命名規則包括以下幾點。

- 變數名稱可以由字母、數字和底線組成，但不能以數字開頭。

- 變數名稱不能是 Python 關鍵字和內建函式的名稱，但可以包含它們。

- 變數名稱區分大小寫，如 abc 和 ABC 表示的是不同的變數。

- 變數名稱一般用小寫字母表示，如果有多個單字，則單字之間用底線隔開，如 new_variable。

不合法的變數名稱範例如表 2-1 所示。

▼ 表 2-1　不合法的變數名稱範例

語言	變數名稱	不合法原因
Excel VBA	123Tree	不是以字母開頭的
	_Tree	不是以字母開頭的
	Tree#?green	包含字母、數字和底線以外的字元
	Then	變數名稱為 Excel VBA 關鍵字
Python	123tree	以數字開頭
	Tall Tree	包含空格
	Tree?12#	包含字母、數字和底線以外的字元
	for	變數名稱為 Python 關鍵字

使用下面的程式可以查看 Python 的關鍵字。

```
>>> import keyword
>>> keyword.kwlist
['False', 'None', 'True', 'and', 'as', 'assert', 'async', 'await', 'break', 'class',
'continue', 'def', 'del', 'elif', 'else', 'except', 'finally', 'for', 'from', 'global',
'if', 'import', 'in', 'is', 'lambda', 'nonlocal', 'not', 'or', 'pass', 'raise',
'return', 'try', 'while', 'with', 'yield']
```

2.2.2　變數的宣告

在電腦程式語言中，使用變數之前需要先對變數進行宣告。一方面將變數明確指定為某種資料型態，另一方面為變數預分配記憶體空間。但並不是所有語言都要求對變數進行宣告。

【Excel VBA】

在 Excel VBA 中，宣告變數有顯性宣告和隱式宣告兩種方式。顯性宣告使用 Dim 命令宣告變數，隱式宣告則不進行宣告。下面使用 Dim 命令宣告一個短整數變數 intA。關於變數的資料型態，請參考 2.3 節的內容。本節中的 Excel

VBA 程式範例檔案的存放路徑為 Samples\ch02\Excel VBA\ 變量声明和賦值 .xlsm。

```
Dim intA As Integer
```

【Python】

在 Python 中，不需要先聲明變數，或説變數的宣告和賦值是一步完成的，為變數賦值就建立了該變數。

2.2.3　變數的賦值

【Excel VBA】

本節 Excel VBA 程式範例檔案的存放路徑為 Samples\ch02\Excel VBA\ 變量声明和賦值 .xlsm。在 Excel VBA 中，使用賦值運算子「=」為變數 intA 賦值，具體如下。

```
Dim intA As Integer
intA=3
```

顯性宣告變數的資料型態後，在替予值時如果資料型態不正確，程式在執行時期就會出錯。舉例來説，下面將一個字串賦值給變數 intA。

```
intA="Hello"
```

執行程式，彈出的錯誤資訊如圖 2-2 所示，提示變數的類型不匹配。

● 圖 2-2　錯誤資訊

所以，如果採用顯性宣告方式，則每個變數的資料型態都是清楚的，程式在偵錯過程中出現問題時比較容易排除。在模組的頂部增加以下敘述行可以強制該模組中的所有變數必須顯性宣告後才能正常使用。

```
Option Explicit
```

使用 Excel VBA 還有一種隱式宣告的方式，即在不對變數進行宣告的情況下直接賦值。舉例來說，下面沒有宣告變數 intA，為其賦值 3。

```
intA=3
```

此時，變數 intA 的資料型態由賦給它的值的類型來確定。使用 VarType 函式可以獲取變數的資料型態。下面在「立即視窗」面板中輸出變數 intA 的資料型態。

```
Debug.Print VarType(intA)
```

執行程式後在「立即視窗」面板中輸出 2，表示變數 intA 的資料型態為短整數。

將一個字串賦給變數 intA，輸出 intA 的資料型態。

```
intA="Hello"
Debug.Print VarType(intA)
```

執行程式後在「立即視窗」面板中輸出 8，表示變數 intA 的資料型態為字串。

在 Excel VBA 中，為物件賦值需要使用 Set 關鍵字。舉例來說，下面宣告一個 Worksheet 類型的變數 sht，用 Set 關鍵字引用活動工作表。

```
Dim sht As Worksheet
Set sht=ActiveSheet
```

【Python】

在 Python 中，使用賦值運算子「=」為變數賦值。舉例來說，為變數 a 賦值 1。

```
>>> a=1
```

此時變數 a 的值就是 1。

```
>>> a
1
```

使用 type 函式獲取變數 a 的資料型態，具體如下。

```
>>> type(a)
<class 'int'>
```

變數 a 的資料型態為數字類型。

下面把字串 "hello python!" 賦給變數 a。

```
>>> a='hello python'
>>> a
'hello python'
```

使用 type 函式獲取變數 a 的資料型態，具體如下。

```
>>> type(a)
<class 'str'>
```

變數 a 的資料型態為字串類型。

在替一個變數賦值之前，是不能呼叫它的。舉例來説，如果沒有給變數 c 賦值，呼叫它就會顯示出錯，説明名稱 "c" 沒有定義。

```
>>> c
Traceback (most recent call last):
  File "<pyshell#205>", line 1, in <module>
    c
NameError: name 'c' is not defined
```

可以使用 print 函式輸出變數的值，具體如下。

```
>>> a=1
>>> print(a)
```

```
1
>>> b='hello python!'
>>> print(b)
hello python!
```

2.2.4 鏈式賦值

在同一筆設定陳述式中將同一個值賦給多個變數，稱為鏈式賦值。

【Python】

在 Python 中可以實現鏈式賦值。舉例來說，給變數 a 和 b 都賦值 1，具體如下。

```
>>> a=b=1
```

上面的敘述與下面的敘述是等值的。

```
>>>a=1; b=1
```

需要注意的是，在 Python 中可以將多行敘述放在同一行，它們之間使用分號隔開。

【Excel VBA】

在 Excel VBA 中不允許鏈式賦值，必須對兩個變數分別賦值。舉例來說，給變數 intA 和 intB 都賦值 1，具體如下。

```
Dim intA As Integer
Dim intB As Integer
intA=1: intB=1
```

需要注意的是，在 Excel VBA 中可以將多行敘述放在同一行，它們之間用冒號隔開。

2.2.5 系列解壓縮賦值

在同一筆設定陳述式中同時給多個變數賦不同的值，稱為系列解壓縮賦值。

【Python】

在 Python 中可以實現系列解壓縮賦值，以下面給變數 a 和 b 分別賦值 1 和 2。

```
>>> a,b=1,2
>>> a
1
>>> b
2
```

【Excel VBA】

在 Excel VBA 中無法實現系列解壓縮賦值，必須在不同的敘述中給不同的變數分別賦值。下面宣告兩個整數變數 intA 和 intB，給它們分別賦值。

```
Dim intA As Integer
Dim intB As Integer
intA=1
intB=2
```

2.2.6 交換變數的值

【Python】

在 Python 中，交換變數 a 和 b 的值，可以直接寫為以下形式。

```
>>> a,b=1,2
>>> a,b=b,a
>>> a
2
>>> b
1
```

【Excel VBA】

　　本節 Excel VBA 程式範例檔案的存放路徑為 Samples\ch02\Excel VBA\ 变量声明和赋值 .xlsm。在 Excel VBA 中交換變數 intA 和 intB 的值需要使用過渡變數，可以寫為以下形式。

```
Dim intA As Integer
Dim intB As Integer
Dim intC As Integer
intA=2: intB=1
intC=intA
intA=intB
intB=intC
```

2.2.7 變數的清空或刪除

【Excel VBA】

　　使用完變數之後要養成清空變數值的習慣。在 Excel VBA 中，清空不同資料型態的變數的值的方法如下：對於數值型變數，設定變數的值為 0；對於字串類型的變數，設定變數的值為 ""；對於物件類型的變數，設定變數的值為 Nothing；對於變形類型的變數，設定變數的值為 Null。

【Python】

　　在 Python 中，可以使用 del 命令刪除變數。刪除變數以後，再呼叫它就會顯示出錯。

```
>>> del a
>>> a
Traceback (most recent call last):
  File "<pyshell#11>", line 1, in <module>
    a
NameError: name 'a' is not defined
```

2.2.8 Python 物件的三要素

在 Python 中，對於設定陳述式：

```
>>> a=1
```

1 是物件，設定陳述式建立變數 a 對物件 1 的引用。

在 Python 中一切皆物件，數字、字串、串列、字典、類別等都是物件。每個物件都在記憶體中佔據一定的空間。變數引用物件，儲存物件的位址。物件的儲存位址、資料型態和值稱為 Python 物件的三要素。

儲存位址就如同我們的身份證字號碼，是物件的唯一身份識別字。使用內建函式 id 可以獲取物件的儲存位址，具體如下。

```
>>> id(a)
8791516675136
```

每個物件的值都有自己的資料型態，使用 type 函式可以查看物件的資料型態，具體如下。

```
>>> type(a)
<class 'int'>
```

上述程式的傳回值為 <class 'int'>，表示變數 a 的值是整數數字。

變數的值指的是它引用的物件表示的資料。如果給變數 a 賦值 1，那麼它的值就是 1。

```
>>> a
1
```

可以用「==」比較物件的值是否相等，用 is 比較物件的位址是否相同。

⊞ 2.3 │ 變數的資料型態

　　每個變數都有自己的資料型態，如數字、字串等。本節主要介紹 Excel VBA 和 Python 中基本的資料型態及資料型態轉換。

2.3.1 基本的資料型態

【Excel VBA】

　　Excel VBA 中常見的資料型態包括 Boolean 類型、Byte 類型、String 類型、Date 類型、Variant 類型和 Object 類型等，如表 2-2 所示。

▼ 表 2-2　Excel VBA 中常見的資料型態

資料型態	名稱	變數命名首碼	儲存大小	描述	VarType 函式的傳回值
Boolean	布林類型	bln	2 位元組	16 位元，值為 True 或 False	11
Byte	字元型	byt	1 位元組	8 位元的無號整數值	17
Integer	短整數	int	2 位元組	16 位元的整數值	2
Long	長整數	lng	4 位元組	32 位元的整數值	—
Single	單精度浮點數	sng	4 位元組	32 位元的實數值	4
Double	雙精度浮點數	dbl	8 位元組	64 位元的實數值	5
String	字串類型	str	字串大小	字串值	8
String*n	固定長度的字串類型	—	—	固定長度的字串值	—
Currency	貨幣類型	cur	8 位元組	64 位元的定點實數值	6
Date	日期類型	dat	8 位元組	64 位元的實數值	7

（續表）

資料型態	名稱	變數命名首碼	儲存大小	描述	VarType 函式的傳回值
Variant	變形類型	var	不定	可以表示上面的任意一種類型	12
user type	自訂類型	—	—	用 Type 定義的自訂類型	36
Object	物件類型	obj	4 位元組	32 位元的物件引用值	9

　　對於指定的變數，Excel VBA 中提供了一些函式用來判斷變數的資料型態。可以用 TypeName 函式和 VarType 函式傳回變數的資料型態名稱和值，使用 IsNumeric 函式判斷變數是否為數值類型或貨幣類型，使用 IsDate 函式判斷變數是否為日期類型，使用 IsEmpty 函式判斷變數是否進行了初始化，使用 IsNull 函式判斷變數是否有有效值。範例檔案的存放路徑為 Samples\ch02\Excel VBA\ 數據類型 .xlsm。

```
Sub Test()
  Dim intA As Integer
  Dim bolB As Boolean
  Dim strC As String
  Dim datD As Date
  Dim varF As Variant

  intA = 8
  bolB = True
  strC = "Hello"
  datD = "05/25/2021"
  varF = Null

  Debug.Print TypeName(bolB)      ' 傳回 bolB 的資料型態名稱
  Debug.Print VarType(intA)       ' 傳回 intA 的資料型態，用一個數值表示
  Debug.Print IsNumeric(intA)     ' 判斷 intA 是否為數值類型
  Debug.Print IsDate(datD)        ' 判斷 datD 是否為日期類型
  Debug.Print IsEmpty(lngE)       ' 判斷 lngE 是否進行了初始化
  Debug.Print IsNull(varF)        ' 判斷 varF 是否有有效值
End Sub
```

執行過程，在「立即視窗」面板中輸出的結果如下。

```
Boolean
 2
True
True
True
True
```

VarType 函式的傳回值為 2，表示變數 intA 的資料型態為短整數。需要注意的是，如果不對變數 IngE 進行宣告，則使用 IsEmpty 函式判斷時傳回值為 True，表示沒有進行初始化；如果對變數 IngE 進行了宣告，則傳回 False，表示已經初始化。

【Python】

Python 中常見的資料型態有布林類型、數字類型、字串類型、串列、元組等，如表 2-3 所示。由此可見，Python 3 中的資料型態既沒有短整數和長整數之分，也沒有單精度浮點數和雙精度浮點數之分。

▼ 表 2-3　Python 中常見的資料型態

類型名稱	類型字元	說明	範例
布林類型	bool	值為 True 或 False	>>> a=True;b=False
整數	int	表示整數，沒有大小限制，可以表示很大的數	>>> a=1;b=10000000
浮點數	float	附帶小數的數字，可用科學記數法表示	>>> a=1.2;b=1.2e3
字串類型	str	字元序列，元素不可變	>>> a='A';b='A
串列	list	元素的資料型態可以不同，有序，元素可變、可重複	>>> a=[1,'A',3.14,[]]
元組	tuple	與串列類似，元素不可變	>>> a=(1,'A',3.14,())
字典	dict	無序物件集合，每個元素為一個鍵值對，可變，鍵唯一	>>> a={1:'A',2:'B}
集合	set	元素無序、可變，且不能重複	>>> a={1,3.14,'name'}
None	NoneType	表示物件為空	>>> a=None

在 Python 中，使用 type 函式傳回指定變數的資料型態。也可以使用 isinstance 函式判斷變數是否為指定的資料型態。

```
>>> a=12.3
>>> b='Hello'
>>> type(a)
<class 'float'>
>>> isinstance(b,str)
True
```

type 函式的傳回值顯示變數 a 的資料型態為浮點數，isinstance 函式判斷變數 b 為字串類型。

2.3.2　資料型態轉換

【Excel VBA】

在 Excel VBA 中，資料型態轉換有顯性轉換和自動轉型兩種方式。顯性轉換使用一系列轉換函式進行轉換，表 2-4 中列出了這些轉換函式。轉換函式通常以字母 C 開頭，後面跟著要轉換成的資料型態的簡寫，如轉為短整數使用 CInt 函式，Int 是 Integer 的簡寫。

▼ 表 2-4　Excel VBA 中使用的轉換函式

函式名稱	語法	功能	參數
CBool	CBool(Num|$)	轉為布林類型值。0 轉為 False，其他值轉為 True	Num|$，將數字或字串轉為布林類型值
CByte	CByte(Num|$)	轉為字元型值	Num|$，將數字或字串轉為字元型值
CCur	CCur(Num|$)	轉為貨幣型值	Num|$，將數字或字串轉為貨幣型值
CDate	CDate(Num|$) 或 CVDate(Num\|$)	轉為日期型值	Num|$，將數字或字串轉為日期型值
CDbl	CDbl(Num|$)	轉為雙精度型實數	Num|$，將數字或字串轉為雙精度型實數

（續表）

函式名稱	語法	功能	參數
CInt	CInt (Num|$)	轉為 16 位元的短整數值。如果 Num|$ 太大或太小，則傳回溢位錯誤	Num|$，將數字或字串轉為 16 位元的短整數值
CLng	CLng(Num|$)	轉為 32 位元的長整數值。如果 Num|$ 太大或太小，則傳回溢位錯誤	Num|$，將數字或字串轉為 32 位元的長整數值
CSng	CSng(Num|$)	轉為單精度型實數。如果 Num|$ 太大或太小，則傳回溢位錯誤	Num|$，將數字或字串轉為單精度型實數
CStr	CStr(Num|$)	轉為字串值	Num|$，將數字或字串轉為字串值
CVar	CVar(Num|$)	轉為變形值	Num|$，將數字或字串值或物件引用轉為變形值
Val	Val(S$)	傳回 S$ 的值	S$，傳回此字串的數值。以 &O 開頭的字串為八進位數字，以 &H 開頭的字串為十六進位整數

下面使用 CSng 函式將一個短整數變數轉為單精度浮點數。

```
Dim intA As Integer
Dim sngB As Single
intA=10
sngB=CSng(intA)
```

也可以使用下面的敘述進行自動轉型。

```
sngB=intA
```

【Python】

Python 中常見的資料型態轉換函式如表 2-5 所示。

▼ 表 2-5 Python 中常見的資料型態轉換函式

函式	描述
int(x [,base])	將物件 x 轉為整數
float(x)	將物件 x 轉為浮點數
complex(real [,imag])	建立複數
str(x)	將物件 x 轉為字串
repr(x)	將物件 x 轉為運算式字串
eval(str)	用來計算在字串中的有效 Python 運算式，並傳回一個物件
tuple(s)	將序列 s 轉為元組
list(s)	將序列 s 轉為串列
set(s)	將序列 s 轉為可變集合
dict(d)	建立一個字典，d 必須是序列 (key,value) 元組

下面列舉一些資料型態轉換的例子。

```
>>> a=10
>>> b=float(a)          # 轉為浮點數
>>> b
10.0
>>> type(b)
<class 'float'>
>>> c=complex(a,-b)     # 用變數 a 和 b 建立複數
>>> c
(10-10j)
>>> type(c)
<class 'complex'>
>>> d=str(a)            # 轉為字串
>>> d
'10'
>>> type(d)
<class 'str'>
```

進行類型轉換以後，在記憶體中生成一個新物件，而非對原物件的值進行修改。下面用 id 函式查看變數 a、b、c 和 d 的記憶體位址。

```
>>> id(a)
8791516675424
>>> id(b)
51490992
>>> id(c)
51490960
>>> id(d)
49152816
```

所以，各變數具有不同的記憶體位址，轉換後生成的是新物件。

2.4 | 數字

數字包括整數數字和浮點數數字，是最常用的基底資料型態之一。既可以將整數數字轉為浮點數數字，也可以將浮點數數字轉為整數數字。Python 中還提供了複數數字類型，並對整數提供了快取機制。

2.4.1 整數數字

【Excel VBA】

在 Excel VBA 中，整數數字有短整數和長整數之分。短整數變數的設定值範圍為 -32768~32767($-2^{15} \sim -2^{15}$-1)，長整數變數的設定值範圍為 $-2^{63} \sim 2^{63}$-1。範例檔案的存放路徑為 Samples\ch02\Excel VBA\ 數字类型 .xlsm。

下面建立一個短整數變數 intA 並給它賦值。

```
Dim intA As Integer
intA=10
```

下面建立一個長整數變數 lngB 並給它賦值。

```
Dim lngB As Long
lngB=100
```

如果給變數賦的值超出其設定值範圍，那麼執行時期會觸發溢位錯誤。下面給短整數變數 intA 賦值 1000000，超出了短整數變數的設定值範圍。

```
Dim intA As Integer
intA=1000000
```

執行程式，彈出訊息方塊，提示發生了溢位錯誤。

【Python】

整數數字即整數，沒有小數點，但有正負之分。Python 3 中的整數數字沒有短整數和長整數之分。

```
>>> a=10
>>> a
10
>>> b=-100
>>> b
-100
```

Python 中的整數值沒有大小限制，可以表示很大的數，不會溢位，具體如下。

```
>>> c=99999999999999999999999
>>> c
99999999999999999999999
```

為了提高程式的可讀性，可以給數字增加底線作為分隔符號，具體如下。

```
>>> d=123_456_789
>>> d
123456789
```

可以用十六進位或八進制表示整數。常用十六進位整數表示顏色，如可以用 0x0000FF 表示紅色。

```
>>> e=0x0000FF
>>> e
255
```

2.4.2 浮點數數字

【Excel VBA】

在 Excel VBA 中，浮點數數字有單精度浮點數和雙精度浮點數之分。單精度浮點數變數的設定值範圍為 -3.40E+38~+3.40E+38(-2^{128}~$+2^{128}$)，雙精度浮點數變數的設定值範圍為 -1.79E+308~+1.79E+308(-2^{1024}~$+2^{1024}$)。範例檔案的存放路徑為 Samples\ch02\Excel VBA\ 數字类型 .xlsm。

下面建立一個單精度浮點數變數 sngA 並給它賦值。

```
Dim sngA As Single
sngA=10.123
```

下面建立一個雙精度浮點數變數 dblB 並給它賦值。

```
Dim dblB As Double
dblB=100.123
```

【Python】

在 Python 3 中，浮點數數字沒有單精度浮點數和雙精度浮點數之分。浮點數數字附帶小數，有十進位和科學記數法兩種表示形式。舉例來說，31.415 可以表示為以下形式。

```
>>> a=31.415
>>> a
31.415
```

或表示為以下形式。

```
>>> a=3.1415e1
>>> a
31.415
```

需要注意的是，使用科學記數法傳回的數字是浮點數的，即使字母 e 前面是整數也是這樣的。

```
>>> b=1e2  #100
>>> type(b)
<class 'float'>
```

　　當整數和浮點數混合運算時，計算結果為浮點數，以下面計算的是一個整數和一個浮點數的和。

```
>>> a=10
>>> b=1.123
>>> c=a+b
>>> type(c)
<class 'float'>
```

2.4.3 複數

　　Python 支持複數。複數由實部和虛部組成，可以用 a+bj 或 complex(a,b) 表示。複數的實部 a 和虛部 b 都是浮點數數字。

　　下面建立幾個複數變數。

```
>>> a=1+2j
>>> a
(1+2j)
>>> type(a)
<class 'complex'>
>>> b=-3j
>>> b
(-0-3j)
>>> c=complex(2,-1.2)
>>> c
(2-1.2j)
>>> type(c)
<class 'complex'>
```

　　其中，變數 b 表示的複數只有虛部，實部自動設定為 0。

2.4.4 類型轉換的有關問題

【Excel VBA】

在 Excel VBA 中進行資料型態轉換時有可能出現兩個問題：一個是由高精度向低精度轉換時精度降低的問題，另一個是計算過程中溢位的問題。

在 Excel VBA 中由高精度向低精度轉換時，變數精度會降低。下面的例子演示的是變數從浮點數向整數轉換。範例檔案的存放路徑為 Samples\ch02\ Excel VBA\ 浮点型转整型 .xlsm。

```
Dim intA As Integer
Dim dblB As Double
dblB = 10.789
intA = dblB
Debug.Print intA
```

執行過程，在「立即視窗」面板中輸出 11，這說明由浮點數轉為整數時小數部分採用四捨五入進行取整數。

當不同精度的變數進行四則運算時，傳回的是高精度的計算結果。在下面的程式中，短整數變數 intA 和長整數變數 lngD 相加，傳回的結果為長整數。將結果賦給短整數變數 intC 時進行隱式變換。範例檔案的存放路徑為 Samples\ ch02\Excel VBA\ 数字类型 .xlsm。

```
Dim intA As Integer
Dim intC As Integer
Dim lngD As Long
intA=999
lngD=99999
intC=intA+lngD
```

執行過程，由於 intA 和 lngD 相加的結果超出了短整數變數的設定值範圍，因此發生溢位錯誤。此時可以透過將 intC 宣告為長整數來解決，具體如下。

```
Dim intC As Long
```

【Python】

在 Python 中將浮點數轉為整數時直接將小數部分去掉,而非進行四捨五入。

```
>>> e=1.678      # 浮點數轉為整數
>>> f=int(e)
>>> f
1
>>> type(f)
<class 'int'>
```

由此可見,浮點數 1.678 轉為整數後變為 1,直接將小數部分去掉了,與 Excel VBA 中的四捨五入不同。

2.4.5 Python 的整數快取機制

在命令列模式下,Python 對範圍為 [-5,256] 的整數物件進行快取。這些比較小的整數的使用頻率比較高,如果不進行快取,每次使用它們的時候都要進行記憶體分配和記憶體釋放的操作,會大大降低執行效率,並造成大量記憶體碎片。將它們快取在一個小整數物件集區中,可以提高 Python 的整體性能。

下面給兩個變數都賦值 100,並用 is 比較它們的記憶體位址。

```
>>> a=100
>>> b=100
>>> a is b
True
```

由此可見,變數 a 和 b 的位址是相同的。所以,賦值 100 給變數 a 之後建立的變數(即變數 b),則它們與變數 a 都指向同一個物件。

下面給兩個變數都賦值 500,並用 is 比較它們的記憶體位址。

```
>>> a=500
>>> b=500
>>> a is b
False
```

　　因為 500 超出了 [-5,256] 的範圍，在命令列模式下 Python 不再提供快取，所以變數 a 和 b 指向兩個不同的物件。

　　需要注意的是，在 PyCharm 執行環境或儲存為檔案執行時，提供快取的數字範圍更大，為 [-5, 任意正整數]。

第 3 章

運算式

　　前面介紹的變數是電腦語言最基本的元素。用運算子連接一個或
多個變數就組成了運算式。舉例來說，給變數賦值，a=1 是賦值運算
式；比較兩個變數的大小，a<b 是比較運算運算式。如果變數是單字，運
算式就是片語和子句。如果運算子不同，運算式的類型就不同。

🔲 3.1 | 算術運算子

用算術運算子連接一個或兩個數值（數字）類型的變數，就組成算數運算運算式。常見的算術運算子有 +、-、*、/ 等。

【Excel VBA】

Excel VBA 中的算術運算子如表 3-1 所示，其中 a 和 b 為數值類型的變數。

▼ 表 3-1 Excel VBA 中的算術運算子

運算符號	說明	表達式
+	兩個變數相加	a+b
-	取負數或兩個變數相減	-a 或 a-b
*	兩個變數相乘	a*b
/	兩個變數相除	a/b
\	整除	a\b
Mod	求模運算	a Mod b
^	指數運算	a^b

下面建立兩個短整數變數並給它們賦值，在「立即視窗」面板中輸出這兩個變數進行各種算數運算的結果。為了演示整除結果為負數的情況，定義第 3 個短整數變數並給它賦一個負整數。範例檔案的存放路徑為 Samples\ch03\ Excel VBA\ 算术运算符 .xlsm。

```
Sub Test()
  Dim intA As Integer
  Dim intB As Integer
  Dim intC As Integer
  intA = 10
  intB = 3
  intC = -3                    ' 負數用於演示整除結果為負數的情況
  Debug.Print intA + intB      ' 兩個數相加
  Debug.Print intA - intB      ' 兩個數相減
  Debug.Print intA * intB      ' 兩個數相乘
```

```
    Debug.Print intA / intB              '兩個數相除
    Debug.Print intA \ intB              '兩個數整除
    Debug.Print intA \ intC              '兩個數整除，結果為負數
    Debug.Print intA Mod intB            '兩個數求模，即求相除後的餘數
    Debug.Print intA ^ intB              '兩個數的指數運算
End Sub
```

執行過程，在「立即視窗」面板中輸出各算數運算的結果。

```
13
7
30
3.33333333333333
3
-3
1
1000
```

由此可見，兩個數相除時如果不能整除，則傳回一個浮點數；兩個數整除時傳回相除結果的整數部分。在 Excel VBA 中，如果整除的結果為負數，則仍然取整數部分。

【Python】

Python 中的算術運算子如表 3-2 所示，其中 a 和 b 為數值類型的變數。

▼ 表 3-2 Python 中的算術運算子

運算符號	說明	表達式
+	兩個變數相加	a+b
-	取負數或兩個變數相減	-a 或 a-b
*	兩個變數相乘或字串等重複擴充	a*b
/	兩個變數相除	a/b
//	整除，向下取整數。當結果為正數時傳回相除結果的整數部分，當結果為負數時傳回該負數截尾後減 1 的結果。當變數中至少有一個的值為浮點數時，傳回浮點數的結果	a//b
%	取餘，得到相除後的餘數	a%b
**	指數運算	a**b

下面用 Python 重複 Excel VBA 部分算數運算的範例。

```
>>> a=10
>>> b=3
>>> c=-3
>>> a+b          #相加
13
>>> a-b          #相減
7
>>> a*b          #相乘
30
>>> a/b          #相除
3.3333333333333335
>>> a//b         #整除
3
>>> a//c         #整除，結果為負數
-4
>>> a%b          #求模
1
>>> a**b         #指數運算
1000
```

由此可見，用 Python 進行算數運算的結果與用 Excel VBA 進行算數運算的結果僅有一處不同，即兩個數整除時結果為負的情況。此時，Excel VBA 的結果是直接取整數，而 Python 的結果是取整數後減 1。

⊞ 3.2 │ 關係運算子

關係運算子連接兩個變數，組成關係運算運算式。關係運算運算式若成立則傳回 True，否則傳回 False。

【Excel VBA】

Excel VBA 中的關係運算子如表 3-3 所示，其中 a 和 b 為指定變數。

▼ 表 3-3 Excel VBA 中的關係運算子

運算符號	說明	表達式
=	相等	a=b
<>	不相等	a<>b
<	小於	a<b
>	大於	a>b
<=	小於或等於	a<=b
>=	大於或等於	a>=b

下面指定兩個數，並比較它們的大小。範例檔案的存放路徑為 Samples\ch03\Excel VBA\ 关系运算符 .xlsm。

```
Sub Test2()
  Dim intA As Integer
  Dim intB As Integer
  intA = 10
  intB = 20
  Debug.Print intA > intB
End Sub
```

執行過程，在「立即視窗」面板中輸出 False。

如果比較的是兩個字串，則一個一個比較字串中字元的大小。字元根據其對應的 ASCII 碼的大小進行比較。範例檔案的存放路徑為 Samples\ch03\Excel VBA\ 关系运算符 .xlsm。

```
Sub Test3()
  Dim strA As String
  Dim strB As String
  strA = "abc"
  strB = "adc"
  Debug.Print strA < strB
End Sub
```

執行過程，在「立即視窗」面板中輸出 True。兩個字串的第 1 個字母相同，前者的第 2 個字母的 ASCII 碼比後者的第 2 個字母的小。

【Python】

Python 中的關係運算子如表 3-4 所示，其中 a 和 b 為指定變數。

▼ 表 3-4　Python 中的關係運算子

運算符號	說明	表達式
==	相等	a==b
!=	不相等	a!=b
<	小於	a<b
>	大於	a>b
<=	小於或等於	a<=b
>=	大於或等於	a>=b

下面比較兩個數的大小。

```
>>> a=10;b=20
>>> a>b
False
```

下面比較兩個字串的大小。

```
>>> a='abc';b='adc'
>>> a<b
True
```

需要注意的是，兩個以上的變數進行關係運算，可以用一個運算式進行描述，具體如下。

```
>>> a=3;b=2;c=5;d=9
>>> b<a<c<d
True
>>> a=3;b=3;c=3
>>> a==b==c==3
True
```

3.3 │ 邏輯運算子

邏輯運算子連接一個或兩個變數，組成邏輯運算運算式。

【Excel VBA】

Excel VBA 中的邏輯運算子如表 3-5 所示，其中 a 和 b 為布林類型的變數。

▼ 表 3-5 Excel VBA 中的邏輯運算子

運算符號	說明	表達式
Not	非運算。True 反轉為 False，False 反轉為 True	Not a
And	與運算。當左右運算元的值都為 True 時，結果為 True，否則為 False	a And b
Or	或運算。左右運算元的值只要有一個為 True，則結果為 True。當左右運算元的值都為 False 時，結果為 False	a Or b
Xor	互斥運算。如果左右運算元的值相等，即都為 True 或 False，則結果為 False；否則為 True	a Xor b
Eqv	等值運算。如果左右運算元的值相等，即都為 True 或 False，則結果為 True；否則為 False	a Eqv b
Imp	蘊含運算。左運算元的值為 True，右運算元的值為 False，結果為 False。其餘 3 種結果為 True	a Imp b

下面給定 3 個數，先取前兩個數比較大小，再取後兩個數比較大小，最後用邏輯與運算判斷這兩個比較運算運算式是否都成立。範例檔案的存放路徑為 Samples\ch03\Excel VBA\ 逻辑运算符 .xlsm。

```
Sub Test4()
  Dim intA As Integer
  Dim intB As Integer
  Dim intC As Integer
  intA = 10
  intB = 20
  intC = 30
  Debug.Print intA < intB And intB < intC
End Sub
```

執行過程，在「立即視窗」面板中輸出 True。

【Python】

Python 中的邏輯運算子如表 3-6 所示，其中 a 和 b 為布林類型的變數。

▼ 表 3-6　Python 中的邏輯運算子

運算符號	說明	表達式
not	非運算。True 反轉為 False，False 反轉為 True	not a
and	與運算。當左右運算元的值都為 True 時，結果為 True，否則為 False	a and b
or	或運算。左右運算元的值只要有一個為 True，結果就為 True。當左右運算元的值都為 False 時，結果為 False	a or b
^	互斥運算。當左右運算元的值都為 True 或 False 時，結果為 False，否則為 True	a^b

下面給定 3 個數，先取前兩個數比較大小，再取後兩個數比較大小，最後用邏輯與運算判斷這兩個比較運算運算式是否都成立。

```
>>> a=10;b=20;c=30
>>> a<b and b<c
True
```

3.4 │ 賦值運算子和算術賦值運算子

Excel VBA 和 Python 中都使用賦值運算子「=」進行賦值運算，前面的內容已經介紹過。

需要說明的是，Python 中還有算術賦值運算子，如表 3-7 所示。以運算子「+=」為例，給變數 a 的值加 1，寫入作 a+=1，等值於 a=a+1。

▼ 表 3-7　Python 中的算術賦值運算子

運算符號	說明
+=	相加賦值運算
-=	相減賦值運算
*=	相乘賦值運算
/=	相除賦值運算
%=	取餘賦值運算
**=	求冪賦值運算
//=	整除賦值運算

下面列舉一些比較簡單的例子。

```
>>> a=9;a+=1;a
10
>>> a=9;a-=1;a
8
>>> a=9;a*=2;a
18
>>> a=9;a/=2;a
4.5
>>> a=9;a%=4;a
1
>>> a=9;a**=2;a
81
>>> a=9;a//=2;a
4
```

3.5 | 成員運算子

　　成員運算子用於判斷提供的值是否在指定的序列中，如果成立則傳回
True，否則傳回 False。

【Excel VBA】

Excel VBA 中提供的 Like 運算子用於判斷字串是否與某種模式相匹配，以下面判斷字串是否為數字模式。數字模式使用萬用字元。範例檔案的存放路徑為 Samples\ch03\Excel VBA\ 成員运算符 .xlsm。

```
Sub Test5()
  Debug.Print "3" Like "[0-9]"              '是否為數字
  Debug.Print "F" Like "[a-zA-Z]"           '是否為字母
  Debug.Print "好" Like "[ 一 - 顧 ]"        '是否為中文字
  Debug.Print "adefb" Like "a*b"            '模式 a*b 表示字元 a 和 b 之間有任意個字元
  Debug.Print "awb" Like "a?b"              '模式 a?b 表示字元 a 和 b 之間有一個字元
End Sub
```

執行過程，在「立即視窗」面板中輸出 True。

第 6 章會介紹 InStr 函式。該函式用於判斷指定字串在另一個字串中是否存在，並傳回第 1 次出現的位置；如果不存在則傳回 0。舉例來說，判斷字串 "Hello,VBA!" 中是否包含 "VBA"，並傳回第 1 次出現的位置。範例檔案的存放路徑為 Samples\ch03\Excel VBA\ 成員运算符 .xlsm。

```
Sub Test6()
  Dim intI As Integer
  intI = InStr("Hello,VBA!", "VBA")
  Debug.Print intI
End Sub
```

執行過程，在「立即視窗」面板中輸出 7。

【Python】

Python 中常見的成員運算子有 in 和 not in，如表 3-8 所示。

▼ 表 3-8　Python 中常見的成員運算子

運算符號	說明
in	如果提供的值在指定序列中則傳回 True，否則傳回 False
not in	如果提供的值不在指定序列中則傳回 True，否則傳回 False

下面使用成員運算子判斷物件之間的包含關係。

```
>>> 1 in [1,2,3]              # 串列中是否包含數字 1
True
>>> 'abc' in 'wofabcmn'       # 後面的字串中是否包含 'abc'
True
```

對於上面的在 Excel VBA 中的 Like 運算子使用萬用字元的效果，在 Python 中可以使用正規表示法來實現，這裡暫不介紹。

⊞ 3.6 │ 身份運算子

身份運算子用於比較物件的位址，判斷兩個變數引用的是同一個物件還是不同的物件。如果引用的是同一個物件，則傳回 True；如果引用的是不同的物件，則傳回 False。

【Excel VBA】

在 Excel VBA 中，用 Is 運算子判斷兩個變數是否引用同一個物件，用 IsNot 運算子判斷兩個變數是否引用不同的物件。下面的程式宣告了 3 個 Object 類型的變數，前兩個變數都引用第 3 個變數，用 Is 運算子判斷它們是否引用同一個變數。範例檔案的存放路徑為 Samples\ch03\Excel VBA\ 成員运算 符 .xlsm。

```
Sub Test7()
  Dim objA As Object
  Dim objB As Object
  Dim objC As Object
  Set objA = objC
  Set objB = objC
  Debug.Print objA Is objB
End Sub
```

執行過程，在「立即視窗」面板中輸出 True。

【Python】

在 Python 中，用 is 或 is not 判斷兩個變數引用的是同一個物件還是不同的物件。下面用身份運算子判斷變數 a 和 b 是否引用同一個物件。

```
>>> a=10;b=20
>>> a is b
False
>>> a=10;b=a
>>> a is b
True
```

⊞ 3.7 │ 運算子的優先順序

前面介紹了算術運算子、關係運算子、邏輯運算子等，如果一個運算式中有多種運算子，那麼先算哪個後算哪個需要遵循一定的規則。這個規則就是先算優先順序高的，再算優先順序低的；如果各運算子的優先順序相同，則按照從左到右的順序計算。舉例來說，四則運算 1+2*3-4/2，將加法、減法和乘法、除法放在一起進行計算，因為乘法、除法的優先順序比加法、減法的優先順序高，所以先算乘法、除法，後算加法、減法。

【Excel VBA】

表 3-9 列舉了 Excel VBA 中主要的運算子及其在運算式中的優先順序。

▼ 表 3-9　Excel VBA 中主要的運算子及其在運算式中的優先順序

運算符號	運算子說明	優先級
( )	小括號	16
x(i)	索引運算	15
∧	指數運算	14
~	逐位元反轉	13
+（正號）、-（負號）	正號、負號	12
*、/	乘法、除法	11

（續表）

運算符號	運算子說明	優先級
//	整除	10
%	取餘	9
+、-	加法、減法	8
&	字串連接子	7
=、<>、>、>=、<、<=、Like、New、TypeOf、Is、IsNot	比較運算和身份運算	6
Not	邏輯非	5
And	邏輯與	4
Or	邏輯或	3
Xor	互斥運算	2
Eqv	等值運算	1

【Python】

表 3-10 列舉了 Python 中主要的運算子及其在運算式中的優先順序。

▼ 表 3-10　Python 中主要的運算子及其在運算式中的優先順序

運算符號	運算子說明	優先級
( )	小括號	18
x[i]	索引運算	17
x.attribute	屬性和方法存取	16
**	指數運算	15
~	逐位元反轉	14
+（正號）、-（負號）	正號、負號	13
*、/、//、%	乘法、除法	12
+、-	加法、減法	11
>>、<<	移位	10
&	逐位元與	9
^	逐位元互斥	8
|	逐位元或	7

（續表）

運算符號	運算子說明	優先級
==、!=、>、>=、<、<=	比較運算	6
is、is not	身份運算	5
in、not in	成員運算	4
not	邏輯非	3
and	邏輯與	2
or	邏輯或	1

　　下面列舉幾個例子介紹運算子優先順序的應用。Excel VBA 程式範例檔案的存放路徑為 Samples\ch03\Excel VBA\ 运算符的优先级 .xlsm。

　　下面四則運算的算數運算運算式，先算乘法、除法，後算加法、減法。

【Excel VBA】

```
Debug.Print 1+2*3-4/2    '5
```

【Python】

```
>>> 1+2*3-4/2
5.0
```

　　因為除法運算傳回的結果是浮點數的，所以得到的結果也是浮點數的。如果希望先算 1+2，將它們的和再乘以 3，則可以用小括號改變加法運算的優先順序。如果小括號有嵌套，則先算裡面的。

【Excel VBA】

```
Debug.Print ((1+2)*3-4)/2    '2.5
```

【Python】

```
>>> ((1+2)*3-4)/2
2.5
```

　　下面的運算式中有關係運算和邏輯運算，先算關係運算，再算邏輯運算。

【Excel VBA】

```
Debug.Print 3>2 and 7<5   'False
```

【Python】

```
>>> 3>2 and 7<5
False
```

在上述運算式中，關聯運算式 3>2 傳回 True，關聯運算式 7<5 傳回 False，邏輯運算式 True and False 傳回 False。

第 **4** 章

初識 Excel 物件模型

　　為了便於後面內容的敘述，本章先初步介紹與 Excel 物件模型有關的內容。本章先介紹物件、物件模型等的概念，再介紹 xlwings 套件及其安裝。關於 Excel 物件模型和 xlwings 套件的更多內容，將在第 13 章中介紹。

⬚ 4.1 | Excel 物件模型

　　將 Excel 介面元素（如工作表、工作表、儲存格區域等）抽象成物件並組合而成的層次系統稱為 Excel 物件模型。有了 Excel 物件模型，Excel VBA 或 Python 等可以這些物件程式設計，實現對 Excel 導向的控制和互動。舉例來説，可以透過程式設計在 Excel 工作表中打開資料檔案或直接輸入資料，進行資料處理後可以將結果以資料或圖表的方式寫入工作表並儲存。

4.1.1 物件及相關概念

　　現實世界中的花、草、樹木、貓、狗等都是物件，稱為現實世界中的物件。當用電腦語言描述一件事情時，需要先將與事情有關的物件取出出來，如貓爬樹，就要取出出貓和樹兩個物件。

　　在將物件取出出來以後，使用電腦語言撰寫程式進行描述。將它們靜態的特徵或性質等描述為屬性，動態的特徵或行為描述為方法。舉例來説，當用程式描述小貓時，小貓有年齡、大小、顏色和品種等屬性，有跑、跳、爬、吃等方法。另外，事件是協力廠商作用在物件上時物件做出的回應，如拍打小貓，牠可能會咬你。

　　所有這些描述物件的程式的集合，稱為類別。類別就像一個範本，有了它以後就可以建立類別的實例。就好比印鈔票的母版，有了它以後可以源源不斷地印出鈔票，這些鈔票就是母版的實例。實例也稱為物件，是現實世界中真實物件基於類別程式的抽象、模擬、模擬和簡化。所以，就是要用這些簡化後的程式描述的物件代替現實世界中的物件來討論問題。

　　物件的屬性和方法等被統稱為成員。它們是該物件提供給外部的介面，內部的實現細節是封裝起來的，使用物件時主要使用這些介面。就像購買電視機，我們不關心裡面的電路板、電晶體等是怎麼做出來的，只要會使用外部通訊埠就可以。

使用物件的成員時採用點引用的方式。舉例來說,用 cat 表示貓物件,它有表示顏色的 color 屬性,有表示跑這個行為的 run 方法。可以使用下面的方式讀取 color 屬性的值,賦給一個新變數 new_color。

```
new_color=cat.color
```

將 color 屬性的值設定為 1,1 表示某種顏色。

```
cat.color=1
```

呼叫 cat 物件的 run 方法。

```
cat.run()
```

4.1.2 Excel 物件及其層次結構

為了便於使用者進行腳本開發,Excel 提供了很多已經封裝好的現成的物件,如表示 Excel 應用的 Application 物件、表示工作表的 Workbook 物件、表示工作表的 Worksheet 物件和表示儲存格區域的 Range 物件,以及表示圖表的 Chart 物件等。它們分別描述和代替現實世界中的辦公場景、檔案、表單和表單中的儲存格區域,以及真實繪製的圖表等。有了這些物件以後,就可以用 Python 透過程式設計來控制它們。

圖 4-1 所示的 Excel 物件模型包含 Application 物件、Workbook 物件、Worksheet 物件和 Range 物件等,它們從上到下有從屬和包含的關係,要設定下一層級的物件,必須先獲取上一層級的物件。Workbooks 是一個集合,包含當前 Excel 應用中的所有 Workbook 物件,Worksheets 集合物件則包含當前工作表中的所有 Worksheet 物件。

🎧 圖 4-1　Excel 物件模型

📦 4.2 ｜ 操作 Excel 物件模型的一般過程

下面介紹使用 Excel VBA 和 Python 操作 Excel 物件模型的一般過程，包括 Excel 物件的建立、設定、關閉和退出等步驟。

4.2.1　使用 Excel VBA 操作 Excel 物件模型的一般過程

在 Excel VBA 中，使用 Application 物件表示 Excel 應用本身，可以直接使用。從圖 4-1 中可以看出，Application 物件的子物件是 Workbooks 集合，該集合儲存和管理當前 Excel 應用中的所有工作表。透過索引，可以獲取 Workbooks 集合物件中的某個工作表，如在「立即視窗」面板中輸出集合中第 1 個工作表的名稱。範例檔案的存放路徑為 Samples\ch04\Excel VBA\ 一般过程 .xlsm。

```
Dim bk As Workbook
Set bk=Application.Workbooks(1)
Debug.Print bk.Name
```

其中，Application 就表示 Application 物件，可以省略。所以，上面的敘述又可以寫成以下形式。

```
Debug.Print Workbooks(1).Name
```

如果直接設定 Excel 應用的屬性，則不能省略 Application 物件，如設定 Excel 應用視窗不可見。

```
Application.Visible=False
```

使用 Workbooks 集合物件的 Add 方法可以新建工作表物件。

```
Dim bk2 As Workbook
Set bk=Workbooks.Add
```

使用 Workbooks 集合物件的 Open 方法可以打開 Excel 檔案。舉例來説，可以使用以下敘述打開 C 磁碟下的 Excel 檔案 test.xlsx。

```
Dim bk2 As Workbook
Set bk2=Workbooks.Open("C:\test.xlsx")
```

新建工作表後，預設會在工作表中增加一個工作表，並儲存在 Worksheets 集合物件中，可以使用以下敘述獲取該工作表。

```
Dim sht As Worksheet
Set sht=bk.Worksheets (1)
```

或直接用 ActiveSheet 表示增加的工作表。工作表完整的表示是 Application.ActiveSheet，即 Excel 應用的活動工作表。

可以使用 Worksheets 集合物件的 Add 方法新建工作表物件，具體如下。

```
Set sht=bk.Worksheets.Add
```

工作表物件的 Range 屬性傳回儲存格物件或儲存格區域物件。下面設定工作表中 A1 儲存格的值為 10。

```
sht.Range("A1").Value=10
```

讀取工作表中 A1 儲存格的值。

```
Debug.Print sht.Range("A1").Value
```

儲存工作表的更改可以呼叫 Workbooks 集合物件的 Save 方法。

```
bk.Save
```

如果想將檔案另存為一個新的檔案，或第一次儲存一個新建的工作表，則可以使用 SaveAs 方法，參數指定檔案儲存的路徑及檔案名稱。

```
bk.SaveAs "D:\test.xlsx"
```

使用 Workbooks 集合物件的 Close 方法關閉工作表。

```
Workbooks(1).Close
```

使用 Quit 方法，退出應用程式而不儲存任何工作表。

```
Application.Quit
```

4.2.2 與 Excel 相關的 Python 套件

目前，常用的與 Excel 有關的協力廠商 Python 套件如表 4-1 所示。這些套件都有各自的特點，有的短小、靈活，有的功能齊全（可與 VBA 使用的模型相媲美），有的不依賴 Excel，有的必須依賴 Excel，有的工作效率一般，有的工作效率很高。

▼ 表 4-1　常用的與 Excel 有關的協力廠商 Python 套件

Python 套件	說明
xlrd	支持讀取 .xls 檔案和 .xlsx 檔案
xlwt	支持寫入 .xls 檔案
OpenPyXl	支持 .xlsx 檔案、.xlsm 檔案、.xltx 檔案、.xltm 檔案的讀 / 寫，支援 Excel 物件模型，不依賴 Excel
xlsxWriter	支持寫入 .xlsx 檔案，支持 VBA

（續表）

Python 套件	說明
win32com	封裝了 VBA 使用的所有 Excel 物件
comtypes	封裝了 VBA 使用的所有 Excel 物件
xlwings	重新封裝了 win32com 套件，支持與 VBA 混合程式設計，可以與各種資料型態進行資料型態轉換
pandas	支持 .xls 檔案、.xlsx 檔案的讀 / 寫，提供進行資料處理的各種函式，處理更簡捷，執行速度更快

4.2.3 xlwings 套件及其安裝

表 4-1 中列舉了與 Excel 有關的協力廠商 Python 套件，本書結合 xlwings 套件介紹。xlwings 套件是在 win32com 套件的基礎上進行了二次封裝，號稱「給 Excel 插上翅膀」，是目前功能最強大的 Excel Python 套件之一。它封裝了 Excel、Word 等軟體的所有物件。所以，從這個角度來説，Excel VBA 能做的，使用 xlwings 套件基本上也能做到。

xlwings 套件還進行了很多改進和擴充，可以很方便地與 NumPy 和 pandas 等套件提供的資料進行類型轉換與讀取操作，可以將使用 Matplotlib 繪製的圖形很方便地寫入 Excel 工作表。使用 xlwings 套件還可以與 VBA 混合程式設計，既可以在 VBA 程式設計環境中呼叫 Python 程式，也可以在 Python 程式中呼叫 VBA 函式。

在 Power Shell 視窗中輸入下面的敘述安裝 xlwings 套件。

```
pip install xlwings
```

4.2.4 使用 xlwings 套件操作 Excel 物件模型的一般過程

使用 xlwings 套件之前需要先匯入它。打開 Python IDLE 檔案腳本視窗，在 Python Shell 視窗中匯入 xlwings 套件。

```
>>> import xlwings
```

建立一個 Excel 應用。

```
>>> app=xlwings.App()
```

為了方便後面使用，常常給 xlwings 套件建立一個簡短的別名。

```
>>> import xlwings as xw
```

建立 Excel 應用（App）時可以使用以下形式。

```
>>> app=xw.App()
```

此時彈出一個 Excel 工作介面，它就是 Excel 應用。在預設情況下，它是可見的。在預設情況下，會新建一個工作表物件，並儲存在 books 集合物件中，可以用索引進行引用。

```
>>> bk=app.books(1)
```

或獲取當前活動工作表。

```
>>> bk=app.books.active
```

在建立 Excel 應用時可以透過參數設定其可見性，同時設定是否有工作表。下面新建一個可見但沒有增加工作表的 Excel 應用。

```
>>> app=xw.App(visible=True, add_book=False)
```

當 visible 參數的值為 True 時 Excel 應用可見，當 visible 參數的值為 False 時 Excel 應用不可見；當 add_book 參數的值為 True 時在 Excel 應用中增加工作表，當 add_book 參數的值為 False 時不在 Excel 應用中增加工作表。

使用 books 集合物件的 add 方法可以新建工作表物件。

```
>>> bk2=app.books.add()
```

使用 books 集合物件的 open 方法可以打開 Excel 檔案。舉例來說，下面打開 C 磁碟下的 Excel 檔案 test.xlsx。

```
>>> bk3=app.books.open(r'C:\test.xlsx')
```

在預設情況下，新建工作表後會在工作表中增加一個工作表，並儲存在 sheets 集合物件中。可以使用以下程式獲取增加的工作表。

```
>>> sht=bk.sheets(1)
```

使用 sheets 集合物件的 add 方法可以新建一個工作表物件。

```
>>> sht2=bk.sheets.add()
```

將工作表中 A1 儲存格的值設定為 10。

```
>>> sht.range('A1').value=10
```

讀取工作表中 A1 儲存格的值。

```
>>> sht.range('A1').value
10
```

使用工作表物件的 save 方法可以將指定工作表的資料儲存到指定檔案。

```
>>> bk.save(r'D:\test.xlsx')
```

使用工作表物件的 close 方法可以關閉工作表。

```
>>> bk.close()
```

使用工作表物件的 quit 方法，退出應用程式而不儲存任何工作表。

```
>>> app.quit()
```

🔲 4.3 │ 與 Excel 物件模型有關的常用操作

本節主要介紹一些與 Excel 物件模型有關的常用操作，包括獲取檔案的當前路徑、物件的引用、給參數指定常數值、擴充儲存格區域和修改儲存格區域的屬性等。

4.3.1　獲取檔案的當前路徑

　　4.2 節介紹利用工作表物件的 open 方法打開指定路徑的 Excel 檔案。很多時候，我們希望這條路徑是工作表檔案或 .py 檔案的當前路徑。可以使用以下方法獲取檔案的當前路徑。

【Excel VBA】

　　在 Excel VBA 中，獲取工作表檔案的當前路徑使用 ThisWorkbook 物件的 Path 屬性。下面打開一個 Excel 檔案，並將其儲存在 D 磁碟下，名稱和格式為 test.xlsm。打開 Excel VBA 程式設計介面，增加一個模組，在程式編輯器中輸入下面的程式。範例檔案的存放路徑為 Samples\ch04\Excel VBA\ 當前路徑 .xlsm。

```
Sub Test()
  Debug.Print ThisWorkbook.Path
End Sub
```

　　執行過程，在「立即視窗」面板中輸出檔案所在路徑。

【Python xlwings】

　　在 Python 中，獲取 .py 檔案的當前路徑需要匯入 os 套件，可以使用該套件中的 getcwd 方法來獲取 .py 檔案的當前路徑。假設下面是某 .py 檔案內的部分程式，使用 os 套件的 getcwd 方法可以獲取該 .py 檔案的路徑，用工作表物件的 open 方法打開該路徑下的 Excel 資料檔案，傳回一個工作表物件。範例檔案的存放路徑為 Samples\ch04\Python\ 當前路徑 .py。

```
import xlwings as xw          # 匯入 xlwings 套件
import os                     # 匯入 os 套件
root = os.getcwd()            # 獲取 .py 檔案的當前路徑
# 建立 Excel 應用，可見，不增加工作表
app=xw.App(visible=True, add_book=False)
# 打開資料檔案，寫入
bk=app.books.open(fullname=root+\
                r'\Test.xlsx',read_only=False)
sht1=bk.sheets(1)             # 獲取第 1 個工作表
```

```
print(sht1.name)          # 輸出第 1 個工作表的名稱
bk.close()                # 關閉 bk
app.quit()                # 退出應用
```

執行腳本，打開當前路徑中的 Excel 檔案 Test.xlsx，輸出工作表中第 1 個
工作表的名稱。

4.3.2　 物件的引用

操作物件之前需要先找到物件，找到物件的過程稱為物件的引用。4.2 節提
及，在 Excel 中建立的所有 Workbook(book) 物件都儲存在 Workbooks(books)
集合中，所有 Worksheet(sheet) 物件都儲存在 Worksheets(sheets) 集合中。
當需要獲取集合中的某個物件時，需要先把它從集合中找出來。查詢的方法有
兩種：一種是使用索引編號，將每個物件增加到集合中時都有一個唯一的索
引編號；另一種是使用物件的名稱。Excel VBA 程式範例檔案的存放路徑為
Samples\ch04\Excel VBA\ 对象的引用 .xlsm。

可以用索引編號和名稱引用工作表。

【Excel VBA】

```
Set bk=Workbooks(1)
Set bk=Workbooks(" 工作表 1")
```

【Python xlwings】

```
>>> bk=app.books[0]
>>> bk=app.books(1)
>>> bk=app.books[' 工作表 1']
```

可以用索引編號和名稱引用工作表。

【Excel VBA】

```
Set sht=Worksheets(1)
Set sht=Worksheets("Sheet1")
```

【Python xlwings】

```
>>> sht=bk.sheets[0]
>>> sht=bk.sheets(1)
>>> sht=bk.sheets('Sheet1')
```

引用儲存格需要指定儲存格對應的行座標和列座標。

【Excel VBA】

```
sht.Range("A1").Select
sht.Cells(1, "A").Select
sht.Cells(1,1).Select
```

注意，在 VBA 中，如果 sht 表示活動工作表，則上面敘述中的「sht.」可以省略，即可以寫成下面的形式。後面此類情況可以類似處理。

```
Range("A1").Select
Cells(1, "A").Select
Cells(1,1).Select
```

【Python xlwings】

```
>>> sht.range('A1').select()
>>> sht.range(1,1).select()
>>> sht['A1'].select()
>>> sht.cells(1,1).select()
>>> sht.cells(1,'A').select()
```

引用儲存格區域需要指定區域左上角儲存格的座標和右下角儲存格的座標。

【Excel VBA】

```
sht.Range("A3:C8").Select
sht.Range("A3","C8").Select
sht.Range(sht.Range("A3"), sht.Range("C8")).Select
sht.Range(sht.Cells(3,1),sht.Cells(8,3)).Select
```

【Python xlwings】

```
>>> sht.range('A3:C8').select()
>>> sht.range('A3','C8').select()
>>> sht.range(sht.cells(3,1),sht.cells(8,3)).select()
>>> sht.range((3,1),(8,3)).select()
```

儲存格和儲存格區域的引用還有很多特殊的情況，具體請參考第 13 章的內容。

4.3.3 獲取末行行號：給參數指定常數值

從 Excel 工作表中讀取資料時經常需要獲取資料區域末行的行號。本範例的資料區域末行如圖 4-2 中選中行所示。引用末行有兩種方法：一是從上往下找，資料區域的末行即最後一個不可為空行；二是從工作表的底部往上找，為指定列上遇到的第一個不可為空儲存格所在的行。這裡需要使用儲存格物件的 End(end) 方法。

⊙ 圖 4-2 資料區域末行

Excel VBA 和 Python xlwings 在兩種情況下引用末行的程式如下所示，各敘述有相和的執行效果。需要注意 End(end) 方法的參數設定為常數值時的差別。Excel VBA 程式範例檔案的存放路徑為 Samples\ch04\Excel VBA\ 末行行号 .xlsm。

【Excel VBA】

```
intR=sht.Range("A1").End(xlDown).Row
intR=sht.Cells(1,1).End(xlDown).Row
intR=sht.Range("A" & CStr(sht.Rows.Count)).End(xlUp).Row
intR=sht.Cells(sht.Rows.Count,1).End(xlUp).Row
```

【Python xlwings】

```
>>> sht.range('A1').end('down').row
>>> sht.cells(1,1).end('down').row
>>> sht.range('A'+str(sht.api.Rows.Count)).end('up').row
>>> sht.cells(sht.api.Rows.Count,1).end('up').row
>>> sht.api.Range('A1').End(xw.constants.Direction.xlDown).Row
>>> sht.api.Cells(1,1).End(xw.constants.Direction.xlDown).Row
>>>sht.api.Range('A'+str(sht.api.Rows.Count)).\
                  End(xw.constants.Direction.xlUp).Row
>>> sht.api.Cells(sht.api.Rows.Count,1).\
                  End(xw.constants.Direction.xlUp).Row
```

4.3.4 擴充儲存格區域

　　在工作表中寫入資料時經常需要將儲存格擴充到行區域、列區域或多行多列區域。可以使用儲存格物件的 Resize(resize) 方法進行擴充。

　　下面透過範例演示對指定儲存格 C2 進行上下、左右和行列 3 個方向的擴充來得到新的儲存格區域，並選擇它們。Excel VBA 程式範例檔案的存放路徑為 Samples\ch04\Excel VBA\ 扩展单元格区域 .xlsm。

【Excel VBA】

```
sht.Range("C2").Resize(3).Select       'C2:C4，單列
sht.Range("C2").Resize(1, 3).Select    'C2:E2，單行
sht.Range("C2").Resize(3, 3).Select    'C2:E4，多行多列
```

【Python xlwings】

```
>>> sht.range('C2').resize(3).select()       #C2:C4，單列
>>> sht.range('C2').resize(1, 3).select()    #C2:E2，單行
>>> sht.range('C2').resize(3, 3).select()    #C2:E4，多行多列
```

4.3.5　修改儲存格區域的屬性

　　使用 Excel VBA 和 Python xlwings 可以修改儲存格區域的屬性，如背景顏色、字型大小、樣式等。下面將 A2 儲存格的背景顏色設定為綠色，字型大小設定為 20、粗體、傾斜。Excel VBA 程式範例檔案的存放路徑為 Samples\ch04\Excel VBA\ 修改单元格区域属性 .xlsm。

【Excel VBA】

```
sht.Range("A2").Interior.Color=RGB(0,255,0)
sht.Range("A2").Font.Size=20
sht.Range("A2").Font.Bold=True
sht.Range("A2").Font.Italic=True
```

【Python xlwings】

```
>>> sht.range('A2').color=(0,255,0)
>>> sht.api.Range('A2').Font.Size=20
>>> sht.api.Range('A2').Font.Bold=True
>>> sht.api.Range('A2').Font.Italic=True
```

第 5 章

流程控制

　　變數是電腦語言中最基本的元素。當讀者可以透過運算式用運算子連接變數組成一個更長的程式部分或一行敘述時，此時讀者已經具備寫一行敘述的能力。學完本章以後，讀者將具備寫一個程式區塊（即多行敘述）的能力。多行敘述透過流程控制敘述連接變數和運算式，形成一個完整的邏輯結構，一個局部的整體。常見的流程控制結構有判斷結構、迴圈結構等。

⬚ 5.1 │ 判斷結構

判斷結構用於測試一個條件運算式，並根據測試結果執行不同的操作。Excel VBA 和 Python 支援多種不同形式的判斷結構。

5.1.1 單分支判斷結構

單分支判斷結構只舉出滿足判斷條件時要執行的敘述。

【Excel VBA】

在 Excel VBA 中，單分支判斷結構的語法格式如下。

```
If 判斷條件 Then 執行敘述
```

其中，判斷條件經常是一個關係運算運算式或邏輯運算運算式，當滿足判斷條件時執行 Then 後面的敘述。

【Python】

在 Python 中，單分支判斷結構的語法格式如下。

```
if 判斷條件：執行敘述
```

其中，判斷條件經常是一個關係運算運算式或邏輯運算運算式，當滿足判斷條件時執行冒號後面的敘述。

下面用一個例子演示單分支判斷結構。要求執行時期舉出一個數字，並用單分支判斷結構判斷數字是否為 1。如果是，則輸出「輸入的值是 1」。

【Excel VBA】

範例檔案的存放路徑為 Samples\ch05\Excel VBA\ 判斷结构 .xlsm。

```
Sub Test1()
  Dim intA As Integer
  intA = InputBox(" 請輸入一個數字：")
```

```
    If intA = 1 Then Debug.Print ("輸入的值是1")
End Sub
```

執行過程，彈出輸入框，在文字標籤中輸入 1，「立即視窗」面板中的輸出結果為「輸入的值是 1」。

【Python】

範例的 .py 檔案的存放路徑為 Samples\ch05\Python\sam05-001.py。

```
a=input('請輸入一個數字：')
if (int(a)==1): print('輸入的值是1')
```

在 Python IDLE 檔案腳本視窗中，選擇 Run → Run Module 命令，此時 IDLE 命令列視窗提示「請輸入一個數字：」，輸入 1，按 Enter 鍵，顯示下面的結果。

```
>>> = RESTART: ...\Samples\ch05\Python\sam05-001.py
請輸入一個數字：1
輸入的值是1
```

5.1.2　二分支判斷結構

二分支判斷結構可以根據判斷條件結果的不同改變程式執行的流程。如果判斷條件為真，則執行指定敘述；如果判斷條件為假，則執行其他的敘述。

【Excel VBA】

在 Excel VBA 中，二分支判斷結構的語法格式如下。

```
If 判斷條件 Then
    執行敘述 ...
Else
    執行敘述 ...
End If
```

【Python】

在 Python 中，二分支判斷結構的語法格式如下。

```
if 判斷條件 :
    執行敘述 ...
else:
    執行敘述 ...
```

下面用一個例子演示二分支判斷結構的應用。先輸入一個數字，然後判斷數字是否大於 0。如果數字大於 0，則輸出「成功。」；如果數字小於或等於 0，則輸出「失敗。」。

【 Excel VBA 】

範例檔案的存放路徑為 Samples\ch05\Excel VBA\ 判斷结构 .xlsm。

```vba
Sub Test2()
  Dim intPassed As Integer
  intPassed = InputBox(" 請輸入一個數字：")
  If intPassed > 0 Then
    Debug.Print "成功。"
  Else
    Debug.Print "失敗。"
  End If
End Sub
```

執行過程，彈出輸入框，在文字標籤中輸入 5，「立即視窗」面板中的輸出結果為「成功。」。

【 Python 】

範例的 .py 檔案的存放路徑為 Samples\ch05\Python\sam05-002.py。

```python
passed=int(input(' 請輸入一個數字：'))      # 提示輸入數字
if (passed>0):                             # 根據輸入的數字進行判斷，如果數字大於 0
    print(' 成功。')
else:                                      # 如果數字小於或等於 0
    print(' 失敗。')
```

在 Python IDLE 檔案腳本視窗中，選擇 Run → Run Module 命令，IDLE 命令列視窗提示「請輸入一個數字：」，輸入 5，按 Enter 鍵，顯示下面的結果。

```
>>> = RESTART: ...\Samples\ch05\Python\sam05-002.py
請輸入一個數字：5
成功。
```

5.1.3 多分支判斷結構

多分支判斷結構是在二分支判斷結構的基礎上進行擴充的：在第 1 個判斷條件不滿足時舉出第 2 個判斷條件，第 2 個判斷條件不滿足時舉出第 3 個判斷條件，依此類推。若滿足當前條件則執行對應的敘述，若都不滿足則執行最後面的敘述。

【Excel VBA】

在 Excel VBA 中，多分支判斷結構的語法格式如下。

```
If 判斷條件 1 Then
        執行敘述 1……
Else If 判斷條件 2 Then
        執行敘述 2……
Else If 判斷條件 3 Then
        執行敘述 3……
...
Else
        執行敘述 n……
End If
```

【Python】

在 Python 中，多分支判斷結構的語法格式如下。

```
if 判斷條件 1:
        執行敘述 1……
elif 判斷條件 2:
        執行敘述 2……
elif 判斷條件 3:
        執行敘述 3……
...
else:
        執行敘述 n……
```

　　下面用多分支判斷結構判斷給定的成績屬於哪個等級。如果成績大於或等於 90 分，則為優秀；如果成績大於或等於 80 分，則為良好；如果成績大於或等於 70 分，則為中等；如果成績大於或等於 60 分，則為及格；如果以上條件都不滿足，則為不及格。

【Excel VBA】

　　範例檔案的存放路徑為 Samples\ch05\Excel VBA\ 判斷结构 .xlsm。

```vba
Sub Test3()
  Dim intSC As Integer
  intSC = InputBox(" 請輸入一個數字：")
  If intSC >= 90 Then
    Debug.Print " 優秀 "
  ElseIf intSC >= 80 Then
    Debug.Print " 良好 "
  ElseIf intSC >= 70 Then
    Debug.Print " 中等 "
  ElseIf intSC >= 60 Then
    Debug.Print " 及格 "
  Else
    Debug.Print " 不及格 "
  End If
End Sub
```

　　執行過程，彈出輸入框，在文字標籤中輸入 85，「立即視窗」面板中的輸出結果為「良好」。

【Python】

　　範例的 .py 檔案的存放路徑為 Samples\ch05\Python\sam05-003.py。

```python
sc= int(input(' 請輸入一個數字：'))
if(sc>=90):
    print(' 優秀 ')
elif(sc>=80):
    print(' 良好 ')
elif(sc>=70):
    print(' 中等 ')
```

```
elif(sc>=60):
    print(' 及格 ')
else:
    print(' 不及格 ')
```

第 1 行用 input 函式實現一個輸入提示，提示輸入一個數字；第 2 ～ 11 行為多分支判斷結構，用於判斷輸入的成績屬於哪個等級。

在 Python IDLE 檔案腳本視窗中，選擇 Run → Run Module 命令，IDLE 命令列視窗提示「請輸入一個數字：」，輸入 88，按 Enter 鍵，顯示下面的結果。

```
>>> = RESTART: ...\Samples\ch05\Python\sam05-003.py
請輸入一個數字：88
良好
```

5.1.4　有嵌套的判斷結構

如果一個判斷結構的 If(if) 區塊、Else If(elif) 區塊或 Else(else) 區塊中包含新的判斷結構，則將這個判斷結構稱為有嵌套的判斷結構。

【Excel VBA】

在 Excel VBA 中，嵌套結構的形式具有類似下面的語法格式。

```
If 判斷條件 1 Then
    執行敘述……
    If 判斷條件 2 Then
        執行敘述……
    Else If 判斷條件 3 Then
        執行敘述……
    Else
        執行敘述……
    End If
Else If 判斷條件 4 Then
    執行敘述……
Else
    執行敘述……
End If
```

【Python】

在 Python 中，嵌套結構的形式具有類似下面的語法格式。

```
if 判斷條件 1:
    執行敘述……
    if 判斷條件 2:
        執行敘述……
    elif 判斷條件 3:
        執行敘述……
    else:
        執行敘述……
elif 判斷條件 4:
    執行敘述……
else:
    執行敘述……
```

下面將 5.1.3 節中對成績分等級的範例改寫成有嵌套的判斷結構。判斷成績是否大於或等於 60 分，如果不是則直接判斷為不及格，如果是則嵌套一個多分支判斷結構，則繼續判斷成績屬於哪個等級。

【Excel VBA】

範例檔案的存放路徑為 Samples\ch05\Excel VBA\ 判斷結构 .xlsm。

```vba
Sub Test4()
  Dim intSC As Integer
  intSC = InputBox(" 請輸入一個數字：")
  If intSC >= 60 Then
    If intSC >= 90 Then
      Debug.Print " 優秀 "
    ElseIf intSC >= 80 Then
      Debug.Print " 良好 "
    ElseIf intSC >= 70 Then
      Debug.Print " 中等 "
    Else
      Debug.Print " 及格 "
    End If
  Else
    Debug.Print " 不及格 "
```

```
  End If
End Sub
```

　　執行過程，彈出輸入框，在文字標籤中輸入 85，「立即視窗」面板中的輸出結果為「良好」。

【Python】

　　範例的 .py 檔案的存放路徑為 Samples\ch05\Python\sam05-004.py。

```
sc= int(input(' 請輸入一個數字：'))
if sc>=60:
    if sc>=90:
        print(' 優秀 ')
    elif sc>=80:
        print(' 良好 ')
    elif sc>=70:
        print(' 中等 ')
    else:
        print(' 及格 ')
else:
    print(' 不及格 ')
```

　　在 Python IDLE 檔案腳本視窗中，選擇 Run → Run Module 命令，IDLE 命令列視窗提示「請輸入一個數字：」，輸入 88，按 Enter 鍵，顯示下面的結果。

```
>>> = RESTART: ...\Samples\ch05\Python\sam05-004.py
請輸入一個數字：88
良好
```

5.1.5　三元操作運算式

　　三元操作運算式在一行敘述中實現一個二分支判斷結構。下面在 Excel VBA 和 Python 中分別實現三元操作運算式的效果。

【Excel VBA】

　　在 Excel VBA 中，引用 IIF 函式實現三元操作。IIF 函式根據運算式的值傳回兩個結果中的一個。

```
varR = IIF(expr, truepart, falsepart)
```

其中，expr 為必要參數，用來判斷真偽的運算式；truepart 為必要參數，如果 expr 的值為 True，則傳回這部分的值或運算式；falsepart 為必要參數，如果 expr 的值為 False，則傳回這部分的值或運算式。

【Python】

在 Python 中，可以使用下面的語法格式實現三元操作。

```
b if 判斷條件 else a
```

如果滿足判斷條件，則結果為 b；如果不滿足判斷條件，則結果為 a。

下面使用三元操作運算式判斷給定的數是否大於或等於 500。

【Excel VBA】

範例檔案的存放路徑為 Samples\ch05\Excel VBA\ 判斷结构 .xlsm。

```
Sub Test5()
  Dim intA As Integer
  intA = InputBox(" 請輸入一個數字：")
  Debug.Print IIf(intA > 500, ">500", "<=500")
End Sub
```

執行過程，彈出輸入框，在文字標籤中輸入 300，「立即視窗」面板中的輸出結果為 <=500。

【Python】

範例的 .py 檔案的存放路徑為 Samples\ch05\Python\sam05-005.py。

```
a= int(input(' 請輸入一個數字：'))
print('>500' if a>500 else '<=500')
```

在 Python IDLE 檔案腳本視窗中，選擇 Run → Run Module 命令，IDLE 命令列視窗提示「請輸入一個數字：」，輸入 300，按 Enter 鍵，顯示下面的結果。

```
>>> = RESTART: ...\Samples\ch05\Python\sam05-005.py
請輸入一個數字：300
<=500
```

下面使用三元操作運算式求給定的 3 個數中的最小值。

【Excel VBA】

範例檔案的存放路徑為 Samples\ch05\Excel VBA\ 判斷結構 .xlsm。

```
Sub Test6()
  Dim intX As Integer
  Dim intY As Integer
  Dim intZ As Integer
  Dim intS As Integer
  intX = 10: intY = 20: intZ = 30
  intS = IIf(intX < intY, intX, intY)          ' 將 intX 和 intY 的較小值賦給 intS
  intS = IIf(intS < intZ, intSmall, intZ)      ' 得到 intS 和 intZ 的較小值
  Debug.Print intS
End Sub
```

執行過程，在「立即視窗」面板中輸出最小值 10。

【Python】

範例的 .py 檔案的存放路徑為 Samples\ch05\Python\sam05-006.py。

```
x,y,z = 10,30,20
small = (x if x < y else y)            # 傳回前兩個數的較小值
small = (z if small > z else small)    # 傳回較小值和第 3 個數的較小值
print(small)
```

在 Python IDLE 檔案腳本視窗中，選擇 Run → Run Module 命令，IDLE 命令列視窗顯示下面的結果。

```
>>> = RESTART: ...\Samples\ch05\Python\sam05-006.py
10
```

5.1.6 判斷結構範例：判斷是否為閏年

閏年包括世紀閏年和普通閏年。世紀閏年可以被 400 整除；普通閏年能被 4 整除，但不能被 100 整除。下面判斷圖 5-1 中 A 列的指定年份是否為閏年，並將結果顯示在 B 列對應行的儲存格中。

🎧 圖 5-1 判斷給定年份是否為閏年

【Excel VBA】

範例檔案的存放路徑為 Samples\ch05\Excel VBA\ 判斷是否闰年 .xlsm。

```
Sub Test()
  Dim intI As Integer
  Dim intY As Integer
  Dim bolYN As Boolean                    '如果值為真則表示是閏年，否則不是閏年

  For intI = 2 To 7
    intY = ActiveSheet.Cells(intI, 1).Value      '獲取年份
    If (intY Mod 400) = 0 Then                    '判斷是否為世紀閏年
      bolYN = True
    ElseIf (intY Mod 4) = 0 Then          '繼續判斷是否為普通閏年
      If (intY Mod 100) > 0 Then          '能被 4 整除，不能被 100 整除，是普通閏年
        bolYN = True
      Else                                '能被 4 整除，也能被 100 整除，不是普通閏年
        bolYN = False
      End If
```

```
    Else                              ' 不能被 4 整除，不是閏年
      bolYN = False
    End If
    If bolYN Then                     ' 根據 bolYN 的值在 B 列的對應位置輸出結果
      ActiveSheet.Cells(intI, 2).Value = " 是 "
    Else
      ActiveSheet.Cells(intI, 2).Value = " 不是 "
    End If
  Next
End Sub
```

執行程式，輸出的判斷結果如圖 5-1 中的 B 列所示。

【Python】

範例的 .py 檔案的存放路徑為 Samples\ch05\Python\sam05-01.py。

```python
import xlwings as xw       # 匯入 xlwings 套件
# 從 constants 類別中匯入 Direction
from xlwings.constants import Direction
import os                          # 匯入 os 套件
# 獲取 .py 檔案的當前路徑
root = os.getcwd()
# 建立 Excel 應用，可見，沒有工作表
app=xw.App(visible=True, add_book=False)
# 打開資料檔案，寫入
bk=app.books.open(fullname=root+r'\ 判斷是否閏年 .xlsx',read_only=False)
sht=bk.sheets(1)                   # 獲取第 1 個工作表
# 工作表中 A 列資料的最大行號
rows=sht.api.Range('A1').End(Direction.xlDown).Row
n=1                                # 記錄當前第幾行資料
# 遍歷資料區域的儲存格
for rng in sht.range('A2:A'+str(rows)):
    n+=1                           # 每迴圈一次，工作表中下移一行，即行數加 1
    yr=int(rng.value)              # 獲取年份
    # 如果年份能被 400 整除，則是閏年
    if yr%400==0:
        yn=True
    elif yr%4==0:                  # 否則判斷是否能被 4 整除
```

```
        if yr%100>0:                    #繼續判斷能否被 100 整除，如果不能，則是閏年
            yn=True
        else:                           #如果能被 100 整除，就不是閏年
            yn=False
    else:                               #如果不能被 4 整除，就不是閏年
        yn=False
    #根據 yn 的值在 B 列輸出 " 是 " 或 " 不是 "
    if yn:
        sht.cells(n,2).value=' 是 '
    else:
        sht.cells(n,2).value=' 不是 '
```

在 Python IDLE 檔案腳本視窗中，選擇 Run → Run Module 命令，打開資料檔案並進行計算，結果顯示在工作表的 B 列中，如圖 5-1 所示。

🔲 5.2 │ 迴圈結構：for 迴圈

迴圈結構允許重複執行一行或多行程式，主要有 for 迴圈和 while 迴圈等幾種形式。for 迴圈的迴圈次數是確定的；while 迴圈的迴圈次數是不確定的，在滿足要求時繼續迴圈或在滿足要求前繼續迴圈。本節介紹 for 迴圈。

5.2.1 for 迴圈

【Excel VBA】

利用 For 迴圈按給定的次數重複操作，語法格式如下。

```
For Num = First To Last [Step Inc]
    執行敘述
Next [Num]
```

當 Num 位於 First 和 Last 之間時執行敘述。其中，Num 為迭代變數，First 為 Num 的初值，Last 為 Num 的終值，Step 為相鄰迴圈的步進值間隔。當 First 比 Last 小時，步進值為正值；當 First 比 Last 大時，步進值為負值。

【Python】

利用 for 迴圈按給定的次數重複操作，語法格式如下。

```
for 迭代變數 in 可迭代物件
    執行敘述
```

使用 for 迴圈遍歷指定的可迭代物件，即針對可迭代物件中的每個元素執行相同的操作。可迭代物件包括字串、串列、元組、字典等，這些物件將在後面的章節中介紹。

下面的例子以 100 為間隔，在「立即視窗」面板中輸出 1 ～ 500 的值。

【Excel VBA】

範例檔案的存放路徑為 Samples\ch05\Excel VBA\For 循环 .xlsm。

```
Sub Test1()
  Dim intA As Integer
  For intA = 1 To 500 Step 100
    Debug.Print intA
  Next
End Sub
```

執行過程，在「立即視窗」面板中輸出的結果如下。

```
1
101
201
301
401
```

【Python】

範例的 .py 檔案的存放路徑為 Samples\ch05\Python\sam05-007.py。其中，range 函式以 100 為間隔在 1 ～ 500 的範圍內取數，組成一個可迭代的 range 物件。

```
for num in range(1,500,100):
    print(num)
```

在 Python IDLE 檔案腳本視窗中，選擇 Run → Run Module 命令，IDLE 命令列視窗顯示下面的結果。

```
>>> = RESTART: ...\Samples\ch05\Python\sam05-007.py
1
101
201
301
401
```

下面使用 for 迴圈對 1 ～ 10 的整數進行累加。

【Excel VBA】

範例檔案的存放路徑為 Samples\ch05\Excel VBA\For 循环 .xlsm。

```
Sub Test2()
  Dim intI As Integer
  Dim intSum As Integer          '儲存累加和
  intSum = 0
  For intI = 1 To 10
    intSum = intSum + intI       '累加
  Next
  Debug.Print intSum
End Sub
```

執行過程，在「立即視窗」面板中輸出 1 ～ 10 的累加和 55。

【Python】

範例的 .py 檔案的存放路徑為 Samples\ch05\Python\sam05-008.py。

```
sum=0                          #初值 0
num=0
for num in range(11):          #num 在 1 ～ 10 的範圍內一個一個設定值
    sum+=num                   #累加
print(sum)
```

在 Python IDLE 檔案腳本視窗中，選擇 Run → Run Module 命令，IDLE 命令列視窗顯示下面的結果。

```
>>> = RESTART: ...\Samples\ ch05\Python\sam05-008.py
55
```

5.2.2 嵌套 for 迴圈

嵌套迴圈結構在迴圈結構的內部又包含新的迴圈結構，可以有兩層或多層迴圈。下面使用嵌套 for 迴圈生成九九乘法表。

【Excel VBA】

範例檔案的存放路徑為 Samples\ch05\Excel VBA\For 循环 .xlsm。

```
Sub Test3()
  Dim intI As Integer
  Dim intJ As Integer
  For intI = 1 To 9
    For intJ = 1 To intI
      ' 使用 Trim 函式可以去掉字串兩端的空格
      Debug.Print CStr(intJ) & "*" & CStr(intI); "="; Trim(CStr(intJ * intI)); " ";
    Next intJ
    Debug.Print
  Next intI
End Sub
```

執行過程，在「立即視窗」面板中輸出九九乘法表。

```
1*1=1
1*2=2 2*2=4
1*3=3 2*3=6  3*3=9
1*4=4 2*4=8  3*4=12 4*4=16
1*5=5 2*5=10 3*5=15 4*5=20 5*5=25
1*6=6 2*6=12 3*6=18 4*6=24 5*6=30 6*6=36
1*7=7 2*7=14 3*7=21 4*7=28 5*7=35 6*7=42 7*7=49
1*8=8 2*8=16 3*8=24 4*8=32 5*8=40 6*8=48 7*8=56 8*8=64
1*9=9 2*9=18 3*9=27 4*9=36 5*9=45 6*9=54 7*9=63 8*9=72 9*9=81
```

【Python】

範例的 .py 檔案的存放路徑為 Samples\ch05\Python\sam05-009.py。

```
for i in range(1,10):
    s=''
    for j in range(1,i+1):
        s+=str.format('{1}*{0}={2} ',i,j,i*j)
    print(s)
```

第 1 行用 for 迴圈的迭代變數 i 在 1～9 中一個一個設定值，舉出各乘式的第 1 個因數；第 2 行將變數 s 初始化為空字串，該變數記錄一行乘式；第 3 行用內層 for 迴圈的迭代變數在 1～i 中一個一個設定值，作為各乘式的第 2 個因數，因為在 1～i 中設定值，所以最後得到的乘法表是一個下三角的形狀；第 4 行用字串物件的 format 函式格式化組裝乘式，各乘式之間用空格隔開；第 5 行輸出當前行所有乘式。最終，九九乘法表的所有乘式就是這樣一行行生成的。

在 Python IDLE 檔案腳本視窗中，選擇 Run → Run Module 命令，IDLE 命令列視窗顯示的結果與 Excel VBA 程式的執行結果相同，都是九九乘法表。

5.2.3 Python 中的 for⋯else 的用法

for 迴圈還提供了一種 for⋯else 的用法，else 中的敘述在迴圈正常執行完時執行。下面判斷整數 7 是不是質數。判斷一個整數是不是質數的演算法是用 2 到這個整數的範圍內的每個整數作為除數除以該整數，如果該整數能被至少一個數整除，那麼它不是質數，否則是質數。

範例的 .py 檔案的存放路徑為 Samples\ch05\Python\sam05-010.py。

```
n= int(input(' 請輸入一個數字：'))
for i in range(2,n):
    if n%i==0:
        print(str(n)+' 不是質數 ')
        break
else:
    print(str(n)+' 是質數 ')
```

第 1 行用 input 函式輸入一個整數；第 2～7 行用 for⋯else 結構判斷給定的整數是不是質數。只要出現 n 能被 2～n 中的某個整數整除的情況就中斷迴圈，輸出它不是質數，遍歷完後如果沒有出現這種情況，則輸出它是質數。

在 Python IDLE 檔案腳本視窗中，選擇 Run → Run Module 命令，IDLE 命令列視窗提示「請輸入一個數字：」，輸入 5，按 Enter 鍵，顯示下面的結果。

```
>>> = RESTART: ...\Samples\ch05\Python\sam05-010.py
請輸入一個數字：5
5 是質數
```

再次執行，輸入 9，按 Enter 鍵，顯示下面的結果。

```
>>> = RESTART: ...\Samples\ch05\Python\sam05-010.py
請輸入一個數字：9
9 不是質數
```

5.2.4　for 迴圈範例：求給定資料的最大值和最小值

如圖 5-2 所示，工作表的 A 列中給定了一組資料，下面求該組資料的最大值和最小值。

🎧 圖 5-2　求給定資料的最大值和最小值

【Excel VBA】

範例檔案的存放路徑為 Samples\ch05\Excel VBA\ 求最大值和最小值 -For 循环 .xlsm。

```vba
Sub MaxMin()
  Dim intI As Integer
  Dim sngMax As Single                      ' 記錄最大值
  Dim sngMin As Single                      ' 記錄最小值
  Dim sngT As Single
  Dim intRows As Integer

  sngMax = ActiveSheet.Cells(1, 1).Value    ' 用第 1 個值初始化最大值
  sngMin = ActiveSheet.Cells(1, 1).Value    ' 用第 1 個值初始化最小值
  ' 工作表中 A 列資料的最大行號
  intRows = ActiveSheet.Range("A1").End(xlDown).Row
  For intI = 2 To intRows                   ' 遍歷第 2 到最後一個值
    sngT = ActiveSheet.Cells(intI, 1).Value  ' 取第 intI 個值
    If sngT > sngMax Then sngMax = sngT      ' 透過比較，計算當前最大值
    If sngT < sngMin Then sngMin = sngT      ' 透過比較，計算當前最小值
  Next
  ActiveSheet.Cells(2, 4).Value = sngMax    ' 輸出結果
  ActiveSheet.Cells(3, 4).Value = sngMin
End Sub
```

執行程式，在工作表中輸出給定資料的最大值和最小值，如圖 5-2 所示。

【Python】

範例的資料檔案的存放路徑為 Samples\ch05\Python\ 求最大值和最小值 -for 循环 .xlsx，.py 檔案儲存在相同的目錄下，檔案名稱為 sam05-02.py。

```python
import xlwings as xw        # 匯入 xlwings 套件
# 從 constants 類別中匯入 Direction
from xlwings.constants import Direction
import os                              # 匯入 os 套件
# 獲取 .py 檔案的當前路徑
root = os.getcwd()
# 建立 Excel 應用，可見，沒有工作表
app=xw.App(visible=True, add_book=False)
# 打開資料檔案，寫入
bk=app.books.open(fullname=root+\
        r'\ 求最大值和最小值 -for 迴圈 .xlsx',read_only=False)
sht=bk.sheets(1)                # 獲取第 1 個工作表
# 工作表中 A 列資料的最大行號
```

```
rows=sht.api.Range('A1').End(Direction.xlDown).Row
max_v=sht.range('A1').value
min_v=sht.range('A1').value
# 遍歷資料區域的儲存格
for rng in sht.range('A1:A'+str(rows)):
    tp=rng.value                 # 獲取資料
    # 如果當前值比最大值大，則最大值取當前值
    if tp>max_v:max_v=tp
    # 如果當前值比最小值小，則最小值取當前值
    if tp<min_v:min_v=tp
# 輸出結果
sht.cells(2,4).value=max_v
sht.cells(3,4).value=min_v
```

執行程式，在工作表中輸出給定資料的最大值和最小值，如圖 5-2 所示。

⊞ 5.3 │ 迴圈結構：while 迴圈

for 迴圈用於遍歷指定的可迭代物件，因為該物件的長度（即物件中元素的個數）是確定的，所以迴圈的次數是確定的。還有一種情況是程式繼續迴圈，直到滿足指定的條件為止，此時迴圈次數是不確定的，事先未知，可以用 while 迴圈來實現。

5.3.1 簡單 while 迴圈

【Excel VBA】

Excel VBA 中的 While 迴圈結構有兩種形式：一種是 Do…Loop 結構，另一種是 While…Wend 結構。

Do…Loop 結構的語法格式如下。

```
Do While 條件判斷
    執行敘述
Loop
```

或使用以下形式。

```
Do
    執行敘述
Loop While 條件判斷
```

第 1 種格式是先進行條件判斷，滿足條件時再執行敘述；第 2 種格式是先執行敘述再進行條件判斷。

While…Wend 結構與上面的 Do…Loop 結構類似，先進行條件判斷，滿足條件時再執行敘述。

【Python】

簡單 while 迴圈結構是先計算條件運算式，如果結果為真，則執行迴圈本體中的敘述，否則不執行。

```
while 判斷條件:
    執行敘述 ...
```

Python 中沒有 Excel VBA 中 Do…Loop 結構的第 2 種格式。

下面用簡單 while 迴圈求兩個自然數的最大公因數和最小公倍數。求兩個自然數的最大公因數的演算法如下。

（1）給定兩個自然數 m 和 n，且 $m>n$。

（2）m 除以 n 得餘數 r。

（3）如果 $r=0$，則 n 是最大公因數，演算法結束；否則執行步驟（4）。

（4）將 n 值賦給 m，r 值賦給 n，重複執行步驟（2）。

得到兩個自然數的最大公因數後，它們的乘積除以它們的最大公因數就可以得到它們的最小公倍數。

【Excel VBA】

範例檔案的存放路徑為 Samples\ch05\Excel VBA\While 循环 .xlsm。

```
Sub Test()
  Dim lngM As Long, lngN As Long
  Dim lngR As Long   '最大公因數
  Dim lngB As Long   '最小公倍數
  Dim lngM0 As Long, lngN0 As Long
  lngM = 100
  lngN = 15   '給定兩個自然數 m 和 n，且 m>n
  lngM0 = 100
  lngN0 = 15
  If lngM < lngN Then
    MsgBox "第一個數必須比第二個數大 "
    Exit Sub
  End If
  lngR = lngM Mod lngN   '求模
  Do While (lngR <> 0)   '如果餘數不等於 0
    lngM = lngN
    lngN = lngR
    lngR = lngM Mod lngN   '求模，餘數
  Loop
  lngB = lngM0 * lngN0 / lngN   'lngN 為最大公因數，求最小公倍數
  Debug.Print "最大公因數為 " & CStr(lngN)
  Debug.Print "最小公倍數為 " & CStr(lngB)
End Sub
```

執行過程，在「立即視窗」面板中輸出 100 與 15 的最大公因數和最小公倍數。

```
最大公因數為 5
最小公倍數為 300
```

【Python】

範例的 .py 檔案的存放路徑為 Samples\ch05\Python\sam05-011.py。

```
m=100
n=15                    # 給定兩個自然數 m 和 n，且 m>n
m0=100
n0=15
if m>=n:
    r=m%n               # 求模
```

```
while r!=0:            #如果餘數不等於 0，則執行演算法的第 4 步
    m=n
    n=r
    r=m%n
b=m0*n0/n             #n 為最大公因數，b 為最小公倍數
print(' 最大公因數為 '+str(n))
print(' 最小公倍數為 '+str(b))
```

在 Python IDLE 檔案腳本視窗中，選擇 Run → Run Module 命令，IDLE 命令列視窗顯示下面的結果。

```
>>> = RESTART: ...\Samples\ch05\Python\sam05-011.py
最大公因數為 5
最小公倍數為 300.0
```

5.3.2 Python 中有分支的 while 迴圈

Python 中提供了一種有分支的 while 迴圈，該結構中有 else 關鍵字，語法格式如下。

```
while 判斷條件 :
    執行敘述 ...
else:
    執行敘述 ...
```

當滿足判斷條件時，執行第 1 個冒號後面的敘述區塊；當不滿足判斷條件時，執行第 2 個冒號後面的敘述區塊。

下面用有分支的 while 迴圈對 1 ～ 10 求累加和，當迭代變數的設定值大於 10 時舉出提示。範例的 .py 檔案的存放路徑為 Samples\ch05\Python\sam05-012.py。

```
sum=0
n=0
while(n<=10):    #求累加和
    sum+=n
    n+=1
```

```
else:                       # 當 n 的值大於 10 時舉出提示
    print(" 數字超出 0~10 的範圍，計算終止。")
print(sum)
```

　　在 Python IDLE 檔案腳本視窗中，選擇 Run → Run Module 命令，IDLE 命令列視窗顯示下面的結果。

```
>>> = RESTART: ...\Samples\ch05\sam05-12.py
數字超出 0~10 的範圍，計算終止。
55
```

5.3.3　嵌套 while 迴圈

　　下面用嵌套 while 迴圈生成九九乘法表。

【Excel VBA】

　　範例檔案的存放路徑為 Samples\ch05\Excel VBA\While 循环 .xlsm。

```
Sub Test2()
  Dim intI As Integer
  Dim intJ As Integer
  intI = 0
  Do While intI < 9
    intJ = 0
    intI = intI + 1
    Do While intJ < intI
      intJ = intJ + 1
      ' 使用 Trim 函式去掉字串兩端的空格
      Debug.Print CStr(intJ) & "*" & CStr(intI); "="; Trim(CStr(intJ * intI)); " ";
    Loop
    Debug.Print   ' 換行
  Loop
End Sub
```

　　執行過程，在「立即視窗」面板中輸出九九乘法表。

【Python】

範例的 .py 檔案的存放路徑為 Samples\ch05\Python\sam05-013.py。

```python
i=0
while i<9:                  #外層迴圈
    j=0
    i+=1
    s=''
    while j<i:              #內層迴圈
        j+=1
        s+=str.format('{0}*{1}={2} ',i,j,i*j)   #每行的求和等式
    print(s)
```

第 1 行給變數 i 賦初值 0，變數 i 是外層迴圈的迭代變數；第 2 ～ 8 行生成九九乘法表，在外層迴圈中，迭代變數 i 的值每迭代 1 次加 1，直到等於 9，每次迭代用內層迴圈生成九九乘法表中的 1 行；第 6 ～ 8 行為內層迴圈，判斷條件為迭代變數 j 的值小於變數 i 的值，對變數 j 累加，生成當前行的乘式；第 9 行輸出九九乘法表。

在 Python IDLE 檔案腳本視窗中，選擇 Run → Run Module 命令，IDLE 命令列視窗顯示的是九九乘法表。

5.3.4　while 迴圈範例：求給定資料的最大值和最小值

本節用 while 迴圈實現 5.2.4 節的求給定資料的最大值和最小值的問題。

【Excel VBA】

範例檔案的存放路徑為 Samples\ch05\Excel VBA\ 求最大值和最小值 -While 循环 .xlsm。

```vba
Sub MaxMin()
  Dim intI As Integer
  Dim sngMax As Single   '記錄最大值
  Dim sngMin As Single   '記錄最小值
  Dim sngT As Single
  Dim intN As Integer
```

```
    Dim intRows As Integer

    ' 工作表中第 1 列資料的最大行號
    intRows = ActiveSheet.Range("A1").End(xlDown).Row
    intN = 1 ' 初始化
    sngMax = ActiveSheet.Cells(1, 1).Value   ' 用第 1 個值初始化最大值
    sngMin = ActiveSheet.Cells(1, 1).Value   ' 用第 1 個值初始化最小值
    Do While intN < intRows    'intN 小於 intRows 時一直執行
      intN = intN + 1
      sngT = ActiveSheet.Cells(intN, 1).Value   ' 取第 intI 個值
      If sngT > sngMax Then sngMax = sngT   ' 透過比較，計算當前最大值
      If sngT < sngMin Then sngMin = sngT   ' 透過比較，計算當前最小值
    Loop
    ActiveSheet.Cells(2, 4).Value = sngMax   ' 輸出結果
    ActiveSheet.Cells(3, 4).Value = sngMin
End Sub
```

執行程式，在工作表中輸出給定資料的最大值和最小值，如圖 5-2 所示。

【Python】

範例的資料檔案的存放路徑為 Samples\ch05\Python\ 求最大值和最小值 -while 循环 .xlsx，.py 檔案儲存在相同的目錄下，檔案名稱為 sam05-03. py。

```
import xlwings as xw       # 匯入 xlwings 套件
# 從 constants 類別中匯入 Direction
from xlwings.constants import Direction
import os                  # 匯入 os 套件
# 獲取 .py 檔案的當前路徑
root = os.getcwd()
# 建立 Excel 應用，可見，沒有工作表
app=xw.App(visible=True, add_book=False)
# 打開資料檔案，寫入
bk=app.books.open(fullname=root+\
    r'\ 求最大值和最小值 -while 迴圈 .xlsx',read_only=False)
sht=bk.sheets(1)    # 獲取第 1 個工作表
# 工作表中 A 列資料的最大行號
rows=sht.api.Range('A1').End(Direction.xlDown).Row
```

```
max_v=sht.range('A1').value
min_v=sht.range('A1').value
n=1
# 遍歷資料區域的儲存格
while n<9:
    n+=1
    tp=sht.cells(n,1).value  # 獲取資料
    # 如果當前值比最大值大，則最大值取當前值
    if tp>max_v:max_v=tp
    # 如果當前值比最小值小，則最小值取當前值
    if tp<min_v:min_v=tp
# 輸出結果
sht.cells(2,4).value=max_v
sht.cells(3,4).value=min_v
```

執行程式，在工作表中輸出給定資料的最大值和最小值，如圖 5-2 所示。

▦ 5.4 │ Excel VBA 的其他結構

本節介紹 Excel VBA 的另外兩種迴圈結構，即 For Each…Next 迴圈結構和 Do 迴圈結構。

5.4.1 For Each…Next 迴圈結構

利用 For Each…Next 迴圈結構可以對集合中的所有物件或陣列中的所有元素重複進行同一操作。For Each…Next 迴圈結構的語法格式如下。

```
For Each var In items
    執行敘述
Next [var]
```

它為 items 中的每個選項執行迴圈本體的敘述。其中，var 為迭代變數，items 為將要完成的選項的集合。

下面的例子是在「立即視窗」面板中一個一個輸出 App.Documents 物件的每個文字的標題。

```
Sub Test()
  Dim Document As Object
  For Each Document In App.Documents
    Debug.Print Document.Title
  Next Document
End Sub
```

執行過程,在「立即視窗」面板中輸出所有工作表的標題。

在 Python 中,萬物皆物件,所以對類別物件也可以直接使用普通的 for 迴圈進行處理。

5.4.2　Do 迴圈結構

5.3.1 節在介紹 Excel VBA 部分的 While 迴圈時已經用到了 Do 迴圈。實際上,Do 迴圈有多種語法格式,有不同的用法。整體來說,Do 迴圈的語法格式有以下 3 種。

第 1 種語法格式如下。

```
Do
  執行敘述
Loop
```

第 2 種語法格式如下。

```
Do {Until|While} 條件運算式
  執行敘述
Loop
```

第 3 種語法格式如下。

```
Do
  執行敘述
Loop {Until|While} 條件運算式
```

其中，第 1 種語法格式在迴圈起始行和終止行中都沒有條件運算式，它的條件運算式在迴圈本體內部，當滿足某個條件時用 Exit 敘述或 Goto 敘述退出迴圈；第 2 種語法格式在迴圈起始行計算條件運算式，當滿足某個條件時執行迴圈本體內部的敘述；第 3 種語法格式在迴圈終止行計算條件運算式，此時先至少執行一次迴圈本體內部的敘述再做判斷。

需要注意的是，後面兩種語法格式中的 Until 敘述和 While 敘述在用法上有所不同。Until 是執行敘述直到滿足條件時終止，While 則是當滿足條件時執行敘述。所以，當表達相同的意思時，Until 敘述和 While 敘述使用的條件運算式中的比較運算關係是相反的。舉例來說，當 intA>0 時迴圈執行敘述，可以表示為以下兩種形式

第 1 種形式如下。

```
Do While intA>0
    執行敘述
Loop
```

第 2 種形式如下。

```
Do Until intA<=0
    執行敘述
Loop
```

🔲 5.5 │ 其他敘述

前面介紹了 Excel VBA 和 Python 中常見的語法結構。除了它們，Excel VBA 和 Python 中還有一些比較特殊的敘述，用於實現跳出、跳躍、終止和佔位等操作。

5.5.1 Excel VBA 中的其他敘述

Excel VBA 中的其他敘述包括 End 敘述、Exit 敘述、Goto 敘述和 Stop 敘述等。

1 · End 敘述

End 敘述用於立刻終止巨集的執行。如果巨集正在被另一個巨集透過 MacroRun 敘述執行，則該巨集接著 MacroRun 敘述執行。

2 · Exit 敘述

Exit 敘述使巨集不再執行剩下的敘述。Exit 敘述的語法格式如下。

```
Exit {All|Do|For|Function|Property|Sub|While}
```

其中，各參數的意義如下。

Do：用於退出 Do 迴圈。

For：用於退出 For 迴圈。

Function：用於退出函式區塊。需要注意的是，本敘述清除 Err 並將 Error$ 設定為空。

Property：用於退出屬性區塊。需要注意的是，本敘述清除 Err 並將 Error$ 設定為空。

Sub：用於退出過程區塊。需要注意的是，本敘述清除 Err 並將 Error$ 設定為空。

3 · Goto 敘述

利用 Goto 敘述可以跳躍到標籤處並從該處接著執行，但是只能跳躍到當前自訂的過程、函式或屬性中的標籤處。

4 · Stop 敘述

利用 Stop 敘述可以暫停執行。如果需要重新執行，則將從下一行敘述開始執行。

在下面的例子中，當 I 等於 3 時暫停執行。

```
Sub Main
  For I = 1 To 10
    Debug.Print I
    If I = 3 Then Stop
  Next I
End Sub
```

5.5.2 Python 中的其他敘述

Python 中的其他敘述包括 break 敘述、continue 敘述和 pass 敘述等。

1・break 敘述

break 敘述用在 while 迴圈或 for 迴圈中,在必要的時候終止和跳出迴圈。

下面用 for 迴圈對給定的資料區間進行累加求和,要求累加和的大小不能超過 100,也就是說,當累加和大於 100 時用 break 敘述終止和跳出迴圈。

範例的 .py 檔案的存放路徑為 Samples\ch05\Python\sam05-014.py。

```
sum=0
num=0
for num in range(100):
    old_sum=sum
    sum+=num
    if sum>100:break      # 當累加和大於 100 時跳出迴圈
print(num-1)              # 數字
print(old_sum)            # 小於 100 的累加和
```

在 Python IDLE 檔案腳本視窗中,選擇「Run」→「Run Module」命令,IDLE 命令列視窗顯示下面的結果。

```
>>> = RESTART: ...\Samples\ch05\Python\sam05-014.py
13
91
```

也可以在 while 迴圈中使用 break 敘述跳出迴圈。用 while 迴圈改寫上面的程式。範例的 .py 檔案的存放路徑為 Samples\ch05\Python\sam05-015.py。

```
sum=0
n=0
while(n<=100):
    old_sum=sum
    sum+=n
    if sum>100:break   #當累加和大於 100 時跳出迴圈
    n+=1
print(n-1)
print(old_sum)
```

執行程式，輸出相同的計算結果。

2 · continue 敘述

continue 敘述的作用與 break 敘述的作用類似，都是用在迴圈中，用於跳出迴圈。不同的是，break 敘述是跳出整個迴圈，continue 敘述則是跳出本輪迴圈。

下面的 for 迴圈輸出範圍為 0 ～ 4 的整數，但是不輸出 3。範例的 .py 檔案的存放路徑為 Samples\ch05\Python\sam05-016.py。

```
for i in range(5):
        if i==3:continue
        print(i)
```

第 2 行用了一個單分支判斷結構，當迭代變數的值為 3 時使用 continue 敘述跳出本輪迴圈。

在 Python IDLE 檔案腳本視窗中，選擇「Run」→「Run Module」命令，IDLE 命令列視窗顯示下面的結果。

```
>>> = RESTART: .../Samples/ch05\Python\sam05-016.py
0
1
2
4
```

可見，沒有輸出資料 3。

3 · pass 敘述

　　pass 敘述是佔位敘述，不做任何事情，用於保持程式結構的完整性。在判斷結構中，當滿足判斷條件時，如果什麼也不執行，就會出錯，即在檔案或命令列執行下面的敘述。

```
if a>1:   #什麼也不做
```

　　這時會出錯。此時把 pass 敘述放在冒號後面，雖然還是什麼也不做，但是可以保證語法的完整性，不會出錯。

```
if a>1:pass   #什麼也不做
```

　　另外，在自訂函式時，如果定義一個空函式，則也會出錯。此時函式本體中如果有 pass 敘述，就不會出錯。

## 第 6 章

字串

　　字串是由一個或一個以上的字元組成的字元序列，是常見的資料型
態之一。可以對建立的字串進行索引、切片、分割、連接、查詢、替換
和比較等操作。

⊟ 6.1 | 建立字串

既可以直接使用引號建立字串，也可以使用轉換函式建立字串。

6.1.1 直接建立字串

可以使用引號直接建立字串。

【Excel VBA】

在 Excel VBA 中，建立字串用雙引號將字元序列括起來賦給變數。範例檔案的存放路徑為 Samples\ch06\Excel VBA\ 創建字符串 .xlsm。

```
Sub Test()
  Dim strA As String
  strA = "Hello"
  Debug.Print strA
End Sub
```

執行過程，在「立即視窗」面板中輸出以下結果。

```
Hello
```

【Python】

在 Python 中，建立字串用單引號或雙引號將字元序列括起來賦給變數。

使用單引號建立字串的範例如下。

```
>>> a='Hello'
```

使用雙引號建立字串的範例如下。

```
>>> a="Hello"
```

如果要建立的字串有換行，則可以使用下面的方法。

【Excel VBA】

在 Excel VBA 中,如果字串有換行,則在換行處插入確認分行符號 vbCrLf, 並用連接子「&」連接字串的各部分。範例檔案的存放路徑為 Samples\ch06\ Excel VBA\ 創建字符串 .xlsm。

```
Sub Test2()
  Dim strA As String
  strA = "Hello" & vbCrLf & "VBA"
  Debug.Print strA
End Sub
```

執行過程,在「立即視窗」面板中輸出以下結果。

```
Hello
VBA
```

【Python】

在 Python 中,如果字串有換行,則用三引號將它們括起來。具體範例如下。

```
>>> a='''Hello
Python'''
>>> a
'Hello\nPython'
```

在傳回結果中,\n 為分行符號。三引號是連續輸入的 3 個單引號。

如果字串中包含單引號或雙引號,則可以使用下面的方法。

【Excel VBA】

在 Excel VBA 中,如果字串中包含單引號,則直接輸入單引號;如果字串中包含雙引號,則用兩個雙引號表示。範例檔案的存放路徑為 Samples\ch06\ Excel VBA\ 創建字符串 .xlsm。

```
Sub Test3()
  Dim strA As String
  Dim strB As String
```

```
   strA = "I'm VBA."
   strB = "I love ""VBA""."
   Debug.Print strA
   Debug.Print strB
End Sub
```

執行過程，在「立即視窗」面板中輸出以下結果。

```
I'm VBA.
I love "VBA".
```

【 Python 】

在 Python 中，可以用不同的引號將整個字串括起來進行賦值。具體範例如下。

```
>>> a="I'm Python."
>>> a
"I'm Python."
>>> b='I love "Python".'
>>> b
'I love "Python".'
```

程式設計時使用的固定長度的字串稱為定長字串。定長字串的長度是固定的，當給定字串的長度超出固定長度時，超出部分會被截除；當給定字串的長度達不到固定長度時，後面用空格補齊。

【 Excel VBA 】

在 Excel VBA 中，建立定長字串可以使用下面的語法格式。

```
String*size
```

舉例來說，宣告一個長度為 8 位元組的字串 strB，並且長度固定為 8 位元組，當長度小於 8 位元組時後面用空格補齊，當長度大於 8 位元組時截去多餘部分。範例檔案的存放路徑為 Samples\ch06\Excel VBA\ 创建字符串 .xlsm。

```
Sub Test4()
  Dim strB As String * 8
```

```
    strB = "Hello VBA!"
    Debug.Print strB
End Sub
```

執行過程，在「立即視窗」面板中輸出以下結果。

```
Hello VB
```

【 Python 】

在 Python 中，沒有定長字串資料型態，如果要獲取定長字串，則需要撰寫函式。當給定字串的長度超出固定長度時，透過切片獲取前面固定長度的子字串；當給定字串的長度達不到固定長度時，後面用空格補齊。

【 Excel VBA 】

使用 String 函式可以重複輸出只包含單一字元的字串。範例檔案的存放路徑為 Samples\ch06\Excel VBA\ 創建字符串 .xlsm。

```
Sub Test5()
    Dim strC As String
    strC = String(10, "ABC")
    Debug.Print strC
End Sub
```

執行過程，在「立即視窗」面板中輸出以下結果。

```
AAAAAAAAAA
```

【 Excel VBA 】

使用 Space 函式可以生成指定個數的空格。範例檔案的存放路徑為 Samples\ch06\Excel VBA\ 創建字符串 .xlsm。

```
Sub Test6()
    Dim strD As String
    strD = "Hello" & Space(5) & "VBA!"
    Debug.Print strD
End Sub
```

執行過程，在「立即視窗」面板中輸出以下結果。

```
Hello     VBA!
```

在前後兩個字串的中間插入了 5 個空格。

6.1.2 透過轉換類型建立字串

使用資料型態轉換函式，可以將其他類型的變數轉為字串類型，從而間接建立字串類型的變數。

【Excel VBA】

在 Excel VBA 中，使用 CStr 函式可以將其他類型的變數轉為字串類型。下面建立一個短整數變數並賦值，先使用 CStr 函式將它轉為字串類型，然後在「立即視窗」面板中輸出變數的值。範例檔案的存放路徑為 Samples\ch06\Excel VBA\ 創建字符串 .xlsm。

```
Sub Test7()
  Dim intA As Integer
  Dim strB As String
  intA = 123
  strB = CStr(intA)
  Debug.Print strB
End Sub
```

執行過程，在「立即視窗」面板中輸出字串 "123"。

【Python】

在 Python 中，可以使用 str 函式將其他類型的變數轉為字串類型。下面建立一個整數變數，並用 str 函式進行轉換後輸出它的值。

```
>>> a=123
>>> b=str(a)
>>> b
'123'
```

6.1.3　字串的長度

字串的長度，即字串中字元的個數。使用對應的函式可以獲取字串的長度。

【Excel VBA】

在 Excel VBA 中，使用 Len 函式可以獲取指定字串的長度。範例檔案的存放路徑為 Samples\ch06\Excel VBA\ 創建字符串 .xlsm。

```
Sub Test8()
  Dim strL As String
  strL = "Hello python & VBA!"
  Debug.Print Len(strL)
End Sub
```

執行過程，在「立即視窗」面板中輸出字串的長度 19。

【Python】

在 Python 中，可以使用 len 函式傳回字串的長度。具體範例如下。

```
>>> len('hello python')    #長度
12
```

6.1.4　跳脫字元

【Python】

在 Python 中，可以使用一些字元表示特殊的操作，如 \n 表示分行符號、\r 表示確認符號等。這些字元表達的不再是字元本身的意義，將其稱為跳脫字元。Python 中常見的跳脫字元如表 6-1 所示。

▼ 表 6-1　Python 中常見的跳脫字元

跳脫字元	說明	跳脫字元	說明
\n	分行符號	\b	後退字元
\t	定位字元	\000	空
\\	自身跳脫符號	\v	縱向定位字元

（續表）

跳脫字元	說明	跳脫字元	說明
\'	單引號	\r	確認符號
\"	雙引號	\f	換頁符號

在建立字串時，如果字串中包含單引號或雙引號，使用不同的引號將字串括起來就可以解決。跳脫字元提供了另一種解決方法。具體範例如下。

```
>>> a='單引號為 \'。'
>>> a
" 單引號為 '。"
>>> b=" 雙引號為 \"。"
>>> b
' 雙引號為 "。'
```

如果希望跳脫字元保持它原始字元的含義，則在字串前面增加 r，指明不跳脫。具體範例如下。

```
>>> a='Hello \nPython.'
>>> a
'Hello \nPython.'
>>> b=r'Hello \nPython.'
>>> b
'Hello \\nPython.'
```

變數 a 引用的字串中使用 \n 進行了跳脫，變數 b 引用的字串中使用 r 指定不跳脫。所以，在變數 b 傳回的字串中，n 前面有兩個斜線，兩個斜線表示的是斜線本身。

【Excel VBA】

Excel VBA 中沒有跳脫字元的說法，類似的具有特殊意義的操作直接用 Chr 函式或特定常數指定。Excel VBA 中的特殊字元如表 6-2 所示。

字元	Chr 函式	常數
確認符號	Chr(13)	vbCr
分行符號	Chr(10)	vbLf
確認分行符號	Chr(13)+Chr(10)	vbCrLf
定位字元	Chr(9)	vbTab

下面在兩個指定的字串的中間用定位字元間隔形成新字串。範例檔案的存放路徑為 Samples\ch06\Excel VBA\ 創建字符串 .xlsm。

```
Sub Test4()
  Dim strA As String
  strA = "Hello" & vbTab & "VBA"
  Debug.Print strA
End Sub
```

執行過程，在「立即視窗」面板中輸出以下結果。

```
Hello    VBA
```

⬡ 6.2 │ 字串的索引和切片

字串的索引和切片，指的是從給定的字串中找到和提取出一個或多個單字元，或部分連續的字元。

6.2.1 字串的索引

字串的索引，指的是在字串中找到指定的字元。

【Excel VBA】

在 Excel VBA 中，使用函式 Left、Right 和 Mid 等可以實現字串中字元的索引與提取。Left 函式從最左邊提取指定個數的字元，Right 函式從最右邊提取指定個數的字元，Mid 函式從指定位置開始提取指定個數的字元。如果指定個數是 1 個，就可以實現單一字元的索引。

下面的程式給定一個字串，用函式 Left、Right 和 Mid 提取子字串。範例檔案的存放路徑為 Samples\ch06\Excel VBA\ 索引和切片 .xlsm。

```vba
Sub Test()
  Dim strA As String
  Dim strB As String
  Dim strC As String
  Dim strD As String

  strA = "abcdefg"
  strB = Left(strA, 1)                    ' 提取最左邊的字元
  strC = Right(strA, 1)                   ' 提取最右邊的字元
  strD = Mid(strA, 2, 1)                  ' 提取第 2 個字元
  strE = Mid(strA, Len(strA) - 1, 1)      ' 提取倒數第 2 個字元

  Debug.Print strB
  Debug.Print strC
  Debug.Print strD
  Debug.Print strE
End Sub
```

執行過程，在「立即視窗」面板中輸出的子字串如下。

```
a
g
b
f
```

【Python】

在 Python 中，可以使用「[]」對字串進行索引。

下面對給定字串 "abcdefg" 進行索引。

```python
>>> a='abcdefg'
>>> a[0]          # 最左邊的字元
'a'
>>> a[-1]         # 最右邊的字元，即倒數第 1 個字元
'g'
>>> a[1]          # 第 2 個字元
```

```
'b'
>>> a[-2]        # 倒數第 2 個字元
'f'
```

需要注意的是，從左到右索引時基數為 0，從右到左索引時基數為 -1。

6.2.2 遍歷字串

遍歷字串，指的是在字串中從左到右一個一個查詢和獲取每個字元。下面遍歷給定字串，輸出字串中的每個字元。

【Excel VBA】

在 Excel VBA 中，使用 For 迴圈中的 Mid 函式獲取字串中的每個字元。範例檔案的存放路徑為 Samples\ch06\Excel VBA\ 索引和切片 .xlsm。

```vba
Sub Test2()
  Dim strA As String
  Dim intI As Integer
  strA = "VBA"
  For intI = 1 To Len(strA)
    Debug.Print Mid(strA, intI, 1)
  Next
End Sub
```

執行過程，在「立即視窗」面板中輸出以下結果。

```
V
B
A
```

【Python】

在 Python 中，獲取字串中每個字元的操作更簡單。

```python
>>> for c in 'Python':
        print(c)
```

輸出結果如下。

6.2.3 字串的切片

字串的切片，指的是從字串中連續查詢和獲取多個字元。

【Excel VBA】

在 Excel VBA 中，從給定字串中定位和提取子字串可以使用函式 Left、Right 和 Mid 等。下面的程式給定一個字串，使用函式 Left、Right 和 Mid 提取子字串。範例檔案的存放路徑為 Samples\ch06\Excel VBA\ 索引和切片 .xlsm。

```
Sub Test3()
  Dim strA As String
  Dim strB As String
  Dim strC As String
  Dim strD As String

  strA="abcdefg"
  strB=Left(strA, 3)     ' 從最左邊開始提取 3 個字元
  strC=Right(strA, 3)    ' 從最右邊開始提取 3 個字元
  strD=Mid(strA, 2, 5)   ' 從第 2 個（包括第 2 個）字元開始提取 5 個字元

  Debug.Print strB
  Debug.Print strC
  Debug.Print strD
End Sub
```

執行過程，在「立即視窗」面板中輸出以下結果。

```
abc
efg
bcdef
```

【Python】

在 Python 中,使用「[]」對字串進行切片。切片操作是在替定的字串中提取一個連續的子字串。Python 中字串的切片操作如表 6-3 所示。

▼ 表 6-3 Python 中字串的切片操作

切片操作	說明	範例	結果
[:]	提取整數個字串	'abcde'[:]	'abcde'
[start:]	提取從 start 位置開始到結尾的字串	'abcde'[2:]	'cde'
[:end]	提取從頭到 end-1 位置的字串	'abcde'[:2]	'ab'
[start:end]	提取從 start 到 end-1 位置的字串	'abcde'[2:4]	'cd'
[start:end:step]	提取從 start 到 end-1 位置的字串,步進值為 step	'abcde'[1:4:2]	'bd'
[-n:]	提取倒數 n 個字元	'abcde'[-3:]	'cde'
[-m:-n]	提取倒數第 m 個到倒數第 n+1 個字元	'abcde'[-4:-2]	'bc'
[:-n]	提取從頭到倒數第 n+1 個字元	'abcde'[:-1]	'abcd'
[::-s]	步進值為 s,從右向左反向提取	'abcde'[::-1]	'edcba'

當執行正向操作時,基數為 0,範例如下。

```
>>> a='abcdefg'
>>> a[:3]          # 從左側提取 3 個字元
'abc'
>>> a[-3:]         # 從右側提取 3 個字元
'efg'
>>> a[1:6]         # 從第 2 個(包括第 2 個)字元開始提取 5 個字元
'bcdef'
```

索引編號 1 對應的字元是 'b',索引編號 6 對應的字元是 'g',結果為 'bcdef',包括開頭的 'b',不包括結尾的 'g',稱為「包頭不包尾」原則。

6.2.4 字串的索引和切片範例：使用身份證字號求年齡

　　身份證字號中的第 7 ～ 10 位數字表示居民的出生年份（編按：此為中國大陸的身份證字號格式），所以，知道身份證字號就可以計算該居民的年齡。現有一份記錄部分居民身份證字號的表單，如圖 6-1 所示，試根據這些身份證字號計算對應居民的年齡。

　🎧 圖 6-1　根據給定身份證字號計算年齡

【Excel VBA】

　　在 Excel VBA 中，先使用 For 迴圈遍歷每行資料中的身份證字號，再使用 Mid 函式獲取身份證字號中的年份資料，最後使用 Year 函式獲取當前年份，用當前年份減去從身份證字號中獲取的年份就是所求的年齡。範例檔案的存放路徑為 Samples\ch06\Excel VBA\ 根据身份证号提取年龄 .xlsm。

```
Sub Test()
  Dim intI As Integer
  Dim intR As Integer
  '資料行數
  intR = ActiveSheet.Range("C1").End(xlDown).Row
  '遍歷 C 列中的身份證字號
  For intI = 2 To intR
    '用當前年份減去從身份證字號中獲取的年份就是年齡
    ActiveSheet.Cells(intI, 4).Value = _
        Year(Now) - Mid(ActiveSheet.Cells(intI, 3).Value, 7, 4)
  Next
End Sub
```

執行程式，在工作表中的 D 列輸出所求的年齡，如圖 6-1 所示。

【Python】

在 Python 中，可以使用 datetime 模組中的 now 函式獲取當前年份，透過字串切片獲取身份證字號中的年份，從而計算年齡。範例的資料檔案的存放路徑為 Samples\ch06\Python\ 根據身份证号提取年齡 .xlsx，.py 檔案儲存在相同的目錄下，檔案名稱為 sam06-01.py。

```python
import xlwings as xw                    # 匯入 xlwings 套件
# 從 constants 類別中匯入 Direction
from xlwings.constants import Direction
import os                               # 匯入 os 套件
from datetime import datetime           # 匯入 datetime 類別
# 獲取 .py 檔案的當前路徑
root = os.getcwd()
# 建立 Excel 應用，可見，沒有工作表
app=xw.App(visible=True, add_book=False)
# 打開資料檔案，寫入
bk=app.books.open(fullname=root+\
    r'\ 根據身份證字號提取年齡 .xlsx',read_only=False)
sht=bk.sheets(1)                        # 獲取第 1 個工作表
# 工作表中 C 列資料的最大行號
rows=sht.api.Range('C1').End(Direction.xlDown).Row
n=1                                     # 記錄當前行號
# 遍歷資料區域的儲存格
for rng in sht.range('C2:C'+str(rows)):
    n+=1                                # 行號加 1
    # 獲取當前年份，減去從身份證字號中獲取的年份，得到年齡
    sht.cells(n,4).value=datetime.now().year\
            -int(str(rng.value)[6:10])
```

執行程式，在工作表的 D 列輸出所求年齡，如圖 6-1 所示。

⬛ 6.3 | 字串的格式化輸出

在輸出數字、字串和日期等資料時，常常要求按照指定的格式來輸出。本節介紹字串的格式化輸出。

6.3.1 實現字串的格式化輸出

【Excel VBA】

在 Excel VBA 中，可以使用 Format 函式對字串進行格式化輸出。Format 函式的語法格式如下。

```
strA=Format(strString,strFormat)
```

其中，strString 是給定的字串，strFormat 是指定輸出格式的字串，strA 是格式化後的字串。Format 函式的格式如表 6-4 所示。

▼ 表 6-4 Format 函式的格式

格式	說明
General Number	普通數字，去掉千分位分隔號和無效的 0
Currency	貨幣類型，增加千分位分隔號和貨幣符號，保留兩位小數
Fixed	附帶兩位小數的數字
Standard	附帶千分位分隔號和兩位小數
Percent	附帶兩位小數的百分數
Scientific	科學記數法
Yes/No	如果數值為非 0 數字則傳回 Yes，否則傳回 No
True/False	如果數值為非 0 數字則傳回 True，否則傳回 False
"" 或省略	傳回原字串，但去除小數點前後的無效 0
0	佔位格式化，不足位時補足 0
#	佔位格式化，不足位時不補足 0
%	轉化為百分數，% 代表乘以 100

（續表）

格式	說明
\	強制顯示某字元
;	分段顯示不同格式
General Date	基本日期和時間類型，如 2021/5/23 11:05:12
Long Date	作業系統定義的長日期，如 2021 年 5 月 23 日
Medium Date	作業系統定義的中日期，如 21-05-23
Short Date	作業系統定義的短日期，如 2021-5-23
Long Time	作業系統定義的長時間，如 11:05:12
Medium Time	附帶 AM/PM（上午 / 下午）的 12 小時制，不附帶秒，如 11:05 上午
Short Time	24 小時制的時間，不附帶秒，如 11:05
c	格式化為國家標準日期和時間，如 2021/5/23 11:05:12
y	一年中的第幾天（1 ～ 366），如 100
yy	兩位數的年份 (00 ～ 99)，如 21
yyy	將上面的 yy 與 y 結合在一起，如 21100
yyyy	四位數的年份 (0100 ～ 9999)，如 2021
d	一個月中的第幾天（1 ～ 31），如 2
dd	與 d 相同，但不足兩位時補足 0，如 02
ddd	3 個英文字母表示的星期幾，如 "Sat"
dddd	英文表示的星期幾，如 "Saturday"
ddddd	標準日期，如 2021/5/23
dddddd	長日期，如 2021 年 5 月 23 日
w	一個星期中的第幾天（始於星期日，星期日為 1），如 6
ww	一年中的第幾周，如 12
m	月份數（當用於時間時，也可以表示為分鐘），如 5
mm	當小於 10 時附帶前導 0 的月份數（當用於時間時，也可以表示為兩位數的分鐘數），如 05
mmm	3 個英文字母表示的月份數，如 "May"
mmmm	英文表示的月份數，如 "May"
h, hh	小時數（0 ～ 23），如 3、03

（續表）

格式	說明
n, nn	分鐘數 (0 ～ 59)，如 9、09
s, ss	秒數（0 ～ 59），如 5、05

　　下面結合一些例子進行演示，格式參數請參照表 6-4 進行查閱，此處不再介紹。範例檔案的存放路徑為 Samples\ch06\Excel VBA\ 格式化输出 .xlsm。

```
Sub Test()
  Debug.Print Format("7,294,269.60", "General Number")
  Debug.Print Format("12.69", "0.0000")
  Debug.Print Format("12.69", "#.####")
  Debug.Print Format("1.269", "0.00%")
  Debug.Print Format("12345.6098", "Currency")
  Debug.Print Format("35267", "Fixed")
  Debug.Print Format("7294269.609", "Standard")
  Debug.Print Format("0.30", "Percent")
  Debug.Print Format("0", "Yes/No")
  Debug.Print Format("2021-5-20 13:14:22", "General Date")
  Debug.Print Format("2021-5-20 13:14:22", "Short Date")
  Debug.Print Format("2021-5-20 13:14:22", "Long Time")
End Sub
```

　　執行過程，在「立即視窗」面板中輸出以下結果。

```
7294269.6
12.6900
12.69
126.90%
￥12,345.61
35267.00
7,294,269.61
30.00%
No
2021/5/20 13:14:22
2021/5/20
13:14:22
```

【Python】

當使用 print 函式輸出字串時，可以指定字串的輸出格式。其基本格式如下。

```
print(' 預留位置 1 預留位置 2' % ( 字串 1，字串 2))
```

其中，預留位置用於表示該位置字串的內容和格式。各預留位置位置上字串的內容按先後順序取百分號後面小括號中的字串。常見的字串預留位置如表 6-5 所示。

▼ 表 6-5　常見的字串預留位置

格式	說明
%c	格式化字元及其 ASCII 碼
%s	格式化字串
%d	格式化整數
%o	格式化八進位數
%x	格式化十六進位整數
%X	格式化十六進位整數（大寫）
%f	格式化浮點數，可以指定小數點後的精度
%e	用科學記數法格式化浮點數
%E	作用與 %e 相同，用科學記數法格式化浮點數
%g	自動選擇 %f 或 %e
%G	自動選擇 %f 或 %E
%p	用十六進位整數格式化變數的地址

下面結合例子介紹字串預留位置的使用。

```
>>> print('hello %s' % 'python')
hello python
>>> print('%s %s %d' % ('hello', 'python',2021))
hello python 2021
```

可以指定顯示數字的符號、寬度和精度。下面指定按浮點數輸出圓周率的值，數字的寬度為 10 個字元，小數字為 5 位，顯示正號。

```
>>> print('%+10.5f' % 3.1415927)
  +3.14159
```

結果顯示，小數點算 1 個字元，如果整個數字的寬度不足 10 個字元，則在數字前面用空格補齊。如果顯示負號，則在數字尾端用空格補齊。不足位也可以用 0 補齊。範例如下。

```
>>> print('%010.5f' % 3.1415927)
0003.14159
```

除了可以使用預留位置對字串進行格式化，還可以使用 format 函式來實現。format 函式用大括號標明被替換的字串，與預留位置「%」類似。使用 format 函式進行格式化更靈活、更方便。

下面使用 format 函式進行字串格式化輸出。當大括號中為空時，按先後順序用 format 函式的參數指定的字串進行替換。

```
>>> print(' 不指定順序：{} {}'.format('hello','python'))
不指定順序：hello python
```

在大括號中用整數指定佔位位置上顯示什麼字串，該整數表示 format 函式的參數指定的字串出現的先後順序，基數為 0。

```
>>> print(' 指定順序：{1} {0}'.format('hello','python'))
指定順序：python hello
```

有重複的範例如下。

```
>>> print('{0} {1} {0} {1}'.format('hello','python'))
hello python hello python
```

顯示為浮點數並指定小數字數的範例如下。

```
>>> print(' 保留兩位小數:{:.2f}'.format(3.1415))
保留兩位小數:3.14
```

字串顯示為百分比格式，指定小數字數，範例如下。

```
>>> print('{:.3%}'.format(0.12))
12.000%
```

用參數名稱進行匹配的範例如下。

```
>>> print('{name},{age}'.format(age=30,name=' 張三 '))
張三 ,30
```

6.3.2 字串的格式化輸出範例：資料保留 4 位小數

如圖 6-2 所示，將工作表中 B 列的資料保留 4 位小數，並放在 D 列。

	A	B	C	D	E	F	G	H
1	1270.00	0.92508363		0.9251				
2	1275.00	0.914279926		0.9143				
3	1280.00	0.903657857		0.9037			按鈕 1	
4	1285.00	0.893213527		0.8932				
5	1290.00	0.882943138		0.8829				
6	1295.00	0.87284299		0.8728				
7	1300.00	0.862909476		0.8629				
8	1305.00	0.85313908		0.8531				
9	1310.00	0.843528375		0.8435				
10	1315.00	0.834074019		0.8341				
11	1320.00	0.824772755		0.8248				
12	1325.00	0.815621406		0.8156				
13	1330.00	0.806616874		0.8066				
14	1335.00	0.797756138		0.7978				
15	1340.00	0.789036251		0.789				
16	1345.00	0.780454339		0.7805				
17	1350.00	0.772007598		0.772				
18	1355.00	0.763693292		0.7637				
19	1360.00	0.755508752		0.7555				
20	1365.00	0.747451372		0.7475				
21	1370.00	0.739518612		0.7395				
22	1375.00	0.731707991		0.7317				
23								

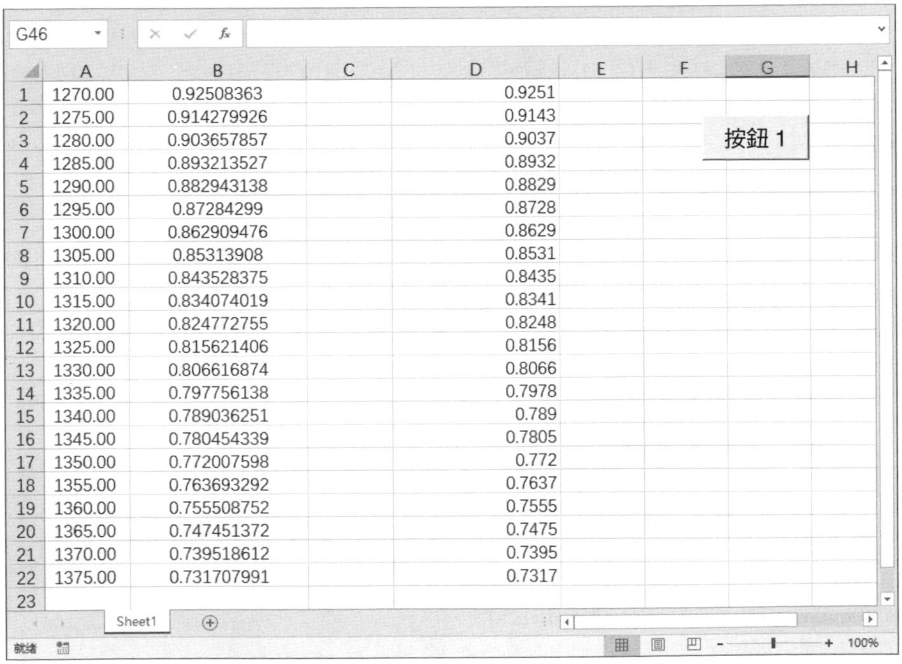

圖 6-2 B 列資料保留 4 位小數

【Excel VBA】

遍歷工作表中 B 列的每個資料，使用 Format 函式保留 4 位小數並輸出。範例檔案的存放路徑為 Samples\ch06\Excel VBA\ 数据保留 4 位小数 .xlsm。

```vb
Sub Test()
  Dim intI As Integer
  Dim intRows As Integer
  Dim sngV As Single
  '獲取資料行數
  intRows = ActiveSheet.Range("B1").End(xlDown).Row
  '對每個資料操作
  For intI = 1 To intRows
    sngV = ActiveSheet.Cells(intI, 2).Value
    '保留 4 位小數
    ActiveSheet.Cells(intI, 4).Value = Format(sngV, "0.0000")
  Next
End Sub
```

執行程式，在工作表的 D 列輸出結果，如圖 6-2 所示。

【Python】

遍歷工作表中 B 列的每個資料，使用 format 函式保留 4 位小數並輸出。範例的資料檔案的存放路徑為 Samples\ch06\Python\ 數据保留 4 位小數 .xlsx，.py 檔案儲存在相同的目錄下，檔案名稱為 sam06-02.py。

```python
import xlwings as xw                          # 匯入 xlwings 套件
# 從 constants 類別中匯入 Direction
from xlwings.constants import Direction
import os                                      # 匯入 os 套件
# 獲取 .py 檔案的當前路徑
root = os.getcwd()
# 建立 Excel 應用，可見，沒有工作表
app=xw.App(visible=True, add_book=False)
# 打開資料檔案，寫入
bk=app.books.open(fullname=root+\
    r'\ 資料保留 4 位小數 .xlsx',read_only=False)
sht=bk.sheets(1)                              # 獲取第 1 個工作表
# 工作表中 B 列資料的最大行號
rows=sht.api.Range('B1').End(Direction.xlDown).Row
n=0                                            # 記錄當前行號
# 遍歷資料區域的儲存格
for rng in sht.range('B1:B'+str(rows)):
```

```
n+=1                                    # 行號加 1
# 保留 4 位小數，在 D 列輸出
sht.cells(n,4).value='{:.4f}'.format(rng.value)
```

執行程式，在工作表的 D 列輸出結果，如圖 6-2 所示。

6.4 | 字串的大小寫

Excel VBA 和 Python 中都提供了進行字串大小寫轉換的函式，可以將字串中的所有字母轉為大寫或小寫，或將字首大寫後面的字母小寫。

6.4.1 設定字串的大小寫

【Excel VBA】

在 Excel VBA 中，可以使用 LCase 函式或 UCase 函式將字串中的所有字母轉為小寫或大寫。範例檔案的存放路徑為 Samples\ch06\Excel VBA\ 大小寫 .xlsm。

```
Sub Test()
  strL = "Hello Python & VBA!"
  Debug.Print LCase(strL)
  Debug.Print UCase(strL)
End Sub
```

執行過程，在「立即視窗」面板中輸出的轉換結果如下。

```
hello python & vba!
HELLO PYTHON & VBA!
```

也可以使用 StrConv 函式轉換字串的大小寫。StrConv 函式的第 1 個參數指定字串，第 2 個參數指定轉換方式。範例檔案的存放路徑為 Samples\ch06\Excel VBA\ 大小寫 .xlsm。

```
Sub Test2()
  strL = "Hello Python & VBA!"
```

```
  Debug.Print StrConv(strL, vbUpperCase)        '全部大寫
  Debug.Print StrConv(strL, vbLowerCase)        '全部小寫
  Debug.Print StrConv(strL, vbProperCase)       '字首大寫，其他小寫
End Sub
```

執行過程，在「立即視窗」面板中輸出的轉換結果如下。

```
HELLO PYTHON & VBA!
hello python & vba!
Hello Python & Vba!
```

【 Python 】

Python 中提供了一些傳回字串長度與進行字串字母大小寫轉換的函式和方法，如表 6-6 所示。

▼ 表 6-6 字串基本操作的函式和方法

函式和方法	說明
str.upper	字串中的字母全部大寫
str.lower	字串中的字母全部小寫
str.capitalize	字首大寫，其餘字母小寫
str.swapcase	交換字母的大小寫

具體範例如下。

```
>>> a = 'Hello Python & VBA!'
>>> a.upper()              #全部大寫
'HELLO PYTHON & VBA!'
>>> a.lower()              #全部小寫
'hello python & vba!'
>>> a.capitalize()         #字首大寫
'Hello python & vba!'
>>> a.swapcase()           #交換字母的大小寫
'hELLO pYTHON & vba!'
```

　　需要注意的是，capitalize 方法的處理結果與 Excel VBA 的處理結果不同。capitalize 方法只將整句的字首大寫，其他的字母小寫。如果希望得到 Excel VBA 的處理結果，即將每個單字的字首大寫，其他字母小寫，則可以匯入 string 套件，利用該套件中的 capwords 函式操作。具體範例如下。

```
>>> import string
>>> a = 'Hello Python & VBA!'
>>> print(string.capwords(a,' '))  #字首大寫
```

　　輸出結果如下。

```
Hello Python & Vba!
```

6.4.2　設定字串的大小寫範例：列資料統一大小寫

　　如圖 6-3 所示，上面表中的 B 列的姓名都使用大寫字母，將其轉為姓和名的字首大寫，其他字母小寫的形式。

⋒ 圖 6-3　將 B 列的姓名轉為姓和名的字首大寫其他字母小寫的形式

【Excel VBA】

遍歷 B 列的每個資料，用 StrConv 函式將姓名轉為姓和名的字首大寫其他字母小寫的形式。範例檔案的存放路徑為 Samples\ch06\Excel VBA\ 姓和名的首字母大寫 .xlsm。

```vba
Sub Test()
  Dim intI As Integer
  Dim intRows As Integer
  Dim strName As String
  '獲取資料行數
  intRows = ActiveSheet.Range("B1").End(xlDown).Row
  '對每個名字操作
  For intI = 2 To intRows
    strName = ActiveSheet.Cells(intI, 2).Value
    '字首大寫，其他字母小寫
    ActiveSheet.Cells(intI, 2).Value = StrConv(strName, vbProperCase)
  Next
End Sub
```

執行程式，在工作表的 B 列輸出轉換結果，如圖 6-3 中下面的表所示。

【Python】

遍歷 B 列的每個資料，用 string 套件中的 capwords 函式將姓名轉為姓和名的字首大寫其他字母小寫的形式。範例的資料檔案的存放路徑為 Samples\ch06\Python\ 姓和名的首字母大寫 .xlsx，.py 檔案儲存在相同的目錄下，檔案名稱為 sam06-03.py。

```python
import xlwings as xw                          # 匯入 xlwings 套件
import string                                 # 匯入 string 套件
# 從 constants 類別中匯入 Direction
from xlwings.constants import Direction
import os                                     # 匯入 os 套件
# 獲取 .py 檔案的當前路徑
root = os.getcwd()
# 建立 Excel 應用，可見，沒有工作表
app=xw.App(visible=True, add_book=False)
# 打開資料檔案，寫入
```

```
bk=app.books.open(fullname=root+\
    r'\ 姓和名的字首大寫 .xlsx',read_only=False)
sht=bk.sheets(1)    # 獲取第 1 個工作表
# 工作表中 B 列資料的最大行號
rows=sht.api.Range('B1').End(Direction.xlDown).Row
n=1                                   # 記錄當前行號
# 遍歷資料區域的儲存格
for rng in sht.range('B2:B'+str(rows)):
    n+=1   # 行號加 1
    # 字首大寫，其他字母小寫
    sht.cells(n,2).value=string.capwords(rng.value)
```

執行程式，在工作表的 B 列輸出轉換結果，如圖 6-3 中下面的表所示。

6.5 | 字串的分割和連接

按照指定字元對給定字串進行分割，或用指定字元對給定的多個字串進行連接是經常遇到的字串處理任務，本節介紹進行字串分割和連接的方法。

6.5.1 字串的分割

【Excel VBA】

在 Excel VBA 中，可以使用 Split 函式用指定的分隔符號分割字串，分割後得到的子字串放在一個陣列中。關於陣列的介紹請參考第 7 章。

下面給定一個字串，指定以空格作為分隔符號，使用 Split 函式進行分割。範例檔案的存放路徑為 Samples\ch06\Excel VBA\ 分割和连接 .xlsm。

```
Sub Test()
  Dim strL As String
  Dim strArray() As String
  strL = "Hello python VBA"
  strArray = Split(strL, " ")    ' 分割字串
  Debug.Print strArray(0)
  Debug.Print strArray(1)
  Debug.Print strArray(2)
End Sub
```

將分割後的子字串放在陣列 strArray 中，執行過程，在「立即視窗」面板中輸出的結果如下。

```
Hello
python
VBA
```

【Python】

使用字串的 split 方法，用指定的字元作為分隔符號可以對給定的字串進行分割。舉例來說，下面用空格作為分隔符號對字串 "Hello python VBA" 進行分割，結果以串列的形式舉出。關於串列的介紹請參考第 7 章。

```
>>> 'Hello python VBA'.split(' ')
['Hello', 'python', 'VBA']
```

在預設情況下，split 方法以空格作為分隔符號進行分割，範例如下。

```
>>> 'Hello python VBA'.split()
['Hello', 'python', 'VBA']
```

6.5.2 字串的分割範例：分割物資規格

如圖 6-4 所示，D 列為物資規格資料，即物資外觀的長、寬、高，以長 × 寬 × 高的形式表示。下面對每行的物資規格資料進行分割，提取出長、寬和高，並分 3 列顯示。

🎧 圖 6-4 分割物資規格資料

【Excel VBA】

遍歷 D 列的每個資料，使用 Split 函式，用「*」對規格資料進行分割，得到的資料儲存在一個陣列中，按順序為物資外觀的長、寬和高，分別輸出到對應行的 G 列、H 列和 I 列中。範例檔案的存放路徑為 Samples\ch06\Excel VBA\分割物資規格 .xlsm。

```
Sub Test()
  Dim intI As Integer
  Dim intJ As Integer
  Dim intR As Integer
  Dim strT0 As String
  Dim strT
  '資料行數
  intR = ActiveSheet.Range("D1").End(xlDown).Row
  '遍歷 D 列中的物資規格
  For intI = 2 To intR
    '對於當前規格，用「*」作為分隔符號進行分割
    strT0 = ActiveSheet.Cells(intI, 4).Value
    strT = Split(strT0, "*")
    '輸出分割後得到的長、寬和高
    ActiveSheet.Cells(intI, 7).Value = CInt(strT(0))
    ActiveSheet.Cells(intI, 8).Value = CInt(strT(1))
    ActiveSheet.Cells(intI, 9).Value = CInt(strT(2))
  Next
End Sub
```

執行程式，在工作表的 G 列、H 列和 I 列中輸出結果，如圖 6-4 所示。

【Python】

遍歷 D 列的每個資料，使用字串的 split 方法，用「*」對規格資料進行分割，得到的資料儲存在一個陣列中，按順序為物資外觀的長、寬和高，分別輸出到對應行的 G 列、H 列和 I 列中。範例的資料檔案的存放路徑為 Samples\ch06\Python\ 分割物資規格 .xlsx，.py 檔案儲存在相同的目錄下，檔案名稱為 sam06-04.py。

```
import xlwings as xw              # 匯入 xlwings 套件
# 從 constants 類別中匯入 Direction
```

```
from xlwings.constants import Direction
import os                                    # 匯入 os 套件
# 獲取 .py 檔案的當前路徑
root = os.getcwd()
# 建立 Excel 應用，可見，沒有工作表
app=xw.App(visible=True, add_book=False)
# 打開資料檔案，寫入
bk=app.books.open(fullname=root+\
    r'\ 分割物資規格 .xlsx',read_only=False)
sht=bk.sheets(1)                            # 獲取第 1 個工作表
# 工作表中 D 列資料的最大行號
rows=sht.api.Range('D1').End(Direction.xlDown).Row
n=1                                          # 記錄當前行號
# 遍歷資料區域的儲存格
for rng in sht.range('D2:D'+str(rows)):
    n+=1                                     # 行號加 1
    # 對於當前規格，用「*」作為分隔符號進行分割
    lst=rng.value.split('*')
    # 輸出分割後得到的長、寬和高
    sht.cells(n,7).value=lst[0]
    sht.cells(n,8).value=lst[1]
    sht.cells(n,9).value=lst[2]
```

執行程式，在工作表的 G 列、H 列和 I 列中輸出結果，如圖 6-4 所示。

6.5.3 字串的連接

在 Excel VBA 和 Python 中，可以使用連接運算子連接字串。

【Excel VBA】

在 Excel VBA 中，可以使用「&」連接字串。下面先定義兩個字串，然後將它們連接在一起組成一個新的字串。範例檔案的存放路徑為 Samples\ch06\Excel VBA\ 分割和连接 .xlsm。

```
Sub Test2()
  Dim strA As String
  Dim strB As String
  strA = "Hello"
```

```
    strB = "VBA"
    Debug.Print strA & " " & strB
End Sub
```

需要注意的是，也可以使用「+」連接字串，但是建議不使用「+」，因為在某些場景下會產生歧義。

執行過程，在「立即視窗」面板中輸出連接後的字串。

```
Hello VBA
```

【Python】

字串的連接可以使用「+」、「*」、空格和 join 方法等。下面使用「+」連接兩個字串。

```
>>> a='hello '
>>> b='python'
>>> a+b
'hello python'
```

使用「*」可以重複輸出指定的字串，範例如下。

```
>>> a='python '
>>> a*3
'python python python '
```

print 函式的參數中以空格隔開幾個字串，空格能造成連接的作用。範例如下。

```
>>> print('hello ' 'python')
hello python
```

也可以使用函式連接字串。

【Excel VBA】

可以使用 Join 函式用指定的分隔符號連接字串。進行連接的字串必須先放在一個陣列中。關於陣列的介紹請參考第 7 章。下面建立兩個字串，並將它們放在陣列 strArr 中，指定分隔符號為空格，用 Join 函式進行連接。範例檔案的存放路徑為 Samples\ch06\Excel VBA\ 分割和连接 .xlsm。

```
Sub Test3()
  Dim strA As String
  Dim strB As String
  Dim strArr(1) As String
  strA = "Hello"
  strB = "VBA"
  strArr(0) = strA
  strArr(1) = strB
  Debug.Print Join(strArr, " ")
End Sub
```

執行過程，在「立即視窗」面板中輸出連接後的字串。

```
Hello VBA
```

【Python】

可以使用字串的 join 方法，用指定字元或字串間隔給定的多個字串。舉例來說，下面用逗點間隔給定字串中的各個字元。

```
>>> a=','
>>> b='abc'
>>> a.join(b)
'a,b,c'
```

或將變數 b 引用的字串用串列舉出，用變數 a 引用的字串間隔串列各元素。具體範例如下。

```
>>> a=','
>>> b=['hello','abc','python']
>>> a.join(b)
'hello,abc,python'
```

6.5.4 字串的連接範例：合併學生個人資訊

如圖 6-5 所示，將工作表中 A~C 列的學生資訊合併為 D 列的形式。

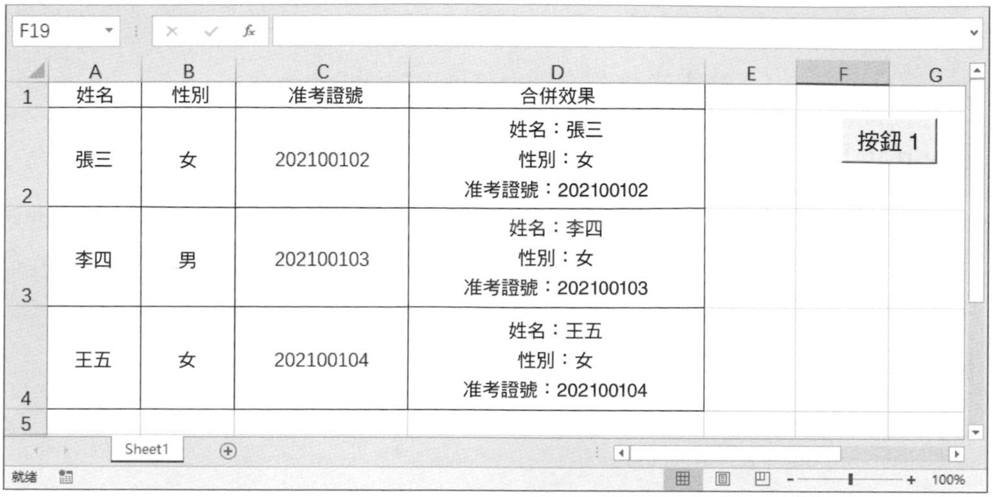

	A	B	C	D
1	姓名	性別	准考證號	合併效果
2	張三	女	202100102	姓名：張三 性別：女 准考證號：202100102
3	李四	男	202100103	姓名：李四 性別：女 准考證號：202100103
4	王五	女	202100104	姓名：王五 性別：女 准考證號：202100104

圖 6-5 合併學生個人資訊

【Excel VBA】

遍歷各行，使用 Join 函式，用分行符號連接 A~C 列的資料，合併後的結果在 D 列中顯示。範例檔案的存放路徑為 Samples\ch06\Excel VBA\ 合并学生个人信息 .xlsm。

```
Sub Test()
  Dim intI As Integer
  Dim intR As Integer
  Dim strT(2) As String
  '資料行數
  intR = ActiveSheet.Range("A1").End(xlDown).Row
  '遍歷各行資料
  For intI = 2 To intR
    '將當前行的前三列資料進行合併
    strT(0) = "姓名：" & ActiveSheet.Cells(intI, 1).Value
    strT(1) = "性別：" & ActiveSheet.Cells(intI, 2).Value
```

```
    strT(2) = " 准考證號：" & ActiveSheet.Cells(intI, 3).Value
    ' 合併的連接子為分行符號
    ActiveSheet.Cells(intI, 4).Value = Join(strT, vbLf)
  Next
End Sub
```

執行程式，在工作表的 D 列中輸出結果，如圖 6-5 所示。

【 Python 】

遍歷各行，使用字串的 join 方法，用分行符號連接 A~C 列的資料，合併後的結果在 D 列中顯示。範例的資料檔案的存放路徑為 Samples\ch06\Python\ 合并学生个人信息 .xlsx，.py 檔案儲存在相同的目錄下，檔案名稱為 sam06-05. py。

```python
import xlwings as xw               # 匯入 xlwings 套件
# 從 constants 類別中匯入 Direction
from xlwings.constants import Direction
import os                          # 匯入 os 套件
# 獲取 .py 檔案的當前路徑
root = os.getcwd()
# 建立 Excel 應用，可見，沒有工作表
app=xw.App(visible=True, add_book=False)
# 打開資料檔案，寫入
bk=app.books.open(fullname=root+\
    r'\ 合併學生個人資訊 .xlsx',read_only=False)
sht=bk.sheets(1)                   # 獲取第 1 個工作表
# 工作表中 A 列資料的最大行號
rows=sht.api.Range('A1').End(Direction.xlDown).Row
# 遍歷第 2 行到末行
for i in range(2,rows+1):
    lst=[]
    # 將當前行的前三列資料進行合併
    lst.append(' 姓名：'+str(sht.cells(i,1).value))
    lst.append(' 性別：'+str(sht.cells(i,2).value))
    lst.append(' 准考證號：'+str(sht.cells(i,3).value))
    # 合併的連接子為分行符號
    sht.cells(i,4).value='\n'.join(lst)
```

執行程式，在工作表的 D 列中輸出結果，如圖 6-5 所示。

6.6 字串的查詢和替換

在處理字串時，常常遇到在替定的字串中查詢指定子字串，或找到以後用其他的字串進行替換的情形。本節介紹進行字串查詢和替換的方法。

6.6.1 字串的查詢

【Excel VBA】

在 Excel VBA 中，可以使用 InStr 函式傳回一個字串在另一個字串中第一次出現的位置。該函式的語法格式如下。

```
intP=InStr([Start,]String1,String2[,Compare])
```

其中，Start 為可選參數，表示查詢的起點，不設定時從字串的第 1 個字元處開始查詢。String1 為原始字串，判斷並傳回 String2 表示的字串在String1 中第一次出現的位置。Compare 參數表示字串匹配的方式，預設值為vbBinaryCompare，區分大小寫；Compare 參數設定為 vbTextCompare 時不區分大小寫。

下面給定兩個字串，判斷第 2 個字串在第 1 個字串中第一次出現的位置。範例檔案的存放路徑為 Samples\ch06\Excel VBA\ 查找和替換 .xlsm。

```
Sub Test()
  Dim strA As String
  Dim strB As String
  Dim intP As Integer
  strA = "Hello VBA"
  strB = "VB"
  intP = InStr(strA, strB)
  Debug.Print intP
End Sub
```

執行過程，在「立即視窗」面板中輸出 7，表示 strB 在 strA 中第一次出現的位置為第 7 個字元處。

使用 InStrRev 函式可以反向查詢,即從字串的尾端向前查詢。該函式的語法格式如下。

```
intP=InStrRev(String1,String2[Start,] [,Compare])
```

InstrRev 函式各參數的意義與 InStr 函式各參數的意義相同。

【Python】

可以使用字串的 find 方法和 rfind 方法傳回一個字串在另一個字串中第一次出現的位置和末次出現的位置。

下面傳回字串 "Py" 在字串 "HePyllo Python" 中第一次出現的位置和末次出現的位置。需要注意的是,位置的基數為 0。

```
>>> 'HePyllo Python'.find('Py')
2
>>> 'HePyllo Python'.rfind('Py')
8
```

可以使用字串的 count 方法傳回指定字串在另一個字串中出現的次數。舉例來說,計算字串 "Py" 在字串 "HePyllo Python" 中出現的次數。

```
>>> 'HePyllo Python'.count('Py')
2
```

可以使用字串的 startswith 方法判斷字串是否以指定的字串開頭,如果是則傳回 True,否則傳回 False。

```
>>> 'abcab'.startswith('abc')
True
```

可以使用字串的 endswith 方法判斷字串是否以指定的字串結尾,如果是則傳回 True,否則傳回 False。

```
>>> 'abcab'.endswith('ab')
True
```

6.6.2 字串的替換

【Excel VBA】

可以使用 Replace 函式替換指定字串中的某個子字串。Replace 函式的語法格式如下。

```
strR=Replace(Expression,Find,Replace[Start[,Count[,Compare]]])
```

其中，Expression 為給定的原始字串，Find 為被替換的子字串，Replace 為用作替換的子字串，Count 表示替換次數，其他參數的意義與 InStr 函式的參數的意義相同。Replace 函式傳回替換後的字串 strR。

下面給定一個字串，用 "Python" 替換其中的 "VBA"。範例檔案的存放路徑為 Samples\ch06\Excel VBA\ 查找和替換 .xlsm。

```
Sub Test2()
  Dim strA As String
  Dim strC As String
  strA = "Hello VBA"
  strB = "VB"
  strC = Replace(strA, "vBa", "Python")                   '區分大小寫
  Debug.Print strC
  strC = Replace(strA, "vBa", "Python", , , vbTextCompare) '不區分大小寫
  Debug.Print strC
End Sub
```

執行過程，在「立即視窗」面板中輸出兩次替換的結果。

```
Hello VBA
Hello Python
```

因為第 1 次替換區分大小寫，所以 "VBA" 和 "vBa" 不同，不進行替換；在進行第 2 次替換時，指定 Compare 參數的值為 vbTextCompare，不區分大小寫，"VBA" 和 "vBa" 表示相同的字串，進行替換。

【Python】

使用字串的 replace 方法，用指定字串替換給定字串中的某個子字串。
replace 方法的語法格式如下。

```
str.replace(str1,str2,num)
```

其中，str 為給定的字串，參數 str1 為給定字串中被替換的子字串，參數
str2 為用作替換的字串，參數 num 指定替換不能超過的次數。當忽略參數 num
或指定參數 num 的值為 -1 時，能替換的全部替換。

下面將給定字串中的字母 a 替換為 w，替換次數不能超過 5 次。

```
>>> 'abcababcababcab'.replace('a','w',5)
'wbcwbwbcwbwbcab '
>>> 'abcababcababcab'.replace('a','w')
'wbcwbwbcwbwbcwb'
```

6.6.3 字串的查詢和替換範例：提取省、市、縣

如圖 6-6 所示，工作表中的 A 列資料表示某些地區的省、市、縣 3 級行政
單位（編按：此為中國大陸地區的行政區劃分方式），現在要求將這 3 級行政
單位分別提取出來並顯示在 B ～ D 列中。

提取的想法是查詢行政單位關鍵字省、自治區、市、自治州、縣和區等在
字串中的位置，從而計算出各級行政單位對應的名稱並輸出到指定的儲存格中。

🎧 圖 6-6 提取省、市、縣

【Excel VBA】

　　遍歷 A 列的資料，使用 InStr 函式查詢各關鍵字在字串中的位置，並計算得到各級行政單位對應的名稱，將結果輸出到 B ～ D 列中。範例檔案的存放路徑為 Samples\ch06\Excel VBA\ 提取省、市、县 .xlsm。

```vba
Sub Test()
  Dim intI As Integer
  Dim intR As Integer
  Dim sht As Object
  Set sht = ActiveSheet
  Dim strAdr As String                    '詳細文字
  Dim intA As Integer, intB As Integer    '省 ( 自治區 ) 出現的位置
  Dim intC As Integer, intD As Integer    '市 ( 自治州 ) 出現的位置
  Dim strA As String                      '省 ( 自治區 )
  Dim strB As String                      '市 ( 自治州 )
  Dim strC As String                      '縣 ( 區 )

  ' 資料行數
  intR = sht.Range("A2").End(xlDown).Row
  ' 遍歷各行資料
  For intI = 2 To intR
    strAdr = sht.Cells(intI, 1).Value

    ' 獲取省 ( 自治區 ) 名稱
    intA = InStr(strAdr, " 省 ")
    If intA <> 0 Then
      strA = Left(strAdr, intA)
    End If
    intB = InStr(strAdr, " 自治區 ")
    If intB <> 0 Then
      strA = Left(strAdr, intB + 2)
    End If

    ' 獲取市 ( 自治州 ) 名稱
    intC = InStr(strAdr, " 市 ")
    If intC <> 0 Then
      If InStr(strAdr, " 自治區 ") <> 0 Then
        strB = Mid(strAdr, intB + 3, intC - intB + 2)
```

```
      Else
         strB = Mid(strAdr, intA + 1, intC - intA)
      End If
    End If
    intD = InStr(strAdr, "自治州")
    If intD <> 0 Then
      If InStr(strAdr, "自治區") <> 0 Then
        strB = Mid(strAdr, intB + 3, intD - intB)
      Else
        strB = Mid(strAdr, intA + 1, intD - intA + 2)
      End If
    End If

    '獲取縣（區）名稱
    If InStr(strAdr, "自治州") <> 0 Then
      strC = Right(strAdr, Len(strAdr) - intD - 2)
    Else
      strC = Right(strAdr, Len(strAdr) - intC)
    End If

    '輸出
    sht.Cells(intI, 2).Value = strA
    sht.Cells(intI, 3).Value = strB
    sht.Cells(intI, 4).Value = strC
  Next
End Sub
```

執行程式，在工作表的 B~D 列中顯示輸出結果，如圖 6-6 所示。

【Python】

遍歷 A 列的資料，使用字串的 find 方法查詢各關鍵字在字串中的位置，並計算得到各級行政單位對應的名稱，在工作表的 B ～ D 列中顯示輸出結果。範例的資料檔案的存放路徑為 Samples\ch06\Python\ 提取省、市、縣 .xlsx，.py 檔案儲存在相同的目錄下，檔案名稱為 sam06-06.py。

```
import xlwings as xw                        # 匯入 xlwings 套件
# 從 constants 類別中匯入 Direction
from xlwings.constants import Direction
```

```
import os                                    # 匯入 os 套件
# 獲取 .py 檔案的當前路徑
root = os.getcwd()
# 建立 Excel 應用，可見，沒有工作表
app=xw.App(visible=True, add_book=False)
# 打開資料檔案，寫入
bk=app.books.open(fullname=root+\
    r'\ 提取省、市、縣 .xlsx',read_only=False)
sht=bk.sheets(1)                            # 獲取第 1 個工作表
# 工作表中 A 列資料的最大行號
rows=sht.api.Range('A2').End(Direction.xlDown).Row
n=1                                         # 記錄當前行號
# 遍歷資料區域的儲存格
for rng in sht.range('A2:A'+str(rows)):
    n+=1                                    # 行號加 1
    addr=rng.value                          # 目前的儲存格中的字串

    # 獲取省（自治區）名稱
    ad1=addr.find(' 省 ')                    # 第 1 次出現「省」字的位置，基數為 0
    if ad1!=-1:str1=addr[:ad1+1]            # 如果找到了，就獲取省份欄位
    ad2=addr.find(' 自治區 ')                # 自治區的情況
    if ad2!=-1:str1=addr[:ad2+3]            # 進行類似的判斷和處理

    # 獲取市（自治州）名稱
    ad3=addr.find(' 市 ')                    # 第 1 次出現「市」字的位置
    if ad3!=-1:                             # 如果找到了
        if ad2!=-1:                         # 如果前面是自治區
            str2=addr[ad2+3:ad3+3]          # 則獲取市的欄位
        else:                               # 如果前面是省
            str2=addr[ad1+1:ad3+1]          # 則獲取市的欄位
    ad4=addr.find(' 自治州 ')                # 第 1 次出現自治州的位置
    if ad4!=-1:                             # 如果找到了
        if ad2!=-1:                         # 如果前面是自治區
            str2=addr[ad2+3:ad4+3]
        else:                               # 如果前面是省
            str2=addr[ad1+1:ad4+3]

    # 獲取縣（區）名稱
    if ad4!=-1:                             # 如果前面是自治州
```

```
        str3=addr[ad4+3:]
elif ad3!=-1:                              # 如果前面是市
        str3=addr[ad3+1:]

# 輸出
sht.cells(n,2).value=str1
sht.cells(n,3).value=str2
sht.cells(n,4).value=str3
```

執行程式，在工作表的 B ～ D 列中顯示輸出結果，如圖 6-6 所示。

6.6.4 字串的查詢和替換範例：統一列資料的單位

如圖 6-7 中上面的表所示，B 列中各食材的單位不統一，有「千克」、「kg」和「公斤」等，下面將各單位統一為「公斤」。

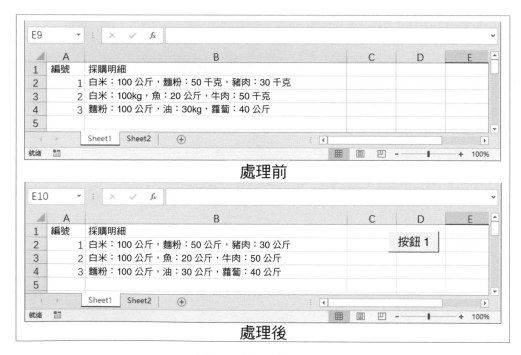

♠ 圖 6-7 統一列資料的單位

【Excel VBA】

遍歷 B 列的資料，用 Replace 方法將單位「kg」和「千克」替換為「公斤」。
範例檔案的存放路徑為 Samples\ch06\Excel VBA\ 統一列數據的單位 .xlsm。

```
Sub Test()
  Dim intI As Integer
  Dim intR As Integer
  Dim strT As String

  ' 資料行數
  intR = ActiveSheet.Range("A1").End(xlDown).Row
  ' 遍歷 B 列的資料
  For intI = 2 To intR
    ' 將「kg」和「千克」替換為「公斤」
    strT = ActiveSheet.Cells(intI, 2).Value
    strT = Replace(strT, "kg", " 公斤 ")
    strT = Replace(strT, " 千克 ", " 公斤 ")
    ActiveSheet.Cells(intI, 2).Value = strT
  Next
End Sub
```

執行程式，替換結果如圖 6-7 中下面的表所示。

【Python】

遍歷 B 列的資料，用字串的 replace 方法將單位「kg」和「千克」替換為
「公斤」。範例的資料檔案的存放路徑為 Samples\ch06\Python\ 統一列數據的
單位 .xlsx，.py 檔案儲存在相同的目錄下，檔案名稱為 sam06-07.py。

```
import xlwings as xw                    # 匯入 xlwings 套件
# 從 constants 類別中匯入 Direction
from xlwings.constants import Direction
import os                              # 匯入 os 套件
# 獲取 .py 檔案的當前路徑
root = os.getcwd()
# 建立 Excel 應用，可見，沒有工作表
app=xw.App(visible=True, add_book=False)
# 打開資料檔案，寫入
```

```
bk=app.books.open(fullname=root+\
    r'\ 統一列資料的單位 .xlsx',read_only=False)
sht=bk.sheets(1)                            # 獲取第 1 個工作表
# 工作表中 B 列資料的最大行號
rows=sht.api.Range('B2').End(Direction.xlDown).Row
n=1                                         # 記錄當前行號
# 遍歷資料區域的儲存格
for rng in sht.range('B2:B'+str(rows)):
    n+=1                                    # 行號加 1
    str0=rng.value                          # 目前的儲存格中的字串
    strt=str0.replace('kg',' 公斤 ')         # 將字串中的「kg」替換為「公斤」
    strt=strt.replace(' 千克 ',' 公斤 ')      # 將字串中的「千克」替換為「公斤」
    sht.cells(n,2).value=strt               # 顯示替換後的字串
```

執行程式，替換結果如圖 6-7 中下面的表所示。

6.7 | 字串的比較

在 Excel VBA 和 Python 中，既可以使用關係運算子比較字串，也可以使用函式比較字串。

6.7.1 使用關係運算子進行比較

【Excel VBA】

在 Excel VBA 中，可以使用關係運算子直接對字串進行比較。關係運算子包括「<」、「<=」、「>」、「>=」、「=」和「<>」等。當使用關係運算子比較兩個字串時，從頭開始一個一個比較兩個字串中的字元，根據第 1 個不同字元的比較結果得到兩個字串的比較結果。

下面給定兩個字串，比較第 1 個字串是否小於第 2 個字串。範例檔案的存放路徑為 Samples\ch06\Excel VBA\ 字符串的比較 .xlsm。

```
Sub Test()
  Dim strA As String
  Dim strB As String
```

```
  strA = "abc"
  strB = "abc123"
  Debug.Print strA < strB
End Sub
```

執行過程，在「立即視窗」面板中輸出 True，表示字串 strA 小於字串
strB。

【Python】

在 Python 中，可以使用關係運算子、成員運算子和字串相關的函式與方法
對字串進行比較。

下面用「==」或「!=」比較兩個字串物件的值是否相等。

```
>>> a='abc'
>>> b='abc123'
>>> a==b                 # 當值相等時傳回 True
False
>>> a!=b                 # 當值不相等時傳回 True
True
```

可以使用 is 比較兩個字串物件的記憶體位址是否相同。

```
>>> a is b               # 當記憶體位址相同時傳回 True
False
```

可以使用成員運算子 in 或 not in 計算指定字串是否包含在另一個字串中，
若成立則傳回 True，否則傳回 False。

```
>>> a in b               #'abc' 是否包含在 'abc123' 中
True
>>> 'd' not in b         #'d' 是否不包含在 'abc123' 中
True
```

6.7.2 使用函式進行比較

【Excel VBA】

也可以使用 StrComp 函式比較兩個字串的大小。StrComp 函式的語法格式如下。

```
StrComp(String1, String2[, Compare])
```

其中,參數 Compare 指定字串的比較方式,預設值為 vbBinaryCompare,區分大小寫;當設定為 vbTextCompare 時不區分大小寫。設定比較方式,也可以在模組頂部輸入 Option Compare Binary 敘述或 Option Compare Text 敘述指定比較時區分大小寫或不區分大小寫。

當 StrComp 函式的傳回值為 -1 時,表示 String1<String2;當 StrComp 函式的傳回值為 0 時,表示 String1=String2;當 StrComp 函式的傳回值為 1 時,表示 Strign1>String2;當 StrComp 函式的傳回值為 Null 時,表示 String1 和 String2 中至少有 1 個為 Null。

下面給定兩個字串,用 StrComp 函式比較它們的大小。範例檔案的存放路徑為 Samples\ch06\Excel VBA\ 字符串的比較 .xlsm。

```
Sub Test2()
  Dim strA As String
  Dim strB As String
  Dim strC As String
  Dim varComp1, varComp2, varComp3
  strA = "abc"
  strB = "abc123"
  strC = "ABc"
  varComp1 = StrComp(strA, strB)                '區分大小寫
  varComp2 = StrComp(strA, strC)
  varComp3 = StrComp(strA, strC, vbTextCompare)  '不區分大小寫
  Debug.Print varComp1, varComp2, varComp3
End Sub
```

執行過程，在「立即視窗」面板中輸出的比較結果如下。

```
-1          1          0
```

由此可知，當區分大小寫時，strA<strB，strA>strC；當不區分大小寫時，strA=strB。

【Python】

Python 3 中沒有與 VBA 中 StrComp 函式的功能類似的函式，但可以使用 operator 模組中的相關函式實現類似的功能，如表 6-7 所示。需要注意的是，當使用表 6-7 中的函式比較字串的大小時，是按字串中的字母一個一個進行比較的。在比較時先獲取字母對應的 ASCII 碼，然後比較該數字的大小。

▼ 表 6-7　operator 模組中用於比較字串的函式

函式	說明
operator.lt(str1, str2)	若 str1 小於 str2 則傳回 True, 否則傳回 False
operator.le(str1, str2)	若 str1 小於或等於 str2 則傳回 True, 否則傳回 False
operator.eq(str1, str2)	若 str1 等於 str2 則傳回 True, 否則傳回 False
operator.ne(str1, str2)	若 str1 不等於 str2 則傳回 True, 否則傳回 False
operator.gt(str1, str2)	若 str1 大於 str2 則傳回 True, 否則傳回 False
operator.ge(str1, str2)	若 str1 大於或等於 str2 則傳回 True, 否則傳回 False

下面匯入 operator 模組並使用其中的函式比較給定字串的大小。

```
>>> import operator as op
>>> op.lt('a','b')                    #'a' 是否比 'b' 小
True
>>> op.eq('a123','a12b')              #'a123' 與 'a12b' 是否相等
False
>>> op.ge('forpython','forvba')      #'forpython' 是否大於或等於 'forvba'
False
```

Python 中提供的其他一些可以進行字串比較的函式如表 6-8 所示，可以使用這些函式判斷字串中元素的類型和大小寫等。

▼ 表 6-8 可以進行字串比較的函式

函式	說明
str.isalnum	字串中全是數字和字母
str.isalpha	字串中全是字母
str.isdigit	字串中全是數字
str.isnumeric	字串中全是數字
str.islower	字串中是否全為小寫字母
str.isupper	字串中是否全為大寫字母
str.isspace	若字串中只包含空格則傳回 True，否則傳回 False
max	最大的字母
min	最小的字母

下面舉例說明。

```
>>> 'Abc123'.isalnum()        #字串中全是字母和數字
True
>>> 'Abc123'.isalpha()        #是否全是字母
False
>>> '123123'.isdigit()        #是否全是數字
True
>>> '123.123'.isnumeric()     #是否全是數字
False
>>> 'abc'.islower()           #字母是否全是小寫
True
>>> max('Abc')                #最大的字母
'c'
```

6.7.3 字串的比較範例：找同鄉

如圖 6-8 所示，A 列和 B 列為一組人的姓名和籍貫。試將籍貫相同的人員姓名找出來，並按照圖 6-8 中的格式來顯示。

圖 6-8 找同鄉

找同鄉的想法如下：先遍歷 B 列的籍貫資料，再在 D 列中建一個唯一籍貫串列，如果 B 列的當前籍貫在 D 列中不存在，則將該籍貫增加到 D 列下面第 1 個空行對應的儲存格中，對應的姓名增加到該儲存格右側的儲存格中；如果當前籍貫在 D 列中已經存在，則直接將對應的姓名增加到 D 列對應籍貫右側的第 1 個空儲存格中。完成遍歷後各地人員就找到了。所以，這裡需要進行籍貫名稱的比較。

【Visual VBA】

範例檔案的存放路徑為 Samples\ch06\Excel VBA\ 找老乡 .xlsm。

```
Sub Test()
  Dim intK As Integer          '記錄省份個數
  Dim intN As Integer          '記錄某籍貫名個數
  Dim intR As Integer          '記錄資料行數
  Dim sht As Object            '工作表物件
  Set sht = ActiveSheet
  Dim intI As Integer
  Dim intJ As Integer
  Dim bolExist As Boolean      '省份是否已經存在

  '資料行數
  intR = sht.Range("B1").End(xlDown).Row
```

```
    '省份去除重複,去除重複結果放在 D 列中
    sht.Range("D2").Value = " 河北 "
    intK = 1
    For intI = 3 To intR
      '遍歷工作表中 B 列的資料
      bolExist = False
      For intJ = 2 To intK + 1
        '遍歷已經得到的唯一省份
        If sht.Cells(intI, 2).Value = sht.Cells(intJ, 4).Value Then
          '如果有一個相等,則省份已經存在
          bolExist = True
        End If
      Next
      '如果不存在,則在 D 列中追加省份名稱
      If Not bolExist Then
        intK = intK + 1
        sht.Cells(intK + 1, 4).Value = sht.Cells(intI, 2).Value
      End If
    Next

  '獲取各省份同鄉姓名,增加到省份名稱後面
  '遍歷唯一省份名稱
    For intI = 1 To intK
      intN = 1
      For intJ = 2 To intR    '遍歷 B 列的資料
        '如果 B 列的當前資料與唯一省份的名稱相同
        If sht.Cells(intJ, 2).Value = sht.Cells(intI + 1, 4).Value Then
          '則把姓名追加到省份名稱後面
          sht.Cells(intI + 1, 4 + intN).Value = sht.Cells(intJ, 1).Value
          intN = intN + 1
        End If
      Next
    Next
End Sub
```

執行程式,查詢結果如圖 6-8 所示。

【Python】

範例的資料檔案的存放路徑為 Samples\ch06\Python\ 找老乡 .xlsx，.py 檔案儲存在相同的目錄下，檔案名稱為 sam06-08.py。

```python
import xlwings as xw        # 匯入 xlwings 套件
# 從 constants 類別中匯入 Direction
from xlwings.constants import Direction
import os                   # 匯入 os 套件
# 獲取 .py 檔案的當前路徑
root = os.getcwd()
# 建立 Excel 應用，可見，沒有工作表
app=xw.App(visible=True, add_book=False)
# 打開資料檔案，寫入
bk=app.books.open(fullname=root+\
    r'\ 找同鄉 .xlsx',read_only=False)
sht=bk.sheets(1)    # 獲取第 1 個工作表
# 工作表中 B 列資料的最大行號
rows=sht.api.Range('B1').End(Direction.xlDown).Row


n=1    # 記錄當前行號
# 遍歷 B 列，獲取唯一省份名稱
for i in range(2,rows+1):
    ex=False


    # 在 D 列顯示唯一省份名稱
    # 遍歷已經獲取的唯一省份名稱
    for j in range(1,n+1):
        if sht.cells(i,2).value==sht.cells(j+1,4).value:
            # 如果有一個相等，則省份已經存在
            ex=True
    # 如果不存在，則在 D 列中追加省份名稱
    if not ex:
        n+=1
        sht.cells(n,4).value=sht.cells(i,2).value

# 獲取各省份同鄉的姓名，並增加到省份名稱後面
# 遍歷唯一省份名稱
for i in range(n):
```

```
    k=1
    for j in range(2,rows+1):
        # 如果 B 列的當前資料與唯一省份的名稱相同
        if sht.cells(j,2).value==sht.cells(i+1,4).value:
            # 則把姓名追加到省份名稱後面
            sht.cells(i+1,4+k).value=sht.cells(j,1).value
            k+=1
```

執行程式，查詢結果如圖 6-8 所示。

⊞ 6.8 │ 刪除字串兩端的空格

使用 Excel VBA 和 Python 中提供的相關函式，可以刪除指定字串兩端或某一端的空格。

【Excel VBA】

在 Excel VBA 中，使用 Trim 函式刪除字串兩端的空格，使用 LTrim 函式和 RTrim 函式分別刪除字串左側和右側的空格。範例檔案的存放路徑為 Samples\ch06\Excel VBA\ 刪除空格 .xlsm。

```
Sub Test()
  Dim strA As String
  strA = " ab cd "
  Debug.Print Trim(strA)        ' 刪除字串兩端的空格
  Debug.Print LTrim(strA)       ' 刪除字串左側的空格
  Debug.Print RTrim(strA)       ' 刪除字串右側的空格
End Sub
```

執行過程，在「立即視窗」面板中輸出以下結果。

```
ab cd
ab cd
 ab cd
```

需要注意的是，輸出的第 2 個結果字串的最後有一個空格。

【 Python 】

在 Python 中，可以使用字串的 strip 方法刪除字串兩端的空格，使用 lstrip 方法和 rstrip 方法分別刪除字串左側和右側的空格。

下面刪除給定字串首尾的空格。

```
>>> ' ab cd '.strip(' ')
'ab cd'
```

需要注意的是，沒有刪除中間的空格。也可以不指定參數，直接刪除首尾全部的空格。

```
>>> ' ab cd '.strip()
'ab cd'
```

下面使用 lstrip 方法和 rstrip 方法刪除字串左側和右側的空格。

```
>>> ' ab cd '.lstrip(' ')
'ab cd '
>>> ' ab cd '.rstrip()
' ab cd'
```

田 6.9 │ Python 中字串的快取機制

與整數快取機制類似，Python 中也為常用的字串提供了快取機制。為常用的字串提供快取，不僅可以避免頻繁地分配記憶體和釋放記憶體，還可以避免記憶體中出現更多的碎片，從而提高 Python 的整體性能。

在命令列模式下，Python 為只包含底線、數字和字母的字串提供快取。滿足要求的字串物件在第一次建立時建立快取機制，以後需要值相同的字串時，可以直接從快取池中取用，不需要重新建立物件。

下面建立變數 a 和 b，它們先引用值為 "abc" 的字串，然後比較它們的值和位址。

```
>>> a='abc'
>>> b='abc'
>>> a==b
True
>>> a is b
True
```

　　其實，變數 a 和 b 引用的是不同的物件，物件具有不同的位址，運算式 a is b 的傳回值應該為 False。但是因為 Python 中為字串提供快取機制，並且字串 "abc" 滿足只包含底線、數字和字母的要求，所以運算式 a is b 的傳回值為 True。也就是説，變數 a 和 b 引用的是同一個字串物件，它在第一次建立後被放在快取池中。

　　下面建立的變數 a 和 b 都引用值為 "abc 123" 的字串，因為字串中包含空格，不滿足要求，所以不能為該字串提供快取機制。因此，運算式 a is b 的傳回值為 False，即變數 a 和 b 引用的是不同的字串物件。

```
>>> a='abc 123'
>>> b='abc 123'
>>> a is b
False
```

第 **7** 章

陣列

　　陣列是儲存一組資料的結構，其中的元素可以是數字、字串和物件等。使用陣列，可以提高程式的工作效率。Excel VBA 中有陣列；Python 中並沒有陣列的概念，但是可以用串列、元組等代替，協力廠商套件 NumPy 和 pandas 還提供了便於進行陣列計算的 NumPy 陣列與結構化陣列。

⊞ 7.1 │ Excel VBA 中的陣列

　　Excel VBA 中有靜態陣列、常數陣列和動態陣列等幾種類型。本節介紹 Excel VBA 中陣列的定義和計算、拆分、合併等操作。

7.1.1 靜態陣列

　　使用 Dim 敘述，可以同時宣告一系列具有相同資料型態的變數。因為這組變數的變數個數或說陣列的大小是確定的，所以稱為靜態陣列。舉例來說，下面使用 Dim 敘述一次性建立 31 個短整數變數，這些變數的變數名稱都是 intID，但是可以用索引編號對它們進行區分，如第 1 個變數為 intID(0)。陣列中的每個元素或說變數都有一個唯一的索引編號，在預設情況下，索引編號的基數為 0。因為基數為 0，所以 intID(30) 定義的是 31 個變數。

```
Dim intID(30) As Integer
```

　　下面給陣列中的前 3 個元素賦值。

```
intID(0)=1
intID(1)=2
intID(2)=3
```

　　下面從陣列中讀取元素的值。

```
Debug.Print intID(0)
```

　　下面遍歷陣列，讀取陣列中所有元素的值。

```
For intI=0 To 30
  Debug.Print intID(intI)
Next
```

　　可以使用關鍵字 To 指定陣列的下界和上界，範例如下。

```
Dim intID(1 To 30) As Integer
```

由此，intID 陣列的索引範圍為 1～30。

也可以使用 Option Base 敘述設定陣列的下界，如在模組頂部增加下面的敘述。

```
Option Base 1
```

由此，將陣列的下界設定為 1。

如圖 7-1 所示，使用 Option Base 敘述將陣列的下界設定為 1 以後，在 Test 過程中宣告陣列 arr(30) 並給 arr(0) 賦值時彈出「下標越界」的錯誤。

🎧 圖 7-1 使用 Option Base 敘述設定陣列的下界

使用函式 UBound 和 LBound 可以獲取指定陣列的上界和下界，這個功能在不知道陣列大小的情況下很有用。舉例來說，將一個資料檔案中的資料匯入陣列中但並不清楚這個資料的大小。下面定義一個陣列，並獲取它的下界和上界。範例檔案的存放路徑為 Samples\ch07\Excel VBA\ 數組類型 .xlsm。

```
Sub Test()
  Dim intID(30) As Integer
  Debug.Print LBound(intID)
  Debug.Print UBound(intID)
End Sub
```

執行過程，在「立即視窗」面板中輸出 0 和 30，表示陣列 intID 的下界和上界分別為 0 和 30。

　　使用 IsArray 函式可以判斷指定變數是不是陣列，如果是則傳回 True，否則傳回 False。下面定義一個靜態陣列，使用 IsArray 函式判斷它是不是陣列。範例檔案的存放路徑為 Samples\ch07\Excel VBA\ 數組類型 .xlsm。

```
Sub Test2()
  Dim intID(30) As Integer
  Debug.Print IsArray(intID)
End Sub
```

　　執行過程，在「立即視窗」面板中輸出 True，表示 intID 是陣列。

　　也可以使用 VarType 函式進行判斷，如果指定的變數是陣列，則傳回值為 8192 加上陣列資料型態對應的傳回值。舉例來說，宣告陣列的資料是短整數的，因為該類型的 VarType 函式的傳回值為 2，所以最終陣列的傳回值為 8194（8192 加上 2）。

　　下面定義兩個陣列，一個是短整數的，另一個是變形類型的，使用 VarType 函式進行判斷。範例檔案的存放路徑為 Samples\ch07\Excel VBA\ 數組类型 .xlsm。

```
Sub Test3()
  Dim intID(30) As Integer
  Dim intID2()
  Debug.Print VarType(intID)
  Debug.Print VarType(intID2)
End Sub
```

　　執行過程，在「立即視窗」面板中輸出 8194 和 8204。需要注意的是，變形類型的 VarType 函式的傳回值為 12。

　　建立的陣列如果不再使用，就需要使用 Erase 函式即時清空其內容並釋放所佔的記憶體。舉例來說，清空前面建立的陣列 intID。

```
Erase intID
```

7.1.2　常數陣列

使用 Array 函式可以建立常數陣列，此時直接指定具體的值作為陣列的元素，所以稱為常數陣列。下面使用 Array 函式建立一個常數陣列。範例檔案的存放路徑為 Samples\ch07\Excel VBA\ 数组类型 .xlsm。

```
Sub Test4()
  Dim arr
  arr = Array(1, 2, "a", "b")
  Debug.Print arr(0), arr(2)
End Sub
```

執行過程，在「立即視窗」面板中輸出 1 和 a。

在使用 Array 函式建立常數陣列時需要注意以下兩點。

（1）在宣告變數時可以使用以下兩種形式。

- 第一種形式如下。

```
Dim arr
```

- 第二種形式如下。

```
Dim arr()
```

但是不能使用以下兩種形式宣告變數。

- 第一種形式如下。

```
Dim arr(3)
```

- 第二種形式如下。

```
Dim arr() As Integer
```

第一種形式會觸發「不能給陣列賦值」的錯誤，第二種形式有可能出現「類型不匹配」的錯誤。

（2）在使用 Array 函式建立陣列時，指定的值可以有不同的資料型態，如上面
範例中的元素既有數字也有字串，這一點與使用 Dim 敘述建立的陣列不同。

另外，還可以直接使用中括號建立陣列。範例檔案的存放路徑為 Samples\
ch07\Excel VBA\ 数组类型 .xlsm。

```
Sub Test5()
  Dim arr
  arr = [{1, 2, "a", "b"}]
  Debug.Print arr(1), arr(3)
End Sub
```

執行過程，在「立即視窗」面板中輸出 1 和 a。

使用中括號建立的陣列的索引編號的基數是 1，而使用 Array 函式建立的陣
列的索引編號的基數是 0。

7.1.3 動態陣列

使用陣列的不便之處在於，有時不知道需要將陣列的大小設定為多大比較
合適，此時常常設定為一個足夠大的數，但實際上往往用不了這麼大的陣列。
因為 Excel VBA 為陣列宣告的每個元素分配記憶體，使用這種方法將造成記憶
體上不必要的浪費。

使用動態陣列可以在程式執行時期改變陣列的大小，從而有效地避免上面
提到的問題。

可以按照下面的步驟建立動態陣列。

（1）宣告一個陣列，該陣列沒有定義維數，範例如下。

```
Dim intPointNum() As Integer
```

（2）使用 ReDim 敘述分配和改變陣列的大小，範例如下。

```
ReDim intPointNum(10)
```

上述範例將陣列的大小設定為 11。

當每次執行 ReDim 敘述時，當前儲存在陣列中的值會全部遺失。Excel VBA 重新將陣列元素的值設定為 Empty（針對 Variant 陣列）、0（針對 Numeric 陣列）、零長度的字串（針對 String 陣列）或 Nothing（針對物件的陣列）。

如果希望改變陣列的大小時保留陣列中的元素，則可以使用有 Preserve 關鍵字的 ReDim 敘述。舉例來說，保留 intID 陣列中原有的值，將陣列的大小改為 NewSize 指定的大小。

```
ReDim Preserve intID(NewSize)
```

7.1.4　陣列元素的增、刪、改

在定義陣列後，可以向陣列中增加元素、修改陣列中的元素或刪除陣列中的元素。其中，增加元素包括在陣列的尾端追加元素和在陣列的中間插入元素。

1．追加陣列元素

追加陣列元素是將元素增加到陣列的尾端，可以增加一個或多個元素，此時使用動態陣列。追加元素前需要將陣列的大小擴充至追加後的大小，並且使用 Preserve 關鍵字保留陣列中原有的元素。

下面建立一個大小為 4 的動態陣列，在陣列尾端追加 2 個元素。先使用 ReDim Preserve 敘述擴充陣列的大小並保留原有的元素，然後增加新元素。撰寫的過程如下所示。範例檔案的存放路徑為 Samples\ch07\Excel VBA\ 数组元素的增、刪、改 .xlsm。

```
Sub Test()
  Dim sngArr() As Single
  Dim intI As Integer
  ReDim sngArr(3)
  sngArr(0) = 12
  sngArr(1) = 9
  sngArr(2) = 25
```

```
    sngArr(3) = 19
    ' 追加 2 個元素
    ReDim Preserve sngArr(5)   ' 保留原有的元素
    sngArr(4) = 31
    sngArr(5) = 26
    ' 輸出陣列中的元素
    For intI = 0 To UBound(sngArr)
      Debug.Print sngArr(intI);
    Next
End Sub
```

執行過程，在「立即視窗」面板中輸出追加元素後的陣列元素。

```
12  9  25  19  31  26
```

2 · 插入陣列元素

在原陣列的中間位置插入元素，需要另外建立一個動態陣列。首先將原陣列中插入點前面的元素複製到動態陣列中，然後在它後面追加要插入的元素，最後改變動態陣列的大小並將原陣列中插入點後面的元素追加到動態陣列中。

下面建立一個大小為 4 的動態陣列，並在陣列的第 3 個元素的前面插入 2 個元素。撰寫的過程如下所示。範例檔案的存放路徑為 Samples\ch07\Excel VBA\ 數組元素的增、刪、改 .xlsm。

```
Sub Test2()
  Dim sngArr(3) As Single
  Dim sngArr2() As Single
  Dim intI As Integer
  sngArr(0) = 12
  sngArr(1) = 9
  sngArr(2) = 25
  sngArr(3) = 19
  ' 在第 3 個元素的前面插入 2 個元素
  ReDim sngArr2(5)
  ' 複製插入點前面的元素
  For intI = 0 To 1
    sngArr2(intI) = sngArr(intI)
```

```
    Next
    ' 插入新元素
    sngArr2(2) = 31
    sngArr2(3) = 26
    ' 複製插入點後面的元素
    For intI = 2 To 3
       sngArr2(intI + 2) = sngArr(intI)
    Next
    ' 輸出新陣列中的元素
    For intI = 0 To UBound(sngArr2)
       Debug.Print sngArr2(intI);
    Next
End Sub
```

執行過程，在「立即視窗」面板中輸出插入元素後的陣列的元素。

```
12  9  31  26  25  19
```

3·修改陣列元素

修改陣列中元素的值，直接對該元素用設定陳述式重新賦值即可。下面建立一個陣列，修改其中第 2 個和第 4 個元素的值。撰寫的過程如下所示。範例檔案的存放路徑為 Samples\ch07\Excel VBA\ 數組元素的增、刪、改 .xlsm。

```
Sub Test3()
  Dim sngArr(3) As Single
  sngArr(0) = 12
  sngArr(1) = 9
  sngArr(2) = 25
  sngArr(3) = 19
  ' 修改第 2 個和第 4 個元素的值
  sngArr(1) = 31
  sngArr(3) = 26
  Debug.Print sngArr(1)
  Debug.Print sngArr(3)
End Sub
```

執行過程，在「立即視窗」面板中輸出修改後的元素。

```
31
26
```

4・刪除陣列元素

刪除陣列中的元素,可以直接在原陣列中刪除並用後面的元素一個一個覆蓋前面被刪除元素的位置,也可以另外建立一個陣列,並將原陣列中剩下的元素一個一個增加到新陣列中。

下面建立一個大小為 4 的動態陣列,刪除其中的第 2 個和第 4 個元素。撰寫的過程如下所示。範例檔案的存放路徑為 Samples\ch07\Excel VBA\ 数组元素的增、刪、改 .xlsm。

```vba
Sub Test4()
  Dim sngArr(3) As Single
  Dim sngArr2() As Single
  Dim intI As Integer
  Dim intK As Integer
  sngArr(0) = 12
  sngArr(1) = 9
  sngArr(2) = 25
  sngArr(3) = 19
  ' 刪除第 2 個和第 4 個元素
  intK = 0
  ReDim sngArr2(UBound(sngArr) - 2)        ' 定義新陣列的大小
  For intI = 0 To UBound(sngArr)
    If Not (intI = 1 Or intI = 3) Then     ' 刪除第 2 個和第 4 個元素
      sngArr2(intK) = sngArr(intI)         ' intK 作為新陣列的索引編號
      intK = intK + 1
    End If
  Next
  ' 輸出新陣列中的元素
  For intI = 0 To UBound(sngArr2)
    Debug.Print sngArr2(intI);
  Next
End Sub
```

執行過程，在「立即視窗」面板中輸出刪除部分元素後原陣列中剩餘的元素。

```
12   25
```

7.1.5　陣列元素的去除重複

對陣列元素進行去除重複，需要另外建立一個陣列。對原陣列進行遍歷，如果原陣列中的元素在新陣列中不存在，則增加到新陣列中，否則不增加。

下面的程式可以實現對給定原始元素的去除重複。需要注意的是，為了判斷給定元素是否在指定陣列中已經存在，這裡撰寫了函式 InArr，如果存在則傳回 True，否則傳回 False。關於自訂函式的相關內容，請參考第 10 章。範例檔案的存放路徑為 Samples\ch07\Excel VBA\ 數组元素的去重 .xlsm。

```
Sub Test()
  Dim sngArr(3) As Single        '儲存原始元素
  Dim sngArr2() As Single        '儲存去除重複後的元素
  Dim intI As Integer
  Dim intK As Integer
  ' 原始元素
  sngArr(0) = 12
  sngArr(1) = 9
  sngArr(2) = 25
  sngArr(3) = 9
  intK = 0                       'intK 記錄去除重複後元素的個數，基數為 0
  ReDim sngArr2(UBound(sngArr))
  sngArr2(0) = sngArr(0)         ' 初始化第 2 個陣列
  ' 去除重複
  For intI = 0 To UBound(sngArr)              ' 遍歷原始元素
    If Not InArr(sngArr2, sngArr(intI)) Then  ' 如果元素不在新陣列中
      intK = intK + 1
      sngArr2(intK) = sngArr(intI)            ' 則把元素增加到新陣列中
    End If
  Next
  ReDim Preserve sngArr2(intK)                ' 根據 intK 改變新陣列的大小
  ' 輸出去除重複後的結果
```

```
   For intI = 0 To UBound(sngArr2)
     Debug.Print sngArr2(intI);
   Next
End Sub


Function InArr(sngArr() As Single, sngNum As Single) As Boolean
   '判斷元素在陣列中是否存在
   Dim intI As Integer
   InArr = False
   '遍歷陣列進行比較
   For intI = LBound(sngArr) To UBound(sngArr)
     If sngNum = sngArr(intI) Then
       InArr = True
       Exit For
     End If
   Next
End Function
```

執行過程，在「立即視窗」面板中輸出對原始元素去除重複後的結果。

```
12  9  25
```

7.1.6 陣列元素的排序

在 Excel VBA 中，對陣列元素進行排序需要撰寫排序演算法。排序演算法很多，本節使用反昇法按從小到大的順序進行排序。對於給定的一組資料，反昇法從第 1 個元素開始，每個元素與它後面的所有元素進行比較，如果它比後面的元素大，就交換它們的位置，這樣，每個位置上的元素都是它及後面元素中最小的，從而實現排序。

下面使用 Array 函式建立一個包含 8 個元素的陣列，並使用反昇法對各元素按從小到大的順序進行排序。撰寫的程式如下所示。範例檔案的存放路徑為 Samples\ch07\Excel VBA\ 数组元素的排序 .xlsm。

```
Sub Sort()
  Dim arr()
  Dim intI As Integer
```

```
    Dim intJ As Integer
    Dim temp
    arr = Array(1, 5, 6, 2, 9, 7, 3, 8)
    ' 使用反昇法按從小到大的順序進行排序
    For intI = LBound(arr) To UBound(arr)
      For intJ = intI+1 To UBound(arr)
        ' 與後面的每個元素進行比較，如果比後面的大，則交換位置
        If arr(intI) > arr(intJ) Then
          temp = arr(intI)
          arr(intI) = arr(intJ)
          arr(intJ) = temp
        End If
      Next
    Next
    ' 輸出結果
    For intI = LBound(arr) To UBound(arr)
      Debug.Print arr(intI);  ' 緊湊格式輸出
    Next
End Sub
```

執行過程，在「立即視窗」面板中輸出排序後的結果。

```
1  2  3  5  6  7  8  9
```

7.1.7　陣列元素的計算

本節的內容涉及函式，有關函式的內容將在第 10 章中進行詳細介紹。Excel VBA 中有兩種函式，一種是內建函式，另一種是工作表函式。本節使用工作表函式對陣列元素進行簡單的統計計算。本節使用的工作表函式如表 7-1 所示。

▼ 表 7-1　本節使用的工作表函式

函式	說明
Count	陣列中數字的總個數
CountA	陣列中元素（數字、字串等）的總個數
Max	陣列中資料的最大值

（續表）

函式	說明
Min	陣列中資料的最小值
Large	陣列中資料第 *N* 大的值
Small	陣列中資料第 *N* 小的值
Sum	陣列中資料的和
Average	陣列中資料的平均值
Mode	陣列中資料的眾數，即出現次數最多的值
Median	陣列中資料的中值

　　下面建立兩個陣列並使用工作表函式進行簡單的統計計算。範例檔案的存放路徑為 Samples\ch07\Excel VBA\ 數组元素的計算 .xlsm。

```
Sub Test()
  Dim arr
  arr = Array(1, 2, 3, 4, 5, 7, 2, 4, 5, 9, 2)
  arr2 = Array(1, 2, "a", "b", 3, 4, 5, 7, 2, 4, 5, 9, 2)
  Debug.Print "陣列 arr2 中數字的個數：" & CStr(Application.Count(arr2))
  Debug.Print "陣列 arr2 中元素的個數：" & CStr(Application.CountA(arr2))
  Debug.Print "陣列 arr 中資料的最大值：" & CStr(Application.Max(arr))
  Debug.Print "陣列 arr 中資料的最小值：" & CStr(Application.Min(arr))
  Debug.Print "陣列 arr 中資料的第 2 大值：" & CStr(Application.Large(arr, 2))
  Debug.Print "陣列 arr 中資料的第 2 小值：" & CStr(Application.Small(arr, 2))
  Debug.Print "陣列 arr 中資料的和：" & CStr(Application.Sum(arr))
  Debug.Print "陣列 arr 中資料的平均值：" & CStr(Application.Average(arr))
  Debug.Print "陣列 arr 中資料的眾數：" & CStr(Application.Mode(arr))
  Debug.Print "陣列 arr 中資料的中值：" & CStr(Application.Median(arr))
End Sub
```

　　執行過程，在「立即視窗」面板中輸出統計計算的結果。

陣列 arr2 中數字的個數：11
陣列 arr2 中元素的個數：13
陣列 arr 中資料的最大值：9
陣列 arr 中資料的最小值：1
陣列 arr 中資料的第 2 大值：7
陣列 arr 中資料的第 2 小值：2

陣列 arr 中資料的和：44
陣列 arr 中資料的平均值：4
陣列 arr 中資料的眾數：2
陣列 arr 中資料的中值：4

7.1.8 陣列元素的拆分和合併

　　當使用 Split 函式對字串進行分割時，分割的結果是放在一個陣列中的。使用 Join 函式可以將陣列中的字串用指定的連接子進行連接，組成新的字串。

　　下面先將給定的字串以空格作為分隔符號進行拆分，然後將拆分的結果用底線進行合併。範例檔案的存放路徑為 Samples\ch07\Excel VBA\ 数组的拆分和合并 .xlsm。

```
Sub Test()
  Dim str As String
  Dim arr
  Dim intI As Integer
  str = "Hello Excel VBA & Python"
  arr = Split(str)              '拆分，預設以空格作為分隔符號進行拆分
  For intI = 0 To UBound(arr)
    Debug.Print arr(intI)       '輸出拆分結果
  Next
  Debug.Print Join(arr, "_")    '用底線進行合併
End Sub
```

　　執行過程，在「立即視窗」面板中輸出以下結果。

```
Hello
Excel
VBA
&
Python
Hello_Excel_VBA_&_Python
```

7.1.9　陣列元素的過濾

使用 Filter 函式可以實現對陣列元素的過濾。Filter 函式的語法格式如下。

```
arr2 = Filter(arr,expr,rt)
```

其中，arr 為給定陣列；expr 為過濾條件；rt 為布林值，當值為 True 時表示傳回查詢結果，當值為 False 時表示傳回「查找不到結果」；arr2 為傳回的結果，用陣串列示。範例檔案的存放路徑為 Samples\ch07\Excel VBA\ 數组元素的过滤 .xlsm。

```
Sub Test()
  Dim arr
  Dim arr2
  Dim arr3
  Dim intI As Integer
  arr = Array(3, 6, 16, 9, "a26")          ' 指定陣列
  arr2 = Filter(arr, 6, True)              ' 傳回包含 6 的元素
  For intI = 0 To UBound(arr2)
    Debug.Print arr2(intI)
  Next
  Debug.Print
  arr3 = Filter(arr, 6, False)             ' 傳回不包含 6 的元素
  For intI = 0 To UBound(arr3)
    Debug.Print arr3(intI)
  Next
End Sub
```

執行過程，在「立即視窗」面板中輸出過濾結果，使用空行隔開兩次過濾的結果。

```
6
16
a26

3
9
```

7.1.10　建立二維陣列

前面介紹的都是一維陣列，一維陣列只有行或列一個維度。本節介紹的二維陣列有行和列兩個維度，所以二維陣列有兩個索引參數。

建立二維陣列的方法與建立一維陣列的方法類似。既可以使用 Dim 敘述建立二維陣列，也可以使用 Array 函式建立二維陣列。下面建立一個 3 行 4 列的二維陣列。

```
Dim intID(2,3) As Integer
```

需要注意的是，行索引編號和列索引編號的基數都是 0。

下面給二維陣列的元素賦值。

```
intID(0,0)=1
intID(0,1)=2
```

讀取二維陣列元素的資料。

```
Debug.Print intID(0,0)
Debug.Print intID(0,1)
```

當使用 Array 函式建立二維陣列時，每行資料用 Array 函式進行定義。範例檔案的存放路徑為 Samples\ch07\Excel VBA\ 二維数组 .xlsm。

```
Sub Test()
  Dim arr
  arr = Array(Array(" 李丹 ", 95), Array(" 林旭 ", 86), Array(" 張琳 ", 89))
  Debug.Print arr(1)(1)
End Sub
```

執行過程，在「立即視窗」面板中輸出 86。需要注意使用 Array 函式建立的二維陣列的索引方式與使用 Dim 敘述建立的二維陣列的索引方式的異同。行索引編號和列索引編號的基數都是 0。

使用函式 Ubound 和 Lbound 可以獲取二維陣列各維度的上界和下界。範例檔案的存放路徑為 Samples\ch07\Excel VBA\ 二維数组 .xlsm。

```
Sub Test2()
  Dim arr(2, 3) As Integer
  Debug.Print LBound(arr, 1)
  Debug.Print UBound(arr, 1)
  Debug.Print LBound(arr, 2)
  Debug.Print UBound(arr, 2)
End Sub
```

執行過程，在「立即視窗」面板中輸出二維陣列行的下界和上界，以及列的下界和上界。

```
0
2
0
3
```

7.1.11 改變二維陣列的大小

當使用動態陣列定義二維陣列，並使用 ReDim Preserve 敘述改變二維陣列的大小時，只能改變其第 2 維的大小。舉例來說，下面使用動態陣列定義一個二維陣列，並使用 ReDim Preserve 敘述改變其第 1 維的大小。範例檔案的存放路徑為 Samples\ch07\Excel VBA\ 二維数组 .xlsm。

```
Sub Test3()
  Dim arr()
  ReDim arr(2, 3)
  arr(0, 1) = 5
  ReDim Preserve arr(3, 3)
End Sub
```

執行過程，彈出的提示框中提示「下標越界」，如圖 7-2 所示。這説明使用 ReDim Preserve 敘述無法直接改變二維陣列第 1 維的大小。

🎧 圖 7-2　使用 ReDim Preserve 敘述改變二維陣列第 1 維的大小時出錯

如果希望使用 ReDim Preserve 敘述改變二維陣列第 1 維的大小，需要先使用工作表函式 Transpose 對二維陣列進行轉置。將原來的第 1 維變成第 2 維，這時就可以使用 ReDim Preserve 敘述進行修改，修改完後再轉置回來，修改後的第 2 維變成第 1 維，這樣就可以實現對原二維陣列第 1 維大小的修改。

7.1.12　Excel 工作表與陣列交換資料

可以將 Excel 工作表中的指定資料儲存到陣列中，或將陣列中的資料顯示在 Excel 工作表的儲存格區域中。

1 · 確定陣列的維數

Excel VBA 中並沒有提供函式用於獲取給定陣列的維數，但是可以利用 UBound 函式或 LBound 函式間接獲取。這兩個函式的第 2 個參數指定陣列的某個維度，當該參數的值大於陣列的最大維數時會出錯，這樣透過捕捉錯誤得到該值，它減去 1 就是陣列的最大維數。

下面撰寫一個用於獲取陣列維數的函式 Dims。關於自訂函式的撰寫方法，請參考第 10 章。範例檔案的存放路徑為 Samples\ch07\Excel VBA\ 工作表与数组交换数据 .xlsm。

```
Function Dims(Arr()) As Integer
  On Error GoTo 1
  Dim intI As Integer
  Dim intUB As Integer
  ' 當 intI 大於最大維數時使用 UBound 函式會出錯
```

```
   For intI = 1 To 60   'VBA 中最大 60 維
     intUB = Ubound(Arr, intI)
   Next
   Exit Function
1:
   Dims = intI - 1   '當 intI 大於最大維數時會出錯,所以減去 1 就是最大維數
End Function
```

下面先建立一個動態陣列,然後用 Dims 函式獲取它的維數。

```
Sub Test()
  Dim Arr()
  ReDim Arr(2)     'Arr(2,3) 或 Arr(2,3,4)
  Debug.Print Dims(Arr)
End Sub
```

執行過程,在「立即視窗」面板中輸出陣列的維數。陣列 Arr(2)、Arr(2,3) 和 Arr(2,3,4) 對應的維數分別為 1、2 和 3。

2‧讀取儲存格區域中的單行資料或單列資料

在活動工作表的 B2:D5 範圍內輸入資料,如圖 7-3 所示。下面獲取 B2:D5 範圍內第 1 列和第 1 行的資料。

♠ 圖 7-3　在 Excel 工作表中給定資料

下面撰寫過程，獲取活動工作表中 B2:B5 範圍內的資料並傳回陣列 Arr 中。呼叫 Dims 函式傳回陣列 Arr 的維數。範例檔案的存放路徑為 Samples\ch07\Excel VBA\ 工作表与数组交换数据 .xlsm。

```
Sub Test2()
  Dim Arr()
  Arr = ActiveSheet.Range("B2:B5").Value      ' 將行資料傳回陣列
  Debug.Print Dims(Arr)                       ' 獲取陣列的維數
  Debug.Print LBound(Arr, 1);                 ' 陣列各維度的下界和上界
  Debug.Print UBound(Arr, 1);
  Debug.Print LBound(Arr, 2);
  Debug.Print UBound(Arr, 2);
End Sub
```

執行過程，在「立即視窗」面板中輸出下面的結果。

```
2
1  4  1  1
```

其中，第 1 行的 2 表示陣列 Arr 的維數為 2，是二維陣列；第 2 行的 4 個數分別表示第 1 維和第 2 維的下界與上界。由此可見，陣列 Arr 是一個 4 行 1 列的二維陣列。

下面撰寫過程，獲取活動工作表中 B2:D2 範圍內的資料並傳回陣列 Arr。呼叫 Dims 函式傳回陣列 Arr 的維數。範例檔案的存放路徑為 Samples\ch07\Excel VBA\ 工作表与数组交换数据 .xlsm。

```
Sub Test3()
  Dim Arr()
  Arr = ActiveSheet.Range("B2:D2").Value
  Debug.Print Dims(Arr)
  Debug.Print LBound(Arr, 1);
  Debug.Print UBound(Arr, 1);
  Debug.Print LBound(Arr, 2);
  Debug.Print UBound(Arr, 2);
End Sub
```

執行過程，在「立即視窗」面板中輸出下面的結果。

```
2
1   1   1   3
```

其中，第 1 行的 2 表示陣列 Arr 的維數為 2，是二維陣列；第 2 行的 4 個數分別表示第 1 維和第 2 維的下界與上界。由此可知，陣列 Arr 是一個 1 行 3 列的二維陣列。

所以，Excel 工作表中儲存格區域內的單列資料或單行資料都是以二維陣列的形式儲存的，而非儲存為一維陣列。需要注意的是，從儲存格區域獲取的陣列，行索引編號和列索引編號的基數都是 1，不是 0。

3・將二維陣列轉為一維陣列

上面提及，Excel 工作表中儲存格區域內的單列資料或單行資料儲存到陣列中時都是以二維陣列的形式儲存的，單列資料儲存為多行 1 列的二維陣列，單行資料儲存為 1 行多列的二維陣列。在 Excel VBA 中，使用工作表函式 Transpose 可以將單列資料對應的二維陣列轉為一維陣列。

下面撰寫過程，從圖 7-3 所示的工作表中獲取 B2:B5 範圍內的單列資料並儲存到陣列 Arr 中，該陣列現在是一個 4 行 1 列的二維陣列。先使用工作表函式 Transpose 將二維陣列 Arr 轉為一維陣列 Arr2，再呼叫 Dims 函式獲取陣列 Arr2 的維數。範例檔案的存放路徑為 Samples\ch07\Excel VBA\ 工作表与数组交换数据 .xlsm。

```vba
Sub Test4()
  Dim Arr()
  Dim Arr2()
  Arr = ActiveSheet.Range("B2:B5").Value
  Arr2 = Application.WorksheetFunction.Transpose(Arr) '將二維陣列轉為一維陣列
  Debug.Print Dims(Arr2)
  Debug.Print LBound(Arr2);
  Debug.Print UBound(Arr2);
End Sub
```

執行過程，在「立即視窗」面板中輸出陣列 Arr2 的維數與第 1 維的下界和
上界。

```
1
1   4
```

其中，第 1 行的 1 表示陣列 Arr2 的維數，是一維陣列；第 2 行的 1 和 4 分
別表示該一維陣列的下界和上界。

將儲存格區域中單行資料對應的二維陣列轉為一維陣列，需要呼叫工作表
函式 Transpose 兩次。第一次將行資料轉為列資料，第二次將列資料對應的二
維陣列轉為一維陣列。

下面的程式可以實現將儲存格區域中單行資料對應的二維陣列轉為一維陣
列。呼叫 Dims 函式獲取兩次轉換的結果陣列的維數。範例檔案的存放路徑為
Samples\ch07\Excel VBA\ 工作表与数组交换数据 .xlsm。

```vba
Sub Test5()
  Dim Arr()
  Dim Arr2()  ' 第 1 次轉換的結果
  Dim Arr3()  ' 第 2 次轉換的結果
  Arr = ActiveSheet.Range("B2:D2").Value
  Arr2 = Application.WorksheetFunction.Transpose(Arr) ' 將單行資料轉為單列資料
  Arr3 = Application.WorksheetFunction.Transpose(Arr2) ' 將二維陣列轉為一維陣列
  Debug.Print Dims(Arr2)
  Debug.Print Dims(Arr3)
  Debug.Print LBound(Arr3);
  Debug.Print UBound(Arr3);
End Sub
```

執行過程，在「立即視窗」面板中輸出下面的結果。

```
2
1
1   3
```

其中，第 1 行的 2 表示第 1 次轉換後得到的單列資料對應的陣列仍然是二維的；第 2 行的 1 表示第 2 次轉換得到的陣列是一維的；第 3 行的 1 和 3 分別表示一維陣列的下界和上界。

4 · 讀取儲存格區域中連續多行多列的資料

上面從儲存格區域中獲取了單列資料和單行資料，下面獲取儲存格區域中連續行和連續列組成的子區域中的資料。

使用下面的程式獲取圖 7-3 所示的工作表中 B2:D5 範圍內的資料並傳回陣列 Arr 中。用 Dims 函式獲取陣列 Arr 的維數。範例檔案的存放路徑為 Samples\ch07\Excel VBA\ 工作表与数组交换数据 .xlsm。

```
Sub Test6()
  Dim Arr()
  Arr = ActiveSheet.Range("B2:D5").Value
  Debug.Print Dims(Arr)
  Debug.Print LBound(Arr, 1);
  Debug.Print UBound(Arr, 1);
  Debug.Print LBound(Arr, 2);
  Debug.Print UBound(Arr, 2);
End Sub
```

執行過程，在「立即視窗」面板中輸出陣列 Arr 的維數與各維的下界和上界。

```
2
 1  4  1  3
```

其中，第 1 行的 2 表示陣列 Arr 是二維的；第 2 行的 1 和 4 分別表示二維陣列的第 1 維的下界和上界，1 和 3 分別表示二維陣列的第 2 維的下界和上界。

5 · 將一維陣列寫入儲存格區域的行或列

在 Excel VBA 中，一維陣列的資料可以直接或轉置後寫入單行儲存格區域或單列儲存格區域。

下面使用 Array 函式建立一個陣列 Arr，把陣列中的資料寫入 Excel 工作表中以 C8 儲存格開頭的單行儲存格區域內。範例檔案的存放路徑為 Samples\ch07\Excel VBA\ 工作表与数组交换数据 .xlsm。

```
Sub Test7()
  Dim Arr()
  Arr = Array(1, 2, 3, 4)
  Range("C8").Resize(1, UBound(Arr) + 1) = Arr
End Sub
```

執行過程，在 Excel 工作表的 C8:F8 範圍內寫入資料，如圖 7-4 所示。過程中的 Resize 函式從儲存格 C8 開始向右擴充，擴充的大小為陣列 Arr 的上界加 1。需要注意的是，使用 Array 函式建立的陣列中的元素的索引編號的基數為 0。

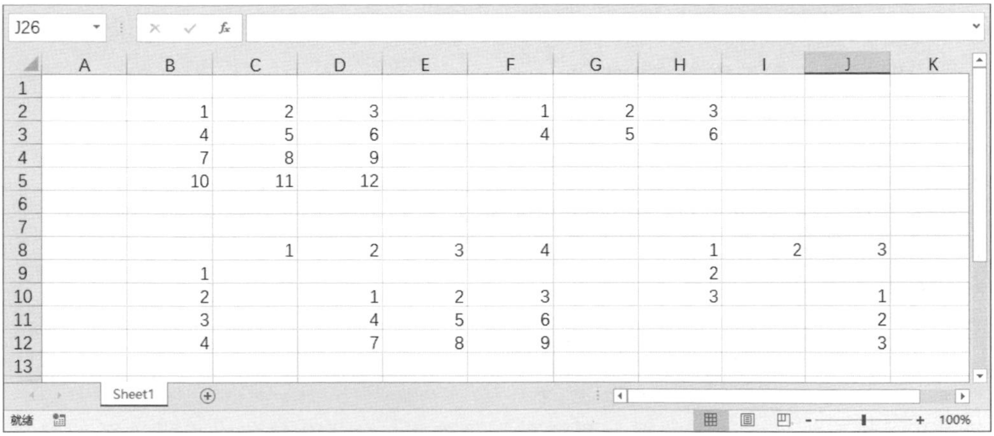

	A	B	C	D	E	F	G	H	I	J	K
1											
2		1	2	3		1	2	3			
3		4	5	6		4	5	6			
4		7	8	9							
5		10	11	12							
6											
7											
8			1	2	3	4		1	2	3	
9		1						2			
10		2		1	2	3		3		1	
11		3		4	5	6				2	
12		4		7	8	9				3	
13											

圖 7-4 將陣列資料輸出到 Excel 工作表中

將一維陣列的資料寫入工作表中的單列儲存格區域，需要先使用工作表函式 Transpose 對陣列進行轉置再寫入。

下面使用 Array 函式建立一個一維陣列，進行轉置後寫入工作表的 B9:B12 範圍內。範例檔案的存放路徑為 Samples\ch07\Excel VBA\ 工作表与数组交换数据 .xlsm。

```
Sub Test8()
  Dim Arr()
  Arr = Array(1, 2, 3, 4)
  Range("B9").Resize(UBound(Arr) + 1, 1) = _
      Application.WorksheetFunction.Transpose(Arr)
End Sub
```

執行過程，在 Excel 工作表的 B9:B12 範圍內寫入資料，如圖 7-4 所示。需要注意的是，此時 Resize 函式是在列的方向上進行擴充的。

6 · 將二維陣列寫入儲存格區域的行或列

將二維陣串列示的單行資料或單列資料寫入儲存格區域，可以直接寫入或將陣列轉置後寫入。

下面使用 Dim 敘述建立一個二維陣串列示單行資料，並將它寫入工作表中以 H8 儲存格開頭的單行儲存格區域內。範例檔案的存放路徑為 Samples\ch07\Excel VBA\ 工作表与数组交换数据 .xlsm。

```
Sub Test9()
  Dim Arr(0, 2)
  Arr(0, 0) = 1: Arr(0, 1) = 2: Arr(0, 2) = 3
  Range("H8").Resize(1, 3) = Arr
End Sub
```

執行過程，在工作表中寫入的資料如圖 7-4 所示。

下面將二維陣串列示的單行資料寫入工作表中以 H8 儲存格開頭的單列儲存格區域內。此時需要使用工作表函式 Transpose 對陣列進行轉置後再寫入。範例檔案的存放路徑為 Samples\ch07\Excel VBA\ 工作表与数组交换数据 .xlsm。

```
Sub Test10()
  Dim Arr(0, 2)
  Arr(0, 0) = 1: Arr(0, 1) = 2: Arr(0, 2) = 3
  Range("H8").Resize(3, 1) = Application.WorksheetFunction.Transpose(Arr)
End Sub
```

執行過程，在工作表中寫入的資料如圖 7-4 所示。

　　下面建立二維陣串列示的單列資料,並將它寫入工作表中以 J10 儲存格開頭的單列儲存格區域中。可以直接寫入。範例檔案的存放路徑為 Samples\ch07\Excel VBA\ 工作表與數組交換數據 .xlsm。

```
Sub Test11()
  Dim Arr(2, 0)
  Arr(0, 0) = 1: Arr(1, 0) = 2: Arr(2, 0) = 3
  Range("J10").Resize(3, 1) = Arr
End Sub
```

　　執行過程,在工作表中寫入的資料如圖 7-4 所示。

7 · 將二維陣列寫入儲存格區域

　　將二維陣串列示的連續多行多列資料寫入工作表的儲存格區域,因為建立陣列的方法不同,所以寫入的方法也有所不同。使用 Dim 敘述建立的二維陣列可以直接寫入,使用 Array 函式建立的二維陣列需要使用 Transpose 函式兩次才能寫入。

　　下面使用 Dim 敘述建立一個 2 行 3 列的二維陣列,將資料寫入以 F2 儲存格開頭的儲存格區域。範例檔案的存放路徑為 Samples\ch07\Excel VBA\ 工作表與數組交換數據 .xlsm。

```
Sub Test12()
  Dim Arr(1, 2)
  Arr(0, 0) = 1: Arr(0, 1) = 2: Arr(0, 2) = 3
  Arr(1, 0) = 4: Arr(1, 1) = 5: Arr(1, 2) = 6
  Range("F2").Resize(2,3) = Arr
End Sub
```

　　執行過程,在工作表中寫入的資料如圖 7-4 所示。

　　下面使用 Array 函式建立一個 3 行 3 列的二維陣列,將資料寫入以 D10 儲存格開頭的儲存格區域。寫入之前需要使用工作表函式 Transpose 對陣列進行兩次轉置。範例檔案的存放路徑為 Samples\ch07\Excel VBA\ 工作表與數組交換數據 .xlsm。

```
Sub Test13()
  Dim Arr()
  Arr = Array(Array(1, 2, 3), Array(4, 5, 6), Array(7, 8, 9))
  Arr = Application.WorksheetFunction.Transpose(Application.Transpose(Arr))
  Range("D10").Resize(3, 3) = Arr
End Sub
```

執行過程，在工作表中寫入的資料如圖 7-4 所示。

7.1.13 陣列範例：給定資料的簡單統計 1

如圖 7-5 所示，工作表中的 B ～ D 列為學生成績，計算各學生的成績總分，以及各學科的最高分和平均分。

	A	B	C	D	E	F	G	H	I
1	姓名	語文	數學	英文	總分				
2	王東	16	27	34	77		語文最高分：	107	
3	徐慧	85	54	92	231		數學最高分：	118	
4	王慧琴	99	73	118	290		英文最高分：	136	
5	章思思	95	83	62	240		語文平均分：	90.23077	
6	阮錦繡	92	91	92	275		數學平均分：	89.38462	
7	周洪宇	93	92	113	298		英文平均分：	100.6923	
8	謝思明	98	95	117	310				
9	程成	98	95	114	307				
10	王潔	102	102	136	340				
11	張麗君	107	104	105	316		按鈕 1		
12	馬欣	104	112	124	340				
13	焦明	96	116	99	311				
14	王艷	88	118	103	309				
15									

◑ 圖 7-5 對學生成績進行簡單統計

先使用 For 迴圈遍歷每行資料，將當前學生的學科成績儲存成一個一維陣列，再使用工作表函式 Sum 求和，得到該學生的成績總分。同樣，將某個科目所有學生的成績放到一個陣列中，使用工作表函式 Max 和 Average 可以計算該科目的最高分和平均分。範例檔案的存放路徑為 Samples\ch07\Excel VBA\ 學生成绩统计 .xlsm。

```
Sub Test()
  Dim intI As Integer
  Dim intR As Integer
  Dim sht As Object
  Set sht = ActiveSheet
  Dim sngScore
  ' 資料行數
  intR = sht.Range("A1").End(xlDown).Row
  ' 計算各學生的總分
  For intI = 2 To intR
    ' 將行資料儲存到二維陣列中
    sngScore = sht.Range("B" & CStr(intI) & ":D" & CStr(intI)).Value
    ' 將行資料轉為列資料，二維陣列
    sngScore = Application.WorksheetFunction.Transpose(sngScore)
    ' 將二維陣列轉為一維陣列
    sngScore = Application.WorksheetFunction.Transpose(sngScore)
    ' 求總分並輸出
    sht.Cells(intI, 5).Value = Application.WorksheetFunction.Sum(sngScore)
  Next

  ' 語文
  ' 將「語文」列的資料儲存到陣列中，它是一個二維陣列
  sngScore = sht.Range("B2:B" & CStr(intR)).Value
  ' 將二維陣列轉為一維陣列
  sngScore = Application.WorksheetFunction.Transpose(sngScore)
  ' 求最高分並輸出
  sht.Cells(2, 8).Value = Application.WorksheetFunction.Max(sngScore)
  ' 求平均分並輸出
  sht.Cells(5, 8).Value = Application.WorksheetFunction.Average(sngScore)

  ' 數學
  sngScore = sht.Range("C2:C" & CStr(intR)).Value
  sngScore = Application.WorksheetFunction.Transpose(sngScore)
  sht.Cells(3, 8).Value = Application.WorksheetFunction.Max(sngScore)
  sht.Cells(6, 8).Value = Application.WorksheetFunction.Average(sngScore)

  ' 英文
  sngScore = sht.Range("D2:D" & CStr(intR)).Value
  sngScore = Application.WorksheetFunction.Transpose(sngScore)
  sht.Cells(4, 8).Value = Application.WorksheetFunction.Max(sngScore)
```

```
sht.Cells(7, 8).Value = Application.WorksheetFunction.Average(sngScore)
End Sub
```

執行程式，輸出的結果如圖 7-5 所示。

7.1.14 陣列範例：突出顯示給定資料的重複值 1

如圖 7-6 所示，工作表中的 A 列和 B 列分別為上半年先進工作者和下半年先進工作者的名單，試找出上半年和下半年都獲得先進工作者稱號的人員並將對應的儲存格用藍色背景突出顯示。

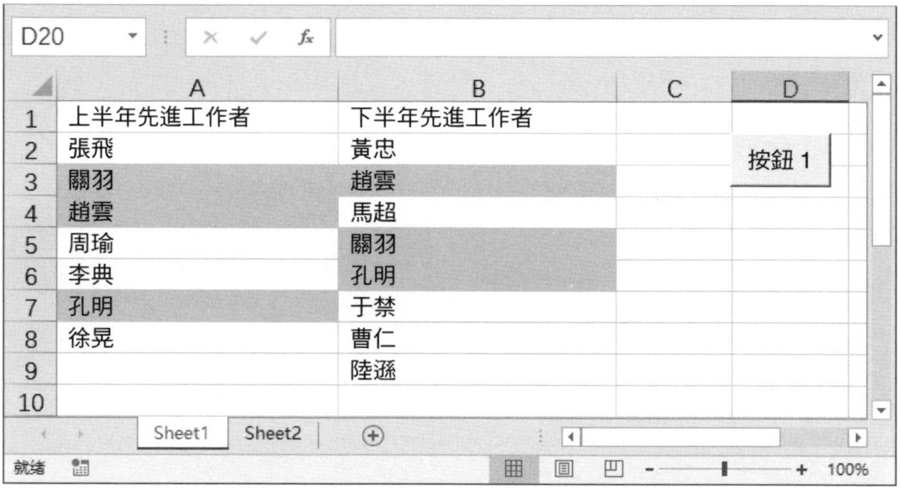

🎧 圖 7-6 突出顯示給定資料的重複值

下面的過程先將工作表中 A 列和 B 列的獲獎人員的姓名分別放到兩個一維陣列中，然後用兩層嵌套的 For 迴圈，透過比較字串找到重複的人員姓名，並突顯該儲存格。範例檔案的存放路徑為 Samples\ch07\Excel VBA\ 突出显示重复值 .xlsm。

```
Sub Test()
  Dim intI As Integer
  Dim intJ As Integer
  Dim intR1 As Integer
```

```
    Dim intR2 As Integer
    Dim sht As Object
    Set sht = ActiveSheet
    Dim sngName1, sngName2

    ' 上半年先進工作者的名單
    'A 列資料的行數
    intR1 = sht.Range("A1").End(xlDown).Row
    ' 獲取上半年先進工作者的名單，二維陣列
    sngName1 = sht.Range("A2:A" & CStr(intR1)).Value
    ' 將二維陣列轉為一維陣列
    sngName1 = Application.WorksheetFunction.Transpose(sngName1)
    ' 下半年先進工作者的名單
    'B 列資料的行數
    intR2 = sht.Range("B1").End(xlDown).Row
    ' 獲取下半年先進工作者的名單，二維陣列
    sngName2 = sht.Range("B2:B" & CStr(intR2)).Value
    ' 將二維陣列轉為一維陣列
    sngName2 = Application.WorksheetFunction.Transpose(sngName2)

    For intI = 1 To intR2 - 1
      For intJ = 1 To intR1 - 1
        ' 如果有重複，則突顯對應的儲存格
        If sngName2(intI) = sngName1(intJ) Then
          sht.Cells(intJ + 1, 1).Interior.Color = RGB(0, 255, 255)
          sht.Cells(intI + 1, 2).Interior.Color = RGB(0, 255, 255)
        End If
      Next
    Next
End Sub
```

執行程式，查詢和突顯效果如圖 7-6 所示。

7.1.15　陣列範例：求大於某數的最小值 1

如圖 7-7 所示，工作表中的 A 列和 B 列已給定資料，在 B 列中查詢大於 A 列中賦值的最小值。

◐ 圖 7-7　在 B 列中查詢大於 A 列賦值的最小值

　　下面先將工作表中 B 列的資料放到一個一維陣列中並從小到大排序，然後遍歷 A 列的資料，透過比較獲得當前資料在排序後陣列中的位置。當它處於兩個資料之間時，後一個資料就是陣列中大於當前資料的最小值。範例檔案的存放路徑為 Samples\ch07\Excel VBA\ 求大于某數的最小值 .xlsm。

```
Sub Test()
  Dim intI As Integer
  Dim intJ As Integer
  Dim intR1 As Integer
  Dim intR2 As Integer
  Dim sht As Object
  Set sht = ActiveSheet
  Dim sngV0, sngV()
  Dim sngData

  '資料行數
  intR1 = sht.Range("A2").End(xlDown).Row
  intR2 = sht.Range("B2").End(xlDown).Row
  '獲取 B 列的資料，二維陣列
  sngV0 = sht.Range("B2:B" & CStr(intR2)).Value
  '將二維陣列轉為一維陣列
```

```
    sngV = Application.WorksheetFunction.Transpose(sngV0)
    sngV = Sort(sngV)    ' 從小到大排序

    For intI = 2 To intR1
      For intJ = 1 To intR2 - 2
        ' 將 A 列的每個資料與排序後的 sngV 陣列進行比較
        sngData = sht.Cells(intI, 1).Value
        ' 賦值位於排序後陣列相鄰值之間，後面的資料就是所求值
        If sngData >= sngV(intJ) And sngData <= sngV(intJ + 1) Then
          sht.Cells(intI, 3).Value = sngV(intJ + 1)
        End If
      Next
    Next
End Sub
```

執行程式，計算結果顯示在工作表的 C 列中，如圖 7-7 所示。

7.1.16　陣列範例：建立巴斯卡三角 1

下面建立巴斯卡三角。巴斯卡三角的兩筆邊上的資料都為 1，其餘各資料等於它上方的兩個資料之和，如下所示。

```
1
1 1
1 2 1
1 3 3 1
1 4 6 4 1
```

透過查看巴斯卡三角可知，三角形 A 列的值都是 1，斜邊（也就是對應矩形的對角線）上的值也都是 1，三角形內部資料的值是它上方兩個數的和。

撰寫的過程如下所示。範例檔案的存放路徑為 Samples\ch07\Excel VBA\ 杨辉三角 .xlsm。

```
Sub YH()
  Dim intI As Long
  Dim intJ As Long
  Dim intTri(1 To 10, 1 To 10) As Integer
```

```
Dim intN As Integer
intN = 5
' 計算巴斯卡三角,所在矩形的右上半形中的資料為 0
intTri(1, 1) = 1
For intI = 1 To intN - 1
  intTri(intI + 1, 1) = 1                    'A 列的值都是 1
  intTri(intI + 1, intI + 1) = 1             ' 第 2 條邊的值都是 1
Next
For intI = 1 To intN - 1
  For intJ = 1 To intN - 1
    intTri(intI + 1, intJ + 1) = intTri(intI, intJ) + intTri(intI, intJ + 1)   ' 內部
  Next
Next
' 輸出巴斯卡三角
For intI = 1 To intN
  For intJ = 1 To intN
    If intTri(intI, intJ) <> 0 Then
      ActiveSheet.Cells(intI + 1, intJ + 1).Value = intTri(intI, intJ)
    End If
  Next
Next
End Sub
```

執行過程,在當前工作表中輸出巴斯卡三角,如圖 7-8 所示。

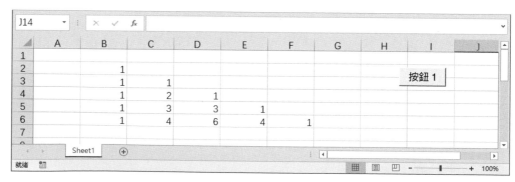

🎧 圖 7-8　建立的巴斯卡三角

7.2 │ Python 中的陣列：串列

　　串列是可修改的序列，可以存放任何類型的資料，用中括號表示。串列中的元素用逗點間隔，每個元素按照先後順序有索引編號，索引編號的基數為 0。建立串列以後，可以進行索引、切片、增、刪、改和排序等各種操作。

7.2.1 建立串列

　　可以使用多種方法建立串列。

1‧使用中括號建立串列

　　可以使用中括號直接建立串列。下面建立一個沒有元素的串列。

```
>>> a=[]
```

　　下面建立一個元素為一組資料的串列。

```
>>> a=[1,2,3,4,5]
>>> a
[1, 2, 3, 4, 5]
```

　　下面建立一個元素為一組字串的串列。

```
>>> a=['excel', 'python', 'world']
>>> a
['excel', 'python', 'world']
```

　　串列的元素的資料型態可以不同，範例如下。

```
>>> a=[1,5, 'b',False]
>>> a
[1, 5, 'b', False]
```

串列的元素也可以是串列，範例如下。

```
>>> a=[[1],[2],3, 'four']
>>> a
[[1], [2], 3, 'four']
```

2 · 使用 list 函式建立串列

使用 list 函式能將任何可以迭代的資料轉為串列。可迭代的資料包括字串、區間、元組、字典、集合等。

當 list 函式沒有參數時建立一個空的串列，範例如下。

```
>>> a=list()
>>> a
[]
```

1）把字串轉為串列

當 list 函式的參數為字串時，將該字串轉為元素為字串各字元組成的串列，範例如下。

```
>>> a=list('hello')
>>> a
['h', 'e', 'l', 'l', 'o']
```

2）把區間物件轉為串列

使用 range 函式建立一個區間物件，該物件在指定的範圍內連續設定值。range 函式可以包含 1 個、2 個或 3 個參數。當包含 3 個參數時指定區間的起點、終點和間隔的步進值，舉例來說，從 2 開始，每隔 2 個數取 1 次數，取到 10 為止。當包含 2 個參數時指定起點和終點，步進值取 1。當包含 1 個參數時指定終點，起點取 0，步進值取 1。

range 函式只有 1 個參數的範例如下。

```
>>> rg1=range(8)
>>> rg1
range(0, 8)
```

　　生成的區間物件從 0 開始，以 1 為間隔連續取 8 個值，即 0 ～ 7。所以，雖然從表面上看 range(0, 8) 定義的區間的終點為 8，但實際上不包括 8，即「包頭不包尾」。可以使用中括號和索引編號獲取區間物件的值，以下面範例取區間的第 1 個值和最後一個值。

```
>>> rg1[0];rg1[7]
0
7
```

　　下面是 range 函式包含 3 個參數的範例，在 0 ～ 9 範圍內每隔 2 個數取 1 次數。

```
>>> rg2=range(0,10,2)
>>> rg2
range(0, 10, 2)
```

　　透過索引獲取區間的前 2 個數。

```
>>> rg2[0];rg2[1]
0
2
```

　　由此可知，相鄰兩個數之間的間隔為 2。

　　將區間物件作為 list 函式的參數可以建立串列。

```
>>> a=list(rg1)
>>> a
[0, 1, 2, 3, 4, 5, 6, 7]
>>> b=list(rg2)
>>> b
[0, 2, 4, 6, 8]
```

　　3）把元組、字典和集合轉為串列

　　使用 list 函式也可以把元組、字典和集合等可迭代物件轉為串列。關於元組、字典和集合，將在後面陸續介紹，這裡先介紹操作效果。

　　將元組轉為串列的範例如下。

```
>>> a=(1, 'abc',True)
>>> list(a)
[1, 'abc', True]
```

將字典轉為串列的範例如下。

```
>>> a={' 張三 ':89, ' 李四 ':92}
>>> list(a)
[' 張三 ', ' 李四 ']
```

將集合轉為串列的範例如下。

```
>>> a={1, 'abc',123, 'hi'}
>>> list(a)
[1, 123, 'hi', 'abc']
```

3 · 串列的基本操作

使用 len 函式可以獲取串列的長度，範例如下。

```
>>> a=[1,2,3,4,5,6]
>>> len(a)
6
```

使用串列物件的 count 方法可以指定元素在串列中出現的次數。下面建立一個串列，計算元素 2 在串列中出現的次數。

```
>>> a=[1,2,3,2,4,5,2,6]
>>> a.count(2)
3
```

使用成員運算子 in 或 not in 可以判斷串列中包含或不包含指定元素，若滿足條件則傳回 True，否則傳回 False。下面判斷給定串列中是否包含元素 1，是否不包含元素 4。

```
>>> 1 in [1, 2, 3]
True
>>> 4 not in [1, 2, 3]
True
```

　　當使用 print 函式對串列資料進行格式化輸出時需要使用索引獲取串列的元素。下面建立一個串列，然後使用 print 函式進行格式化輸出。

```
>>> student = [' 張三 ', '95']
>>> print(' 姓名：{0[0]}，數學成績：{0[1]}'.format(student))
姓名：張三，數學成績：95
```

　　使用 for 迴圈可以遍歷串列。下面對區間應用 for 迴圈，一個一個輸出區間中的每個數字。

```
>>> for i in range(6):
        print(' 當前數字：', i)
```

　　下面對串列應用 for 迴圈，一個一個輸出串列中每個城市的名稱。

```
>>> ads=[' 北京 ', ' 上海 ', ' 廣州 ']
>>> for ad in ads:
            print(' 當前地點：',ad)
```

　　對於串列，也可以使用區間，結合串列索引來輸出串列中的元素。下面用索引輸出串列中各城市的名稱。

```
>>> ads=[' 北京 ',' 上海 ',' 廣州 ']
>>> for index in range(len(ads)):
            print(' 當前地點：',ads[index])
```

4 · 深入串列

　　串列中的每個元素都引用一個物件，每個物件有自己的記憶體位址、資料型態和值。各元素儲存對應物件的位址。

　　下面建立一個串列，使用 id 函式獲取串列中各元素引用的物件的位址。

```
>>> a=[1,2,3]
>>> id(a[0])
8791520672832
>>> id(a[1])
8791520672864
```

```
>>> id(a[2])
8791520672896
```

由此可知，各元素引用的物件的位址各不相同，所以它們是不同的物件。

7.2.2 索引和切片

建立串列和在串列中增加元素後，如果希望獲取串列中的某個或某部分元素，並對它們進行後續操作，就需要使用索引和切片。索引一般是存取串列中的某個元素，切片則連續存取串列中的部分元素。

當使用中括號進行串列索引操作時，中括號中是要索引的元素在串列中的索引編號。如果從左到右索引，則索引編號的基數為 0；如果從右到左索引，則索引編號的基數為 -1。

下面建立一個串列 ls。

```
>>> ls=['a', 'b', 'c']
```

透過索引獲取串列中的第 3 個元素。

```
>>> ls[2]
'c'
```

獲取串列中的倒數第 2 個元素。

```
>>> ls[-2]
'b'
```

使用 index 方法可以獲取指定元素在串列中第一次出現的位置，語法格式如下。

```
index(value.[start, [end]])
```

其中，value 為指定的元素，start 和 end 指定搜索的範圍。

下面建立一個串列 a。

```
>>> a=[1,2,3,4,2,5,6]
```

獲取元素 2 在串列中第 1 次出現的位置，需要注意的是，位置索引編號的基數為 0。

```
>>> a.index(2)
1
```

從第 3 個元素開始到最後一個元素，在這個範圍內獲取元素 2 第 1 次出現的位置。

```
>>> a.index(2,2)
4
```

切片操作是從給定的串列中連續獲取多個元素。切片操作完整的定義是 [start:end:step]，設定值範圍的起點、終點和步進值之間用冒號間隔。這 3 個參數都可以省略。需要注意「包頭不包尾」的原則。

若從左往右切片，則位置索引編號的基數為 0。當省略 start 參數時，起點為串列的第一個元素；當省略 end 參數時，終點為串列的最後一個元素；當省略 step 參數時，步進值為 1。

若從右往左切片，則位置索引編號的基數為 -1。各參數的值都為負，數字的大小為從右往左計數的大小。舉例來說，最後一個元素的索引編號為 -1，倒數第 2 個元素的索引編號為 -2，依此類推。

串列的切片操作如表 7-2 所示。

▼ 表 7-2 串列的切片操作

切片操作	說明	範例	結果
[:]	提取整數個串列	[1,2,3,4,5][:]	[1,2,3,4,5]
[start:]	提取從 start 位置開始到結尾的元素組成的串列	[1,2,3,4,5][2:]	[3,4,5]

（續表）

切片操作	說明	範例	結果
[:end]	提取從頭到 end-1 位置的元素組成的串列	[1,2,3,4,5][:2]	[1,2]
[start:end]	提取從 start 到 end-1 位置的元素組成的串列	[1,2,3,4,5][2:4]	[3,4]
[start:end:step]	提取從 start 到 end-1 位置的元素組成的串列，步進值為 step	[1,2,3,4,5][1:4:2]	[2,4]
[-n:]	提取倒數 n 個元素組成的串列	[1,2,3,4,5][-3:]	[3,4,5]
[-m:-n]	提取從倒數第 m 個到倒數第 n 個元素組成的串列	[1,2,3,4,5][-4:-2]	[2,3]
[::-s]	步進值為 s，從右向左反向提取組成的串列	[1,2,3,4,5][::-1]	[5,4,3,2,1]

7.2.3　增加串列元素

建立串列以後，可以使用多種方法在串列中增加元素。

1・使用 append 方法

使用串列物件的 append 方法在其尾部增加新的元素。append 方法的速度比較快。下面建立一個串列，並使用 append 方法增加一個元素。

```
>>> a=[1,2,3,4]
>>> a.append(5)
>>> a
[1, 2, 3, 4, 5]
```

2・使用 extend 方法

與 append 方法一樣，使用 extend 方法也是在串列的尾部增加新的元素。與 append 方法的不同之處在於，使用 extend 方法在串列的尾端可以一次性追加另一個序列的多個值。所以，extend 方法更適合串列的拼接。

```
>>> a=[1,2,3,4]
>>> a.extend([5,6])
```

```
>>> a
[1, 2, 3, 4, 5, 6]
```

　　extend 方法的參數還可以是字串、區間、元組、字典和集合等可迭代物件，範例如下。

```
>>> a=[1,2]
>>> a.extend('abc')             # 增加字串
>>> a
[1, 2, 'a', 'b', 'c']
>>> a.extend((3,4))             # 增加元組
>>> a
[1, 2, 'a', 'b', 'c', 3, 4]
>>> a.extend(range(5,7))        # 增加區間
>>> a
[1, 2, 'a', 'b', 'c', 3, 4, 5, 6]
```

3・使用運算子

　　使用「+」可以將兩個串列連接起來，組成一個新的串列，範例如下。

```
>>> [1, 2, 3]+[4, 5, 6]
[1, 2, 3, 4, 5, 6]
```

　　使用「*」擴充，可以將原有串列多次重複，生成新的串列。下面建立一個包含兩個元素的串列，將它擴充 3 倍，生成新的串列 b。

```
>>> a=[1, 'a']
>>> b=a*3
>>> b
[1, 'a', 1, 'a', 1, 'a']
```

7.2.4 插入串列元素

　　使用串列物件的 insert 方法，可以在指定的位置插入指定的元素。insert 方法有兩個參數：第 1 個參數指定插入的位置，指定一個索引編號，即在它對應的元素的前面插入新元素，索引編號的基數為 0；第 2 個參數指定插入的元素。

下面建立一個包含 4 個元素的串列，使用串列物件的 insert 方法在第 4 個元素的前面插入新元素 5。

```
>>> a=[1,2,3,4]
>>> a.insert(3,5)
>>> a
[1, 2, 3, 5, 4]
```

7.2.5　刪除串列元素

在 Python 中，可以使用多種方法刪除串列元素。

使用串列物件的 pop 方法可以刪除指定位置的元素，如果沒有指定位置，則刪除串列尾端的元素。

下面建立一個串列，使用 pop 方法刪除最後一個元素。

```
>>> a=[1,2,3,4,5,6]
>>> a.pop()
>>> a
[1, 2, 3, 4, 5]
```

繼續刪除串列中的第 3 個元素。需要注意的是，位置索引編號的基數為 0。

```
>>> a.pop(2)
>>> a
[1, 2, 4, 5]
```

使用 del 命令可以刪除指定位置的元素。下面刪除串列中的第 4 個元素。

```
>>> a=[1,2,3,4,5,6]
>>> del a[3]
>>> a
[1, 2, 3, 5, 6]
```

pop 方法和 del 命令都是使用索引刪除串列元素，使用 remove 方法可以直接刪除串列中第一次出現的指定元素。下面從串列中直接刪除第 1 個元素 3。

```
>>> a=[1,2,3,4,5,6]
>>> a.remove(3)
>>> a
[1, 2, 4, 5, 6]
```

如果指定的元素在串列中不存在，則傳回一個出錯資訊。

```
>>> a.remove(10)
Traceback (most recent call last):
  File "<pyshell#106>", line 1, in <module>
    a.remove(10)
ValueError: list.remove(x): x not in list
```

7.2.6 串列元素的去除重複

對串列元素進行去除重複，需要另外建立一個串列。對原有串列進行遍歷，如果原有串列中的元素在新串列中不存在，則增加到新串列中，否則不增加。範例如下。

```
>>> a=[1,2,3,4,3,1]          # 有重複值的串列
>>> b=[1]                    # 新串列
>>> for i in range(len(a)):  # 遍歷原有串列
        r=a[i]               # 原有串列中的當前值 r
        if r not in b:       # 如果 r 在新串列中不存在
            b.append(r)      # 則將 r 增加到新串列
>>> b
[1, 2, 3, 4]
```

所以，最後新串列中的重複值被刪除。

7.2.7 串列元素的排序

使用串列物件的 sort 方法可以對串列中的元素進行排序。在預設情況下，從小到大排序，不必設定方法參數。下面建立一個串列，使用 sort 方法將串列元素從小到大進行排序。

```
>>> ls=[4,2,1,3]
>>> ls.sort()
```

```
>>> ls
[1,2,3,4]
```

　　設定 sort 方法的 reverse 參數的值為 True，對串列中的元素按照從大到小的順序進行排列。

```
>>> ls.sort(reverse=True)    #降冪排列
>>> ls
[4,3,2,1]
```

　　還可以使用 Python 的內建函式 sorted 進行排序。sorted 函式不對原有串列進行修改，而是傳回一個新串列。設定 sorted 函式的 reverse 參數的值為 True，將串列元素按降冪排列。

```
>>> ls=[4,2,1,3]
>>> a=sorted(ls)
>>> a
[1,2,3,4]
>>> a=sorted(ls, reverse=True)
>>> a
[4,3,2,1]
```

7.2.8　串列元素的計算

　　使用函式 max、min 和 sum 等可以直接求取串列元素的最大值、最小值和累加和。下面建立一個串列，元素為數字 0～10，對它們進行簡單的統計計算。

```
>>> a=range(11)
>>> max(a)   #最大值
10
>>> min(a)   #最小值
0
>>> sum(a)   #累加和
55
```

　　還可以使用 NumPy 套件提供的統計分析函式進行計算。NumPy 套件是專門為陣列計算設計的，具有功能函式多、計算速度快等特點。關於 NumPy 套件和 NumPy 陣列的介紹請參考 7.4 節。

```
>>> import numpy as np          # 匯入 NumPy 套件
>>> a=range(11)
>>> np.amax(a)                  # 最大值
10
>>> np.amin(a)                  # 最小值
0
>>> np.sum(a)                   # 累加和
55
>>> np.mean(a)                  # 平均值
5.0
>>> np.median(a)                # 中值
5.0
```

7.2.9　串列的拆分和合併

可以使用 split 方法按指定的分隔符號分割字串，分割後的結果以串列的形式傳回。

下面給定一個字串，使用 split 方法，用預設的空格作為分隔符號進行分割，並傳回一個串列。

```
>>> a='Where are you from'
>>> a.split()
['Where', 'are', 'you', 'from']
```

使用字串物件的 join 方法可以用指定的分隔符號連接串列舉出的多個字串。下面用變數 b 將需要連接的字串用串列舉出，並用變數 a 指定分隔符號，連接串列中的各元素。

```
>>> a=','
>>> b=['hello','abc','python']
>>> a.join(b)
'hello,abc,python'
```

7.2.10　串列的過濾

過濾串列資料有多種方法，本節使用串列解析式和 filter 函式這兩種方式進行過濾。

下面建立一個串列 a，元素為數字 0～8。使用串列解析式過濾串列中大於 3 的數字，並傳回到串列 b 中。

```
>>> a=range(9)
>>> b=[i for i in a if i>3]
>>> b
[4, 5, 6, 7, 8]
```

串列 b 獲取了串列 a 中大於 3 的元素。

下面使用 filter 函式進行過濾。filter 函式的第 1 個參數設定過濾的條件運算式，第 2 個參數指定要過濾的串列。過濾的條件運算式使用匿名函式指定串列 a 中的數字大於 3。

```
>>> a=range(9)
>>> b=filter(lambda i:i>3,a)
>>> b
<filter object at 0x00000000031A5608>
```

filter 函式傳回的結果是一個 filter 物件，將它轉為串列。

```
>>> c=list(b)
>>> c
[4, 5, 6, 7, 8]
```

由此可知，串列 c 獲取了串列 a 中大於 3 的元素。

7.2.11 二維串列

可以透過串列嵌套建立二維串列或多維串列。二維串列有兩層中括號，即串列的元素也是串列。下面建立一個二維串列。

```
>>> a=[[1,2,3],[4,5,6],[7,8,9]]
>>> a
[[1, 2, 3], [4, 5, 6], [7, 8, 9]]
```

對二維串列進行索引和切片時，需要指定行維和列維兩個方向上的索引編號或設定值範圍。需要注意的是，行索引編號和列索引編號的基數為 0。

下面獲取二維串列中第 2 行第 3 列的元素的值。

```
>>> a[1][2]
6
```

對二維串列進行切片，需要先了解 a[1] 和 a[1:2] 之間的區別。使用 a[1] 獲取的是二維串列 a 中的第 2 個元素，是一個一維串列，範例如下。

```
>>> a[1]
[4, 5, 6]
```

使用 a[1:2] 獲取的是一個二維串列，範例如下。

```
>>> a[1:2]
[[4, 5, 6]]
```

這樣就比較容易理解下面的結果。

```
>>> a[1][0]
4
>>> a[1:2][0]
[4, 5, 6]
>>> a[1][0:1]
[4]
>>> a[1:2][0:1]
[[4, 5, 6]]
```

讀者可以反覆比較和理解兩者之間的差別。

7.2.12 Excel 工作表與串列交換資料

Excel 資料與 Python 串列之間的讀 / 寫包括將 Excel 資料讀取到 Python 串列和將 Python 串列資料寫入 Excel 工作表中。

1．將 Excel 資料讀取到 Python 串列

將圖 7-9 中工作表內的行資料、列資料和區域資料讀取到 Python 串列中。

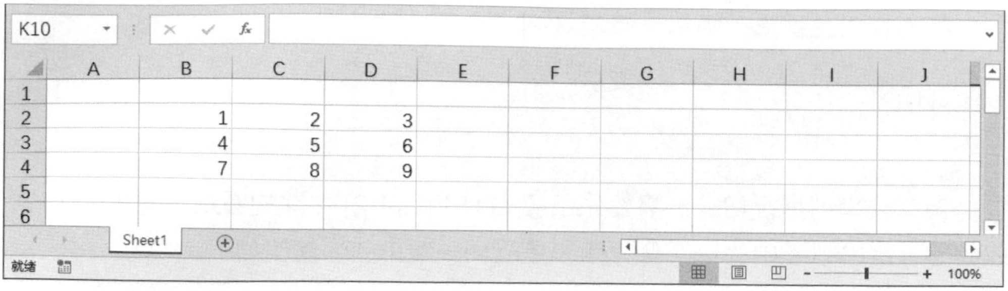

● 圖 7-9 Excel 資料

具體實現如下。

```
>>> import xlwings as xw
>>> bk=xw.Book()
>>> sht=bk.sheets(1)
>>> lst=sht.range('B2:D2').value          #行資料
>>> lst
[1.0, 2.0, 3.0]
>>> lst2=sht.range('B2:B4').value          #列資料
>>> lst2
[1.0, 4.0, 7.0]
>>> lst3=sht.range('B2:D4').value          #區域資料
>>> lst3
[[1.0, 2.0, 3.0], [4.0, 5.0, 6.0], [7.0, 8.0, 9.0]]
```

由此可知，工作表儲存格區域中的行資料和列資料讀取出來後都用一維串列儲存，區域資料用二維串列儲存。

將選項工具中 expand 參數的值設定為 'table'，可以將指定儲存格擴充至它所在的儲存格區域。下面獲取 B2 儲存格所在儲存格區域的資料並儲存到串列 lst4 中。

```
>>> lst4=sht.range('B2').options(expand='table').value
>>> lst4
[[1.0, 2.0, 3.0], [4.0, 5.0, 6.0], [7.0, 8.0, 9.0]]
```

2 · 將 Python 串列資料寫入 Excel 工作表

　　將 Python 串列資料寫入 Excel 工作表中，指定儲存格區域的第 1 個儲存格寫入即可。下面把一維串列行資料寫入 Excel 工作表 sht 中。

```
>>> import xlwings as xw
>>> bk=xw.Book()
>>> sht=bk.sheets(1)
>>> lst=[1,2,3,4,5]
>>> sht.range('A1').value=lst　# 將 Python 串列資料寫入 Excel 工作表
```

　　執行結果如圖 7-10 所示。

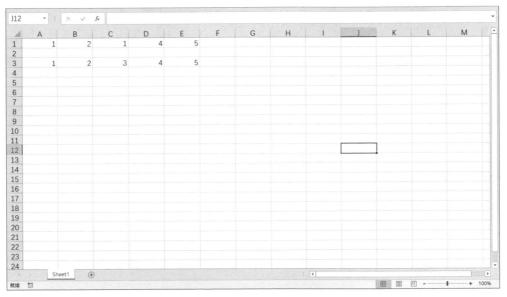

🎧 圖 7-10　將 Python 串列資料寫入 Excel 工作表

　　如果將 Python 串列資料寫入 Excel 工作表的某列中，則分為兩種情況：第一種是串列資料為二維列資料，可以直接寫入；第二種是串列資料為一維行資料，在寫入時進行轉置。

第一種情況如下。

```
>>> import xlwings as xw
>>> bk=xw.Book()
>>> sht=bk.sheets(1)
>>> lst=[[1],[2],[3],[4],[5]]
>>> sht.range('C1').value=lst    #直接寫入
```

第二種情況如下。

```
>>> import xlwings as xw
>>> bk=xw.Book()
>>> sht=bk.sheets(1)
>>> lst=[1,2,3,4,5]
>>> sht.range('E1').options(transpose=True).value=lst    #轉置
```

執行結果如圖 7-11 所示。

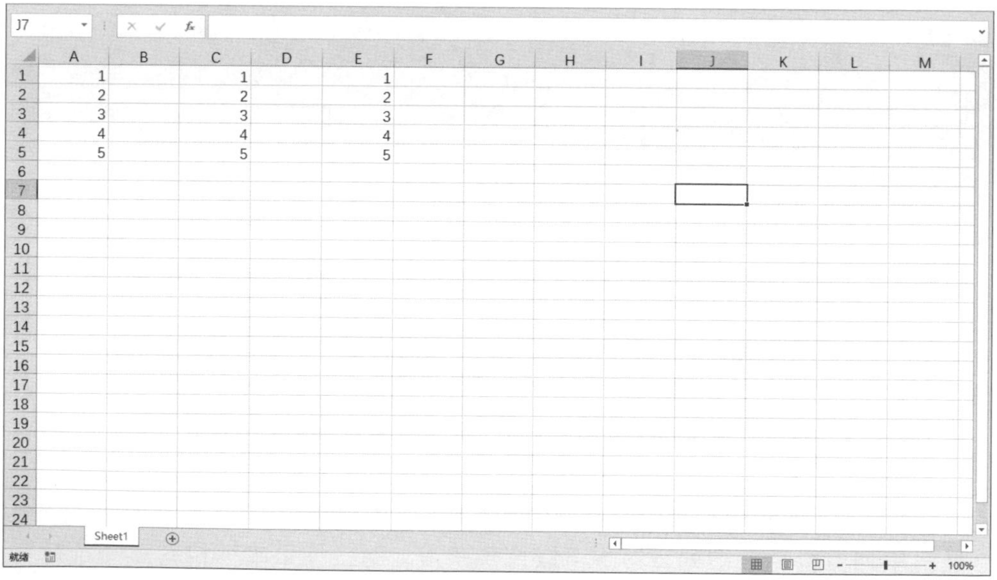

🎧 圖 7-11 將列資料寫入 Excel 工作表

將二維串列資料寫入 Excel 工作表，指定目標儲存格區域左上角的儲存格即寫入入。

```
>>> sht.range('A1').value=[[1,2],[3,4]]
```

將儲存格區域中的資料讀取到二維陣列。

```
>>> a=sht.range('A1:B2').value
>>> a
[[1.0, 2.0], [3.0, 4.0]]
```

7.2.13　陣列範例：給定資料的簡單統計 2

下面用 Python 串列解決 7.1.13 節的問題。範例的資料檔案的存放路徑為 Samples\ch07\Python\ 學生成绩統計 .xlsx，.py 檔案儲存在相同的目錄下，檔案名稱為 sam07-01.py。

```
import xlwings as xw                    # 匯入 xlwings 套件
# 從 constants 類別中匯入 Direction
from xlwings.constants import Direction
import os                              # 匯入 os 套件
# 獲取 .py 檔案的當前路徑
root = os.getcwd()
# 建立 Excel 應用，可見，沒有工作表
app=xw.App(visible=True, add_book=False)
# 打開資料檔案，寫入
bk=app.books.open(fullname=root+\
    r'\ 學生成績統計 .xlsx',read_only=False)
sht=bk.sheets(1)   # 獲取第 1 個工作表
# 工作表中 A 列資料的最大行號
rows=sht.api.Range('A1').End(Direction.xlDown).Row

# 計算各學生的總分
sc=[]
for i in range(2,rows+1):
    # 獲取學生成績
    lst=sht.range('B'+str(i)+':D'+str(i)).value
    sc.append(sum(lst))   # 求和，並增加到串列
```

```
# 在 E 列輸出各學生的總分
sht.range('E2').options(transpose=True).value=sc

# 各科目的最高分和平均分
scc=sht.range('B2:B'+str(rows)).value              # 語文
scm=sht.range('C2:C'+str(rows)).value              # 數學
sce=sht.range('D2:D'+str(rows)).value              # 英文
sht.cells(2, 8).value=max(scc)                     # 最高分
sht.cells(5, 8).value=sum(scc)/len(scc)            # 平均分
sht.cells(3, 8).value=max(scm)
sht.cells(6, 8).value=sum(scm)/len(scm)
sht.cells(4, 8).value=max(sce)
sht.cells(7, 8).value=sum(sce)/len(sce)
```

執行程式，輸出結果如圖 7-5 所示。

7.2.14　陣列範例：突出顯示給定資料的重複值 2

下面用 Python 串列解決 7.1.14 節的問題。範例的資料檔案的存放路徑為 Samples\ch07\Python\ 突出显示重复值 .xlsx，.py 檔案儲存在相同的目錄下，檔案名稱為 sam07-02.py。

```
import xlwings as xw                               # 匯入 xlwings 套件
# 從 constants 類別中匯入 Direction
from xlwings.constants import Direction
import os                                          # 匯入 os 套件
# 獲取 .py 檔案的當前路徑
root = os.getcwd()
# 建立 Excel 應用，可見，沒有工作表
app=xw.App(visible=True, add_book=False)
# 打開資料檔案，寫入
bk=app.books.open(fullname=root+\
    r'\ 突出顯示重複值 .xlsx',read_only=False)
sht=bk.sheets(1)                                   # 獲取第 1 個工作表
# 工作表中 A 列資料的最大行號
row_num_1=sht.api.Range('A1').End(Direction.xlDown).Row
# 工作表中 B 列資料的最大行號
row_num_2=sht.api.Range('B1').End(Direction.xlDown).Row
```

```
#A 列資料
data_1=sht.range('A2:A'+str(row_num_1)).value
#B 列資料
data_2=sht.range('B2:B'+str(row_num_2)).value

# 遍歷兩列資料並進行比較
for i in range(row_num_2-2):
    for j in range(row_num_1-2):
        # 如果有重複，則突顯對應的儲存格
        if data_1[j]==data_2[i]:
            sht.api.Cells(j+2,1).Interior.Color=\
                    xw.utils.rgb_to_int((0, 255, 255))
            sht.api.Cells(i+2,2).Interior.Color=\
                    xw.utils.rgb_to_int((0, 255, 255))
```

執行程式，輸出結果如圖 7-6 所示。

7.2.15　陣列範例：求大於某數的最小值 2

下面用 Python 串列解決 7.1.15 節的問題。範例的資料檔案的存放路徑為 Samples\ch07\Python\ 求大于某數的最小值 .xlsx，.py 檔案儲存在相同的目錄下，檔案名稱為 sam07-03.py。

```
import xlwings as xw                      # 匯入 xlwings 套件
# 從 constants 類別中匯入 Direction
from xlwings.constants import Direction
import os                                 # 匯入 os 套件
# 獲取 .py 檔案的當前路徑
root = os.getcwd()
# 建立 Excel 應用，可見，沒有工作表
app=xw.App(visible=True, add_book=False)
# 打開資料檔案，寫入
bk=app.books.open(fullname=root+\
    r'\ 求大於某數的最小值 .xlsx',read_only=False)
sht=bk.sheets(1)    # 獲取第 1 個工作表
# 工作表中 A 列資料的最大行號
row_num_1=sht.api.Range('A2').End(Direction.xlDown).Row
# 工作表中 B 列資料的最大行號
```

```
row_num_2=sht.api.Range('B2').End(Direction.xlDown).Row
#B 列資料
data_2=sht.range('B2:B'+str(row_num_2)).value
# 從小到大排序
data_2_2=sorted(data_2)

# 遍歷兩列資料並進行比較
for i in range(2,row_num_1+1):
    for j in range(row_num_2-2):
            # 將 A 列的每個值與排序後的串列資料進行比較
            # 如果當前資料位於串列資料中兩個相鄰資料之間，則取後者
            data_1=sht.cells(i,1).value
            if data_1>=data_2_2[j] and data_1<=data_2_2[j+1]:
                sht.cells(i,3).value=data_2_2[j+1]
```

執行程式，輸出結果如圖 7-7 所示。

7.2.16 陣列範例：建立巴斯卡三角 2

下面用 Python 串列解決 7.1.16 節的問題。範例的資料檔案的存放路徑為 Samples\ch07\Python\ 杨辉三角 .xlsx，.py 檔案儲存在相同的目錄下，檔案名稱為 sam07-04.py。

```
import xlwings as xw                        # 匯入 xlwings 套件
# 從 constants 類別中匯入 Direction
from xlwings.constants import Direction
import os                                   # 匯入 os 套件
# 獲取 .py 檔案的當前路徑
root = os.getcwd()
# 建立 Excel 應用，可見，沒有工作表
app=xw.App(visible=True, add_book=False)
# 打開資料檔案，寫入
bk=app.books.open(fullname=root+\
    r'\ 巴斯卡三角 .xlsx',read_only=False)
sht=bk.sheets(1)   # 獲取第 1 個工作表

# 將三角形所在矩形區域的元素初始化為 0，大小假設為 5
tri=[]
```

```
for i in range(5):
    tri.append([])
    for j in range(5):
        tri[i].append(0)

#計算巴斯卡三角中各元素的值
tri[0][0]=1                              # 三角形最上麵點的值為 1
for i in range(4):
    tri[i+1][0]=1                        # 第 1 列的值都是 1
    tri[i+1][i+1]=1                      # 對角線邊的值都是 1
for i in range(4):
    for j in range(4):
        tri[i+1][j+1]=tri[i][j]+tri[i][j+1]   # 內部

#在工作表中輸出巴斯卡三角
for i in range(5):
    for j in range(5):
        if tri[i][j]!=0:
            sht.cells(i+2,j+2).value=tri[i][j]
```

執行程式，輸出結果如圖 7-8 所示。

田 7.3 │ Python 中的陣列：元組

　　元組與串列類似。二者的不同之處在於，元組定義好之後，其中的資料不能修改。元組用小括號表示。建立元組以後，可以對它進行索引、切片和各種運算，這部分操作與串列的操作基本一樣。

7.3.1　元組的建立和刪除

　　可以使用小括號、tuple 函式和 zip 函式等建立元組。下面使用小括號建立元組，元組中的元素可以是不同類型的。

```
>>> t=('a',0,{},False)
>>> t
('a', 0, {}, False)
```

小括號可以省略，即使用以下形式。

```
>>> t='a',0,{},False
>>> t
('a', 0, {}, False)
```

如果元組中只有一個元素，則必須在尾端加逗點，範例如下

```
>>> t=(1,)
>>> t
(1,)
>>> type(t)
<class 'tuple'>
```

如果不在尾端加逗點，那麼 Python 會把它作為整數處理，範例如下。

```
>>> t=(1)
>>> t
1
>>> type(t)
<class 'int'>
```

使用 tuple 函式，可以將其他類型的可迭代物件轉為元組。其他類型的可迭代物件包括字串、區間、串列、字典、集合等。其他類型的可迭代物件作為 tuple 函式的參數舉出。

```
>>> tuple()                        # 沒有參數
()
>>> tuple('abcde')                 # 轉為字串
('a', 'b', 'c', 'd', 'e')
>>> tuple(range(5))                # 轉為區間
(0, 1, 2, 3, 4)
>>> tuple([1,2,3,4,5])             # 轉為串列
(1, 2, 3, 4, 5)
>>> tuple({1:'楊斌',2:'範進'})      # 轉為字典
(1, 2)
>>> tuple({1,2,3,4,5})             # 轉為集合
(1, 2, 3, 4, 5)
```

使用 zip 函式可以將多個串列對應位置的元素組合成元組，並傳回 zip 物件。

```
>>> a=[1,2,3]
>>> b=[4,5,6]
>>> c=zip(a,b)
>>> c
<zip object at 0x0000000002F61848>
```

使用 list 函式可以將 zip 物件轉為串列。

```
>>> d=list(c)
>>> d
[(1, 4), (2, 5), (3, 6)]
```

由此可知，串列的元素為元組，它們由變數 a 和 b 對應位置的元素組合而成。

雖然不能修改或刪除元組中的元素，但是可以使用 del 命令刪除整個元組。

```
>>> t=(1,2,3)
>>> del t
```

7.3.2　元組的索引和切片

元組的索引和切片操作與串列的索引和切片操作相同，所以讀者可以參考 7.2.2 節的內容。與串列的不同之處在於，透過索引和切片將元組中的單一或多個元素提取出來以後，不能修改它們的值。

下面建立一個元組，並使用索引提取第 1 個元素和最後一個元素的資料。這裡使用正向提取和反向提取，當使用正向提取時位置索引編號的基數為 0，當使用反向提取時從右向左計數且位置索引編號的基數為 -1，倒數第 2 個元素的索引編號就是 -2。

```
>>> t=(1,2,3)
>>> t[0]
1
>>> t[-1]
3
```

也可以使用元組物件的 index 方法傳回指定元素在元組中第 1 次出現的位置，位置索引編號的基數為 0。下面傳回元素 3 在元組中第 1 次出現的位置。

```
>>> t=(1,2,3,4,5,3,6)
>>> t.index(3)
2
```

index 方法還可以有第 2 個參數和第 3 個參數，用於指定設定值範圍的起點和終點。若省略終點則終點取最後一個元素。下面傳回元組中第 4 個元素到尾端元素 3 第 1 次出現的位置。

```
>>> t.index(3, 3)
5
```

元組的切片操作的規則與串列的切片操作的規則相同，有正向和反向之分，讀者可以參考 7.2.2 節的內容。

```
>>> t=(1,2,3,4,5,6)
>>> t[1:5:2]          # 第 2 ～ 5 個元素，每隔兩個數取一次數
(2, 4)
>>> t[1:5]            # 取第 2 ～ 5 個元素
(2, 3, 4, 5)
>>> t[1:]             # 取第 2 個到最後一個元素
(2, 3, 4, 5, 6)
>>> t[:5]             # 取第 1 ～ 5 個元素
(1, 2, 3, 4, 5)
>>> t[:]              # 取全部元素
(1, 2, 3, 4, 5, 6)
>>> t[-5:-2]          # 取倒數第 5 個到倒數第 2 個元素
(2, 3, 4)
>>> t[-5:]            # 取倒數第 5 個到倒數第 1 個元素
(2, 3, 4, 5, 6)
```

需要注意的是，無法修改和刪除元組中元素的值。舉例來說，下面試圖將元組 t 中的第 2 個元素的值改為 3，但舉出的是出錯資訊。

```
>>> t=(1,2,3,4,5,6)
>>>t[1]=3
```

```
Traceback (most recent call last):
  File "<pyshell#152>", line 1, in <module>
    t[1]=3
TypeError: 'tuple' object does not support item assignment
```

7.3.3　基本運算和操作

可以使用運算子對指定元組操作。下面使用「＋」連接兩個元組。

```
>>> (1, 2, 3)+(4, 5, 6)
(1, 2, 3, 4, 5, 6)
```

下面使用「＊」重複擴充給定元組。

```
>>> ('Hi')*3
('Hi', 'Hi', 'Hi')
```

下面使用 in 或 not in 判斷元組中是否包含或不包含指定元素，若成立則傳回 True，否則傳回 False。

```
>>> 1 in (1, 2, 3)
True
>>> 3 not in (1, 2, 3)
True
```

下面使用 len 函式計算元組的長度，即元組中元素的個數。

```
>>> t=(1,2,3,4,5,6)
>>> len(t)
6
```

下面使用 max 函式和 min 函式傳回元組中最大的元素和最小的元素。

```
>>> max(t)
6
>>> min(t)
1
```

🔲 7.4 │ Python 中的陣列：NumPy 陣列

Python 的 NumPy 套件提供了 NumPy 陣列。NumPy 套件是為陣列運算，特別是比較大型的陣列運算設計的。NumPy 套件是 Python 科學計算方面的基礎套件，也是很重要且必須掌握的套件。

7.4.1 NumPy 套件及其安裝

NumPy 陣列在資料登錄 / 輸出性能和儲存效率方面比 Python 的嵌套串列好很多。一方面，NumPy 套件底層是使用 C 語言撰寫的，效率遠勝於純 Python 程式；另一方面，NumPy 套件使用向量運算的技術，避免了多重嵌套 for 迴圈的使用，極大地提高了計算速度。所以，NumPy 套件非常適用於多維陣列的計算，陣列越大，優勢越明顯。NumPy 套件是 Python 實現資料分析、機器學習、深度學習的基礎，SciPy、pandas、scikit-learn 和 TensorFlow 等套件都是在它的基礎上開發出來的。

本書使用從 Python 官網上下載的 Python 3.7.7 詳細說明的。因為 Python 3.7.7 並不包含 NumPy 套件，所以在使用之前需要先進行安裝。在 Power Shell 視窗使用 pip 工具安裝即可。

在 Power Shell 視窗的提示符號後輸入下面的命令列即可安裝 NumPy 套件。

```
pip install numpy
```

NumPy 套 件 一 般 安 裝 在「C:\Users\ 使 用 者 名 稱 \ AppData\Local\ Programs\Python\Python3x」下。其中，最後的 Python3x 對應 Python 軟體的版本，如果版本為 3.7，則為 Python37。

7.4.2 建立 NumPy 陣列

在 NumPy 中建立陣列很簡單，只需要用逗點間隔陣列元素，並使用中括號括起來作為 array 函式的參數就可以。當然，也可以視為將一個串列轉為 NumPy 陣列，範例如下。

```
>>> import numpy as np
>>> a=np.array([1,2,3])
>>> print a
array([1, 2, 3])
```

可以使用 arange 函式用增量法建立向量。該函式傳回一個 ndarray 物件，包含給定範圍內的等間隔值。arange 函式的語法格式如下。

```
numpy.arange(start, stop, step, dtype)
```

其中，start 表示範圍的起始值，預設為 0；stop 表示範圍的終止值（不包含）；step 表示兩個值的間隔，預設值為 1；dtype 表示傳回的 ndarray 物件的資料型態，如果沒有提供，則使用輸入資料的資料型態。

下面的例子用來展示如何使用 arange 函式。

```
>>> x=np.arange(5)
>>> print(x)
[0  1  2  3  4]
```

下面使用 dtype 參數設定資料的資料型態。

```
>>> x = np.arange(5, dtype = float)
>>> print(x)
[0.  1.  2.  3.  4.]
```

當起始值大於終止值，並且步進值為負數時，生成反向排列的資料序列。

```
>>> x = np.arange(10,0,-2)
>>> print(x)
[10  8  6  4  2]
```

使用 linspace 函式和 logspace 函式，可以建立等差數列和等比數列。

linspace 函式與 arange 函式類似，但是 linspace 函式指定範圍內的均勻間隔數，而非步進值。 linspace 函式的語法格式如下。

```
numpy.linspace(start, stop, num, endpoint, retstep, dtype)
```

其中，start 表示序列的起始值；stop 表示序列的終止值，如果 endpoint 為 true，則該值包含在序列中；num 表示要生成的等間隔數，預設值為 50；endpoint 表示序列中是否包含 stop 值，預設值為 true，此時間隔步進值為 (stop-start)/(num-1)，否則間隔步進值為 (stop-start)/num；retstep 的值如果為 true，則輸出資料序列和連續數字之間的步進值；dtype 表示輸出 ndarray 物件的資料型態。

下面的例子用來展示 linspace 函式的用法。

```
>>> x=np.linspace(10,20,5)
>>> print(x)
[10.    12.5    15.    17.5    20.]
```

將 endpoint 參數的值設定為 False，此時步進值為 (20-10)/5=2。序列不包含終止值。

```
>>> x=np.linspace(10,20, 5, endpoint = False)
>>> print(x)
[10.    12.    14.    16.    18.]
```

使用 logspace 函式可以生成等比數列。它傳回一個 ndarray 物件，其中包含在對數刻度上均勻分佈的數字。刻度的起始值和終止值是某個底數的冪，通常為 10。

```
numpy.logscale(start, stop, num, endpoint, base, dtype)
```

其中，start 表示起始值是 base ** start；stop 表示終止值是 base ** stop；num 表示範圍內的設定值個數，預設值為 50；當 endpoint 為 true 時，終止值包含在輸出陣列中；base 表示對數函式的底數，預設值為 10；dtype 表示輸出資料的資料型態，如果沒有提供，則取決於其他參數。

下面的例子用來展示 logspace 函式的用法。

```
# 在預設情況下，底數為 10
>>> x = np.logspace(1.0, 2.0, num = 10)
>>> print(x)
```

```
[ 10.          12.91549665    16.68100537    21.5443469   27.82559402
  35.93813664  46.41588834    59.94842503    77.42636827  100.        ]
```

```
# 將對數函式的底數設定為 2
>>> x = np.logspace(1,10,num = 10, base = 2)
>>> print(x)
[ 2.    4.    8.    16.    32.    64.    128.    256.    512.    1024.]
```

使用 fromiter 函式可以透過迭代的方法根據任何可迭代物件建構一個
ndarray 物件，並傳回一個新的一維陣列。fromiter 函式的語法格式如下。

```
numpy.fromiter(iterable, dtype, count = -1)
```

其中，iterable 表示任何可迭代物件；dtype 表示傳回資料的資料型態；
count 表示需要讀取的資料個數，預設為 -1，讀取所有資料。

下面的例子先從給定串列獲得迭代器，然後使用該迭代器建立向量。

```
>>> lst = range(5)
>>> it = iter(lst)
>>> x = np.fromiter(it, dtype = float)
>>> print(x)
 [0.    1.    2.    3.    4.]
```

透過串列嵌套的方法，可以直接建立二維陣列和多維陣列。舉例來説，下
面建立一個 2×2 的矩陣。

```
>>> c=np.array([[1.,2.],[3.,4.]])
>>> print(c)
[[1. 2.]
 [3. 4.]]
```

7.4.3 NumPy 陣列的索引和切片

透過索引或切片，可以從 NumPy 陣列中獲取單一的值或連續多個值。下面
使用 arange 函式建立一個 NumPy 陣列。

```
>>> a=np.arange(8)
>>> a
array([0, 1, 2, 3, 4, 5, 6, 7])
```

獲取陣列中的第 3 個值。需要注意的是，索引編號的基數為 0。

```
>>> a[2]
2
```

獲取陣列中的第 3 ～ 5 個值。需要注意「包頭不包尾」原則，即不包含索引編號 5 對應的第 6 個值。

```
>>> a[2:5]
array([2, 3, 4])
```

下面獲取陣列中的第 3 個及其後面所有的值（需要注意冒號的用法，冒號表示連續設定值，即進行切片操作。如果冒號在前面，則表示前面的值全取；如果冒號在後面，則表示後面的值全取；如果冒號在兩個數之間，則表示取這兩個值確定的範圍內的所有值）。

```
>>> a[2:]
array([2, 3, 4, 5, 6, 7])
```

下面獲取陣列中的前 5 個值。

```
>>> a[:5]
array([0, 1, 2, 3, 4])
```

下面獲取陣列中的倒數第 3 個值。

```
>>> a[-3]
5
```

下面獲取陣列中倒數第 3 個及其後面所有的值。

```
>>> a[-3:]
array([5, 6, 7])
```

7.4.4 NumPy 陣列的計算

作為 Python 科學計算的基礎套件，NumPy 套件封裝了大量與基礎數學、統計分析、線性代數和數值分析等相關的函式。使用這些函式，既可以很方便地進行計算，也可以利用它們進行延伸開發。

1・數學函式

NumPy 套件中提供的基礎數學函式如表 7-3 所示，包括求絕對值的函式、求平方的函式、平方根函式、指數函式、對數函式、四捨五入函式和三角函式等。

▼ 表 7-3　NumPy 套件中提供的基礎數學函式

函式	說明
abs、fabs	絕對值。對於非複數，使用 fabs 函式更快
square	元素取平方
sqrt	元素取平方根
exp	元素的指數
log、log10、log2	元素的自然對數、以 10 為底的對數、以 2 為底的對數
sign	計算元素的正負號，1 為正數，0 為零，-1 為負數
cell	元素取大於或等於該值的最小整數
floor	元素取小於或等於該值的最大整數
rint	元素取原值四捨五入的整數
cos、cosh、sin、sinh、tan、tanh	三角函式
arccos、arccosh、arcsin、arcsinh、arctan、arctanh	反三角函式

下面匯入 NumPy 套件，對於給定的串列資料，計算串列元素的平方值和正弦值。

```
>>> import numpy as np
>>> a=[3,2,5,1,4]
>>> np.square(a)          # 平方值
```

```
array([ 9,  4, 25,  1, 16], dtype=int32)
>>> np.sin(a)              # 正弦值
array([ 0.14112001,  0.90929743, -0.95892427,  0.84147098, -0.7568025 ])
```

2 · 統計計算

　　NumPy 套件中提供的統計函式如表 7-4 所示，包括求最小值、最大值、平均值、中值、和、方差等統計量的函式。

▼ 表 7-4 NumPy 套件中提供的統計函式

函式	說明
min	最小值
max	最大值
mean	均值
median	中值
sum	和
prod	乘積
cumsum	累加求和
cumprod	累加求積
std	標準差
var	方差
argmin	最小值的索引
argmax	最大值的索引

　　下面匯入 NumPy 套件，對於給定的串列資料，計算指定的統計量。

```
>>> import numpy as np
>>> a=[3,2,5,1,4]
>>> np.max(a)             # 最大值
5
>>> np.mean(a)            # 平均值
3.0
>>> np.sum(a)             # 和
15
```

```
>>> np.median(a)          # 中值
3.0
>>> np.var(a)             # 方差
2.0
```

3．建構特殊矩陣

在矩陣計算中，常常需要建構一些特殊矩陣，如元素全部為 0 的矩陣、元素全部為 1 的矩陣、單位矩陣等。NumPy 套件中提供的建構特殊矩陣的函式如表 7-5 所示。

▼ 表 7-5　NumPy 套件中提供的建構特殊矩陣的函式

函式	說明
zeros	建立一個元素全部為 0 的矩陣
ones	建立一個元素全部為 1 的矩陣
eye	建立一個對角線元素為 1，並且其餘元素為 0 的矩陣
identity	建立一個指定大小的單位矩陣
random.randn	建立一個指定大小的矩陣，元素為隨機數
empty	建立一個空矩陣

下面匯入 NumPy 套件，使用 NumPy 套件中提供的函式建構特殊矩陣。

```
>>> import numpy as np
>>> np.ones((3,2))              #3 行 2 列的矩陣，元素全部為 1
array([[1., 1.],
       [1., 1.],
       [1., 1.]])
>>> np.zeros((2,4))             #2 行 4 列的矩陣，元素全部為 0
array([[0., 0., 0., 0.],
       [0., 0., 0., 0.]])
>>> np.random.randn(2,3)        #2 行 3 列的矩陣，元素全部為隨機數
array([[ 0.76904717, -0.33417294,  0.89698686],
       [-1.88668519,  0.057794  ,  0.60373711]])
```

4・運算式運算

可以對 NumPy 陣列進行算數運算、比較運算和邏輯運算等，NumPy 套件中提供的陣列運算式運算函式如表 7-6 所示。

▼ 表 7-6　NumPy 套件中提供的陣列運算式運算函式

函式	說明
add	陣列的對應元素相加
subtract	陣列的對應元素相減
multiply	陣列的對應元素相乘
divide、floor_divide	陣列的對應元素相除或相除後向下四捨五入
power	第 1 個陣列的元素使用第 2 個陣列的對應元素進行指數運算
maximum、fmax	元素的最大值，fmax 函式忽略空值
minimum、fmin	元素的最小值，fmin 函式忽略空值
mod	元素求模運算
copysign	將第 2 個陣列中元素的符號複製給第 1 個陣列中的對應元素
greater、greater_equal、less、less_equal、equal、not_equal	比較運算，大於、大於或等於、小於、小於或等於、等於、不等於，相當於 >、>=、<、<=、==、!=
logical_and、logical_or、logical_xor	邏輯運算，邏輯與、邏輯或、邏輯互斥，相當於 &、|、^

下面匯入 NumPy 套件，使用 NumPy 套件中提供的函式對給定陣列進行四則運算和比較運算。

```
>>> import numpy as np
>>> a=np.array([[1,2,3],[4,5,6]])
>>> b=np.array([[5,8,2],[4,9,3]])
>>> np.add(a,b)                #元素求和
array([[ 6, 10,  5],
       [ 8, 14,  9]])
```

```
>>> np.multiply(a,b)              # 元素相乘
array([[ 5, 16,  6],
       [16, 45, 18]])
>>> np.greater(a,b)               # 元素比較
array([[False, False,  True],
       [False, False,  True]])
```

5．線性代數

　　NumPy 套件中提供的線性代數計算函式如表 7-7 所示，包括轉置、矩陣相乘、行列式、解線性方程和矩陣求逆等。

▼ 表 7-7　NumPy 套件中提供的線性代數計算函式

函式	說明
transpose	轉置
dot	點積，陣列的對應元素相乘
vdot	兩個向量的點積
inner	內積
matmul	矩陣相乘
linalg.det	行列式
linalg.solve	解線性方程
linalg.inv	矩陣求逆

　　下面匯入 NumPy 套件，使用 NumPy 套件中提供的函式進行線性代數運算。

```
>>> import numpy as np
>>> a=[[1,2,3],[4,5,6],[7,8,9]]
>>> np.transpose(a)       # 矩陣轉置
array([[1, 4, 7],
       [2, 5, 8],
       [3, 6, 9]])
>>> np.linalg.det(a)      # 行列式
6.66133814775094e-16
>>> np.linalg.inv(a)      # 矩陣求逆
array([[-4.50359963e+15,  9.00719925e+15, -4.50359963e+15],
```

```
[ 9.00719925e+15, -1.80143985e+16,  9.00719925e+15],
[-4.50359963e+15,  9.00719925e+15, -4.50359963e+15]])
```

7.4.5 Excel 工作表與 NumPy 陣列交換資料

使用 Python 的 xlwings 套件可以很方便地實現 NumPy 陣列的資料在 Excel 工作表中的讀 / 寫。下面將一個二維 NumPy 陣列寫入 Excel 工作表中以 B2 儲存格為左上角的儲存格區域中。

```
>>> import numpy as np
>>> sht=xw.Book().sheets(1)
>>> sht.range('B2').value=np.array([[1,2,3],[4,5,6],[7,8,9]])
```

執行效果如圖 7-12 所示。

🎧 圖 7-12 在 Excel 工作表中寫入 NumPy 陣列

將工作表中指定儲存格區域內的資料讀取到 NumPy 陣列中,使用選項工具指定 np.array 值即可。下面將 B2 儲存格所在儲存格區域內的資料讀取到 arr 陣列中。

```
>>> arr=sht.range('B2').options(np.array, expand='table').value
>>> arr
array([[1., 2., 3.],
       [4., 5., 6.],
       [7., 8., 9.]])
```

7.5 Python 中附帶索引的陣列：Series 和 DataFrame

Python 的 pandas 套件提供了 Series 和 DataFrame 資料型態，用於描述和處理結構化陣列，即附帶索引的一維陣列和二維陣列。如果把結構化陣列理解為表，那麼索引就是表中的標頭欄位。

7.5.1 pandas 套件及其安裝

pandas 套件是在 NumPy 套件的基礎上開發出來的，所以繼承了 NumPy 套件計算速度快的優點。另外，pandas 套件中提供了很多進行資料處理的函式，呼叫它們可以快速可靠地實現表資料的處理，並且程式很簡潔。

本書使用從 Python 官網上下載的 Python 3.7.7 詳細説明。Python 3.7.7 並不包含 pandas 套件，所以，在使用 pandas 套件之前需要先進行安裝。在 Power Shell 視窗中，可以使用 pip 工具安裝 pandas 套件。

在 Power Shell 視窗的提示符號後輸入下面的命令列即可安裝 pandas 套件。

```
pip install pandas
```

pandas 套件一般安裝在「C:\Users\ 使用者名稱 \ AppData\Local\Programs\Python\Python3x」下。最後的 Python3x 對應 Python 軟體的版本，如果版本為 3.7，則為 Python37。

7.5.2 pandas Series

pandas 套件提供了兩種資料型態，即 Series 和 DataFrame，分別對應一維陣列和二維陣列。與 NumPy 陣列的不同之處在於，Series 和 DataFrame 是附帶索引的一維陣列和二維陣列。

下面使用 pandas 套件的 Series 方法建立一個 Series 類型的物件並用變數 ser 引用。

```
>>> import pandas as pd
>>> ser=pd.Series([10,20,30,40])
```

查看 ser 的程式如下。

```
>>> ser
0    10
1    20
2    30
3    40
dtype: int64
```

由此可知，Series 類型的資料顯示為兩列，第 1 列為索引標籤，第 2 列為資料的一維陣列。如果把索引看作 key，那麼它是一個類似於字典的資料結構，每個資料由索引標籤和對應的值組成。

1・建立 Series 類型的物件

上面使用 pandas 套件的 Series 方法建立了一個 Series 類型的物件。它實際上是利用串列資料建立的。使用 Series 方法，還可以將元組資料、字典資料、NumPy 陣列等轉為 Series 類型的物件。

下面將元組資料轉為 Series 類型的物件。

```
>>> ser=pd.Series((10,20,30,40))
>>> ser
0    10
1    20
2    30
3    40
dtype: int64
```

下面將字典資料轉為 Series 類型的物件，此時字典資料的鍵被轉為 Series 資料的索引。

```
>>> ser=pd.Series({'a':10, 'b':20, 'c':30, 'd':40})
>>> ser
a    10
b    20
c    30
d    40
dtype: int64
```

下面將 NumPy 陣列轉為 Series 類型的物件。

```
>>> ser=pd.Series(np.arange(10,50,10))
>>> ser
0    10
1    20
2    30
3    40
dtype: int32
```

上面在建立 Series 類型的物件時，除了利用字典建立的，Series 資料的索引都是自動建立且按照基數為 0 的順序遞增的整數。實際上，在建立 Series 類型的物件時，可以使用 index 參數指定索引。下面使用 index 參數指定所建立的 Series 資料的索引。

```
>>> ser=pd.Series(np.arange(10,50,10),index=['a', 'b', 'c', 'd'])
>>> ser
a    10
b    20
c    30
d    40
dtype: int32
```

還可以使用 name 參數指定 Series 類型的物件的名稱。

```
>>> ser=pd.Series(np.arange(10,50,10),index=['a', 'b', 'c', 'd'],name='得分')
>>> ser
a    10
b    20
c    30
d    40
Name: 得分, dtype: int32
```

2·Series 物件的描述

使用 Series 物件的 shape、size、index、values 等屬性可以獲取資料的形狀、大小、索引標籤和值等。下面建立一個 Series 類型的物件 ser。

```
>>> ser=pd.Series(np.arange(10,50,10),index=['a', 'b', 'c', 'd'])
>>> ser
a    10
b    20
c    30
d    40
dtype: int32
```

下面使用 shape 屬性獲取 ser 的形狀。

```
>>> ser.shape
(4,)
```

下面使用 size 屬性獲取 ser 的大小。

```
>>> ser.size
4
```

下面使用 index 屬性獲取 ser 的索引標籤。

```
>>> ser.index
Index(['a', 'b', 'c', 'd'], dtype='object')
```

下面使用 values 屬性獲取 ser 的值。

```
>>> ser.values
array([10, 20, 30, 40])
```

使用 Series 類型的物件的 head 方法和 tail 方法可以獲取物件中前面和後面指定個數的資料。在預設情況下，個數為 5。下面獲取 ser 中前兩個和後兩個的資料。

```
>>> ser.head(2)
a    10
```

```
b    20
dtype: int32
>>> ser.tail(2)
c    30
d    40
dtype: int32
```

3．索引和切片

建立 Series 類型的物件後，如果希望提取其中的某個值或某些值，則可以透過索引或切片來實現。可以使用中括號獲取單一索引，此時傳回的是元素類型；或在中括號中使用一個串列獲取多個索引，此時傳回的是一個 Series 類型的物件。

下面建立一個 Series 類型的物件 ser。

```
>>> ser=pd.Series(np.arange(10,50,10),index=['a', 'b', 'c', 'd'])
>>> ser
a    10
b    20
c    30
d    40
dtype: int32
```

獲取第 2 個值，它的索引標籤為 'b'。

```
>>> r1=ser['b']
>>> r1
20
```

下面使用 type 函式獲取 r1 的資料型態。

```
>>> type(r1)
<class 'numpy.int32'>
```

傳回的是元素的資料型態。

下面使用第 1 個和第 4 個元素的索引標籤組成的串列來獲取它們對應的值。

```
>>> r2=ser[['a', 'd']]
>>> r2
a    10
d    40
Name: 得分 , dtype: int32
```

下面使用 type 函式獲取 r2 的資料型態。

```
>>> type(r2)
<class 'pandas.core.series.Series'>
```

由此可知，此時傳回的是 Series 類型的物件。

除了使用中括號，還可以使用 Series 類型的物件的 loc 方法和 iloc 方法進行索引。loc 方法使用資料的索引標籤進行索引，iloc 方法則使用順序編號進行索引。

下面獲取 ser 中索引標籤 'a' 和 'd' 對應的值。

```
>>> r3=ser.loc[['a', 'd']]
>>> r3
a    10
d    40
Name: 得分 , dtype: int32
```

下面使用 iloc 方法獲取 ser 中第 1 個和第 4 個資料。

```
>>> r4=ser.iloc[[0,3]]
>>> r4
a    10
d    40
Name: 得分 , dtype: int32
```

使用冒號可以對 Series 類型的物件進行切片。下面獲取 ser 中從 'a' 標籤到 'c' 標籤的連續值。

```
>>> r5=ser['a': 'c']
>>> r5
a    10
```

```
b    20
c    30
Name: 得分 , dtype: int32
```

下面使用 iloc 方法獲取 ser 中第 2 個及其以後的所有資料。

```
>>> r6=ser.iloc[1:]
>>> r6
b    20
c    30
d    40
Name: 得分 , dtype: int32
```

4 · 布林索引

在中括號中使用布林運算式可以實現布林索引。

下面獲取 ser 中值不超過 20 的資料。

```
>>> ser[ser.values<=20]
a    10
b    20
dtype: int32
```

下面獲取 ser 中索引標籤不為 'a' 的資料。

```
>>> ser[ser.index!= 'a']
b    20
c    30
d    40
dtype: int32
```

7.5.3 pandas DataFrame

pandas DataFrame 類型的資料是附帶行索引和列索引的。下面使用 pandas 套件的 DataFrame 方法將一個二維串列轉為 DataFrame 類型的物件。

```
>>> import pandas as pd              # 匯入 pandas 套件
>>> data=[[1,2,3],[4,5,6],[7,8,9]]   # 建立二維串列
```

```
>>> df=pd.DataFrame(data)          # 利用二維串列建立 DataFrame 類型的物件
>>> df
   0  1  2
0  1  2  3
1  4  5  6
2  7  8  9
```

上面的 df 就是利用二維串列建立的 DataFrame 類型的物件，第 1 行的 0~2 為自動生成的列索引標籤，第 1 列的 0~2 為自動生成的行索引標籤，內部 3 行 3 列的 1~9 為 df·的值。

1・建立 DataFrame 類型的物件

上面使用二維串列建立了 DataFrame 類型的物件。使用 index 參數可以設定行索引標籤，使用 columns 參數可以設定列索引標籤。

```
>>> data=[[1,2,3],[4,5,6],[7,8,9]]
>>> df=pd.DataFrame(data,index=['a', 'b', 'c'],columns=['A', 'B', 'C'])
>>> df
   A  B  C
a  1  2  3
b  4  5  6
c  7  8  9
```

下面利用二維元組建立 DataFrame 類型的物件。

```
>>> data=((1,2,3),(4,5,6),(7,8,9))
>>> df=pd.DataFrame(data)
>>> df
   0  1  2
0  1  2  3
1  4  5  6
2  7  8  9
```

下面利用字典建立 DataFrame 類型的物件。字典中鍵值對的鍵表示列索引標籤，值用資料區域的行資料組成串串列示。

```
>>> data={'a':[1,2,3], 'b':[4,5,6], 'c':[7,8,9]}
>>> df=pd.DataFrame(data)
>>> df
   a  b  c
0  1  4  7
1  2  5  8
2  3  6  9
```

下面利用 NumPy 陣列建立 DataFrame 類型的物件。

```
>>> import numpy as np
>>> data=np.array(([1, 2, 3], [4, 5, 6],[7,8,9]))
>>> df=pd.DataFrame(data)
>>> df
   0  1  2
0  1  2  3
1  4  5  6
2  7  8  9
```

此外，還可以透過從檔案匯入資料來建立 DataFrame 類型的物件，這也是最常用的一種方法。可以從 Excel 檔案等匯入資料。這部分內容將在 7.5.4 節詳細介紹。

使用 xlwings 套件的轉換器和選項工具，還可以直接從 Excel 工作表指定儲存格區域獲取資料並轉為 DataFrame 類型的物件。這部分內容將在 7.5.4 節詳細介紹。

2 · DataFrame 類型的物件的描述

建立 DataFrame 類型的物件以後，可以使用 info、describe、dtypes、shape 等一系列屬性和方法進行描述。下面建立一個 DataFrame 類型的物件 df。

```
>>> data=[[1,2,3],[4,5,6],[7,8,9]]
>>> df=pd.DataFrame(data,index=['a', 'b', 'c'],columns=['A', 'B', 'C'])
>>> df
   A  B  C
a  1  2  3
```

```
b  4  5  6
c  7  8  9
```

使用 info 方法可以獲取 df 的資訊。

```
>>> df.info()
<class 'pandas.core.frame.DataFrame'>
Index: 3 entries, a to c
Data columns (total 3 columns):
 #   Column  Non-Null Count  Dtype
---  ------  --------------  -----
 0   A       3 non-null      int64
 1   B       3 non-null      int64
 2   C       3 non-null      int64
dtypes: int64(3)
memory usage: 96.0+ bytes
```

使用 info 方法獲取的 DataFrame 類型的物件的資訊包括物件的類型、行索引和列索引的資訊、每列資料的列標籤、非遺漏值個數和資料型態、佔用的記憶體等。

使用 dtypes 屬性可以獲取 df 每列資料的類型。

```
>>> df.dtypes
A    int64
B    int64
C    int64
dtype: object
```

使用 shape 屬性可以獲取 df 的行數和列數，並用元組舉出。

```
>>> df.shape
(3, 3)
```

使用 len 函式可以獲取 df 的行數和列數。

```
>>> len(df)           #行數
3
>>> len(df.columns)   #列數
3
```

使用 index 屬性可以獲取 df 的行索引標籤。

```
>>> df.index
Index(['a', 'b', 'c'], dtype='object')
```

使用 columns 屬性可以獲取 df 的列索引標籤。

```
>>> df.columns
Index(['A', 'B', 'C'], dtype='object')
```

使用 values 屬性可以獲取 df 的值。

```
>>> df.values
array([[1, 2, 3],
       [4, 5, 6],
       [7, 8, 9]], dtype=int64)
```

使用 head 方法可以獲取前 n 行資料，在預設情況下 n=5。

```
>>> df.head(2)
   A  B  C
a  1  2  3
b  4  5  6
```

使用 tail 方法可以獲取後 n 行資料，在預設情況下 n=5。

```
>>> df.tail(2)
   A  B  C
b  4  5  6
c  7  8  9
```

使用 describe 方法可以獲取 df 每列資料的描述統計量，包括資料個數、平均值、標準差、最小值、25% 分位數、50% 分位數、75% 分位數、最大值等。

```
>>> df.describe()
         A    B    C
count  3.0  3.0  3.0
mean   4.0  5.0  6.0
std    3.0  3.0  3.0
min    1.0  2.0  3.0
```

```
25%     2.5  3.5  4.5
50%     4.0  5.0  6.0
75%     5.5  6.5  7.5
max     7.0  8.0  9.0
```

3．索引和切片

建立 DataFrame 類型的物件後，如果希望提取其中的某行某列或某些行某些列，就需要透過索引或切片來實現。可以使用中括號獲取單一索引，此時傳回的是 Series 類型的；或在中括號中使用一個串列獲取多個索引，此時傳回的是 DataFrame 類型的。

下面建立一個 DataFrame 類型的物件 df。

```
>>> data=[[1,2,3],[4,5,6],[7,8,9]]
>>> df=pd.DataFrame(data,index=['a', 'b', 'c'],columns=['A', 'B', 'C'])
>>> df
   A  B  C
a  1  2  3
b  4  5  6
c  7  8  9
```

使用中括號可以獲取列索引標籤為 'A' 的列。

```
>>> c1=df['A']
>>> c1
a    1
b    4
c    7
Name: A, dtype: int64
```

查看 c1 的資料型態。

```
>>> type(c1)
<class 'pandas.core.series.Series'>
```

由此可知，透過索引獲取 DataFrame 類型的物件的單列時得到的是 Series 類型的資料。

下面使用 loc 方法獲取行索引標籤為 'a' 的行。

```
>>> r1=df.loc['a']
>>> r1
A    1
B    2
C    3
Name: a, dtype: int64
```

查看 r1 的資料型態。

```
>>> type(r1)
<class 'pandas.core.series.Series'>
```

由此可知，透過索引獲取 DataFrame 類型的物件的單行時得到的是 Series 類型的資料。也可以使用 iloc 方法獲取行，與 loc 方法不同的是，iloc 方法的參數為表示行編號的整數，而非標籤。

可以透過指定多個索引標籤來獲取多個行或列，將這多個行或列的索引標籤組成串列放在中括號中。

```
>>> c23=df[['A', 'C']]
>>> c23
   A  C
a  1  3
b  4  6
c  7  9
>>> r23=df.loc[['a', 'c']]
>>> r23
   A  B  C
a  1  2  3
c  7  8  9
```

查看 c23 和 r23 的資料型態。

```
>>> type(c23)
<class 'pandas.core.frame.DataFrame'>
>>> type(r23)
<class 'pandas.core.frame.DataFrame'>
```

由此可知，獲取多行和多列傳回的是 DataFrame 類型的資料。

上面使用中括號獲取列，其實使用 loc 方法也可以獲取列，範例如下。

```
>>> c4=df.loc[:,'B']
>>> c4
a    2
b    5
c    8
Name: B, dtype: int64
```

中括號中的冒號表示 "B" 標籤對應的各行資料全部選取。

當使用中括號獲取列時，中括號中輸入的是單列標籤，此時傳回的是 Series 類型的資料。如果中括號中輸入的是單列標籤組成的串列，那麼傳回的就是 DataFrame 類型的資料。

```
>>> c5=df[['B']]
>>> c5
   B
a  2
b  5
c  8
>>> type(c5)
<class 'pandas.core.frame.DataFrame'>
```

使用中括號索引列以後，引用 values 屬性得到的是 NumPy 陣列資料。

```
>>> ar=df['B'].values
>>> ar
array([2, 5, 8], dtype=int64)
>>> type(ar)
<class 'numpy.ndarray'>
```

使用冒號可以對 DataFrame 類型的資料進行切片。下面的切片取所有行，以及列標籤為 'A' 到 'B' 的所有列。

```
>>> df.loc[:,'A': 'B']
  A  B
```

```
a  1  2
b  4  5
c  7  8
```

　　下面的切片取行標籤為 'a' 到 'b' 的所有行，以及列標籤為 'B' 到 'C' 的所有列。

```
>>> df.loc['a': 'b', 'B': 'C']
   B  C
a  2  3
b  5  6
```

　　下面的切片取行標籤 'b' 及其後面的所有行，以及列標籤 'B' 及其前面的所有列。

```
>>> df.loc['b':,: 'B']
   A  B
b  4  5
c  7  8
```

4．布林索引

　　在中括號中使用布林運算式可以實現布林索引。

　　下面獲取 df 中 B 列資料大於或等於 3 的行資料。

```
>>> df[df['B']>=3]
   A  B  C
b  4  5  6
c  7  8  9
```

　　下面獲取 df 中 A 列資料大於或等於 2 並且 C 列資料等於 9 的行資料。

```
>>> df[(df['A']>=2)&(df['C']==9)]
   A  B  C
c  7  8  9
```

　　下面獲取 df 中 B 列資料介於 4 和 9 之間的行資料。

```
>>> df[df['B'].between(4,9)]
   A  B  C
b  4  5  6
c  7  8  9
```

下面獲取 df 中 A 列資料為 0 ～ 5 的整數的行資料。

```
>>> df[df['A'].isin(range(6))]
   A  B  C
a  1  2  3
b  4  5  6
```

下面先獲取 df 中 B 列資料介於 4 和 9 之間的行資料，然後取 A 列和 C 列的資料。

```
>>> df[df['B'].between(4,9)][[ 'A', 'C']]
   A  C
b  4  6
c  7  9
```

找到行標籤為 'b' 的行中大於或等於 5 的資料。

```
>>> df.loc[['b']]>=5
       A     B     C
b  False  True  True
```

行標籤為 'b' 的行中大於或等於 5 的資料對應的布林值為 True。

7.5.4 Excel 與 pandas 交換資料

利用 pandas 套件的 read_excel 方法可以將 Excel 資料匯入 pandas，使用 to_excel 方法可以將 pandas 資料寫入 Excel 檔案。

利用 pandas 套件的 read_excel 方法可以讀取 Excel 資料。read_excel 方法的參數比較多，常用的參數如表 7-8 所示。利用這些參數，既可以匯入規整資料，也可以處理很多不規範的 Excel 資料。匯入後的資料是 DataFrame 類型的。

▼ 表 7-8 read_excel 方法常用的參數

參數	說明
io	Excel 檔案的路徑和名稱
sheet_name	讀取資料的工作表的名稱，既可以指定名稱，也可以指定索引編號，如果不指定則讀取第 1 個工作表
header	指定用哪行資料作為索引行，如果是多層索引，則用多行的行號組成串列進行指定
index_col	指定用哪列資料作為索引列，如果是多層索引，則用多列的列號或名稱組成串列進行指定
usecols	如果只需要匯入原始資料中的部分列資料，則使用該參數用串列進行指定
dtype	使用字典指定特定列的資料型態，如 {'A':np.float64 } 指定 A 列的資料為 64 位元浮點數
nrows	指定需要讀取的行數
skiprows	指定讀取時忽略前面多少行
skip_footer	指定讀取時忽略後面多少行
names	用串列指定列的列索引標籤
engine	執行資料匯入的引擎，如 'xlrd' 和 'openpyxl' 等

需要注意的是，使用 read_excel 方法匯入資料有時會出現類似沒有安裝 xlrd 的錯誤或其他各種錯誤。因此，建議安裝 openpyxl，在使用 read_excel 方法時指定 engine 參數的值為 'openpyxl'。

把路徑 "Samples\ch07\Python\" 下的範例檔案「身份证号 .xlsx」複製到 D 磁碟。該檔案中有兩個工作表，儲存的是部分工作人員的身份資訊。下面使用 pandas 套件中的 read_excel 方法匯入該檔案的資料。

```
>>> import pandas as pd
>>> df=pd.read_excel(io='D:\ 身份證字號 .xlsx',engine='openpyxl')
>>> df
   員工編號   部門    姓名   身份證字號            性別
0  1001    財務部   陳東   510321197810030016   女
1  1002    財務部   田菊   412823198005251008   男
2  1003    生產部   王偉   430225198003113024   男
```

```
3   1004        生產部   韋龍   430225198511163008    女
4   1005        銷售部   劉洋   430225198008123008    女
```

在預設情況下，匯入第 1 個工作表中的資料，將第 1 行資料作為標頭，即列索引標籤。行索引從 0 開始自動對行進行編號。

使用 sheet_name 參數可以指定打開某個或多個工作表，使用 index_col 參數可以指定某列作為行索引。下面同時打開前兩個工作表，指定「員工編號」列作為行索引。

```
>>> df=pd.read_excel(io='D:\ 身份證字號 .xlsx',sheet_name=[0,1],index_col=' 員工編號 ',
engine='openpyxl')>>> df
{0:      部門      姓名   身份證字號              性別
員工編號
1001   財務部   陳東   510321197810030016   女
1002   財務部   田菊   412823198005251008   男
1003   生產部   王偉   430225198003113024   男
1004   生產部   韋龍   430225198511163008   女
1005   銷售部   劉洋   430225198008123008   女 ,  1:              部門      姓名
身份證字號      性別
員工編號
1006   生產部    呂川   320325197001017024   女
1007   銷售部    楊莉   420117197302174976   男
1008   財務部    夏東   132801194705058000   女
1009   銷售部    吳曉   430225198001153024   男
1010   銷售部    宋恩龍  320325198001017984   女 }
```

現在同時匯入兩個工作表中的資料，並且將「員工編號」列的資料進行行索引。由此可知，此時傳回的結果是字典類型的，字典中鍵值對的鍵為工作表的索引編號，值為工作表的資料，並且是 DataFrame 類型的。可以使用 type 函式查看資料型態。

```
>>> type(df[0])
<class 'pandas.core.frame.DataFrame'>
```

其他參數讀者可以自行測試，如選擇列資料、忽略前面的部分行或後面的部分行、為沒有列索引標籤的資料增加標籤等。

使用 to_excel 方法可以將 pandas 資料寫入 Excel 檔案中。舉例來說，上面匯入了前兩個工作表的資料，現在希望將這兩個工作表的資料合併後儲存到另外一個 Excel 檔案中。先使用 pandas 套件中的 concat 方法垂向拼接兩個工作表的資料，然後儲存到 D 磁碟下的 new_file.xlsx 檔案中。

```
>>> df1=df[0]
>>> df2=df[1]
>>> df0=pd.concat([df1,df2])
>>> df0
        部門     姓名  身份證字號              性別
員工編號
1001   財務部    陳東   510321197810030016   女
1002   財務部    田菊   412823198005251008   男
1003   生產部    王偉   430225198003113024   男
1004   生產部    韋龍   430225198511163008   女
1005   銷售部    劉洋   430225198008123008   女
1006   生產部    呂川   320325197001017024   女
1007   銷售部    楊莉   420117197302174976   男
1008   財務部    夏東   132801194705058000   女
1009   銷售部    吳曉   430225198001153024   男
1010   銷售部    宋恩龍  320325198001017984   女
>>> df0.to_excel('D:\\new_file.xlsx')
```

合併後的資料被正確儲存到指定的檔案中。

使用 xlwings 套件，可以實現多個 DataFrame 類型的資料在同一個工作表中的讀 / 寫操作。下面匯入 xlwings 套件，打開 D 磁碟下的「身份證字號 .xlsx」檔案。該檔案中有兩個工作表，儲存的是部分工作人員的身份資訊。

```
>>> import xlwings as xw  # 匯入 xlwings 套件
>>> # 建立 Excel 應用，可見，不增加工作表
>>> app=xw.App(visible=True, add_book=False)
>>> # 打開資料檔案，寫入
>>> bk=app.books.open(fullname='D:\\ 身份證字號 .xlsx',read_only=False)
>>> # 獲取檔案中的兩個工作表
>>> sht1=bk.sheets[0]
>>> sht2=bk.sheets[1]
>>> # 增加一個新工作表，放在最後面，並命名
```

```
>>> sht3=bk.sheets.add(after=bk.sheets(bk.sheets.count))
>>> sht3.name=' 多 DataFrame'
```

　　下面使用 xlwings 套件的轉換器和選項工具，將已有的兩個工作表中的資料以 DataFrame 類型讀取到 df1 和 df2。使用 pandas 套件的 concat 方法垂直拼接 df1 和 df2，得到第 3 個 DataFrame 類型的 df3。

```
>>> df1=sht1.range('A1:E6').options(pd.DataFrame).value
>>> df2=sht2.range('A1:E6').options(pd.DataFrame).value
>>> df3=pd.concat([df1,df2])
```

　　將 df1、df2 和 df3 寫入第 3 個工作表中的指定位置，只需要指定儲存格區域的左上角儲存格即可。

```
>>> sht3.range('A1').value=df1
>>> sht3.range('A8').value=df2
>>> sht3.range('G1').value=df3
```

　　第 3 個工作表的顯示效果如圖 7-13 所示。由此可知，使用 xlwings 套件，可以實現多個 DataFrame 類型的資料在同一個工作表中的讀 / 寫。

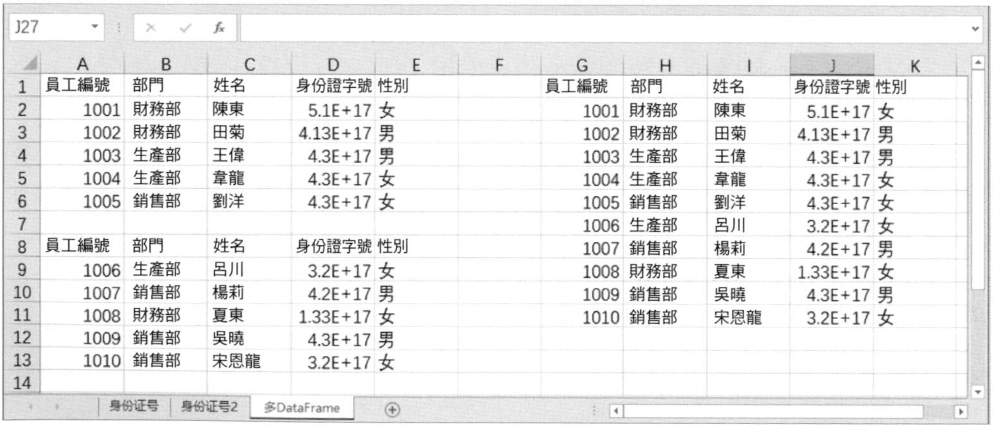

● 圖 7-13　將多個 DataFrame 類型的資料寫入同一個工作表

第 **8** 章

字典

　　我們都知道，查字典時可以從第 1 頁開始，一頁一頁地往下找，直到找到為止。這樣做明顯效率低下，特別是字的位置比較靠後的時候。所以，查字典不能這樣做，而應根據目錄直接跳到對應的頁碼查詢關於字的解釋。字典中要查的每個字是唯一的，每個字都有對應的解釋說明。

⊞ 8.1 │ 字典的建立

　　字典中的每個元素由一個鍵值對組成，其中鍵相當於真實字典中的字，而字在整個字典中作為詞條是唯一的；值相當於字的解釋說明。Python 中有字典資料型態，Excel VBA 中則需要引用外部函式庫建立字典物件。

8.1.1 建立字典物件

【Excel VBA】

　　Excel VBA 中沒有字典資料型態，也無法直接建立字典物件，而是需要透過引用協力廠商函式庫建立字典物件並透過對該物件程式設計來實現字典相關的操作。

　　在 Excel VBA 中，建立字典物件有前期綁定與後期綁定兩種方式。

　　如果使用後期綁定建立字典物件，就需要先建立一個 Object 類型的變數，然後使用 CreateObject 函式建立字典物件並用該變數進行引用。可以使用類似於下面的程式建立字典物件 dicT。

```
Dim dicT As Object
Set dicT = CreateObject("Scripting.Dictionary")
```

　　這樣就可以使用字典物件的屬性和方法進行程式設計，如向字典物件增加鍵值對。範例檔案的存放路徑為 Samples\ch08\Excel VBA\ 创建字典对象 .xlsm。

```
Sub Test()
  Dim dicT As Object
  Set dicT = CreateObject("Scripting.Dictionary")

  ' 向字典物件增加鍵值對
  dicT.Add "No001", " 劉丹 "
  dicT.Add "No002", " 朱曉琳 "
  dicT.Add "No003", " 馬忠 "
  Debug.Print dicT.Count   '3，字典的長度，即鍵值對的個數
End Sub
```

如果使用前期綁定建立字典物件，就需要按照下面的步驟操作。

（1）在 Excel 主介面的「開發人員」功能區中點擊 Visual Basic 按鈕，打開 Excel 的 VBA 開發環境。

（2）選擇「工具」→「引用」命令，打開「引用」對話方塊，如圖 8-1 所示。

🎧 圖 8-1 「引用」對話方塊

（3）在「可使用的引用」串列方塊中選取 Microsoft Scripting Runtime 核取方塊。

（4）點擊「確定」按鈕。

在增加相關函式庫的引用後，可以使用類似下面的程式建立字典物件 dicT。

```
Dim dicT As Scripting.Dictionary
Set dicT=New Scripting.Dictionary
```

也可以使用類似下面的程式建立字典物件 dicT。

```
Dim dicT As New Scripting.Dictionary
```

這樣就可以使用字典物件的屬性和方法進行程式設計，如向字典物件增加鍵值對。範例檔案的存放路徑為 Samples\ch08\Excel VBA\ 創建字典对象 .xlsm。

```
Sub Test2()
  Dim dicT As Scripting.Dictionary
  Set dicT = New Scripting.Dictionary

  ' 向字典物件增加鍵值對
  dicT.Add "No001", " 劉丹 "
  dicT.Add "No002", " 朱曉琳 "
  dicT.Add "No003", " 馬忠 "
  Debug.Print dicT.Count    '3
End Sub
```

【Python】

Python 中有字典資料型態。字典的鍵與值之間用冒號隔開，鍵值對之間用逗點隔開。整個字典用大括號括起來。需要注意的是，在整個字典中，鍵必須是唯一的。

下面用大括號建立字典。

```
>>> dt={}    # 空字典
>>> dt
{}
>>> dt={'No001':' 劉丹 ', 'No002':' 朱曉琳 ', 'No003':' 馬忠 '}
>>> dt
{'No001': ' 劉丹 ', 'No002': ' 朱曉琳 ', 'No003': ' 馬忠 '}
>>> len(dt)   # 字典的長度
3
```

8.1.2 Excel VBA 中後期綁定與前期綁定的比較

8.1.1 節中的 Excel VBA 部分使用後期綁定和前期綁定實現了字典物件的建立，這兩種綁定方式的主要區別在於對程式執行效率的影響不同，使用前期綁定比使用後期綁定的執行效率往往要快得多。

為了比較兩種綁定方式的執行效率，在 Excel VBA 程式設計環境中新建一個模組，並增加下面的程式。程式有 LB 和 FB 兩個過程，分別用於計算後期綁定和前期綁定兩種方式完成 1 萬次增加鍵值對時花費的時間。使用 API 函式

timeGetTime 進行計時，可以精確到毫秒，並且在模組頂部進行宣告。範例檔案的存放路徑為 Samples\ch08\Excel VBA\ 創建字典对象 .xlsm。

```
Private Declare Function timeGetTime Lib "winmm.dll" () As Long

Sub LB()
  '當使用後期綁定時，計算 1 萬次增加鍵值對的用時
  Dim dblStart As Double
  Dim dblEnd As Double
  Dim lngI As Long
  '後期綁定
  Dim dicT As Object
  Set dicT = CreateObject("Scripting.Dictionary")
  dblStart = timeGetTime          '起始時間
  For lngI = 1 To 10000
    dicT.Add lngI, " 劉丹 "
  Next
  dblEnd = timeGetTime            '終止時間
  Debug.Print " 後期綁定用時：" & CStr(dblEnd - dblStart)  '用時
  Set dicT = Nothing
End Sub

Sub FB()
  '當使用前期綁定時，計算 1 萬次增加鍵值對的用時
  Dim dblStart As Double
  Dim dblEnd As Double
  Dim lngI As Long
  '前期綁定
  Dim dicT As Scripting.Dictionary
  Set dicT = New Scripting.Dictionary
  dblStart = timeGetTime          '起始時間
  For lngI = 1 To 10000
    dicT.Add lngI, " 劉丹 "
  Next
  dblEnd = timeGetTime            '終止時間
  Debug.Print " 前期綁定用時：" & CStr(dblEnd - dblStart)  '用時
  Set dicT = Nothing
End Sub
```

先後執行 LB 和 FB 兩個過程，在「立即視窗」面板中輸出使用後期綁定和前期綁定這兩種方式時 1 萬次增加鍵值對的用時。

後期綁定用時：31
前期綁定用時：11

由此可知，當使用前期綁定時，工作效率有明顯優勢。

除了工作效率有明顯優勢，使用前期綁定還可以獲得另外一些好處。選取圖 8-1 中「引用」對話方塊的 Microsoft Scripting Runtime 核取方塊以後，可以使用程式設計環境提供的物件瀏覽器查看該函式庫提供的物件。

在程式設計環境中選擇「檢視」→「物件瀏覽器」命令，打開的物件瀏覽器如圖 8-2 中的矩形框內所示。

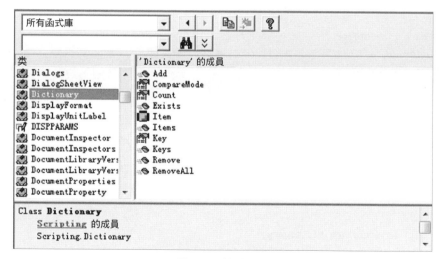

圖 8-2 物件瀏覽器

在物件瀏覽器左上角的下拉串列中選擇函式庫的名稱 Scripting，該函式庫左側的串列方塊顯示該函式庫中的所有類別和公共列舉類型。選擇一個類別以後，在右側串列方塊中選擇該類別的成員，包括屬性、方法和事件等。圖 8-2 中顯示了字典對應的 Dictionary 類別的成員。選擇類別或類別的成員名稱以後，底部的灰色區域顯示對應項的簡單說明。

另外，在程式編輯器中用點引用前期綁定方式建立的字典物件的屬性或方法時，會自動彈出該物件對應的屬性和方法名稱組成的智慧提示串列方塊，如圖 8-3 所示。這樣，只需要在串列方塊中點選即可輸入屬性或方法名稱，不需要記憶，從而提高程式設計效率。使用後期綁定建立的字典物件則沒有這項功能，即用點引用物件的屬性和方法時沒有圖 8-3 所示的智慧提示串列方塊。

🎧 圖 8-3　智慧提示串列方塊

8.1.3　Python 中更多建立字典的方法

使用 dict 函式可以建立字典。dict 函式的參數，既可以以 key=value 的形式連續輸入鍵和值，也可以將其他可迭代物件轉為字典，或先使用 zip 函式生成 zip 物件，然後將 zip 物件轉為字典。

下面使用 key=value 的形式輸入鍵和值，並生成字典。

```
>>> dt=dict(grade=5, class=2, id='s195201', name='LinXi')
>>> dt
{'grade': 5, 'class': 2, 'id': 's195201', 'name': 'LinXi'}
```

下面使用 dict 函式將其他可迭代物件轉為字典，其他可迭代物件包括串列、元組、集合等。

```
>>> dt=dict([('grade',5), ('class',2), ('id', 's195201'), ('name', 'LinXi')])
>>> dt=dict((('grade',5), ('class',2), ('id', 's195201'), ('name', 'LinXi')))
>>> dt=dict([['grade',5), ('class',2), ('id', 's195201'), ('name', 'LinXi']])
>>> dt=dict((['grade',5), ('class',2), ('id', 's195201'), ('name', 'LinXi']))
>>> dt=dict({('grade',5), ('class',2), ('id', 's195201'), ('name', 'LinXi')})
```

這幾種轉換得到的結果均為以下形式。

```
>>> dt
{'grade': 5, 'class': 2, 'id': 's195201', 'name': 'LinXi'}
```

先使用 zip 函式利用兩個給定的串列得到 zip 物件，然後使用 dict 函式將該 zip 物件轉為字典。這適用於分別得到鍵和值序列，並組裝成字典的情況。

```
>>> k=['grade', 'class', 'id', 'name']
>>> v=[5, 2, 's195201', 'LinXi']
>>> p=zip(k,v)
>>> dt=dict(p)
>>> dt
{'grade': 5, 'class': 2, ' id': 's195201', 'name': 'LinXi'}
```

使用 fromkeys 方法可以建立值為空的字典，範例如下。

```
>>> dt=dict.fromkeys(['grade', 'class', 'id', 'name"])
>>> dt
{'grade': None, 'class': None, ' id': None, 'name': None}
```

8.2 │ 字典元素的索引

將鍵值對增加到字典中以後，如果對其中的某個或某些鍵值對進行處理，就需要先將它們從字典中找出來，這就是字典元素的索引。

8.2.1 獲取鍵和值

字典元素由鍵值對組成，有鍵和值兩個部分，所以字典元素的索引包括鍵的索引和值的索引。

先建立字典物件，然後增加鍵值對。範例檔案的存放路徑為 Samples\ch08\Excel VBA\ 字典元素的索引 .xlsm。

【 Excel VBA 】

```
Sub Test()
  Dim dicT As Scripting.Dictionary
  Set dicT = New Scripting.Dictionary
  dicT.Add "No001", " 劉丹 "
  dicT.Add "No002", " 朱曉琳 "
  dicT.Add "No003", " 馬忠 "
End Sub
```

【 Python 】

```
>>> dt={'No001':' 劉丹 ', 'No002':' 朱曉琳 ', 'No003':' 馬忠 '}
```

本節下面的內容基於上面建立的字典物件介紹。

下面介紹鍵的索引。

【 Excel VBA 】

在 Excel VBA 中，使用字典物件的 Keys 方法可以獲取字典的全部鍵，並以陣列的形式傳回。對陣列進行索引，可以獲取指定的鍵。

在上面的 Test 過程中增加下面的程式，字典物件 dicT 的所有鍵傳回陣列 arr。範例檔案的存放路徑為 Samples\ch08\Excel VBA\ 字典元素的索引 .xlsm。

```
Dim arr()
Dim intI As Integer
arr = dicT.Keys
For intI = 0 To UBound(arr)        ' 輸出所有鍵
    Debug.Print arr(intI) & vbTab;
Next
Debug.Print
Debug.Print arr(0)                  ' 輸出第 1 個鍵
```

執行過程，在「立即視窗」面板中輸出下面的結果。

```
No001    No002    No003
No001
```

第 1 行是輸出的所有鍵，第 2 行是輸出的第 1 個鍵。

【Python】

在 Python 中，使用字典物件的 keys 方法可以獲取所有鍵。下面獲取字典物件 dt 的所有鍵。

```
>>> kys=dt.keys()
```

keys 方法傳回的是 dict_keys 類型的資料，將它轉為串列。

```
>>> lkys=list(kys)  #轉為串列
```

遍歷串列，輸出所有鍵。

```
>>> for ky in lkys:
        print(ky)
```

輸出結果如下。

```
No001
No002
No003
```

獲取第 1 個鍵。

```
>>> lkys[0]
'No001'
```

下面介紹值的索引。

【Excel VBA】

在 Excel VBA 中，使用字典物件的 Items 方法可以獲取全部值，並以陣列的形式傳回。對陣列進行索引，可以獲取指定的值。

在 Test 過程中增加下面的程式，字典物件 dicT 的所有值傳回陣列 arr2，在「立即視窗」面板中輸出第 1 個值。範例檔案的存放路徑為 Samples\ch08\Excel VBA\ 字典元素的索引 .xlsm。

```
Dim arr2()
arr2 = dicT.Items
Debug.Print arr2(0)   ' 輸出第 1 個值
```

執行過程，在「立即視窗」面板中輸出下面的結果。

```
劉丹
```

【Python】

在 Python 中，使用字典物件的 values 方法可以獲取所有值。下面獲取字典物件 dt 的所有值。

```
>>> val=dt.values()
>>> val
dict_values([' 劉丹 ', ' 朱曉琳 ', ' 馬忠 '])
```

下面獲取第 1 個值。

```
>>> list(val)[0]
' 劉丹 '
```

也可以根據指定的鍵獲取對應的值。

【Excel VBA】

在 Excel VBA 中，使用字典物件的 Item 屬性，指定鍵作為該屬性的參數，並獲取對應的值。在 Test 過程中增加下面的程式，獲取鍵 "No001" 對應的值。範例檔案的存放路徑為 Samples\ch08\Excel VBA\ 字典元素的索引 .xlsm。

```
Debug.Print dicT.Item("No001")
```

執行過程，在「立即視窗」面板中輸出下面的結果。

```
劉丹
```

【Python】

在 Python 中，字典名稱後面是中括號，在括號內輸入鍵的名稱可以獲取該鍵對應的值。下面獲取字典物件 dt 中鍵 "No001" 對應的值。

```
>>> dt['No001']
'劉丹'
```

使用字典物件的 get 方法也可以獲得相同的結果，範例如下。

```
>>> dt.get('No001')
'劉丹'
```

【Python】

在 Python 中，使用字典物件的 items 方法可以獲取所有鍵值對。

```
>>> dt.items()
dict_items([('No001', '劉丹'), ('No002', '朱曉琳'), ('No003', '馬忠')])
```

8.2.2 鍵在字典中是否存在

因為要求字典的鍵在字典的所有鍵中必須是唯一的，所以有必要判斷指定的鍵在字典中是否已經存在。下面使用 8.2.1 節建立的字典物件 dicT 和 dt 介紹。

【Excel VBA】

在 Excel VBA 中，可以使用字典物件的 Exists 方法進行判斷，如果存在則傳回 True，否則傳回 False。在 Test 過程中增加下面的程式，用於判斷字典物件 dicT 中是否存在鍵 "No001"。範例檔案的存放路徑為 Samples\ch08\Excel VBA\ 字典元素的索引 .xlsm。

```
Debug.Print dicT.Exists("No001")
```

執行過程，在「立即視窗」面板中輸出下面的結果。

```
True
```

【Python】

在 Python 中，使用 in 或 not in 運算子可以判斷字典中是否包含或不包含指定的鍵，如果成立則傳回 True，否則傳回 False。

```
>>> 'No001' in dt
True
>>> 'No002' not in dt
False
```

🔁 8.3 │ 字典元素的增、刪、改

建立字典物件以後，可以對物件進行增加鍵值對、修改鍵或值、刪除指定鍵值對等操作。本節使用 8.2.1 節建立的字典物件 dicT 和 dt 介紹。

8.3.1　增加字典元素

建立字典物件以後，可以在字典物件中增加鍵值對。

【Excel VBA】

在 Excel VBA 中，使用字典物件的 Add 方法可以增加鍵值對。Add 方法的語法格式如下。

```
dic.Add key, item
```

其中，dic 為字典物件；第 1 個參數 key 為鍵，第 2 個參數 item 為鍵對應的值。需要注意的是，字典中的鍵在所有鍵中必須是唯一的。

下面在字典物件 dicT 中增加一個鍵值對，鍵為 "No010"，值為 " 田欣 "。範例檔案的存放路徑為 Samples\ch08\Excel VBA\ 字典元素的增、刪、改 .xlsm。

```
dicT.Add "No010"," 田欣 "
```

在預設情況下，字典物件中的鍵名是區分大小寫的，即鍵名 "No010" 和 "no010" 會被視為兩個不同的名稱。如果要求鍵名區分大小寫，就需要將字典物件的 CompareMode 屬性的值設定為 1。當 CompareMode 屬性的值為 1 時鍵名不區分大小寫，當 CompareMode 屬性的值為 0 時區分大小寫。

```
dicT.CompareMode=1
```

【 Python 】

在字典物件 dt 中增加新的鍵值對，範例如下。

```
>>> dt['No010']=' 田欣 '
>>> dt
{'No001': ' 劉丹 ', 'No002': ' 朱曉琳 ', 'No003': ' 馬忠 ', 'No010': ' 田欣 '}
```

也可以使用字典物件的 update 方法增加鍵值對，範例如下。

```
>>> dt.update({'No010':' 田欣 '})    # 增加鍵值對
```

8.3.2 修改鍵和值

下面修改字典物件中的鍵。

【 Excel VBA 】

在 Excel VBA 中，使用字典物件的 Key 屬性可以直接修改原有的鍵。下面將字典物件 dicT 中的鍵 "No001" 修改為 "No004"。範例檔案的存放路徑為 Samples\ch08\Excel VBA\ 字典元素的增、刪、改 .xlsm。

```
dicT.Key("No001") = "No004"
```

【 Python 】

在 Python 中，不能直接修改字典的鍵，所以，對於要修改鍵的鍵值對，先用它的值和新的鍵名一起組成一個新的鍵值對增加到字典中，再把原來的鍵值對刪除。下面將字典物件 dicT 中的鍵 "No001" 改為 "No004"。

首先增加一個鍵為 "No004" 的鍵值對，其值為鍵 "No001" 對應的值。然後刪除 "No001" 對應的鍵值對。

```
>>> dt['No004']=dt['No001']
>>> del dt['No001']
```

查看字典物件中所有的鍵值對。

```
>>> dt.items()
dict_items([('No002', ' 朱曉琳 '), ('No003', ' 馬忠 '), ('No004', ' 劉丹 ')])
```

下面修改字典物件中的值。

【Excel VBA】

在 Excel VBA 中，使用字典物件的 Item 方法可以修改指定鍵對應的值。下面將字典物件 dicT 中第 1 個鍵的值改為 " 王東 "。範例檔案的存放路徑為 Samples\ch08\Excel VBA\ 字典元素的增、刪、改 .xlsm。

```
dicT.Item("No001")=" 王東 "
```

【Python】

在 Python 中，修改指定鍵對應的值，在字典物件後面用中括號指定鍵名，並指定新的值。下面將字典物件 dt 中第 1 個鍵的值改為 " 王東 "。

```
>>> dt['No001']=' 王東 '
```

也可以使用字典物件的 update 方法修改鍵值對。

```
>>> dt.update({'No001':' 王東 '})
>>> dt
{'No001': ' 王東 ', 'No002': ' 朱曉琳 ', 'No003': ' 馬忠 '}
```

8.3.3 刪除字典元素

【Excel VBA】

在 Excel VBA 中，使用字典物件的 Remove 方法可以從字典中刪除一個鍵值對，但使用 Remove 方法時需要指定鍵。Remove 方法的語法格式如下。

```
dic.Remove(key)
```

其中，dic 為字典物件；key 為鍵名。如果指定的鍵不存在，就會出錯。

使用字典物件的 RemoveAll 方法可以清空字典。

【Python】

在 Python 中，使用 del 命令可以刪除字典中的鍵值對。

```
>>> del dt['No001']
>>> dt
{'No002': '朱曉琳', 'No003': '馬忠'}
```

將指定的鍵作為函式參數，使用字典物件的 pop 方法可以刪除指定的鍵值對。pop 方法傳回指定鍵對應的值。

```
>>> dt2=dt.pop('No001')
>>> dt2
'朱曉琳'
>>> dt
{'No003': '馬忠'}
```

使用字典物件的 clear 方法可以清空字典中的所有鍵值對。

```
>>> dt.clear()
>>> dt
{}
```

8.4 字典資料的讀 / 寫

本節介紹字典資料的格式化輸出，以及 Excel 工作表與字典之間的資料讀 / 寫。

8.4.1 字典資料的格式化輸出

【Excel VBA】

Excel VBA 輸出字典資料沒有特別之處，需要格式化輸出的地方可以使用 Format 函式實現。

下面先建立一個字典物件並增加鍵值對，然後在「立即視窗」面板中輸出各鍵對應的值。其中，學員的成績進行格式化輸出，要求保留兩位小數。範例檔案的存放路徑為 Samples\ch08\Excel VBA\ 字典数据的读写 .xlsm。

```
Sub Test()
  Dim dicT As Scripting.Dictionary
  Set dicT = New Scripting.Dictionary
  dicT.Add "name", " 張三 "
  dicT.Add "sex", " 男 "
  dicT.Add "score", 92
  Debug.Print " 姓名：" & dicT("name")
  Debug.Print " 性別：" & dicT("sex")
  Debug.Print " 成績：" & Format(dicT("score"), "0.00")   ' 格式化輸出
End Sub
```

執行過程，在「立即視窗」面板中輸出字典資料。

```
姓名：張三
性別：男
成績：92.00
```

【Python】

當使用 print 函式輸出字典資料時，可以用 format 函式指定輸出的格式。下面建立一個字典。

```
>>> student = {'name':' 張三 ','sex':' 男 ','score':92}
```

使用「{}」佔位，括號內既可以從 0 開始增加數字，也可以不增加數字。字典資料作為 format 函式的參數舉出。

```
>>> print(' 姓名：{0}，性別：{1}，成績：{2}'.format(student['name'],student['sex'],
student['score']))
姓名：張三，性別：男，成績：92
```

使用「{}」佔位，括號內指定參數名稱，format 函式的參數使用對應的參數名稱並指定字典資料。

```
>>> print(' 姓名：{name}，性別：{sex}，成績：{score}'.\
        format(name=student['name'],sex=student['sex'],score=student['score']))
姓名：張三，性別：男，成績：92
```

使用「{}」佔位，括號內輸入鍵的名稱，format 函式的參數指定為字典名稱，注意在字典名稱前面增加兩個「*」。

```
>>> print(' 姓名：{name}，性別：{sex}，成績：{score}'.format(**student))
姓名：張三，性別：男，成績：92
```

使用「{}」佔位，括號內增加字典的索引形式，字典名稱可以用 0 代替。format 函式的參數指定為字典名稱。

```
>>> print('{0[name]}:{0[sex]},{0[score]}'.format(student))
張三：男 ,92
```

8.4.2 Excel 工作表與字典之間的資料讀 / 寫

Excel 工作表與字典之間的資料讀 / 寫包括兩方面的內容，即將 Excel 工作表資料讀取到字典中和將字典資料寫入 Excel 工作表中。

⋒ 圖 8-4　Excel 工作表資料

下面將圖 8-4 所示的 Excel 工作表的儲存格區域 A1:B2 和 A4:B5 內的資料讀取並儲存到字典中，A 和 B 作為字典的鍵，1 和 2 作為字典的值。

【Excel VBA】

下面的程式將圖 8-4 所示的 Excel 工作表的儲存格區域 A1:B2 內的資料讀取並儲存到字典中，A 和 B 作為字典的鍵，1 和 2 作為字典的值。範例檔案的存放路徑為 Samples\ch08\Excel VBA\ 字典數據的读写 .xlsm。

```
Sub Test()
  Dim arr01()                          ' 儲存 A1:A2 儲存格區域內的資料，二維陣列
  Dim arr02()                          ' 儲存 B1:B2 儲存格區域內的資料，二維陣列
  Dim arr1()                           ' 將 arr01() 轉為一維陣列
  Dim arr2()                           ' 將 arr02() 轉為一維陣列
  Dim intI As Integer
  Dim intR As Integer                  ' 一維陣列的大小
  Dim dicT As Scripting.Dictionary
  Set dicT = New Scripting.Dictionary  ' 建立字典物件

  arr01 = Range("A1:A2")               ' 取資料
  arr02 = Range("B1:B2")
  arr1 = Application.WorksheetFunction.Transpose(arr01)   ' 轉為一維陣列
  arr2 = Application.WorksheetFunction.Transpose(arr02)
  intR = UBound(arr1)
  For intI = 1 To intR                 ' 將兩個一維陣列中的資料組成鍵值對增加到字典中
```

```
    dicT.Add arr1(intI), arr2(intI)
    Debug.Print arr1(intI) & vbTab & arr2(intI)    ' 輸出
  Next
End Sub
```

執行過程，在「立即視窗」面板中輸出字典資料。

```
A    1
B    2
```

下面的程式將圖 8-4 所示的 Excel 工作表的儲存格區域 A4:B5 內的資料讀取並儲存到字典中，A 和 B 作為字典的鍵，1 和 2 作為字典的值。需要注意的是，因為鍵和值的設定值都是儲存格區域內的行資料，所以將二維轉為一維時需要轉置兩次。第 1 次將行資料轉為列資料，第 2 次將二維轉為一維。範例檔案的存放路徑為 Samples\ch08\Excel VBA\ 字典数据的读写 .xlsm。

```
Sub Test2()
  Dim arr01()                          ' 儲存 A4:B4 儲存格區域內的資料，二維陣列
  Dim arr02()                          ' 儲存 A5:B5 儲存格區域內的資料，二維陣列
  Dim arr1(), arr2()                   ' 儲存第 1 次轉置的結果，二維陣列
  Dim arr3(), arr4()                   ' 儲存二維轉為一維的結果，一維陣列
  Dim intI As Integer
  Dim intR As Integer
  Dim dicT As Scripting.Dictionary
  Set dicT = New Scripting.Dictionary  ' 建立字典物件

  arr01 = Range("A4:B4")               ' 取資料
  arr02 = Range("A5:B5")
  arr1 = Application.WorksheetFunction.Transpose(arr01)    ' 行資料轉為列資料
  arr2 = Application.WorksheetFunction.Transpose(arr02)
  arr3 = Application.WorksheetFunction.Transpose(arr1)     ' 列資料轉為一維陣列
  arr4 = Application.WorksheetFunction.Transpose(arr2)
  intR = UBound(arr3)
  For intI = 1 To intR                 ' 將兩個一維陣列中的資料組成鍵值對增加到字典中
    dicT.Add arr3(intI), arr4(intI)
    Debug.Print arr3(intI) & vbTab & arr4(intI)    ' 輸出
  Next
End Sub
```

執行過程,在「立即視窗」面板中輸出字典資料。

```
A    1
B    2
```

【Python】

在 Python 中,使用 xlwings 套件提供的字典轉換器,可以輕鬆地將 Excel 工作表的儲存格區域資料讀取到字典中。A4:B5 儲存格區域內的資料是行方向的,使用 transpose 參數,並將其值設定為 True 進行轉置。

撰寫的程式如下所示。

```
>>> import xlwings as xw
>>> bk=xw.Book()
```

在工作表中輸入圖 8-4 所示的資料。

```
>>> sht=xw.sheets.active
>>> sht.range('A1:B2').options(dict).value
{'A': 1.0, 'B': 2.0}
>>> sht.range('A4:B5').options(dict, transpose=True).value
{'A': 1.0, 'B': 2.0}
```

下面實現上面讀取操作的逆操作,即給定字典,將資料以圖 8-4 所示的兩種形式寫入 Excel 工作表中。假設給定字典的鍵為 A 和 B,值為 1 和 2。將資料寫入工作表的 A1:B2 和 A4:B5 儲存格區域內。

【Excel VBA】

建立字典物件並增加鍵值對。使用字典物件的 Keys 方法和 Items 方法可以獲取它的所有鍵和值,並以一維陣列的形式儲存。需要注意的是,將一維陣列的資料寫入儲存格區域的單列時需要先用工作表函式 Transpose 轉為二維陣列,寫入儲存格區域的單行時需要用 Transpose 函式轉換兩次,第 1 次是將一維陣列轉為二維列資料,第 2 次是將二維列資料轉為二維行資料。

第 1 種情況，將字典資料寫入工作表的 A1:B2 儲存格區域內，A 和 B 為列資料。撰寫的程式如下所示。範例檔案的存放路徑為 Samples\ch08\Excel VBA\ 字典數据的读写 .xlsm。

```
Sub Test3()
  Dim arr1(), arr2()
  Dim intI As Integer
  Dim intR As Integer
  Dim dicT As Scripting.Dictionary
  Set dicT = New Scripting.Dictionary          ' 建立字典物件
  dicT.Add "A", 1                              ' 增加鍵值對
  dicT.Add "B", 2
  intR = dicT.Count
  Range("A1").Resize(intR, 1) = Application. _
          WorksheetFunction.Transpose(dicT.Keys)   ' 鍵，一維轉為二維寫入
  Range("B1").Resize(intR, 1) = Application. _
          WorksheetFunction.Transpose(dicT.Items)  ' 值，一維轉為二維寫入
End Sub
```

第 2 種情況，將字典資料寫入工作表的 A4:B5 儲存格區域內，A 和 B 為行資料。撰寫的程式如下所示。範例檔案的存放路徑為 Samples\ch08\Excel VBA\ 字典數据的读写 .xlsm。

```
Sub Test4()
  Dim arr1(), arr2()
  Dim intI As Integer
  Dim intR As Integer
  Dim dicT As Scripting.Dictionary
  Set dicT = New Scripting.Dictionary          ' 建立字典物件
  dicT.Add "A", 1                              ' 增加鍵值對
  dicT.Add "B", 2
  intR = dicT.Count
  Range("A4").Resize(1, intR) = Application. _
          WorksheetFunction.Transpose( _
          Application. _
          WorksheetFunction.Transpose(dicT.Keys))  ' 寫入鍵，轉換兩次
  Range("A5").Resize(1, intR) = Application. _
```

```
        WorksheetFunction.Transpose( _
        Application. _
        WorksheetFunction.Transpose(dicT.Items))     ' 寫入值，轉換兩次
End Sub
```

執行過程，在工作表中寫入字典資料的效果如圖 8-4 所示。

【Python】

在 Python 中，使用 xlwings 套件提供的字典轉換器可以很方便地將給定的字典資料寫入 Excel 工作表中。對於下面程式中的字典 dic，寫入列和寫入行之後的效果如圖 8-4 所示。

```
>>> import xlwings as xw
>>> bk=xw.Book()
>>> sht=xw.sheets.active
>>> dic={'a': 1.0, 'b': 2.0}
>>> sht.range('A1:B2').options(dict).value=dic
>>> sht.range('A4:B5').options(dict, transpose=True).value=dic
```

⊞ 8.5 字典應用範例

為了幫助讀者鞏固本章所學的內容，本節安排了 3 個與字典有關的範例，並舉出了 Excel VBA 和 Python 兩個版本的程式。

8.5.1 應用範例 1：整理多行資料中唯一值出現的次數

如圖 8-5 所示，工作表的 B ～ H 列列舉了多行人員姓名，其中有很多姓名是重複出現的，現在要求計算每個姓名出現的次數。

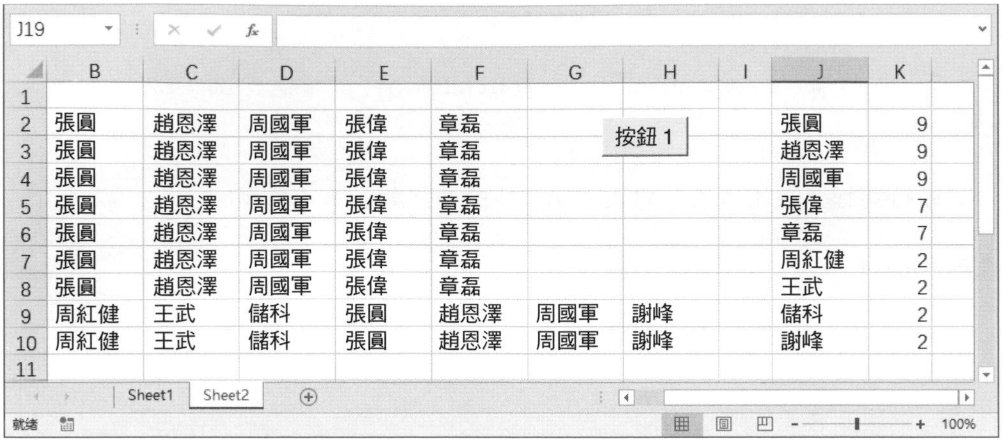

	B	C	D	E	F	G	H	I	J	K
1										
2	張圓	趙恩澤	周國軍	張偉	章磊	按鈕 1			張圓	9
3	張圓	趙恩澤	周國軍	張偉	章磊				趙恩澤	9
4	張圓	趙恩澤	周國軍	張偉	章磊				周國軍	9
5	張圓	趙恩澤	周國軍	張偉	章磊				張偉	7
6	張圓	趙恩澤	周國軍	張偉	章磊				章磊	7
7	張圓	趙恩澤	周國軍	張偉	章磊				周紅健	2
8	張圓	趙恩澤	周國軍	張偉	章磊				王武	2
9	周紅健	王武	儲科	張圓	趙恩澤	周國軍	謝峰		儲科	2
10	周紅健	王武	儲科	張圓	趙恩澤	周國軍	謝峰		謝峰	2
11										

圖 8-5 整理多行資料中唯一值出現的次數

為了解決這個問題，可以建立一個字典，遍歷所有姓名。如果字典的鍵中沒有當前姓名，則在字典中增加該姓名作為鍵、1 作為值的鍵值對；如果字典的鍵中已經有當前姓名，則該姓名作為鍵對應的值加 1。

【Excel VBA】

範例檔案的存放路徑為 Samples\ch08\Excel VBA\ 汇总多行数据中唯一值出现的次数 .xlsm。

```
Sub Test()
  Dim arr                          '儲存原始資料
  Dim intI As Integer
  Dim intJ As Integer
  Dim d As Dictionary              '字典物件
  Set d = New Dictionary

  On Error Resume Next
  '獲取原始資料
  arr = ActiveSheet.Range("B2:H10").Value
  For intI = 1 To UBound(arr, 1)
    For intJ = 1 To UBound(arr, 2)
      '遍歷每個原始資料，如果不為空
      If arr(intI, intJ) <> "" Then
        '如果當前資料作為字典的鍵已經存在，則個數加 1
```

```
      If d.Exists(arr(intI, intJ)) Then
        d(arr(intI, intJ)) = d(arr(intI, intJ)) + 1
      Else   '如果不存在，則增加鍵值對，值為1
        d.Add arr(intI, intJ), 1
      End If
    End If
  Next
 Next


 '輸出所有鍵，即唯一姓名及其對應的出現個數
 ActiveSheet.Range("J2").Resize(d.Count, 1).Value = _
        Application.WorksheetFunction.Transpose(d.Keys)
 ActiveSheet.Range("K2").Resize(d.Count, 1).Value = _
        Application.WorksheetFunction.Transpose(d.Items)
End Sub
```

執行程式，輸出結果如圖 8-5 中的 J 列和 K 列所示。

【 Python 】

範例的資料檔案的存放路徑為 Samples\ch08\Python\ 汇总多行数据中唯一值出现的次数 .xlsx，.py 檔案儲存在相同的目錄下，檔案名稱為 sam08-01.py。

```
import xlwings as xw                  # 匯入 xlwings 套件
# 從 constants 類別中匯入 Direction
from xlwings.constants import Direction
import os                            # 匯入 os 套件
# 獲取 .py 檔案的當前路徑
root = os.getcwd()
# 建立 Excel 應用，可見，沒有工作表
app=xw.App(visible=True, add_book=False)
# 打開資料檔案，寫入
bk=app.books.open(fullname=root+\
    r'\ 整理多行資料中唯一值出現的次數 .xlsx',read_only=False)
sht=bk.sheets(1)   # 獲取第 1 個工作表

d={}
arr=sht.range('B2:H10').value        # 獲取資料
```

```
for i in range(len(arr)):                    #行
    for j in range(len(arr[0])):             #列
        #遍歷每個原始資料，如果不為空
        if arr[i][j] is not None:
            if arr[i][j] in d:               #如果在字典中已經存在
                d[arr[i][j]]=d[arr[i][j]]+1  #則個數加 1
            else:                            #如果不存在
                d[arr[i][j]]=1               #則增加鍵值對，值為 1
#輸出所有鍵，即唯一姓名及其對應出現的個數
sht.range('J2').options(transpose=True).value=list(d.keys())
sht.range('K2').options(transpose=True).value=list(d.values())
```

執行程式，輸出結果如圖 8-5 中的 J 列和 K 列所示。

8.5.2 應用範例 2：整理球員獎項

如圖 8-6 所示，A ～ C 列列舉了金球獎、最佳球員和金靴獎的得獎球員名單，現在要求根據該資料對每個球員獲得的獎項進行整理。

🎧 圖 8-6 整理球員獎項

解決問題的想法如下：建立一個字典，遍歷所有球員的姓名，如果字典的鍵中沒有當前姓名，則在字典中增加該姓名作為鍵，以及當前獎項作為值的鍵值對；如果字典的鍵中已經有當前姓名，則該姓名作為鍵對應的值增加當前獎項。

【Excel VBA】

範例檔案的存放路徑為 Samples\ch08\Excel VBA\ 汇总球员奖项 .xlsm。

```vba
Sub Test()
  Dim intI As Long
  Dim intR As Long
  Dim d As Dictionary    ' 字典物件
  Set d = New Dictionary
  Dim sht As Object
  Set sht = ActiveSheet

  On Error Resume Next
  intR = sht.Range("A1").End(xlDown).Row    'A 列資料的行數
  For intI = 2 To intR
    ' 把 A 列資料增加到字典中，球員姓名作為鍵，值為 " 金球獎 "
    d.Add sht.Cells(intI, 1).Value, " 金球獎 "
  Next
  intR = sht.Range("B1").End(xlDown).Row    'B 列資料的行數
  For intI = 2 To intR
    ' 判斷 B 列球員的姓名在字典中是否已經存在
    If d.Exists(sht.Cells(intI, 2).Value) Then
      ' 如果已經存在，則對應鍵的值追加 ", 最佳球員 " 字串
      d(sht.Cells(intI, 2).Value) = _
              d(sht.Cells(intI, 2).Value) & ", 最佳球員 "
    Else
      ' 如果不存在，則增加新的鍵值對
      d.Add sht.Cells(intI, 2).Value, " 最佳球員 "
    End If
  Next
  intR = sht.Range("C1").End(xlDown).Row    'C 列資料的行數
  For intI = 2 To intR
    ' 判斷 C 列球員的姓名在字典中是否已經存在
    If d.Exists(sht.Cells(intI, 3).Value) Then
      ' 如果已經存在，則對應鍵的值追加 ", 金靴獎 " 字串
      d(sht.Cells(intI, 3).Value) = _
              d(sht.Cells(intI, 3).Value) & ", 金靴獎 "
    Else
      ' 如果不存在，則增加新的鍵值對
      d.Add sht.Cells(intI, 3).Value, " 金靴獎 "
```

```
    End If
  Next

  ' 輸出字典資料，E 列為球員名，F 列為對應獎項
  sht.Range("E1").Resize(d.Count, 1).Value = _
          Application.WorksheetFunction.Transpose(d.Keys)
  sht.Range("F1").Resize(d.Count, 1).Value = _
          Application.WorksheetFunction.Transpose(d.Items)
End Sub
```

執行程式，輸出結果如圖 8-6 中的 E 列和 F 列所示。

【Python】

範例的資料檔案的存放路徑為 Samples\ch08\Python\ 汇总球员奖项 .xlsx，.py 檔案儲存在相同的目錄下，檔案名稱為 sam08-02.py。

```python
import xlwings as xw      # 匯入 xlwings 套件
# 從 constants 類別中匯入 Direction
from xlwings.constants import Direction
import os                               # 匯入 os 套件
# 獲取 .py 檔案的當前路徑
root = os.getcwd()
# 建立 Excel 應用，可見，沒有工作表
app=xw.App(visible=True, add_book=False)
# 打開資料檔案，寫入
bk=app.books.open(fullname=root+\
    r'\ 整理球員獎項 .xlsx',read_only=False)
sht=bk.sheets(1)    # 獲取第 1 個工作表
# 工作表中 A 列資料的最大行號
row_num_1=sht.api.Range('A1').End(Direction.xlDown).Row
# 工作表中 B 列資料的最大行號
row_num_2=sht.api.Range('B1').End(Direction.xlDown).Row
# 工作表中 C 列資料的最大行號
row_num_3=sht.api.Range('C1').End(Direction.xlDown).Row

d={}
# 將 A 列資料增加到字典中，球員姓名作為鍵，獎項作為值
for i in range(2,row_num_1):
    d[sht.cells(i,1).value]=' 金球獎 '
```

```
# 將 B 列資料增加到字典中
for i in range(2,row_num_2):
    # 如果球員姓名已經存在則追加獎項，否則增加鍵值對
    if sht.cells(i,2).value in d:
        d[sht.cells(i,2).value]=d[sht.cells(i,2).value]+', 最佳球員 '
    else:
        d[sht.cells(i,2).value]=' 最佳球員 '
# 將 C 列資料增加到字典中
for i in range(2,row_num_3):
    # 如果球員姓名已經存在則追加獎項，否則增加鍵值對
    if sht.cells(i,3).value in d:
        d[sht.cells(i,3).value]=d[sht.cells(i,3).value]+', 金靴獎 '
    else:
        d[sht.cells(i,3).value]=' 金靴獎 '

# 輸出字典資料
sht.range('E1').options(transpose=True).value=list(d.keys())
sht.range('F1').options(transpose=True).value=list(d.values())
```

執行程式，輸出結果如圖 8-6 中的 E 列和 F 列所示。

8.5.3　應用範例 3：整理研究課題的子課題

如圖 8-7 所示，A 列和 B 列為研究課題及其子課題資料，現在要求整理每個課題的子課題，將各子課題用「|」連接成字串，並計算子課題的個數。

🎧 圖 8-7　整理研究課題的子課題

顯然，這個問題是 8.5.1 節和 8.5.2 節中兩個範例問題的綜合。要解決這個問題需要建立兩個字典，一個用於整理各子課題的名稱，另一個用於整理子課題的個數。具體方法請參考 8.5.1 節和 8.5.2 節的兩個範例，本節不再贅述。

【Excel VBA】

範例檔案的存放路徑為 Samples\ch08\Excel VBA\ 汇总研究课题的子课題 .xlsm。

```
Sub Test()
  Dim intI As Integer
  Dim d1 As Dictionary   '字典物件，處理子課題的名稱
  Set d1 = New Dictionary
  Dim d2 As Dictionary   '字典物件，處理子課題的個數
  Set d2 = New Dictionary
  Dim sht As Object
  Set sht = ActiveSheet
  Dim intR As Integer
  Dim strD

  On Error Resume Next
  '獲取原始資料
  intR = sht.Range("A1").End(xlDown).Row
  For intI = 2 To intR
    strD = sht.Cells(intI, 1).Value
    '如果當前資料作為字典的鍵已經存在，
    '則追加新子課題的名稱，個數加 1
    If d1.Exists(strD) Then
      d1(strD) = d1(strD) & "|" & sht.Cells(intI, 2).Value
      d2(strD) = d2(strD) + 1
    Else   '如果不存在，則增加鍵值對，值為 1
      d1.Add strD, sht.Cells(intI, 2).Value
      d2.Add strD, 1
    End If
  Next

  '輸出課題名稱
  sht.Range("D2").Resize(d1.Count, 1).Value = _
          Application.WorksheetFunction.Transpose(d1.Keys)
```

```
' 輸出課題對應的子課題的名稱
sht.Range("E2").Resize(d1.Count, 1).Value = _
        Application.WorksheetFunction.Transpose(d1.Items)
' 輸出課題對應的子課題的個數
sht.Range("F2").Resize(d1.Count, 1).Value = _
        Application.WorksheetFunction.Transpose(d2.Items)
End Sub
```

執行程式，輸出結果如圖 8-7 中的 D～F 列所示。

【Python】

範例的資料檔案的存放路徑為 Samples\ch08\Python\ 汇总研究课题的子课題 .xlsx，.py 檔案儲存在相同的目錄下，檔案名稱為 sam08-03.py。

```
import xlwings as xw      # 匯入 xlwings 套件
# 從 constants 類別中匯入 Direction
from xlwings.constants import Direction
import os                            # 匯入 os 套件
# 獲取 .py 檔案的當前路徑
root = os.getcwd()
# 建立 Excel 應用，可見，沒有工作表
app=xw.App(visible=True, add_book=False)
# 打開資料檔案，寫入
bk=app.books.open(fullname=root+\
    r'\ 整理研究課題的子課題 .xlsx',read_only=False)
sht=bk.sheets(1)   # 獲取第 1 個工作表
# 工作表中 A 列資料的最大行號
row_num=sht.api.Range('A1').End(Direction.xlDown).Row

d1={}   # 字典 1，課題作為鍵，子課題的集合作為值
d2={}   # 字典 2，課題作為鍵，子課題的個數作為值
for i in range(2,row_num):
    it=sht.cells(i,1).value
    # 如果當前資料作為字典的鍵已經存在，
    # 則追加新子課題的名稱，個數加 1
    if it in d1:
        d1[it]=d1[it]+'|'+sht.cells(i,2).value
        d2[it]=d2[it]+1
```

```
    else:   # 如果不存在，則在字典中增加新的鍵值對
        d1[it]=sht.cells(i,2).value
        d2[it]=1

# 輸出課題的名稱
sht.range('D2').options(transpose=True).value=list(d1.keys())
# 輸出課題對應的子課題的名稱
sht.range('E2').options(transpose=True).value=list(d1.values())
# 輸出課題對應的子課題的個數
sht.range('F2').options(transpose=True).value=list(d2.values())
```

執行程式，輸出結果如圖 8-7 中的 D ～ F 列所示。

第 9 章

集合

　　本章介紹一種新的資料型態 - 集合。首先介紹集合的相關概念和基本操作，然後結合 Excel VBA 和 Python 兩種語言重點介紹集合運算。

⊞ 9.1 | 集合的相關概念

在介紹各種集合運算之前，下面先介紹集合的基本概念，以及不同集合運算的概念。

9.1.1 集合的概念

集合是由指定物件組成的集體，集體中的每個成員稱為元素。集合是只有鍵的字典，內部元素不能重複。集合中的元素是沒有先後次序的，不能索引。可以向集合中增加元素，或從集合中刪除元素，但不能修改元素的值。對於多個集合，可以進行集合運算，計算它們的交集、聯集和差集等。

9.1.2 集合運算

如圖 9-1 所示，用圓形區域 *A* 和 *B* 表示兩個集合，它們的交集是中間深色的重疊部分，即 *C* 區域，它們的聯集是所有陰影區域。

如圖 9-2 所示，用圓形區域 *A* 和 *B* 表示兩個集合，它們的差集 *A-B* 就是 *A* 減去 *A* 和 *B* 的交集，對應 *A* 區域的深色部分。

如圖 9-3 所示，用圓形區域 *A* 和 *B* 表示兩個集合，它們的對稱差集為它們的聯集減去它們的交集得到的新集合，對應圖中的陰影部分。

如圖 9-4 所示，用圓形區域 *A* 和 *B* 表示兩個集合，如果 *A* 與 *B* 重疊或 *A* 被 *B* 包含，則稱 *A* 表示的集合是 *B* 表示的集合的子集，*B* 表示的集合是 *A* 表示的集合的超集合。如果排除大小相同並重疊的情況，即 *A* 完全被 *B* 包含，則稱 *A* 表示的集合是 *B* 表示的集合的真子集，*B* 表示的集合是 *A* 表示的集合的真超集合。

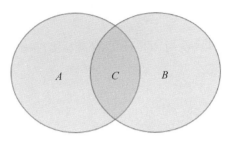

🎧 圖 9-1 集合的交集運算和聯集運算

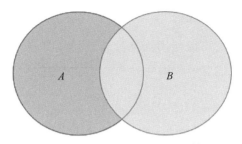

🎧 圖 9-2 集合的差集運算

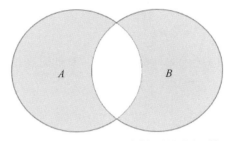

🎧 圖 9-3 集合的對稱差集運算

🎧 圖 9-4 集合的子集和超集合運算

9.2 集合的建立和修改

　　進行集合的相關操作和運算，需要先建立集合。有了集合以後，就可以對集合中的元素進行增加和刪除等操作。需要注意的是，從概念上講，集合元素是無序的，無法索引；集合元素的值也是不能改變的，除非刪除以後增加一個新的值。

9.2.1 建立集合

【Excel VBA】

　　雖然 Excel VBA 中沒有集合資料型態，但有一個 Collection 物件，也就是 VB 或 VBA 程式設計人員熟悉的集合物件，使用它可以非常方便地對不同的物件進行儲存和管理。但本書不使用集合物件討論集合，而是用陣列代替集合。在 Excel VBA 中建立陣列請參考第 7 章的內容。

【Python】

可以使用大括號直接建立集合。集合中的元素可以是不同的資料型態。下面建立一個集合。

```
>>> st={1, 'a'}
>>> st
{1, 'a'}
```

需要注意的是，集合中的元素可以無序，但是必須是唯一的，也就是不能重複。

也可以使用 set 函式建立集合，或把其他可迭代物件轉為集合。其他可迭代物件包括字串、區間、串列、元組、字典等。

```
>>> set({1,'a'})          # 直接建立
{1, 'a'}
>>> set('abcd')           # 轉換字串
{'b', 'c', 'd', 'a'}
>>> set(range(5))         # 轉換區間
{0, 1, 2, 3, 4}
>>> set([1,'a'])          # 轉換串列
{1, 'a'}
>>> set((1,'a'))          # 轉換元組
{1, 'a'}
>>> set({1:'a',2:'b'})    # 轉換字典
{1, 2}
```

如果可迭代物件中存在重復資料，則最後生成的集合中只保留一個。利用集合的這個特點，可以對給定資料進行去除重復資料的操作。

```
>>> st=set([1,'a',1,'a'])
>>> st
{1, 'a'}
```

集合中元素的個數稱為集合的長度。使用 len 函式可以計算集合的長度。

```
>>> st={1,2}
>>> len(st)
2
```

也可以直接使用以下形式計算集合的長度。

```
>>> len({1,2})
2
```

9.2.2 集合元素的增加和刪除

【Excel VBA】

本書用陣列代替集合討論問題，關於陣列元素的增加和刪除，請參考第 7
章的內容。

【Python】

使用集合物件的 add 方法可以在集合中增加元素。下面建立集合 st 並在集
合中增加元素 4。

```
>>> st={1, 'a'}
>>> st.add(4)
>>> st
{1, 4, 'a'}
```

使用集合物件的 remove 方法可以從指定的集合中刪除元素。下面從集合
st 中刪除元素 4。

```
>>> st. remove(4)
>>> st
{1, 'a'}
```

使用集合物件的 clear 方法可以清空集合中的所有元素。

```
>>> st. clear()
>>> st
set()
```

🔲 9.3 | 集合運算

常見的集合運算包括集合的交集運算、聯集運算、差集運算、對稱差集運算、子集和超集合運算等。Python 中提供了對應的函式可以直接進行計算，Excel VBA 中則需要程式設計求取。使用 Excel VBA 程式設計時涉及的撰寫函式的知識，請參考第 10 章的內容。

9.3.1 交集運算

對於兩個給定的集合，交集運算求取的是兩個集合中都有的元素。

【Excel VBA】

下面的 Intersection 函式用於求取兩個給定集合的交集。兩個集合分別用兩個一維陣串列示，它們的交集用一個一維陣串列示。求交集時，首先用第 1 個陣列的元素作為鍵建立一個字典，然後遍歷第 2 個陣列，用字典物件的 Exists 函式判斷第 2 個陣列的每個元素在字典中是否存在，如果存在，就是交集中的元素，把它增加到一個新的一維陣列中。最後傳回這個一維陣列，即要求取的交集。範例檔案的存放路徑為 Samples\ch09\Excel VBA\ 交集运算 .xlsm。

```
Function Intersection(arr1(), arr2())
  Dim intI As Integer
  Dim intK As Integer
  Dim arr3()
  Dim d As Dictionary
  Set d = New Dictionary

  ' 用第 1 個陣列的元素作為鍵建立字典 d
  For intI = LBound(arr1) To UBound(arr1)
    d(arr1(intI)) = ""
  Next
  intK = 0
  ' 遍歷第 2 個陣列，判斷元素在字典 d 中是否存在
  ' 如果存在，則增加到新陣列中
  For intI = LBound(arr2) To UBound(arr2)
```

```
    If d.Exists(arr2(intI)) Then
      ReDim Preserve arr3(intK)
      arr3(intK) = arr2(intI)
      intK = intK + 1
    End If
  Next
  ' 傳回新陣列，即所求的交集
  Intersection = arr3
End Function

Sub Test()
  Dim arr1(3), arr2(2)
  Dim arr3()
  arr1(0) = 9: arr1(1) = 1: arr1(2) = 8: arr1(3) = 12
  arr2(0) = 8: arr2(1) = 7: arr2(2) = 1
  ' 呼叫 Intersection 函式求交集
  arr3 = Intersection(arr1, arr2)
  Debug.Print "集合 1：" & vbTab;
  For intI = LBound(arr1) To UBound(arr1)
    Debug.Print arr1(intI);
  Next
  Debug.Print
  Debug.Print "集合 2：" & vbTab;
  For intI = LBound(arr2) To UBound(arr2)
    Debug.Print arr2(intI);
  Next
  Debug.Print
  Debug.Print "交集：" & vbTab;
  For intI = LBound(arr3) To UBound(arr3)   ' 輸出交集中的元素
    Debug.Print arr3(intI);
  Next
End Sub
```

執行過程，在「立即視窗」面板中輸出交集的元素。

```
集合 1：  9  1  8  12
集合 2：  8  7  1
交集：    8  1
```

【Python】

在 Python 中，可以使用「&」運算子或集合物件的 intersection 方法求兩個給定集合的交集。

```
>>> {9,1,8,12} & {8,7,1}
{8, 1}
>>> {9,1,8,12}.intersection({8,7,1})
{8, 1}
```

由此可知，兩個給定集合的交集就是這兩個集合共有的元素組成的新集合。

9.3.2 聯集運算

將兩個集合的元素放到一起並進行去除重複處理，得到的就是它們的聯集。

【Excel VBA】

下面的 Union 函式用於求取兩個給定集合的聯集。兩個集合分別用兩個一維陣串列示，它們的聯集用一個一維陣串列示。求聯集時，用兩個陣列的元素作為鍵建立字典，因為字典的鍵在字典中必須是唯一的，所以具有去除重複的作用。最後用字典物件的 Keys 方法獲取所有鍵，它們以一個一維陣列的形式傳回，即所求的聯集。範例檔案的存放路徑為 Samples\ch09\Excel VBA\ 并集运算 .xlsm。

```
Function Union(arr1(), arr2())
  Dim intI As Integer
  Dim d As Dictionary
  Set d = New Dictionary

  On Error Resume Next
  ' 用兩個陣列的元素建立字典
  For intI = LBound(arr1) To UBound(arr1)
    d(arr1(intI)) = ""
  Next
  For intI = LBound(arr2) To UBound(arr2)
    d(arr2(intI)) = ""
  Next
```

```
   ' 用字典物件的 Keys 方法獲取所有鍵，對應陣列就是所求的聯集
   Union = d.Keys
End Function

Sub Test()
  Dim arr1(3), arr2(2)
  Dim arr3()
  arr1(0) = 9: arr1(1) = 1: arr1(2) = 8: arr1(3) = 12
  arr2(0) = 5: arr2(1) = 7: arr2(2) = 1
  ' 求聯集
  arr3 = Union(arr1, arr2)
  Debug.Print " 集合 1：" & vbTab;
  For intI = LBound(arr1) To UBound(arr1)
    Debug.Print arr1(intI);
  Next
  Debug.Print
  Debug.Print " 集合 2：" & vbTab;
  For intI = LBound(arr2) To UBound(arr2)
    Debug.Print arr2(intI);
  Next
  Debug.Print
  Debug.Print " 聯集：" & vbTab;
  For intI = LBound(arr3) To UBound(arr3)
    Debug.Print arr3(intI);
  Next
End Sub
```

執行過程，在「立即視窗」面板中輸出聯集的所有元素。

```
集合 1：  9  1  8  12
集合 2：  5  7  1
聯集：    9  1  8  12  5  7
```

【Python】

使用「|」運算子或集合物件的 union 方法可以求兩個給定集合的聯集。

```
>>> {9,1,8,12} | {8,7,1}
{1, 7, 8, 9, 12}
>>> {9,1,8,12}.union({8,7,1})
{1, 7, 8, 9, 12}
```

由此可知，兩個給定集合的聯集就是這兩個集合的所有元素放在一起並刪除重複元素後得到的新集合。

9.3.3 差集運算

對於給定的兩個集合 *A* 和 *B*，*A* 和 *B* 的差集為 *A* 減去 *A* 和 *B* 的交集，*B* 和 *A* 的差集為 *B* 減去 *A* 和 *B* 的交集。

【Excel VBA】

下面的 Difference 函式用於求取先後給定的兩個集合的差集。兩個集合分別用兩個一維陣串列示，它們的差集用一個一維陣串列示。求差集時，用第 2 個陣列的元素作為鍵建立字典，遍歷第 1 個陣列，如果它的元素在字典中不存在，則將它增加到新陣列中。最後傳回新陣列，就是先後給定的兩個集合的差集。範例檔案的存放路徑為 Samples\ch09\Excel VBA\ 差集运算 .xlsm。

```vba
Function Difference(arr1(), arr2())
  Dim intI As Integer
  Dim intK As Integer
  Dim arr3()
  Dim d As Dictionary
  Set d = New Dictionary

  '用第 2 個陣列的元素作為鍵建立字典
  For intI = LBound(arr2) To UBound(arr2)
    d(arr2(intI)) = ""
  Next
  intK = 0
  '遍歷第 1 個陣列，如果元素不在字典中，則增加到新陣列
  For intI = LBound(arr1) To UBound(arr1)
    If Not d.Exists(arr1(intI)) Then
      ReDim Preserve arr3(intK)
      arr3(intK) = arr1(intI)
      intK = intK + 1
    End If
  Next
  '傳回新陣列
  Difference = arr3
```

```
End Function

Sub Test()
  Dim arr1(3), arr2(2)
  Dim arr3()
  arr1(0) = 9: arr1(1) = 1: arr1(2) = 8: arr1(3) = 12
  arr2(0) = 8: arr2(1) = 7: arr2(2) = 1
  '求差集，即 arr1-arr2
  arr3 = Difference(arr1, arr2)
  Debug.Print "集合 1：" & vbTab;
  For intI = LBound(arr1) To UBound(arr1)
    Debug.Print arr1(intI);
  Next
  Debug.Print
  Debug.Print "集合 2：" & vbTab;
  For intI = LBound(arr2) To UBound(arr2)
    Debug.Print arr2(intI);
  Next
  Debug.Print
  Debug.Print "差集，集合 1- 集合 2：" & vbTab;
  For intI = LBound(arr3) To UBound(arr3)
    Debug.Print arr3(intI);
  Next
  Debug.Print
  Debug.Print "差集，集合 2- 集合 1：" & vbTab;
  '求差集，即 arr2-arr1
  arr3 = Difference(arr2, arr1)
  For intI = LBound(arr3) To UBound(arr3)
    Debug.Print arr3(intI);
  Next
End Sub
```

執行過程，在「立即視窗」面板中輸出集合 1 減去集合 2 的差集和集合 2 減去集合 1 的差集。

```
集合 1：  9  1  8  12
集合 2：  8  7  1
差集，集合 1- 集合 2：  9  12
差集，集合 2- 集合 1：  7
```

【 Python 】

可以使用減號或集合物件的 difference 方法求兩個給定集合的差集。

```
>>> {9,1,8,12}-{8,7,1}
{9, 12}
>>> {9,1,8,12}.difference({1,2,5})
{9, 12}
>>> {8,7,1} - {9,1,8,12}
{7}
>>> {8,7,1}.difference({9,1,8,12})
{7}
```

由此可知，兩個給定集合的差集就是它們各自減去二者的交集後得到的新集合。

9.3.4 對稱差集運算

對於給定的兩個集合，它們的聯集減去交集得到的是它們的對稱差集。

【 Excel VBA 】

下面的 SymDif 函式用於求取兩個給定集合的對稱差集。兩個集合分別用兩個一維陣串列示，它們的對稱差集用一個一維陣串列示。下面的程式首先求給定集合的交集和聯集，然後求聯集和交集的差集並傳回，這就是所求的兩個給定集合的對稱差集。範例檔案的存放路徑為 Samples\ch09\Excel VBA\ 对称差集运算 .xlsm。

```
Function SymDif(arr1(), arr2())
  Dim intI As Integer
  Dim intK As Integer
  Dim arr3(), arr4(), arr5()
  Dim d As Dictionary
  Dim d2 As Dictionary
  Set d = New Dictionary
  Set d2 = New Dictionary

  ' 求交集
```

```
    For intI = LBound(arr1) To UBound(arr1)
      d(arr1(intI)) = ""
    Next
    intK = 0
    For intI = LBound(arr2) To UBound(arr2)
      If d.Exists(arr2(intI)) Then
        ReDim Preserve arr3(intK)
        arr3(intK) = arr2(intI)
        d2(arr3(intK)) = ""
        intK = intK + 1
      End If
    Next

    ' 求聯集
    For intI = LBound(arr2) To UBound(arr2)
      d(arr2(intI)) = ""
    Next
    arr4 = d.Keys

    ' 求對稱差集，聯集 - 交集
    intK = 0
    For intI = LBound(arr4) To UBound(arr4)
      If Not d2.Exists(arr4(intI)) Then
        ReDim Preserve arr5(intK)
        arr5(intK) = arr4(intI)
        intK = intK + 1
      End If
    Next
    SymDif = arr5
End Function

Sub Test()
  Dim arr1(3), arr2(2)
  Dim arr3()
  arr1(0) = 9: arr1(1) = 1: arr1(2) = 8: arr1(3) = 12
  arr2(0) = 8: arr2(1) = 7: arr2(2) = 1
  arr3 = SymDif(arr1, arr2)
  Debug.Print "集合 1：" & vbTab;
  For intI = LBound(arr1) To UBound(arr1)
```

```
      Debug.Print arr1(intI);
   Next
   Debug.Print
   Debug.Print "集合 2：" & vbTab;
   For intI = LBound(arr2) To UBound(arr2)
      Debug.Print arr2(intI);
   Next
   Debug.Print
   Debug.Print "對稱差集：" & vbTab;
   For intI = LBound(arr3) To UBound(arr3)
      Debug.Print arr3(intI);
   Next
End Sub
```

執行過程，在「立即視窗」面板中輸出給定集合的對稱差集。

```
集合 1：  9  1  8  12
集合 2：  8  7  1
對稱差集：  9  12  7
```

【Python】

使用「^」運算子或集合物件的 symmetric_difference 方法可以計算給定集合的對稱差集。

```
>>> {9,1,8,12}^{8,7,1}
{7, 9, 12}
>>> {9,1,8,12}.symmetric_difference({8,7,1})
{7, 9, 12}
```

集合 {9,1,8,12} 和 {8,7,1} 的聯集為 {1, 7, 8, 9, 12}，交集為 {1,8}，對稱差集等於給定集合的聯集減去交集，所以為 {7, 9, 12}。

9.3.5 子集和超集合運算

對於給定的集合 A 和 B，如果集合 A 大於或等於集合 B，並且集合 B 中的所有元素都在集合 A 中，則稱集合 B 是集合 A 的子集，集合 A 是集合 B 的超集合。

【Excel VBA】

下面的 IsSubset 函式用於判斷給定的集合 arr2 是否為集合 arr1 的子集。兩個集合分別用兩個一維陣串列示。如果集合 arr2 是集合 arr1 的子集，則傳回 True，否則傳回 False。範例檔案的存放路徑為 Samples\ch09\Excel VBA\ 子集和超集运算 .xlsm。

```vba
Function IsSubset(arr1(), arr2()) As Boolean
  'arr1>=arr2，判斷集合 arr2 是否為集合 arr1 的子集
  Dim intI As Integer
  Dim intK As Integer
  Dim arr3()
  Dim d As Dictionary
  Set d = New Dictionary
  ' 用第 1 個陣列的元素作為鍵建立字典
  For intI = LBound(arr1) To UBound(arr1)
    d(arr1(intI)) = ""
  Next

  IsSubset = True
  ' 如果集合 arr2 比集合 arr1 大，則傳回 False
  If UBound(arr2) - LBound(arr2) > UBound(arr1) - LBound(arr2) Then
    IsSubset = False
  ' 否則
  Else
    ' 如果第 2 個陣列中的元素都在字典中，則傳回 True
    For intI = LBound(arr2) To UBound(arr2)
      If Not d.Exists(arr2(intI)) Then
        IsSubset = False
        Exit Function
      End If
    Next
  End If
End Function

Sub Test()
  Dim arr1(3), arr2(2)
  arr1(0) = 9: arr1(1) = 1: arr1(2) = 8: arr1(3) = 12
  arr2(0) = 8: arr2(1) = 9: arr2(2) = 1
```

```
    Debug.Print "集合 1：" & vbTab;
    For intI = LBound(arr1) To UBound(arr1)
       Debug.Print arr1(intI);
    Next
    Debug.Print
    Debug.Print "集合 2：" & vbTab;
    For intI = LBound(arr2) To UBound(arr2)
       Debug.Print arr2(intI);
    Next
    Debug.Print
    Debug.Print "集合 2 是集合 1 的子集：" & vbTab;
    Debug.Print IsSubset(arr1, arr2)    '子集判斷
End Sub
```

執行過程，在「立即視窗」面板中輸出下面的結果。判斷結果為 True，這說明集合 2 是集合 1 的子集。

```
集合 1：  9  1  8  12
集合 2：  8  9  1
集合 2 是集合 1 的子集：    True
```

【 Python 】

使用「<=」運算子或集合物件的 issubset 方法可以進行子集運算。對於集合 A 和集合 B，如果 A<=B，或 A.issubset(B) 的傳回值為 True，則集合 A 是集合 B 的子集。

```
>>> {8,9,1} <= {9,1,8,12}
True
>>> {8,9,1}.issubset({9,1,8,12})
True
```

對於集合 A 和集合 B，如果 A<B，則集合 A 是集合 B 的真子集。

```
>>> {8,9,1} < {9,1,8,12}
True
```

對於集合 A 和集合 B，如果 A>=B，或 A.issuperset(B) 的傳回值為 True，則集合 A 是集合 B 的超集合。

```
>>> {9,1,8,12} >= {8,9,1}
True
>>> {9,1,8,12}.issuperset({8,9,1})
True
```

對於集合 A 和集合 B，如果 A>B，則集合 A 是集合 B 的真超集合。

```
>>> {9,1,8,12} > {8,9,1}
True
```

9.4 集合應用範例

為了幫助讀者鞏固本章所學內容，本節安排了 3 個與集合有關的範例，並舉出了 Excel VBA 和 Python 兩個版本的程式。

9.4.1 應用範例 1：統計參加才藝班的所有學生

如圖 9-5 所示，A 列和 B 列列舉了參加繪畫班和鋼琴班的學生名單，現在要求統計參加才藝班的所有學生。

	A	B	C	D	E	F	G
1	繪畫班	鋼琴班		參加才藝班的同學			
2	王東	阮錦繡		王東		按鈕 1	
3	徐慧	周洪宇		徐慧			
4	王慧琴	張麗君		王慧琴			
5	章思思	馬欣		章思思			
6	阮錦繡	焦明		阮錦繡			
7	周洪宇	王豔		周洪宇			
8	謝思明	謝思明		謝思明			
9	程成	程成		程成			
10	王潔	劉浩		王潔			
11	劉浩	蘇琳		劉浩			
12				張麗君			
13				馬欣			
14				焦明			
15				王豔			
16				蘇琳			

圖 9-5 統計參加才藝班的所有學生

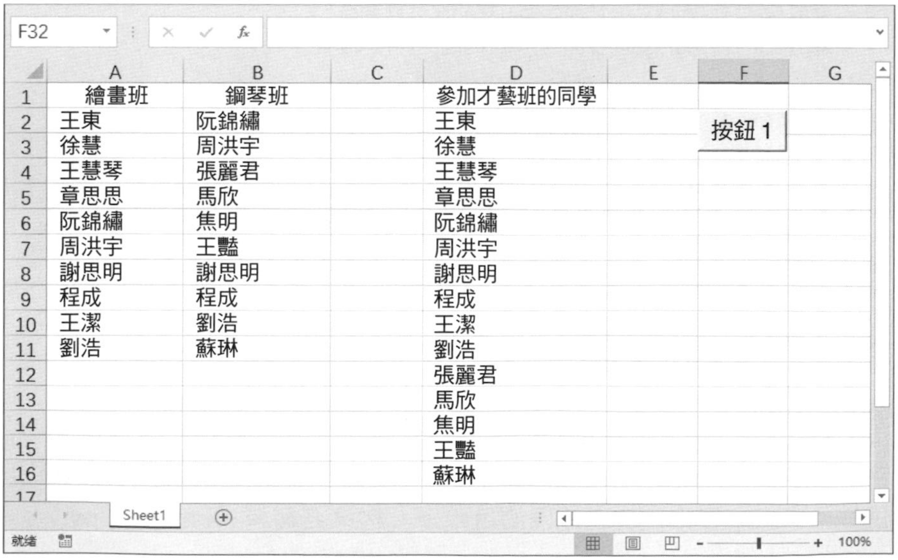

如果把繪畫班和鋼琴班分別作為兩個集合，則所求問題就轉為求兩個集合的聯集。

【Excel VBA】

範例檔案的存放路徑為 Samples\ch09\Excel VBA\ 统计參加兴趣班的所有學生 .xlsm。

```vba
Sub Test()
  Dim intI As Integer
  Dim intR1 As Integer    'A列資料的個數
  Dim intR2 As Integer    'B列資料的個數
  Dim arr1(), arr2(), arr3()   'A列和B列的資料，合併後的資料
  Dim sht As Object
  Set sht = ActiveSheet

  'A列和B列資料的個數
  intR1 = sht.Range("A1").End(xlDown).Row
  intR2 = sht.Range("B1").End(xlDown).Row
  ' 獲取A列和B列的資料，二維
  arr1 = sht.Range("A2:A" & CStr(intR1)).Value
  arr2 = sht.Range("B2:B" & CStr(intR2)).Value
  ' 將A列和B列的資料由二維轉為一維
  arr1 = Application.WorksheetFunction.Transpose(arr1)
  arr2 = Application.WorksheetFunction.Transpose(arr2)
  ' 求聯集
  arr3 = Union(arr1, arr2)
  ' 輸出合併後的結果
  sht.Range("D2").Resize(UBound(arr3) - LBound(arr3)+1, 1).Value = _
          Application.WorksheetFunction.Transpose(arr3)
End Sub
```

執行程式，整理結果如圖 9-5 中的 D 列所示。

【Python】

範例的資料檔案的存放路徑為 Samples\ch09\Python\ 统计參加兴趣班的所有学生 .xlsx，.py 檔案儲存在相同的目錄下，檔案名稱為 sam09-01.py。

```
import xlwings as xw                          # 匯入 xlwings 套件
# 從 constants 類別中匯入 Direction
from xlwings.constants import Direction
import os                                     # 匯入 os 套件
# 獲取 .py 檔案的當前路徑
root = os.getcwd()
# 建立 Excel 應用，可見，沒有工作表
app=xw.App(visible=True, add_book=False)
# 打開資料檔案，寫入
bk=app.books.open(fullname=root+\
    r'\ 統計參加才藝班的所有學生 .xlsx',read_only=False)
sht=bk.sheets(1)   # 獲取第 1 個工作表


# 工作表中 A 列資料的最大行號
row_num_1=sht.api.Range('A1').End(Direction.xlDown).Row
# 工作表中 B 列資料的最大行號
row_num_2=sht.api.Range('B1').End(Direction.xlDown).Row
#A 列資料
data_1=sht.range('A2:A'+str(row_num_1)).value
#B 列資料
data_2=sht.range('B2:B'+str(row_num_2)).value
# 將串列轉為集合
set_1=set(data_1)
set_2=set(data_2)
# 求聯集
set_3=set_1.union(set_2)


# 輸出聯集，即所有參加才藝班的學生
sht.range('D2').options(transpose=True).value=list(set_3)
```

執行程式，整理結果如圖 9-5 中的 D 列所示。

9.4.2　應用範例 2：跨表去除重複

如圖 9-6 所示，上面兩個圖分別顯示工作表中的兩個工作表，表中都是部門人員資訊，現在要求從第 1 個工作表中刪除與第 2 個工作表中重複的資料行。

處理前

處理後

🔔 圖 9-6 從第 1 個工作表中刪除與第 2 個工作表中重複的資料行

如果把兩個工作表的「員工編號」列的資料分別作為兩個集合中的元素，則所求問題就轉為求這兩個集合的差集，並將差集的員工編號對應的資料行複製到第 3 個工作表中。

【Excel VBA】

範例檔案的存放路徑為 Samples\ch09\Excel VBA\ 身份证号 - 跨表去重 .xlsm。

```
Sub Test()
  Dim intI As Integer
  Dim intN As Integer
  Dim intR1 As Integer    ' 第 1 個工作表的資料個數
  Dim intR2 As Integer    ' 第 2 個工作表的資料個數
  Dim arr1(), arr2()      ' 兩個工作表的資料
  Dim arr3()              ' 差集運算結果

  ' 兩個工作表的資料個數
  intR1 = Sheets(1).Range("A1").End(xlDown).Row
```

```
    intR2 = Sheets(2).Range("A1").End(xlDown).Row
    ' 獲取兩個工作表的員工編號資料,二維
    arr1 = Sheets(1).Range("A2:A" & CStr(intR1)).Value
    arr2 = Sheets(2).Range("A2:A" & CStr(intR2)).Value
    ' 將兩個工作表的員工編號資料由二維轉為一維
    arr1 = Application.WorksheetFunction.Transpose(arr1)
    arr2 = Application.WorksheetFunction.Transpose(arr2)
    ' 集合求差集,即獲取第 1 個工作表中不包含第 2 個工作表中的員工編號
    arr3 = Difference(arr1, arr2)

    ' 在第 3 個工作表中輸出結果
    Sheets(1).Rows(1).Copy Sheets(3).Rows(1)
    intN = 1
    ' 遍歷第 1 個工作表的 A 列,如果員工編號在差集中存在
    ' 則複製該行資料並增加到第 3 個工作表
    For intI = LBound(arr1) To UBound(arr1)
      If InArr(arr1(intI), arr3) Then
        intN = intN + 1
        Sheets(1).Rows(intI + 1).Copy Sheets(3).Rows(intN)
      End If
    Next
    Sheets(3).Activate
End Sub

Function InArr(Val, arr()) As Boolean
    ' 判斷 Val 在陣列 arr 中是否存在
    Dim intI As Integer
    InArr = False
    For intI = LBound(arr) To UBound(arr)
      If Val = arr(intI) Then
        InArr = True
        Exit For
      End If
    Next
End Function
```

執行程式,統計結果如圖 9-6 中的下圖所示。

【 Python 】

範例的資料檔案的存放路徑為 Samples\ch09\Python\ 身份证号 - 跨表去重 .xlsx，.py 檔案儲存在相同的目錄下，檔案名稱為 sam09-02.py。

```python
import xlwings as xw                          # 匯入 xlwings 套件
# 從 constants 類別中匯入 Direction
from xlwings.constants import Direction
import os                                      # 匯入 os 套件
# 獲取 .py 檔案的當前路徑
root = os.getcwd()
# 建立 Excel 應用，可見，沒有工作表
app=xw.App(visible=True, add_book=False)
# 打開資料檔案，寫入
bk=app.books.open(fullname=root+\
    r'\ 身份證字號 - 跨表去除重複 .xlsx',read_only=False)
sht1=bk.sheets(1)    # 獲取第 1 個工作表
sht2=bk.sheets(2)    # 獲取第 2 個工作表
sht3=bk.sheets(3)

# 第 1 個工作表中 A 列資料的最大行號
row_num_1=sht1.api.Range('A1').End(Direction.xlDown).Row
# 第 2 個工作表中 A 列資料的最大行號
row_num_2=sht2.api.Range('A1').End(Direction.xlDown).Row
# 第 1 個工作表中的 A 列資料
data_1=sht1.range('A2:A'+str(row_num_1)).value
# 第 2 個工作表中的 A 列資料
data_2=sht2.range('A2:A'+str(row_num_2)).value
# 串列轉為集合
set_1=set(data_1)
set_2=set(data_2)
# 差集運算
set_3=set_1.difference(set_2)

# 複製標頭
sht1.api.Rows(1).Copy()                        # 複製第 1 個工作表的第 1 行
sht3.api.Activate()                            # 跨表複製，需要先啟動目標工作表
sht3.api.Range('A1').Select()                  # 選擇貼上的位置
sht3.api.Paste()                               # 貼上
```

```
# 遍歷第 1 個工作表中的 A 列，如果當前員工編號在集合 3 中存在
# 則將行資料複製到第 3 個工作表
n=1   # 記錄複製資料的行數
for i in range(2,row_num_1):
    if sht1.cells(i,1).value in set_3:
        n+=1
        sht1.api.Rows(i).Copy()   # 整行複製
        sht3.api.Activate()
        sht3.api.Rows(n).Select()
        sht3.api.Paste()
```

執行程式，統計結果如圖 9-6 中的下圖所示。

9.4.3 應用範例 3：找出報和沒有報兩個才藝班的學生

如圖 9-7 所示，工作表的 A 列和 B 列列舉了參加繪畫班和鋼琴班的學生名單，現在要求統計報了兩個才藝班學生和只報了一個才藝班的學生。

	A	B	C	D	E	F	G
1	繪畫班	鋼琴班		兩個班都報的	只報一個班的		
2	王東	阮錦繡		阮錦繡	王東		按鈕 1
3	徐慧	周洪宇		周洪宇	徐慧		
4	王慧琴	張麗君		謝思明	王慧琴		
5	章思思	馬欣		程成	章思思		
6	阮錦繡	焦明		劉浩	王潔		
7	周洪宇	王豔			張麗君		
8	謝思明	謝思明			欣		
9	程成	程成			焦明		
10	王潔	劉浩			王豔		
11	劉浩	蘇琳			蘇琳		
12							

⬤ 圖 9-7 統計報了兩個才藝班的學生和只報了一個才藝班的學生

如果把繪畫班和鋼琴班分別作為兩個集合，則統計報了兩個才藝班的學生就是求兩個集合的交集，統計只報了一個才藝班的學生就是求兩個集合的對稱差集。

【Excel VBA】

範例檔案的存放路徑為 Samples\ch09\Excel VBA\ 找出报和没有报两个兴趣班的学生 .xlsm。

```
Sub Test()
  Dim intI As Integer
  Dim intR1 As Integer    'A 列資料個數
  Dim intR2 As Integer    'B 列資料個數
  Dim arr1(), arr2()      'A 列和 B 列的資料
  Dim arr3(), arr4()       ' 交集運算和對稱差集運算的結果
  Dim sht As Object
  Set sht = ActiveSheet

  'A 列和 B 列的資料個數
  intR1 = sht.Range("A1").End(xlDown).Row
  intR2 = sht.Range("B1").End(xlDown).Row
  ' 獲取 A 列和 B 列的資料，二維
  arr1 = sht.Range("A2:A" & CStr(intR1)).Value
  arr2 = sht.Range("B2:B" & CStr(intR2)).Value 交
  ' 將 A 列和 B 列的資料由二維轉為一維
  arr1 = Application.WorksheetFunction.Transpose(arr1)
  arr2 = Application.WorksheetFunction.Transpose(arr2)
  ' 求交集，即報了兩個才藝班的學生
  arr3 = Intersection(arr1, arr2)
  ' 求對稱差集，即只報了一個才藝班的學生
  arr4 = SymDif(arr1, arr2)
  ' 輸出結果
  sht.Range("D2").Resize(UBound(arr3) - LBound(arr3) + 1, 1).Value = _
          Application.WorksheetFunction.Transpose(arr3)
  sht.Range("E2").Resize(UBound(arr4) - LBound(arr4) + 1, 1).Value = _
          Application.WorksheetFunction.Transpose(arr4)
End Sub
```

執行程式，統計結果如圖 9-7 中的 D 列和 E 列所示。

【Python】

範例的資料檔案的存放路徑為 Samples\ch09\Python\ 找出報和沒有報兩個兴趣班的学生 .xlsx，.py 檔案儲存在相同的目錄下，檔案名稱為 sam09-03.py。

```python
import xlwings as xw                    # 匯入 xlwings 套件
# 從 constants 類別中匯入 Direction
from xlwings.constants import Direction
import os                               # 匯入 os 套件
# 獲取 .py 檔案的當前路徑
root = os.getcwd()
# 建立 Excel 應用，可見，沒有工作表
app=xw.App(visible=True, add_book=False)
# 打開資料檔案，寫入
bk=app.books.open(fullname=root+\
    r'\ 找出報和沒有報兩個才藝班的學生 .xlsx',read_only=False)
sht=bk.sheets(1)    # 獲取第 1 個工作表

# 工作表中 A 列資料的最大行號
row_num_1=sht.api.Range('A1').End(Direction.xlDown).Row
# 工作表中 B 列資料的最大行號
row_num_2=sht.api.Range('B1').End(Direction.xlDown).Row
#A 列資料
data_1=sht.range('A2:A'+str(row_num_1)).value
#B 列資料
data_2=sht.range('B2:B'+str(row_num_2)).value
# 將串列轉為集合
set_1=set(data_1)
set_2=set(data_2)
# 求交集
set_3=set_1.intersection(set_2)
# 求對稱差集
set_4=set_1.symmetric_difference(set_2)

# 輸出交集，即報了兩個才藝班的學生
sht.range('D2').options(transpose=True).value=list(set_3)
```

```
# 輸出對稱差集，即只報了一個才藝班的學生
sht.range('E2').options(transpose=True).value=list(set_4)
```

執行程式，統計結果如圖 9-7 中的 D 列和 E 列所示。

第10章

函式

　　前面已經介紹了變數、運算式和流程控制，變數是最基本的語言元素，運算式是子句或一行敘述，流程控制則用多行敘述描述一個完整的邏輯。本章介紹函式。函式用於實現一個相對完整的功能。將功能寫成函式後，可以被反覆呼叫，從而減少程式量，提高程式設計效率。函式可以分為內建函式、協力廠商函式庫函式和自訂函式等。

⬚ 10.1 │ 內建函式

Excel VBA 和 Python 中都提供了很多內建函式，使用內建函式可以很方便地完成各種任務。

10.1.1 常見的內建函式

【Excel VBA】

Excel VBA 中常見的內建函式主要有數學函式、日期時間函式、亂數產生函式、資料型態轉換函式和字串處理函式等。

Excel VBA 中提供的數學函式如表 10-1 所示。

▼ 表 10-1 Excel VBA 中提供的數學函式

函式	說明
Abs	求絕對值
Exp	求以 e 為底的冪值
Sqr	求平方根，參數大於或等於 0
Log	求自然對數，要求參數大於 0
Sng	求參數的符號，如果參數大於 0 則傳回 1，如果參數等於 0 則傳回 0，如果參數小於 0 則傳回 -1
Sin	求正弦值
Cos	求餘弦值
Tan	求正切值
Atn	求餘切值

Excel VBA 中提供的日期時間函式如表 10-2 所示。

▼ 表 10-2　Excel VBA 中提供的日期時間函式

函式	說明
Date	傳回系統日期
Time	傳回系統時間
Year	傳回系統當前年份
Month	傳回系統當前月份
Day	傳回系統當前日期
Weekday	傳回系統當前星期
Hour	傳回系統的小時數，0 ～ 23
Minute	傳回系統的分鐘數，0 ～ 59
Second	傳回系統的秒數，0 ～ 59

有關字串函式的內容請參考第 6 章。有關資料型態轉換函式的內容請參考第 2 章。

在 Excel VBA 中，使用 Rnd 函式可以生成隨機數，為了生成不重複的隨機數可以使用 Randomize 函式生成隨機數種子。

下面的程式可以隨機測試一些 Excel VBA 函式。範例檔案的存放路徑為 Samples\ch10\Excel VBA\ 內部函數 .xlsm。

```
Sub Test()
  Const PI = 3.1415926
  '數學函式
  Debug.Print Exp(2)
  Debug.Print Sin(PI / 4)
  '日期時間函式
  Debug.Print Date
  Debug.Print Year(Now)
  '亂數產生函式
  Randomize
  Debug.Print Rnd()
End Sub
```

執行過程，在「立即視窗」面板中輸出測試函式的計算結果。

```
7.38905609893065
 .707106771713121
2021/9/1
 2021
 .1633657
```

【 Python 】

　　Python 中的內建函式包括資料型態轉換函式、資料操作函式、資料登錄 / 輸出函式、檔案操作函式和數學計算函式等。

　　資料型態轉換函式包括 bool、int、float、complex、str、list、tuple、dict 等，在介紹變數的資料型態時已經介紹過，此處不再贅述。

　　資料操作函式包括 type、format、range、slice、len 等，除 slice 外都已經介紹過。slice 函式定義一個切片物件，指定切片方式。將這個切片物件作為參數傳遞給一個可迭代物件，可以實現該可迭代物件的切片。

　　下面建立一個串列，第 1 個切片物件取前 6 個元素，第 2 個切片物件在 2 ～ 8 的範圍內隔一個數取一個數，並分別用這兩個切片物件對串列進行切片。

```
>>> a=list(range(10))
>>> a
[0, 1, 2, 3, 4, 5, 6, 7, 8, 9]
>>> slice1=slice(6)              # 取前 6 個元素
>>> a[slice1]
[0, 1, 2, 3, 4, 5]
>>> slice2=slice(2,9,2)          # 在 2 ～ 8 的範圍內每隔一個數取一個數
>>> a[slice2]
[2, 4, 6, 8]
```

　　資料登錄 / 輸出函式包括 input 和 print 等，第 1 章已經介紹過，此處不再贅述。檔案操作函式包括 file 和 open，用於打開檔案。

　　數學計算函式如表 10-3 所示。

▼ 表 10-3 數學計算函式

函式	說明	函式	說明
abs	求絕對值	round	對浮點數進行四捨五入
eval	計算給定運算式	sum	求和
max	求最大值	sorted	排序
min	求最小值	filter	過濾
pow	冪運算		

下面列舉幾個例子來介紹數學計算函式的使用。

```
>>> abs(-3)                        # 求絕對值
3
>>> pow(3,2)                       # 求 3 的平方
9
>>> round(2.78)                    # 對 2.78 進行四捨五入
3
>>> a=list(range(-5,5))            # 建立一個串列
>>> a
[-5, -4, -3, -2, -1, 0, 1, 2, 3, 4]
>>> max(a)                         # 求串列元素的最大值
4
>>> min(a)                         # 求串列元素的最小值
-5
>>> sum(a)                         # 求串列元素的和
-5
>>> sorted(a,reverse=True)         # 對串列元素反向排列
[4, 3, 2, 1, 0, -1, -2, -3, -4, -5]
>>> def filtertest(a):             # 定義一個函式，過濾規則為串列中的元素值大於 0
        return a>0
>>> b=filter(filtertest,a)         # 使用函式定義的規則對串列 a 進行過濾
>>> list(b)                        # 以串列顯示過濾結果
[1, 2, 3, 4]
```

10.1.2 Python 標準模組函式

　　Python 中內建了很多標準模組，每個標準模組中有很多封裝好的函式，用於提供一定的功能。下面主要介紹 math 模組、cmath 模組和 random 模組，它們提供數學運算、複數運算和亂數產生的功能。

1 · math 模組中的數學運算函式

　　math 模組中提供了大量的數學運算函式，包括一般數學操作函式、三角函式、對數函式、指數函式、雙曲函式、數論函式和角度弧度轉換函式等。

　　使用 math 模組中的數學運算函式之前需要先匯入 math 模組。匯入 math 模組的語法格式如下。

```
>>> import math
```

　　使用 dir 函式可以列出 math 模組中提供的全部數學運算函式。

```
>>> dir(math)
['__doc__', '__loader__', '__name__', '__package__', '__spec__', 'acos', 'acosh',
'asin', 'asinh', 'atan', 'atan2', 'atanh', 'ceil', 'copysign', 'cos', 'cosh',
'degrees', 'e', 'erf', 'erfc', 'exp', 'expm1', 'fabs', 'factorial', 'floor', 'fmod',
'frexp', 'fsum', 'gamma', 'gcd', 'hypot', 'inf', 'isclose', 'isfinite', 'isinf',
'isnan', 'ldexp', 'lgamma', 'log', 'log10', 'log1p', 'log2', 'modf', 'nan', 'pi',
'pow', 'radians', 'remainder', 'sin', 'sinh', 'sqrt', 'tan', 'tanh', 'tau', 'trunc']
```

　　math 模組中的數學運算函式如表 10-4 所示。

▼ 表 10-4　math 模組中的數學運算函式

函式	說明	函式	說明
math.ceil(x)	傳回大於或等於 x 的最小整數	math.sqrt(x)	傳回 x 的平方根
math.fabs(x)	傳回 x 的絕對值	math.sin(x)	傳回 x 的正弦值
math.floor(x)	傳回小於或等於 x 的最大整數	math.cos(x)	傳回 x 的餘弦值

（續表）

函式	說明	函式	說明
math.fsum(iter)	傳回可迭代物件的元素的和	math.tan(x)	傳回 x 的正切值
math.gcd(*ints)	傳回給定整數參數的最大公因數	math.atan(x)	傳回 x 的反正切值
math.isfinite(x)	如果 x 不是無限大或遺漏值則傳回 True，否則傳回 False	math.asin(x)	傳回 x 的反正弦值
math.isinf(x)	如果 x 是無限大則傳回 True，否則傳回 False	math.acos(x)	傳回 x 的反餘弦值
math.isnan(x)	如果 x 是 NaN 則傳回 True，否則傳回 False	math.sinh(x)	傳回 x 的雙曲正弦值
math.isqrt(n)	傳回 n 的整數平方根（平方根向下取整數），n≥0	math.cosh(x)	傳回 x 的雙曲餘弦值
math.lcm(*ints)	傳回給定整數參數的最小公倍數	math.tanh(x)	傳回 x 的雙曲正切值
math.trunc(x)	傳回 x 的截尾整數	math.asinh(x)	傳回 x 的反雙曲正弦值
math.exp(x)	傳回 e 的 x 次冪	math.acosh(x)	傳回 x 的反雙曲餘弦值
math.log(x[,base])	傳回 x 的自然對數	math.atanh(x)	傳回 x 的反雙曲正切值
math.log2(x)	傳回 x 以 2 為底的對數	math.dist(p,q)	傳回 p 點和 q 點之間的距離
math.log10(x)	傳回 x 以 10 為底的對數	math.degrees(x)	將 x 從弧度轉為角度
math.pow(x,y)	傳回 x 的 y 次冪	math.radians(x)	將 x 從角度轉為弧度

2 · cmath 模組中的複數運算函式

使用 cmath 模組中提供的函式可以進行複數運算。匯入 cmath 模組，使用 dir 函式可以列出該模組中的所有函式。

```
>>> import cmath
>>> dir(cmath)
['__doc__', '__loader__', '__name__', '__package__', '__spec__', 'acos', 'acosh',
'asin', 'asinh', 'atan', 'atanh', 'cos', 'cosh', 'e', 'exp', 'inf', 'infj', 'isclose',
'isfinite', 'isinf', 'isnan', 'log', 'log10', 'nan', 'nanj', 'phase', 'pi', 'polar',
'rect', 'sin', 'sinh', 'sqrt', 'tan', 'tanh', 'tau']
```

大部分複數運算的意義與實數運算的意義相同，只是參數是複數。

3 · random 模組中的亂數產生函式

random 模組中提供了各種亂數產生函式。匯入 random 模組的語法格式如下。

```
>>> import random as rd
```

使用 random 方法生成 0 ～ 1 的隨機數。

```
>>> rd01 = rd.random()
>>> print(rd01)
0.8929443975828429
```

使用 randrange 方法從指定序列中隨機選取一個數。randrange 方法可以指定序列的起點、終點和步進值。下面指定序列為 10 ～ 50，步進值為 2，從這個序列中隨機取一個數。

```
>>> print(rd.randrange(10,50,2))
26
```

使用迴圈可以連續生成隨機數。下面連續生成 10 個取自該序列的隨機數，並組成一個串列。

```
>>> lst=[]
>>> for i in range(10):
        lst.append(rd.randrange(10,50,2))
>>> lst
[14, 12, 46, 36, 40, 34, 18, 46, 22, 30]
```

使用 uniform 方法可以生成指定範圍內滿足均勻分佈的隨機數。下面生成 10 個 1 ～ 2 的滿足均勻分佈的隨機數，並組成一個串列。

```
>>> lst=[]
>>> for i in range(10):
        a=rd.uniform(1,2)
        lst.append(float("%0.3f"%a))
>>> lst
[1.59, 1.974, 1.589, 1.918, 1.904, 1.666, 1.418, 1.024, 1.429, 1.643]
```

使用 choice 方法可以從指定的可迭代物件中隨機選取一個數。下面建立一個串列，並使用 choice 方法從中隨機選取一個數。

```
>>> lst = [1,2,5,6,7,8,9,10]
>>> print(rd.choice(lst))
9
```

使用 shuffle 方可以將可迭代物件中的資料進行置亂，即隨機排序。

```
>>> rd.shuffle(lst)
>>> lst
[2, 7, 5, 1, 8, 6, 10, 9]
```

使用 sample 方法可以從指定序列中隨機選取指定大小的樣本。下面從串列 lst 中隨機取 6 個數組成新的樣本。

```
>>> samp=rd.sample(lst, 6)
>>> samp
[6, 1, 5, 2, 8, 7]
```

10.2 | 協力廠商函式庫函式

【 Excel VBA 】

Excel VBA 中可以使用協力廠商函式庫函式。建立或獲取協力廠商函式庫後，在 Excel VBA 程式設計環境中，選擇「工具」→「引用」命令，打開「引用」對話方塊，如圖 10-1 所示。在串列中找到要引用的函式庫，或點擊「瀏覽」按鈕找到要引用的函式庫的檔案，點擊「確定」按鈕完成引用。引用進來的協力廠商函式庫可以使用物件瀏覽器查看。

♪ 圖 10-1 「引用」對話方塊

為了在 VB 中引入向量和矩陣計算，筆者曾經使用 VB 寫了一個動態連結程式庫 Math3D.dll，下面在 Excel VBA 程式設計環境中引用它並編碼進行測試。該檔案的存放路徑為 Samples\ch10\Excel VBA\ 第三方庫函數 .xlsm。Math3D. dll 位於相同的目錄下，使用下面的程式需要先引用它。

```
Sub Test()
  Dim vctFirst As Vector3D
  Dim vctSecond As Vector3D
  Dim mtxFirst As Matrix3D
  Dim mtxSecond As Matrix3D

  Set vctFirst = New Vector3D
```

```
Set vctSecond = New Vector3D
Set mtxFirst = New Matrix3D
Set mtxSecond = New Matrix3D


' 第 1 個向量
vctFirst.x = 10#
vctFirst.y = 78.5
vctFirst.Z = 102.9


' 第 2 個向量
vctSecond.x = 109.2
vctSecond.y = 82.5
vctSecond.Z = 180.8


' 在表單中輸出第 1 個向量和第 2 個向量
Dim strFirst As String
Dim strSecond As String
strFirst = "第 1 個向量：" & Str(vctFirst.x) & " " & Str(vctFirst.y) & " " &
Str(vctFirst.Z)
strSecond = "第 2 個向量：" & Str(vctSecond.x) & " " & Str(vctSecond.y) & " " &
Str(vctSecond.Z)
Debug.Print
Debug.Print strFirst
Debug.Print strSecond
Debug.Print


' 第 1 個向量的長度
Dim strLen As String
strLen = "第 1 個向量的長度：" & vctFirst.GetLength
Debug.Print strLen


' 向量運算
Dim vctAdd As Vector3D
Dim vctSub As Vector3D
Dim dblMulDot As Double
Dim vctMulCro As Vector3D
Dim vctDev As Vector3D
Set vctAdd = vctFirst.Add(vctSecond)
Set vctSub = vctFirst.Subtract(vctSecond)
```

```
    dblMulDot = vctFirst.MultDot(vctSecond)
    Set vctMulCro = vctFirst.MultCross(vctSecond)
    Set vctDev = vctFirst.Devide(2)

    ' 輸出運算結果
    Dim strAdd As String
    Dim strSub As String
    Dim strMulDot As String
    Dim strMulCro As String
    Dim strDev As String

    strAdd = "向量的和：" & Str(vctAdd.x) & " " & Str(vctAdd.y) & " " & Str(vctAdd.Z)
    strSub = "向量的差：" & Str(vctSub.x) & " " & Str(vctSub.y) & " " & Str(vctSub.Z)
    strMulDot = "向量點乘：" & Str(dblMulDot)
    strMulCro = "向量叉乘：" & Str(vctMulCro.x) & " " & Str(vctMulCro.y) & " " &
Str(vctMulCro.Z)
    strDev = "第 1 個向量除以 2：" & Str(vctDev.x) & " " & Str(vctDev.y) & " " &
Str(vctDev.Z)

    Debug.Print strAdd
    Debug.Print strSub
    Debug.Print strMulDot
    Debug.Print strMulCro
    Debug.Print strDev
End Sub
```

執行過程，在「立即視窗」面板中輸出計算結果。

```
第 1 個向量： 10  78.5    102.9
第 2 個向量： 109.2  82.5  180.8

第 1 個向量的長度：129.81009205759
```

【Python】

在 Python 中引用協力廠商函式庫，或説協力廠商模組，或説協力廠商套件，需要先安裝該函式庫，然後在使用該函式庫的程式中進行匯入。第 7 章介紹的 NumPy 和 pandas 都是協力廠商套件，讀者可以參考對應的內容了解其用法。

⊞ 10.3 | 自訂函式

除了使用內部提供的函式和協力廠商提供的函式，Excel VBA 和 Python 還可以透過自訂函式來實現一定的功能。自訂函式同樣可以被反覆呼叫，從而節省程式量並提高程式設計效率。

10.3.1 函式的定義和呼叫

【Excel VBA】

Excel VBA 中有兩種形式的函式：一種是沒有傳回值的，稱為過程；另一種是可以有傳回值的，稱為函式。

過程由 Sub…End Sub 結構定義。其語法格式如下。

```
[ | Private | Public ] _
    Sub name[([param[, ...]])]
        執行敘述…
    End Sub
```

其中，Private 和 Public 為可選項，用於定義過程是私有的還是公共的，即定義過程的作用範圍。在使用 Private 關鍵字時需要說明該過程只在本模組中使用，一般是為模組中的其他函式服務的；在使用 Public 關鍵字時該過程可以被其他模組中的函式呼叫。Sub…End Sub 結構定義過程的主體，name 為過程名稱，param 為定義過程的參數，Sub 行和 End Sub 行之間為需要執行的敘述行。

執行下面的過程時會在「立即視窗」面板中輸出一段字串。

```
Private Sub Output()
  Debug.Print "Hello,VBA!"
End Sub
```

在同一模組中撰寫過程程式，並呼叫該過程。

```
Sub Test()
  Output
End Sub
```

執行該過程,在「立即視窗」面板中輸出結果。

```
Hello,VBA!
```

在 Excel VBA 中,函式由 Function…End Function 結構定義。其語法格式如下。

```
[ | Private | Public ] _
   Function name[type][([param[, ...]])] [As type]
       執行敘述 ...
   End Function
```

其中,Function…End Function 結構定義函式的主體,As type 表示傳回值的資料型態,其他關鍵字和名稱的説明與過程的相同。

下面的函式 Sum 用於計算兩個給定浮點數的和,結果以浮點數傳回。

```
Private Function Sum(sngA As Single,sngB As Single) As Single
  Sum=sngA+sngB
End Function
```

在同一模組中撰寫過程程式,並呼叫該函式。

```
Sub Test()
  Debug.Print Sum(1.2, 8.3)
End Sub
```

執行該函式,在「立即視窗」面板中輸出 1.2 和 8.3 的和,即 9.5。

【Python】

在 Python 中,自訂函式的語法格式如下。

```
def functionname(parameters):
    '函式説明文檔'
```

函式本體
```
return [ 運算式 ]
```

　　其中，def 和 return 為關鍵字，functionname 為函式名稱，parameters 為參數串列。需要注意的是，小括號後面有一個冒號。冒號後面的第 1 行增加註釋，用於說明函式的功能，可以使用 help 函式進行查看。函式本體各敘述用程式定義函式的功能。以 def 關鍵字開頭，return 敘述結束，如果有運算式則傳回函式的傳回值，如果沒有運算式則傳回 None。

　　定義好函式後，可以在模組中的其他位置進行呼叫，呼叫時需要指定函式名稱和參數，如果有傳回值則指定引用傳回值的變數。

　　函式既可以沒有參數，也可以沒有傳回值。下面定義一個函式，用一連串的星號作為輸出內容的分隔行。定義該函式後進行 3 種運算，並在輸出結果時呼叫該函式繪製星號分隔行分隔各種運算結果。該檔案的存放路徑為 Samples\ch10\Python\sam10-001.py。

```
def starline():           # 定義 starline 函式，繪製星號分隔行
    ' 星號分隔行 '          # 函式的功能說明
    print('*'*40)         # 輸出 40 個星號
    return

a=1;b=2
print('a={},b={}'.format(1,2))
print('a+b={}'.format(a+b))       # 對兩個數進行加法運算
starline()                        # 呼叫 starline 函式繪製分隔行
print('a={},b={}'.format(1,2))
print('a-b={}'.format(a-b))       # 對兩個數進行減法運算
starline()                        # 呼叫 starline 函式繪製分隔行
print('a={},b={}'.format(1,2))
print('a*b={}'.format(a*b))       # 對兩個數進行乘法運算
help(starline)                    # 輸出 starline 函式的功能說明
```

　　在 Python IDLE 檔案腳本視窗中，選擇 Run → Run Module 命令，IDLE 命令列視窗顯示下面的結果。

```
>>> = RESTART: .../Samples/ch10/Python\sam10-001.py
a=1,b=2
a+b=3
***************************************
a=1,b=2
a-b=-1
***************************************
a=1,b=2
a*b=2
Help on function starline in module __main__:
starline()
    星號分隔行
```

由此可知，函式定義好以後可以進行重複呼叫，從而提高程式設計效率。最後顯示了 starline 函式的功能說明。

上面定義的 starline 函式既沒有參數，也沒有傳回值。下面定義一個 mysum 函式，對兩個給定的數求和。所以，mysum 函式有兩個輸入參數和一個傳回值。該檔案的存放路徑為 Samples\ch10\Python\sam10-002.py。

```
def mysum(a,b):  #求和
    ' 求兩個數的和 '
    return a+b

print('3+6={}'.format(mysum(3,6)))       #計算並輸出 3 和 6 的和
print('12+9={}'.format(mysum(12,9)))     #計算並輸出 12 和 9 的和
```

在 Python IDLE 檔案腳本視窗中，選擇 Run → Run Module 命令，IDLE 命令列視窗顯示下面的結果。

```
>>> = RESTART: .../Samples/ch10/Python\sam10-002.py
3+6=9
12+9=21
```

10.3.2 有多個傳回值的情況

【Excel VBA】

在 Excel VBA 中，當函式有多個傳回值時，可以使用兩種方法來傳回：一種是利用過程傳入參數，完成計算後用參數傳出傳回值；另一種是將傳回值儲存到陣列中，傳回陣列。

下面撰寫 Sum 過程，先計算兩個給定參數的和與差，然後將得到的和與差用參數傳回。

```
Private Sub Sum(sngA As Single, sngB As Single)
  ' 傳入計算參數，計算結果用參數傳回
  Dim sngC As Single, sngD As Single
  sngC = sngA + sngB
  sngD = sngA - sngB
  sngA = sngC
  sngB = sngD
End Sub
```

在同一模組中撰寫過程程式，呼叫 Sum 過程，輸入參數完成計算後將傳回值用參數傳回。

```
Sub Test()
  Dim sngA As Single, sngB As Single
  sngA = 8
  sngB = 3
  Sum sngA, sngB
  Debug.Print sngA; sngB
End Sub
```

執行過程，在「立即視窗」面板中輸出計算結果。

11 5

需要注意的是，在 Test 過程中呼叫 Sum 過程前後參數 sngA 和 sngB 的值發生了改變，在 10.3.6 節會介紹。

　　傳遞多個傳回值的另一種方法是將它們儲存到陣列中傳回。下面的 Sum2 函式將兩個給定參數的和與差儲存到陣列中，並傳回陣列。

```
Private Function Sum2(sngA As Single, sngB As Single)
  Dim sngT(1) As Single
  sngT(0) = sngA + sngB
  sngT(1) = sngA - sngB
  Sum2 = sngT
  Erase sngT
End Function
```

　　在同一模組中撰寫過程程式，先呼叫 Sum2 函式並將計算結果傳回到一個陣列中，然後在「立即視窗」面板中輸出陣列的值。

```
Sub Test2()
  Dim sngR
  sngR = Sum2(8, 3)
  Debug.Print sngR(0); sngR(1)
End Sub
```

　　執行過程，在「立即視窗」面板中輸出 8 和 3 的和與差。

```
11  5
```

【Python】

　　在 Python 中，當函式有多個傳回值時既可以使用 return 敘述直接傳回，也可以先將各傳回值寫入串列，然後傳回串列。

　　下面定義一個函式，指定兩個參數值，傳回它們的和與差。該檔案的存放路徑為 Samples\ch10\Python\sam10-003.py。

```
def mycomp(a,b):            #計算兩個給定值的和與差
    c=a+b
    d=a-b
    return c,d

c,d=mycomp(2,3)             # 呼叫 mycomp 函式，計算 2 和 3 的和與差
```

```
print('2+3={}'.format(c))        # 輸出和
print('2-3={}'.format(d))        # 輸出差
```

　　在 Python IDLE 檔案腳本視窗中，選擇 Run → Run Module 命令，IDLE 命令列視窗顯示下面的結果。

```
>>> = RESTART: .../Samples/ch10/Python\sam10-003.py
2+3=5
2-3=-1
```

　　當有多個傳回值時，也可以將這多個傳回值增加到串列中，並使用 return 敘述傳回該串列。下面改寫上面的範例。該檔案的存放路徑為 Samples\ch10\Python\sam10-004.py。

```
def mycomp(a,b):                 # 計算兩個給定值的和與差
    data=[]
    data.append(a+b)
    data.append(a-b)
    return data                  # 和與差以串列的形式傳回

data=mycomp(2,3)                 # 呼叫 mycomp 函式，計算 2 和 3 的和與差
print(data)                      # 輸出元素為和與差的串列
```

　　在 Python IDLE 檔案腳本視窗中，選擇 Run → Run Module 命令，IDLE 命令列視窗顯示下面的結果。

```
>>> = RESTART: .../Samples/ch10/Python\sam10-004.py
 [5, -1]
```

10.3.3 可選參數和預設參數

　　可選參數是非必需參數，既可以有，也可以沒有。預設參數是定義了預設值的參數，它們必須是可選參數，不能給必需參數定義預設值。對於可選參數，呼叫函式時如果沒有賦值就使用預先定義的預設值，如果賦了新值就覆蓋預設值。

【Excel VBA】

在 Excel VBA 中,使用 Optional 關鍵字可以定義可選參數。下面定義一個 Para 過程,該過程有 3 個參數,後面兩個參數為可選參數。

```
Private Sub Para(strID As String, Optional strName As String, _
                    Optional sngScore As Single)
  Debug.Print strID & vbTab;
  '如果沒有使用可選參數就不輸出它們的值
  If Not strName = "" Then Debug.Print strName & vbTab;
  If Not sngScore = 0 Then Debug.Print sngScore;
  Debug.Print
End Sub
```

在同一模組中撰寫過程,呼叫 Para 過程並使用不同數目的參數。

```
Sub Test()
  Para "ID001"
  Para "ID001", "姜林"
  Para "ID001", "徐庶", 95
  Para "ID001", , 95    '沒有給第 2 個參數賦值
End Sub
```

執行過程,在「立即視窗」面板中輸出下面的結果。

```
ID001
ID001    姜林
ID001    徐庶        95
ID001    95
```

可以給可選參數定義預設值,以下面給 sngScore 參數定義預設值 80。

```
Private Sub Para2(strID As String, Optional strName As String, _
                    Optional sngScore As Single=80)
  Debug.Print strID & vbTab;
  If Not strName = "" Then Debug.Print strName & vbTab;
  Debug.Print sngScore;
  Debug.Print
End Sub
```

撰寫測試過程。

```
Sub Test2()
  Para2 "ID001"
  Para2 "ID001", , 90
End Sub
```

執行過程,在「立即視窗」面板中輸出結果。

```
ID001    80
ID001    90
```

由此可知,雖然呼叫 Para2 過程時沒有給第 3 個參數賦值,但是因為給該
參數定義了預設值,所以輸出的仍然是它的預設值 80。如果給該參數賦了新
值,則新值會覆蓋預設值。

【Python】

在定義函式時,對函式參數使用設定陳述式可以指定該參數的預設值。下
面定義的 para 函式有兩個參數,即 id 和 score,指定 score 參數的預設值為
80。該檔案的存放路徑為 Samples\ch10\Python\sam10-005.py。

```
def para(id, score=80):        # 指定 score 參數的預設值為 80
    print('ID: ',id)           # 輸出 id
    print('Score: ',score)     # 輸出得分
    return

para('No001')                  # 呼叫 para 函式,只指定 id 參數的值
para('No002',90)               # 呼叫 para 函式,指定兩個參數的值
```

在 Python IDLE 檔案腳本視窗中,選擇 Run → Run Module 命令,IDLE 命
令列視窗顯示下面的結果。

```
>>> = RESTART: .../Samples/ch10/Python\sam10-005.py
ID:  No001
Score:  80
ID:  No002
Score:  90
```

由此可知，當沒有傳入 score 參數的值時，取預設值 80。

10.3.4 可變參數

所謂可變參數，指的是參數的個數是不確定的，可以是 0 個、1 個或任意個。

【Excel VBA】

在 Excel VBA 中，可以使用一個陣列指定可變參數，並且在參數前增加
ParamArray 關鍵字。包含可變參數的函式的定義如下所示。

```
Function FunName(ParamArray paras() As Variant)
  執行敘述 ...
End Function
```

需要注意的是，可變參數的資料必須是變形類型的。可變參數必須是參數
串列中的最後一個參數，並且不能與可選參數一起使用。

下面定義函式求取一組資料的和，這組資料的個數是不確定的。

```
Private Function MySum(ParamArray paras()) As Single
  Dim para
  Dim sngR As Single
  sngR = 0
  For Each para In paras
    sngR = sngR + para
  Next
  MySum = sngR
End Function
```

撰寫過程，呼叫 MySum 函式累加求和。

```
Sub Test()
  Debug.Print MySum(1, 2, 3)
  Debug.Print MySum(1, 2, 3, 4, 5, 6, 7, 8)
End Sub
```

執行過程，在「立即視窗」面板中輸出參數個數不同的計算結果。

```
6
36
```

【Python】

Python 中包含可變參數的函式的定義如下所示。

```
def functionname([args,] *args_tuple ):
    函式本體
    return [ 運算式 ]
```

其中，[args,] 定義必選參數，*args_tuple 定義可變參數。*args_tuple 是作為一個元組傳遞進來的。

下面定義一個函式用於求和運算。該運算的第 1 個資料是確定的，後面的資料不確定，資料個數和資料大小都不確定。該檔案的存放路徑為 Samples\ch10\Python\sam10-006.py。

```
def mysum(arg1,*vartuple):      #arg1 為必選參數，*vartuple 為可變參數
    sum=arg1
    for var in vartuple:        # 累加求和
        sum+=var
    return sum

a=mysum(10,10,20,30)           # 呼叫 mysum 函式，指定參數求和
print(a)
```

在 Python IDLE 檔案腳本視窗中，選擇 Run → Run Module 命令，IDLE 命令列視窗顯示下面的結果。

```
>>> = RESTART: .../Samples/ch10/Python\sam10-006.py
70
```

10.3.5 參數為字典

【Excel VBA】

在 Excel VBA 中，字典可以像其他類型的資料一樣傳遞。下面的過程 OutputData 在「立即視窗」面板中輸出指定字典的鍵值對資料。

```
Private Sub OutputData(dicT As Dictionary)
  Dim strID
  For Each strID In dicT.Keys
    Debug.Print strID & vbTab & dicT(strID)
  Next
End Sub
```

撰寫過程，建立字典並呼叫 OutputData 過程輸出資料。

```
Sub Test()
  Dim dicT As Dictionary
  Set dicT = New Dictionary
  dicT.Add "NO001", 89
  dicT.Add "NO002", 92
  dicT.Add "NO003", 79
  OutputData dicT
End Sub
```

執行過程，在「立即視窗」面板中輸出新建立的字典物件 dicT 的資料。

```
NO001   89
NO002   92
NO003   79
```

【Python】

在 Python 中，如果函式的參數附帶兩個星號，則表示該參數為字典。傳遞字典參數的函式的語法格式為如下。

```
def functionname([args,] **args_dict):
    '函式_文件字串'
    函式本體
    return [ 運算式 ]
```

其中，[args,] 定義必選參數，**args_dict 定義字典參數（注意有兩個星號）。字典參數對應用設定陳述式表示的兩個實際參數，分別對應字典的鍵和值。

下面定義一個函式，參數為字典，用於輸出字典資料。該檔案的存放路徑為 Samples\ch10\Python\sam10-007.py。

```
def paradict(**vdict):              # 參數為字典
    print (vdict)


paradict(id='No001',score=80)       # 呼叫函式，需要注意實際參數的輸入方式
```

在 Python IDLE 檔案腳本視窗中，選擇 Run → Run Module 命令，IDLE 命令列視窗顯示下面的結果。

```
>>> = RESTART: .../Samples/ch10/Python\sam10-007.py
{'id': 'No001', 'score': 80}
```

10.3.6　傳值還是傳址

在函式中，當物件作為參數傳遞時，需要搞清楚函式傳遞的是物件的位址還是物件的值。傳址和傳值的主要區別在於，在函式本體中對參數的值進行修改，呼叫該函式前後，如果採用傳址方式傳遞，則該參數的值會改變，如果採用傳值方式傳遞，則該參數的值不變。

【Excel VBA】

在 Excel VBA 中，在過程中傳遞參數有傳值和傳址兩種方式，預設按傳址方式傳遞參數。在 10.3.2 節的 Excel VBA 範例程式中，Sum 過程先用兩個參數傳入資料，然後用這兩個參數傳出它們的和與差。在測試過程中，呼叫 Sum 過程的前後，參數的值發生了變化，所以在預設情況下，Excel VBA 函式是按傳址方式傳遞參數的。使用 ByVal 關鍵字，可以指定參數按傳值方式進行傳遞。

下面修改 Sum 過程，設定兩個參數按傳值方式進行傳遞。

```
Private Sub Sum(ByVal sngA As Single, ByVal sngB As Single)
  Dim sngC As Single, sngD As Single
  sngC = sngA + sngB
  sngD = sngA - sngB
  sngA = sngC
  sngB = sngD
End Sub
```

在同一模組中撰寫過程，並呼叫 Sum 過程進行計算。

```
Sub Test()
  Dim sngA As Single, sngB As Single
  sngA = 8
  sngB = 3
  Sum sngA, sngB
  Debug.Print sngA; sngB
End Sub
```

執行過程，在「立即視窗」面板中輸出計算結果。

```
8  3
```

由此可知，由於 Sum 過程設定參數按傳值方式傳遞，因此在測試過程中呼叫 Sum 過程前後參數的值沒有變化。

【Python】

在 Python 中，對於不可變類型，包括字串、元組和數字，當作為函式參數時是按傳值方式傳遞的。此時傳遞的是物件的值，修改的是一個複製的物件，不影響物件本身。對於可變類型，包括串列和字典，當作為函式參數時是按傳址方式傳遞的。此時傳遞的是物件本身，修改它以後在函式外部也會受影響。

下面舉例說明。對於不可變類型，下面的函式傳遞的是一個字串，查看呼叫該函式前後參數的值有沒有變化。該檔案的存放路徑為 Samples\ch10\Python\sam10-008.py。

```
def TP(a):
    a= 'python'          #將參數的值修改為 "python"

b= 'hello'               #給變數 b 賦初值 "hello"
TP(b)                    #將變數 b 作為參數呼叫函式
print(b)                 #輸出變數 b 的值
```

在 Python IDLE 檔案腳本視窗中，選擇 Run → Run Module 命令，IDLE 命令列視窗顯示下面的結果。

```
>>> = RESTART: .../Samples/ch10/Python\sam10-008.py
hello
```

由此可知，呼叫函式前後變數的值不變，參數按照傳值方式傳遞。

對於可變類型，下面的函式傳遞的是一個串列，在函式本體中給串列增加一個串列元素。該檔案的存放路徑為 Samples\ch10\Python\sam10-009.py。

```
def TP(lst):                        # 參數為串列
    lst.append([6,7,8,9])           # 給傳入的串列增加一個串列元素
    return

lst = [1,2,3,4,5]
print(lst)
TP(lst)                             # 將串列作為參數呼叫函式
print(lst)
```

在 Python IDLE 檔案腳本視窗中，選擇 Run → Run Module 命令，IDLE 命令列視窗顯示下面的結果。

```
>>> = RESTART: .../Samples/ch10/Python\sam10-009.py
 [1, 2, 3, 4, 5]
[1, 2, 3, 4, 5, [6, 7, 8, 9]]
```

由此可知，呼叫函式前後串列發生了變化，參數按照傳址方式傳遞。

⊞ 10.4 │ 變數的作用範圍和存活時間

變數是有作用範圍的，有的變數只能在函式中使用，有的變數可以在整個程式中使用。變數的存活時間是指變數從建立到從記憶體中消失的這段時間。

10.4.1 變數的作用範圍

【Excel VBA】

在 Excel VBA 中，根據變數的作用範圍不同，可以把變數分為全域變數、模組層級變數和過程級變數。這裡用到的模組和專案的概念，讀者可參考第 11 章的內容。

全域變數在標準模組中宣告並使用 Public 關鍵字。它的作用範圍是整個專案。全域變數的名稱的第 1 個字母通常使用 g，範例如下。

```
Public gstrVar As String
```

雖然使用全域變數可以帶來一些便利，但應該儘量避免使用它，因為在專案中的任何地方都可以改變它的值，這樣容易出錯，並且出錯後不容易排除。另外，全域變數在程式的執行過程中始終佔用記憶體，因此可能會影響程式的執行效率。

模組層級變數的作用域為它所在的模組，一般在模組頂部使用關鍵字 Private 或 Dim 進行定義。它作用於模組中的所有過程和函式。模組層級變數的名稱的第 1 個字母通常使用 m，範例如下。

```
Private mlngColor As Long
```

過程級變數在過程或函式中定義，並且只能在本過程或函式中使用，等級最低。

【Python】

根據變數的作用範圍，變數可分為區域變數和全域變數。區域變數是定義在函式內部的變數，只在對應函式的內部有效。全域變數是在函式外面建立的變數，或使用 global 關鍵字宣告的變數。全域變數可以在整個程式範圍內進行存取。

下面定義一個 f1 函式，函式中的 v 為區域變數，它的作用範圍就是 f1 函式的內部。該檔案的存放路徑為 Samples\ch10\Python\sam10-010.py。

```
v=10            # 給變數 v 賦值 10
print(v)

def f1():       # 函式 f1，給區域變數 v 賦值 20
    v=20

f1()            # 呼叫 f1 函式
print(v)
```

　　在 Python IDLE 檔案腳本視窗中，選擇 Run → Run Module 命令，IDLE 命令列視窗顯示下面的結果。

```
>>> = RESTART: .../Samples/ch10/Python\sam10-010.py
10
10
```

　　由此可知，呼叫 f1 函式前後變數 v 的值沒有改變，即 f1 函式中設定變數 v 的值只在函式內部有效。

　　下面在 f1 函式中使用 global 關鍵字將變數 v 宣告為全域變數，修改它的值，並查看它的作用範圍。該檔案的存放路徑為 Samples\ch10\Python\sam10-011.py。

```
v=10
print(v)

def f1():
    global v        # 用 global 關鍵字將 v 宣告為全域變數
    v=20            # 將變數 v 的值修改為 20

def f2():
    print(v)        # 輸出變數 v 的值

f1()                # 呼叫函式 f1
print(v)
f2()                # 呼叫函式 f2
```

在 Python IDLE 檔案腳本視窗中，選擇 Run → Run Module 命令，IDLE 命令列視窗顯示下面的結果。

```
>>> = RESTART: .../Samples/ch10/Python\sam10-011.py
10
20
20
```

由此可知，由於 f1 函式中將 v 宣告為全域變數，呼叫 f1 函式前後 v 的值發生了改變。另外，在其他函式中也可以使用全域變數。

10.4.2　變數的存活時間和 Excel VBA 中的靜態變數

變數的存活時間是指變數從建立到從記憶體中消失的這段時間，所以 Excel VBA 中過程級變數的存活時間是從建立到執行超出過程範圍時為止，模組層級變數的存活時間是從建立到執行超出本模組時為止，全域變數的存活時間是從建立到程式結束執行時期為止。

對於 Dim 關鍵字宣告的過程級變數，僅當它所在的過程在執行時這些變數才存在。當過程執行完畢，變數的值就不存在了，並且變數所佔的記憶體也被釋放。當下一次執行該過程時，它的所有過程級變數將重新初始化。

為了保留過程級變數的值，可以將它們定義為靜態變數。在過程內部使用 Static 關鍵字宣告一個或多個靜態變數的用法和 Dim 敘述的用法完全一樣，範例如下。

```
Static sngSum As Single
```

下面用 AccuSum 函式計算 1 ～ 20 的累加和。

```
Private Function AccuSum(intA As Integer) As Integer
  Static intSum As Integer
  intSum = intSum + intA
  AccuSum = intSum
End Function
```

由於將 intSum 宣告為靜態變數，因此退出 AccuSum 函式時該變數會保留值。在同一模組中增加下面的測試過程。

```
Sub Test()
  Dim intI As Integer
  For intI = 1 To 10
    Debug.Print AccuSum(intI);
  Next
End Sub
```

執行過程，在「立即視窗」面板中輸出 1 ～ 10 的累加和，如下所示。

```
1  3  6  10  15  21  28  36  45  55
```

⊞ 10.5 │ Python 中的匿名函式

顧名思義，匿名函式就是沒有顯性命名的函式。它用更簡潔的方式定義函式。Python 中使用 lambda 關鍵字建立匿名函式，語法格式如下。

```
fn=lambda [arg1 [,arg2, ..., argn]]: 運算式
```

其中，lambda 為關鍵字，在它後面宣告參數，並且冒號後面是函式運算式。fn 可以作為函式的名稱使用，呼叫格式如下。

```
v=fn(arg1 [,arg2, ..., argn])
```

下面在命令列中定義一個對兩個數求積的匿名函式。

```
>>> rt=lambda a,b: a*b
```

該函式的兩個參數為 a 和 b，函式運算式為 a*b。

呼叫該函式，計算並輸出給定資料的積。

```
>>> print(rt(2,5))
10
```

10.6 函式應用範例

為了幫助讀者鞏固本章所學的內容，本節安排了 3 個與函式有關的範例，並舉出了 Excel VBA 和 Python 兩個版本的程式。

10.6.1 應用範例 1：計算圓環的面積

如圖 10-2 所示，工作表中的 C 列和 D 列為各圓環的外半徑和內半徑的資料，現在利用資料計算各圓環的面積。計算圓環面積的公式為 $S=pi*(r1^2-r2^2)$，其中，pi 為圓周率，r1 和 r2 為圓環的外半徑和內半徑。

🎧 圖 10-2 計算圓環的面積

在計算各圓環的面積之前，需要先將計算面積的公式寫成函式，這樣對每個圓環進行計算時，可以重複呼叫該函式計算面積。

【Excel VBA】

範例檔案的存放路徑為 Samples\ch10\Excel VBA\ 計算圓环的面积 .xlsm。

```
Function CircleArea(dblR1 As Double, dblR2 As Double) As Double
  '計算圓環的面積
  'dblR1 為外半徑，dblR2 為內半徑
  CircleArea = 3.1416 * (dblR1 * dblR1 - dblR2 * dblR2)
```

```
End Function

Sub Test()
  Dim intI As Integer
  Dim intR As Integer                      '資料最大行號
  Dim intL As Integer, intU As Integer
  Dim dblR1(), dblR2(), dblArea()          '外半徑、內半徑、面積
  Dim sht As Object
  Set sht = ActiveSheet
  intR = sht.Range("C2").End(xlDown).Row
  '獲取資料，並轉為一維陣列
  dblR1 = sht.Range("C3:C" & CStr(intR)).Value
  dblR1 = Application.WorksheetFunction.Transpose(dblR1)
  dblR2 = sht.Range("D3:D" & CStr(intR)).Value
  dblR2 = Application.WorksheetFunction.Transpose(dblR2)
  intL = LBound(dblR1)
  intU = UBound(dblR1)
  ReDim dblArea(intL To intU)

  ' 呼叫函式計算各圓環的面積
  For intI = intL To intU
    dblArea(intI) = CircleArea(CDbl(dblR1(intI)), CDbl(dblR2(intI)))
  Next

  ' 輸出結果
  sht.Range("E3").Resize(intU - intL + 1, 1).Value = _
              Application.WorksheetFunction.Transpose(dblArea)
End Sub
```

執行程式，在工作表的 E 列輸出各圓環的面積。

【Python】

範例的資料檔案的存放路徑為 Samples\ch10\Python\ 計算圓环的面积 .xlsx，.py 檔案儲存在相同的目錄下，檔案名稱為 sam10-01.py。

```python
def circle_area(r1,r2):
    #計算圓環的面積
    #r1 為外半徑，r2 為內半徑
```

```
    return 3.1416*(r1*r1-r2*r2)


import xlwings as xw                      # 匯入 xlwings 套件
# 從 constants 類別中匯入 Direction
from xlwings.constants import Direction
import os                                 # 匯入 os 套件
# 獲取 .py 檔案的當前路徑
root = os.getcwd()
# 建立 Excel 應用，可見，沒有工作表
app=xw.App(visible=True, add_book=False)
# 打開資料檔案，寫入
bk=app.books.open(fullname=root+\
    r'\ 計算圓環的面積 .xlsx',read_only=False)
sht=bk.sheets(1)    # 獲取第 1 個工作表
# 工作表中 C 列資料的最大行號
row_num=sht.api.Range('C2').End(Direction.xlDown).Row


areas=[]
# 呼叫函式計算各圓環的面積，並將結果增加到串列中
for i in range(row_num-2):
    areas.append(circle_area(sht.cells(i+3,3).\
value,sht.cells(i+3,4).value))
# 輸出結果
sht.range('E3').options(transpose=True).value=areas
```

執行程式，在工作表的 E 列輸出各圓環的面積。

10.6.2 應用範例 2：遞迴計算階乘

如圖 10-3 所示，工作表的 C 列舉出了整數 1 ～ 10，現在計算它們各自對應的階乘，並輸出到 D 列。

◯ 圖 10-3 計算給定整數的階乘

在計算之前，需要先建構一個計算指定整數階乘的函式。整數 n 的階乘 *n*! 可以看作 *n* 與 *n*-1 的階乘的乘積，即 *n*×(*n*-1)!，而 *n*-1 的階乘又可以看作 *n*-1 與 *n*-2 的階乘的乘積，即 (*n*-1)×(*n*-2)!，如此可以用遞迴演算法進行計算。

【Excel VBA】

首先建構遞迴函式 Factorial，然後遍歷 C 列的每個整數，呼叫該函式計算階乘。範例檔案的存放路徑為 Samples\ch10\Excel VBA\ 递归计算阶乘 .xlsm。

```vba
Function Factorial(lngN As Long) As Long
  '用遞迴求 lngN 的階乘
  If lngN > 1 And lngN <= 20 Then
    Factorial = lngN * Factorial(lngN - 1)
  Else
    Factorial = 1
  End If
End Function

Sub Test()
  Dim intI As Integer
  Dim intR As Integer     '資料最大行號
  Dim intL As Integer, intU As Integer
```

```
    Dim lngN(), lngV()      ' 給定的數字及其階乘
    Dim sht As Object
    Set sht = ActiveSheet
    intR = sht.Range("C2").End(xlDown).Row
    ' 獲取資料，並轉為一維陣列
    lngN = sht.Range("C2:C" & CStr(intR)).Value
    lngN = Application.WorksheetFunction.Transpose(lngN)
    intL = LBound(lngN)
    intU = UBound(lngN)
    ReDim lngV(intL To intU)

    ' 呼叫函式求階乘
    For intI = intL To intU
      lngV(intI) = Factorial(CLng(lngN(intI)))
    Next

    ' 輸出結果
    sht.Range("D2").Resize(intU - intL + 1, 1).Value = _
                Application.WorksheetFunction.Transpose(lngV)
End Sub
```

執行程式，在工作表的 D 列輸出各整數的階乘。

【Python】

首先建構遞迴函式 factorial，然後遍歷 C 列的每個整數，呼叫該函式計算階乘。範例的資料檔案的存放路徑為 Samples\ch10\Python\ 递归计算阶乘 .xlsx，.py 檔案儲存在相同的目錄下，檔案名稱為 sam10-02.py。

```
def factorial(n):
    # 計算整數 n 的階乘
    if n==1:return 1
    return n*factorial(n-1)


import xlwings as xw                    # 匯入 xlwings 套件
# 從 constants 類別中匯入 Direction
from xlwings.constants import Direction
import os                              # 匯入 os 套件
# 獲取 .py 檔案的當前路徑
```

```
root = os.getcwd()
# 建立 Excel 應用，可見，沒有工作表
app=xw.App(visible=True, add_book=False)
# 打開資料檔案，寫入
bk=app.books.open(fullname=root+\
    r'\ 遞迴計算階乘 .xlsx',read_only=False)
sht=bk.sheets(1)  # 獲取第 1 個工作表
# 工作表中 C 列資料的最大行號
row_num=sht.api.Range('C2').End(Direction.xlDown).Row

lst=[]
# 呼叫函式計算各整數的階乘，並將結果增加到串列中
for i in range(row_num-1):
    lst.append(factorial(sht.cells(i+2,3).value))

# 輸出結果
sht.range('D2').options(transpose=True).value=lst
```

執行程式，在工作表的 D 列輸出各整數的階乘。

10.6.3 應用範例 3：刪除字串中的數字

如圖 10-4 所示，工作表的 C 列舉出了一些由字母和數字組成的字串，現在刪除這些字串中的數字。

♠ 圖 10-4 刪除字串中的數字

在處理這些字串之前，需要先建構一個刪除字串中數字的函式。數字的 ASCII 碼為 48～57，遍歷字串中的每個字元，獲取當前字元的 ASCII 碼，如果它落在 48～57 的範圍內則刪除，否則保留。

【Excel VBA】

首先建構刪除字串中數字的函式 DelNumers，然後遍歷 C 列的每個字串，重複呼叫 DelNumers 函式進行處理。Excel VBA 中用 Asc 函式獲取字元的 ASCII 碼。範例檔案的存放路徑為 Samples\ch10\Excel VBA\ 刪除字符串中的數字 .xlsm。

```vba
Function DelNumers(strOri As String)
  Dim strChar As String
  Dim strTemp As String
  Dim intI As Integer
  strTemp = ""
  '變數字字串中的每個字元
  For intI = 1 To Len(strOri)
    strChar = Mid(strOri, intI, 1)
    '數字的 ASCII 碼為 48～57
    '如果不在這個範圍內則增加字元，否則忽略
    If Asc(strChar) < 48 Or Asc(strChar) > 57 Then
      strTemp = strTemp & strChar
    End If
  Next
  DelNumers = strTemp
End Function

Sub Test()
  Dim intI As Integer
  Dim intR As Integer
  Dim intL As Integer, intU As Integer
  Dim strV(), strR()
  Dim sht As Object
  Set sht = ActiveSheet
  intR = sht.Range("C2").End(xlDown).Row
  '獲取資料，並轉為一維陣列
  strV = sht.Range("C3:C" & CStr(intR)).Value
```

```
    strV = Application.WorksheetFunction.Transpose(strV)
    intL = LBound(strV)
    intU = UBound(strV)
    ReDim strR(intL To intU)
    ' 呼叫函式刪除數字
    For intI = intL To intU
      strR(intI) = DelNumers(CStr(strV(intI)))
    Next

    ' 輸出結果
    sht.Range("D3").Resize(intU - intL + 1, 1).Value = _
                    Application.WorksheetFunction.Transpose(strR)
End Sub
```

執行程式，在工作表的 D 列輸出刪除數字後的字串。

【Python】

首先建構刪除字串中數字的函式 del_numbers，然後遍歷 C 列的每個字串，重複呼叫 del_numbers 函式進行處理。Python 中用 ord 函式獲取字元的 ASCII 碼。範例的資料檔案的存放路徑為 Samples\ch10\Python\ 刪除字符串中的數字 .xlsx，.py 檔案儲存在相同的目錄下，檔案名稱為 sam10-03.py。

```
def del_numbers(st):
    # 從給定字串中刪除數字
    st0=''
    # 遍歷字串中的每個字元
    for i in range(len(st)):
        # 數字的 ASCII 碼為 48 ～ 57
        # 如果不在這個範圍內則增加字元，否則忽略
        if ord(st[i])<48 or ord(st[i])>57:
            st0=st0+st[i]
    return st0

import xlwings as xw                    # 匯入 xlwings 套件
# 從 constants 類別中匯入 Direction
from xlwings.constants import Direction
import os                              # 匯入 os 套件
# 獲取 .py 檔案的當前路徑
```

```
root = os.getcwd()
# 建立 Excel 應用,可見,沒有工作表
app=xw.App(visible=True, add_book=False)
# 打開資料檔案,寫入
bk=app.books.open(fullname=root+\
    r'\ 刪除字串中的數字 .xlsx',read_only=False)
sht=bk.sheets(1)   # 獲取第 1 個工作表
# 工作表中 C 列資料的最大行號
row_num=sht.api.Range('C3').End(Direction.xlDown).Row

lst=[]
# 呼叫函式計算各整數的階乘,並將結果增加到串列中
for i in range(row_num-2):
    lst.append(del_numbers(sht.cells(i+3,3).value))

# 輸出結果
sht.range('D3').options(transpose=True).value=lst
```

執行程式,在工作表的 D 列中輸出刪除數字後的字串。

第11章

模組與專案

　　前面介紹的變數、運算式、流程控制和函式等都是程式部分，一個或多個變數、敘述和函式可以組成模組（模組是一個檔案）。多個模組協作工作，組成專案。

⊞ 11.1 ｜ 模組

模組是一種檔案，其中可包含變數、敘述和函式等。模組包括 Python 內建模組、協力廠商模組、自訂模組、類別模組和表單模組等。

11.1.1 內建模組和協力廠商模組

【Excel VBA】

雖然 Excel VBA 中沒有內建模組，但是可以引用協力廠商模組擴充功能，讀者可以參考 10.2 節的內容。

【Python】

第 10 章在介紹內建模組的函式時介紹了 math 模組、cmath 模組和 random 模組。這幾個都是 Python 內建的模組，安裝 Python 軟體時它們就已經存在，所以不需要另外安裝。

除了內建模組，Python 中還有很多協力廠商模組，如 NumPy、Pandas 和 Matplotlib 等。使用協力廠商模組可以大幅提高工作效率。使用協力廠商模組需要先進行安裝。

11.1.2 函式式自訂模組

函式式自訂模組中定義的函式可以在其他模組中使用。

【Excel VBA】

在 Excel VBA 程式設計環境中，選擇「插入」→「模組」命令，插入一個新的模組。在該模組中輸入程式，包括模組層級變數或全域變數的宣告和過程或函式等。

如圖 11-1 所示，增加模組 1 後在右側的程式視窗中輸入程式，增加一個求給定參數的和的函式，以及一個測試過程 Test。Test 程序呼叫求和函式求兩個數的和並在「立即視窗」面板中輸出。

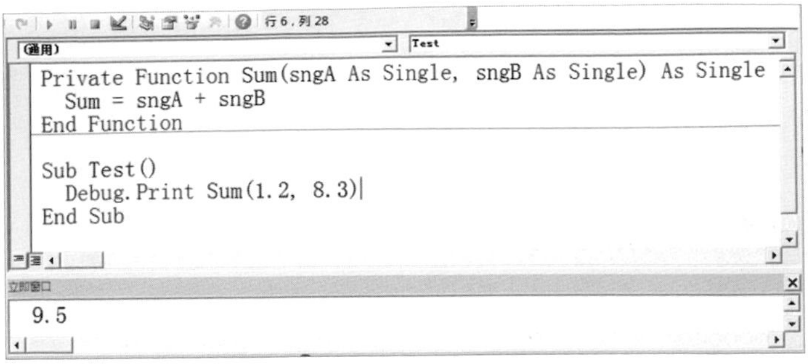

圖 11-1 Excel VBA 中的模組

在定義求和函式 Sum 時使用了 Private 關鍵字，這說明它是私有的，只能在本模組中呼叫。如果使用 Public 關鍵字，則說明它是全域的，可以在其他模組中呼叫。

【Python】

除了內建模組和已經做好的協力廠商模組，Python 中還可以建立模組，也就是自訂模組。本書以檔案方式提供的範例檔案都是自訂模組檔案。自訂模組在 Python IDLE 檔案腳本視窗中輸入和編輯。

在 Python 命令列視窗中選擇 File → New File 命令，打開撰寫指令檔的視窗，如圖 11-2 所示。在該視窗中輸入變數、敘述、函式和類別，完成工作任務。

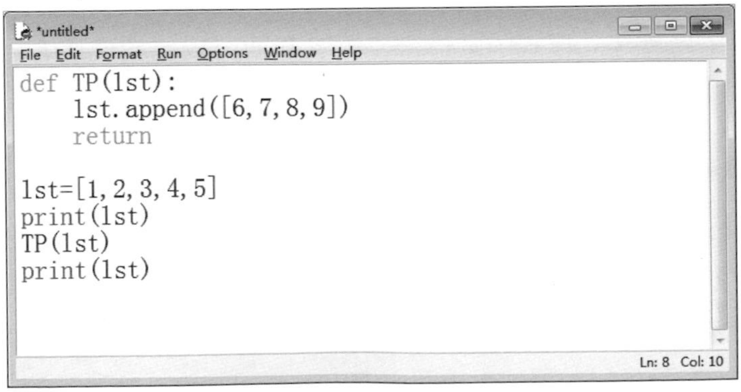

圖 11-2 撰寫指令檔的視窗

如圖 11-2 所示，該視窗中定義了一個 TP 函式，用於合併給定串列和一個新串列。函式下面給定串列，並輸出它，呼叫 TP 函式合併串列，再輸出合併後的結果。

11.1.3　腳本式自訂模組

腳本式自訂模組中沒有函式，而是用多行敘述定義連續的動作序列。

【Excel VBA】

Excel VBA 中無法建立腳本式自訂模組。

【Python】

第 5 章在介紹流程控制時使用的範例檔案都是腳本式自訂模組檔案。

11.1.4　類別模組

Excel VBA 和 Python 中都可以建立類別模組，類別模組用程式描述現實世界中的物件。有了類別以後，就可以生成類別的範例，即物件，它是現實世界中的物件基於類別程式的抽象、模擬和簡化。由於篇幅有限，這裡不詳細說明。

11.1.5　表單模組

表單模組用於建立程式的圖形化使用者介面，以便於使用者互動輸入和輸出資料。

【Excel VBA】

在 Excel VBA 程式設計環境中，可以建立表單模組。選擇「插入」→「表單模組」命令，增加一個名為 UserForm1 的表單。先點擊工具箱中的控制項按鈕，然後在灰色介面面板上移動滑鼠指標，可以繪製對應的控制項。點擊該控制項，可以在左下角的「屬性」串列方塊中設定和修改控制項的屬性值。

如圖 11-3 所示，該設計介面的目的是計算在上面兩個文字標籤中輸入的資料的和並顯示在第 3 個文字標籤中。

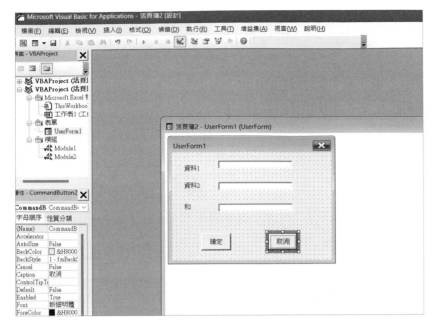

● 圖 11-3　設計介面

　　按兩下「確定」按鈕,進入程式視窗,如圖 11-4 所示,這就是表單模組。此時自動建立一個按鈕按兩下事件的程式框架,在框架中增加程式,實現計算功能。

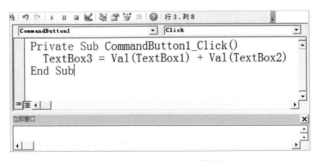

```
Private Sub CommandButton1_Click()
    TextBox3 = Val(TextBox1) + Val(TextBox2)
End Sub
```

● 圖 11-4　表單模組

　　點擊工具列中三角形按鈕執行程式,彈出的對話方塊如圖 11-5 所示。這就是剛剛設計的介面。在上面兩個文字標籤中輸入 1 和 5,點擊「確定」按鈕,在第 3 個文字標籤中輸出 6。

⋂ 圖 11-5　執行程式

【 Python 】

Python Shell 中沒有提供建立表單模組的功能。可以使用 Tkinter 等模組建立圖形化使用者介面。

⊞ 11.2 │ 專案

較大的專案常常由多個模組組成，這些模組具有不同的功能，如有的負責計算，有的負責繪圖，有的負責圖形化使用者介面，多模組協作合作，完成比較複雜的工作任務。在一個模組中使用其他模組的函式或類別，需要先匯入該模組。

11.2.1　使用內建模組和協力廠商模組

【 Excel VBA 】

在 Excel VBA 中，可以引用協力廠商模組擴充自己的功能，具體內容請參考 10.2 節。

【 Python 】

使用內建模組中的函式和類別，需要先使用 import 命令匯入該模組，語法格式如下。

```
import module1[, module2[, ... moduleN]]
```

當呼叫模組中的函式時，可以使用以下格式。

模組名稱 . 函式名稱

如果只引入模組中的某個函式，則可以使用 from…import 敘述。

下面在模組中匯入 math 模組，並呼叫它的 sin 函式、cos 函式和常數 pi 計算給定 30° 的正弦值和餘弦值。範例檔案的存放路徑為 Samples\ch11\Python\sam11-01.py。

```
import math                  # 匯入 math 模組
from math import cos         # 從 math 模組中匯入 cos 函式
angle=math.pi/6              # 用常數 pi 計算 30°
a=math.sin(angle)           # 用 math.sin() 函式計算 30° 的正弦值
b=cos(angle)                # 用 cos 函式計算 30° 的餘弦值
print(a)                    # 輸出正弦值
print(b)                    # 輸出餘弦值
```

在 Python IDLE 檔案腳本視窗中，選擇 Run → Run Module 命令，IDLE 命令列視窗顯示下面的結果。

```
>>> = RESTART: ...\Samples\ch01\Python\sam11-01.py
0.49999999999999994
0.8660254037844387
```

11.2.2　使用其他自訂模組

【Excel VBA】

在 Excel VBA 中，一個模組中的過程和函式可以呼叫其他模組中 Public 關鍵字定義的變數、過程和函式。

在圖 11-1 的模組 1 中，如果將 Sum 函式前面的 Private 關鍵字改為 Public，那麼它就是公共函式，在其他模組中也可以進行呼叫。增加模組 2，並增加以下程式。

```
Sub Test()
  Debug.Print Sum(2, 8)
End Sub
```

執行過程，在「立即視窗」面板中輸出 10。

【Python】

對於自訂模組而言，因為模組檔案儲存的位置不確定，所以直接使用 import 敘述可能會出錯。在一般情況下，使用 import 敘述匯入模組後，Python 會按照以下順序查詢指定的模組檔案。

（1）目前的目錄，即該模組檔案所在的目錄。

（2）PYTHONPATH（環境變數）指定的目錄。

（3）Python 預設的安裝目錄，即 Python 可執行檔所在的目錄。

所以，只要自訂模組檔案放在這 3 種目錄下，就能被 Python 找到。這裡面用得最多的是第 1 種目錄，即將匯入和被匯入的模組放在同一個目錄下。

第 **12** 章

偵錯與異常處理

　　程式撰寫完成以後，難免會出現這樣或那樣的錯誤，如果不能捕捉到這些錯誤並進行處理，程式執行過程就會中斷。本章介紹 Excel VBA 和 Python 中進行異常（Exception，又稱例外，本書使用異常）捕捉和處理的方法。

12.1 | Excel VBA 中的偵錯

使用 Excel VBA 程式設計會出現輸入錯誤、執行時錯誤和邏輯錯誤等，針對不同類型的錯誤，有不同的偵錯手段。

12.1.1 輸入錯誤的偵錯

對輸入錯誤，在模組最開始處增加 Option Explicit 敘述就可以解決。使用 Option Explicit 敘述可以對本模組中的所有變數進行類型檢查，輸入錯誤的變數會被認為是沒有定義的變數。舉例來說，在範例程式中表單模組的第 1 行增加該敘述。範例檔案的存放路徑為 Samples\ch12\Excel VBA\ 輸入错误 .xlsm。

```
Option Explicit
Private mdblDate1 As Double
Private mdlbDate2 As Double
```

此時如果在 Test 過程中把 mdblDate1 寫成 mdblDat1，則執行程式時顯示的錯誤資訊如圖 12-1 所示。

```
Sub Test()
  mdblDat1 = 0
  mdblDate2 = 0
End Sub
```

🎧 圖 12-1　錯誤資訊

12.1.2 執行時錯誤的偵錯

執行時錯誤指的是程式執行過程中出現的錯誤，可以透過撰寫容錯敘述來避免。使用 Excel VBA 中提供的 Err、Error、On Error、Resume 等物件和敘述可以避免發生執行時錯誤。

下面的程式首先用 On Error 敘述宣告，一旦發現錯誤就轉向 X 標籤行，然後用 Err 物件的 Raise 方法生成錯誤。因為生成了錯誤，所以跳躍到 X 行，在「立即視窗」面板中輸出出錯資訊，執行下一行，Resume Next 敘述使從發生錯誤的下一行繼續執行，在「立即視窗」面板中輸出資訊。範例檔案的存放路徑為 Samples\ch12\Excel VBA\ 运行时错误 .xlsm。

```
Sub Test()
    On Error GoTo X
    Err.Raise 1
    Debug.Print " 現在重新開始 "
    Exit Sub
X:  Debug.Print "Err="; Err.Description
    Resume Next
End Sub
```

執行過程，在「立即視窗」面板中顯示執行結果，如圖 12-2 所示。

● 圖 12-2　執行時錯誤

12.1.3 邏輯錯誤的偵錯

當發生邏輯錯誤時，程式不會顯示出錯，但是得不到正確的結果。因為得不到錯誤訊息，所以邏輯錯誤的偵錯比輸入錯誤和執行時錯誤的偵錯更難。

對於邏輯錯誤，使用 VB 專案的「偵錯」選單中的選項可以取得比較好的偵錯效果。「偵錯」選單如圖 12-3 所示。主要的偵錯手段有定點偵錯、監視偵錯和中斷點偵錯等。作為程式偵錯的範例程式，在新建模組中增加下列程式。範例檔案的存放路徑為 Samples\ch12\Excel VBA\ 逻辑错误 .xlsm。

```
Function Square(dblA As Double) As Double
  ' 求給定數的平方
  Square = dblA * dblA
End Function

Sub Sum()
  Dim dblData1 As Double
  Dim dblData2 As Double
  dblData1 = 12
  dblData2 = Square(3)
  Debug.Print dblData1 + dblData2
End Sub
```

　　定點偵錯包括逐敘述、逐過程、執行到游標處等方法，是比較常用的。定點偵錯可以快速找到可能出問題的程式區塊，聯集中精力進行排除。

　　監視偵錯可以用運算式對選定程式的執行情況進行監視。選擇「偵錯」→「增加監看式」命令，打開「增加監看式」對話方塊，如圖 12-4 所示。在「運算式」文字標籤中輸入 dblData2 = 9，在「監視類型」選項群組中選中「當監視值為真時中斷」選項按鈕，點擊「確定」按鈕，顯示「監看視窗」面板，如圖 12-5 所示。在執行程式時，當 dblData2 = 9 時中斷執行。

⋒　圖 12-3　「偵錯」選單　　⋒　圖 12-4　「增加監看式」對話方塊

中斷點偵錯需要設定中斷點,當程式執行時期,會在中斷點處停下來。如圖 12-6 所示,在指定行前面的灰色區域點擊就可以在該行設定中斷點。當程式執行時期,就會在該行停下來。此時將滑鼠指標指向變數會顯示變數的值,也可以利用「立即視窗」面板確定當前指定運算式的值。如圖 12-6 所示,在「立即視窗」面板中輸入 ?dblData2,按 Enter 鍵,顯示變數 dblData2 的值為 9。

🎧 圖 12-5　「監看視窗」面板

🎧 圖 12-6　中斷點偵錯

📦 12.2 │ Python 中的異常處理

本節介紹在 Python 中進行異常處理的方法。

12.2.1　常見異常

Python 中常見的異常如表 12-1 所示。對於不同類型的錯誤,Python 為它們指定了名稱。在程式設計過程中如果出現錯誤,可以捕捉該錯誤並判斷它是否是指定類型的錯誤,並進行對應的處理。

▼ 表 12-1　Python 中常見的異常

異常	說明
ArithmeticError	算數運算引發的錯誤
FloatingPointError	浮點計算引發的錯誤
OverflowError	計算結果過大導致的溢位錯誤
ZeroDivisionError	除數為 0
AttributeError	屬性引用或賦值失敗導致的錯誤
BufferError	當無法執行與緩衝區相關的操作時引發的錯誤
ImportError	匯入模組 / 物件失敗導致的錯誤
ModuleNotFoundError	沒有找到模組或在 sys.modules 中找到 None 導致的
IndexError	序列中沒有此索啟動致的
KeyError	映射中沒有這個鍵導致的
MemoryError	記憶體溢位錯誤
NameError	物件未宣告或未初始化導致的錯誤
UnboundLocalError	存取未初始化的本地變數導致的錯誤
OSError	作業系統錯誤
FileExistsError	建立已存在的檔案或目錄導致的錯誤
FileNotFoundError	使用不存在的檔案或目錄導致的錯誤
InterruptedError	系統呼叫被輸入訊號中斷導致的錯誤
IsADirectoryError	在目錄上請求檔案操作導致的錯誤
NotADirectoryError	在不是目錄的物件上請求目錄操作導致的錯誤
TimeoutError	系統函式在系統等級逾時
RuntimeError	執行時錯誤
SyntaxError	語法錯誤
SystemError	解譯器發現內部錯誤
TypeError	物件類型錯誤

12.2.2　異常捕捉：單分支的情況

在 Python 中，使用 try…except…else…finally…結構捕捉異常，根據需要既可以使用簡單的單分支形式，也可以使用多分支、附帶 else 和 finally 等形式。

下面介紹單分支的情況。單分支捕捉異常的語法格式有以下兩種。

第 1 種格式如下。

```
try:
    <敘述>
except:
    print('異常説明')
```

第 2 種格式如下。

```
try:
    <敘述>
except <異常名稱>:
    print('異常説明')
```

第 1 種格式捕捉所有錯誤，第 2 種格式捕捉指定錯誤。其中，try 部分正常執行指定的程式，except 部分捕捉錯誤並進行相關顯示和處理。一般儘量避免使用第 1 種格式，或在多分支情況下處理未知錯誤。

在下面的程式中，try 部分試圖使用一個沒有宣告和賦值的變數，使用 except 捕捉 NameError 類型的錯誤並輸出。

```
>>> try:
        f
except NameError as e:
    print(e)
```

按 Enter 鍵，因為使用了沒有宣告的變數，所以捕捉到「名稱 f 沒有定義」的錯誤，輸出結果如下。

```
name 'f' is not defined
```

12.2.3　異常捕捉：多分支的情況

　　如果捕捉到的錯誤可能屬於多種類型，則使用多分支的形式進行處理。多分支捕捉異常的語法格式如下。

```
try:
    <敘述>
except (<異常名稱 1>, <異常名稱 2>, ...):
    print(' 異常説明 ')
```

　　下面這段程式執行除法運算，如果出現錯誤，則捕捉除數為 0 的錯誤和變數未定義的錯誤，在 except 敘述中用元組指定這兩個錯誤的名稱，並輸出捕捉到的錯誤結果。

```
>>> b=0
>>> try:
        3/b
except (ZeroDivisionError,NameError) as e:
    print(e)
```

　　按 Enter 鍵，捕捉到的錯誤如下。

```
division by zero
```

　　多分支捕捉錯誤也可以寫成下面的形式，按照先後順序進行判斷。

```
try:
    <敘述>
except <異常名稱 1>:
    print(' 異常説明 1')
except <異常名稱 2>:
    print(' 異常説明 2')
except <異常名稱 3>:
    print(' 異常説明 3')
```

　　改寫上面的範例程式，如下所示。

```
>>> try:
        3/0
```

```
except ZeroDivisionError as e:
    print(e)
except NameError as e:
    print(e)
```

按 Enter 鍵得到相同的輸出結果。

```
division by zero
```

12.2.4　異常捕捉：try⋯except⋯else⋯

單分支和多分支用於捕捉錯誤並進行處理，如果沒有捕捉到錯誤應該如何處理呢？這就用到了本節介紹的 try⋯except⋯else⋯結構，如下所示。其中，else 部分在沒有發現異常時進行處理。

```
try:
    <敘述>
except <異常名稱 1>:
    print('異常説明 1')
except <異常名稱 2>:
    print('異常説明 2')
else:
    <敘述>
```

下面的程式計算 3/2，如果沒有捕捉到錯誤則輸出一系列等號。

```
>>> b=2
>>> try:
        3/b
except (ZeroDivisionError,NameError) as e:
    print(e)
else:
    print('==========')
```

按 Enter 鍵，計算結果為 1.5，沒有捕捉到錯誤，所以輸出一系列等號。

```
1.5
==========
```

12.2.5　異常捕捉：try⋯finally⋯

try...finally... 結構在無論是否發生異常的情況下都會執行 finally 部分的程式。其語法格式如下所示。

```
try:
    <敘述>
finally:
    <敘述>
```

在下面的範例程式中，計算 3/0，因為除數為 0，所以 except 部分會捕捉到除數為 0 的錯誤，輸出出錯資訊。但是即使出錯，也會執行 finally 部分的程式進行處理。

```
>>> try:
        3/0
except ZeroDivisionError as e:
    print(e)
finally:
    print('執行 finally')
```

按 Enter 鍵，輸出下面的結果，第 1 筆為除數為 0 的錯誤資訊，第 2 筆為 finally 部分的輸出結果。

```
division by zero
執行 finally
```

## 第 13 章

深入 Excel 物件模型

　　本章比較全面地介紹 Excel 物件模型中的四大物件，即 Excel 應用物件、工作表物件、工作表物件和儲存格物件，並歸納了與它們有關的各種操作。

13.1 | Excel 物件模型概述

Excel 物件模型是與 Excel 圖形介面有關的物件組成的層次系統，有了 Excel 物件模型，Python 就可以透過程式設計控制 Excel 並與之互動操作。

13.1.1 關於 Excel 物件模型的更多內容

前面在介紹 Python 語法時列舉了很多範例，這些範例需要從 Excel 工作表中讀取資料，或處理完資料後將結果寫入 Excel 工作表中，所以，不可避免地涉及與 Excel 物件模型有關的操作。

本章對 Excel 物件模型中的四大物件進行比較系統的介紹，包括物件常見屬性和方法的使用（如儲存格區域的背景設定、字型設定等）、比較常見的操作（如儲存格區域的選擇、複製和貼上等）、資料處理方法。

13.1.2 xlwings 的兩種程式設計方式

本書結合 Python 的 xlwings 套件介紹 Excel 物件模型。xlwings 套件提供了兩種程式設計方式：第 1 種稱為 Python xlwings API 方式。它實際上是一種類 VBA 的程式設計方式，使用的語法與 VBA 的大致相同，熟悉 VBA 語法的讀者很容易掌握。第 2 種是在對 win32com 套件進行二次封裝後使用的新語法，稱為 Python xlwings 方式。它封裝了一些比較常用的功能，缺失的功能可以透過使用 API 函式進行彌補。

舉例來說，要選擇工作表中的 A1 儲存格，可以使用以下兩種方式。

【Python xlwings】

```
>>> sht=bk.sheets(1)
>>> sht.range('A1').select()
```

【Python xlwings API】

```
>>> sht=bk.sheets(1)
>>> sht.api.Range('A1').Select()
```

需要注意的是，在 Python 中，變數、屬性和方法的名稱是區分大小寫的。如果採用 Python xlwings 方式，那麼 range 屬性和 select 方法都是小寫的，是重新封裝後的寫法。如果採用 Python xlwings API 方式，那麼在 sht 物件後面引用 API，後面就可以使用 VBA 中的引用方式，Range 屬性和 Select 方法的字首都是大寫的。所以，採用 Python xlwings API 方式可以使用大多數 VBA 的程式設計程式，懂 VBA 程式設計的讀者很快就能上手。當然，使用 Python xlwings 方式會有一些編碼、效率方面的好處，有一些擴充的功能。

在本章後面的講解過程中，對於每個基礎知識，筆者會盡可能列舉 Excel VBA、Python xlwings 和 Python xlwings API 這 3 種程式設計方式，以便於讀者對比學習。如果沒有提供 Python xlwings 方式，則説明對應功能可能沒有封裝到新語法中。

13.2 ｜ Excel 應用物件

Application 物件表示 Excel 應用本身，是 Workbook、Worksheet、Range 等其他物件的根物件。

13.2.1 Application 物件

使用 Excel 物件模型，需要先建立 Application 物件。

【 Excel VBA 】

在 Excel VBA 中，直接使用 Application 表示 Application 物件，不需要單獨建立，而且在很多情況下可以省略。

在其他應用程式（如 Word、PowerPoint）中建立 Excel 應用，經常使用下面的方式建立 Application 物件。

```
Dim App As Object
Set xl = CreateObject("Excel.Sheet")
Set App=xl.Application
```

【Python xlwings】

當使用 xlwings 套件時，使用頂級函式 App 可以建立 App 物件。

```
>>> import xlwings as xw
>>> app = xw.App()
>>> app2 = xw.App()
```

下面查看變數 app 中工作表的個數。

【Excel VBA】

```
Application.Workbooks.Count
```

也可以省略 Application。

```
Workbooks.Count
```

【Python xlwings】

```
>>> app.books.count
```

【Python xlwings API】

```
>>> app.api.Workbooks.Count
```

如果採用 Python xlwings 方式，則啟動應用 app2，使其成為當前應用。

```
>>> app2.activate()
```

Apps 物件是所有 App 物件的集合。

```
>>> import xlwings as xw
>>> xw.apps
```

使用 add 方法可以建立一個新的應用程式。新的應用程式自動成為活動的應用程式。

```
>>> xw.apps.add()
```

使用 active 屬性可以傳回活動的應用程式。

```
>>> xw.apps.active
```

使用 count 屬性可以傳回應用程式的個數。

```
>>> xw.apps.count
2
```

每個 Excel 應用都有一個唯一的 PID 值，可以用它對應用集合進行索引。使用 keys 方法可以獲取全部應用的 PID 值，並以串列的形式傳回。

```
>>> pid=xw.apps.keys()
>>> pid
[3672, 4056]
```

可以使用 PID 值引用單一的應用。下面獲取第 1 個應用的標題。

```
>>> xw.apps[pid[0]].api.Caption
'工作表1 - Excel'
```

如果採用 Python xlwings 方式，則 App 物件沒有 Caption 屬性，採用的是 API 的用法。

使用 kill 方法可以強制 Excel 應用透過終止其處理程序退出。

```
>>> app.kill()
```

使用 Quit(quit) 方法可以退出應用程式而不儲存任何工作表。

【Excel VBA】

```
Application.Quit
```

【Python xlwings】

```
>>> app.quit()
```

13.2.2 位置、大小、標題、可見性和狀態屬性

　　每個 Excel 應用都是一個 Excel 圖形視窗，可以獲取與視窗相關的一些屬性。

　　Left 屬性和 Top 屬性的值定義視窗左上角點的水平座標和垂直座標，即定義視窗的位置。

【Excel VBA】

```
Application.Left        '30.25
Application.Top         '95.25
```

【Python xlwings API】

```
>>> app.api.Left
30.25
>>> app.api.Top
95.25
```

　　Width 屬性和 Height 屬性的值定義視窗的寬度和高度，即定義視窗的大小。

【Excel VBA】

```
Application.Width       '635.25
Application.Height      '390.0
```

【Python xlwings API】

```
>>> app.api.Width
635.25
>>> app.api.Height
390.0
```

　　使用 Caption 屬性的值表示視窗的標題。

【Excel VBA】

```
Application.Caption  ''工作表 1 - Excel'
```

【 Python xlwings API 】

```
>>> app.api.Caption
'工作表1 - Excel'
```

使用 Visible 屬性可以傳回或設定視窗的可見性。當 Visible 屬性的值為 True 時，視窗可見；當 Visible 屬性的值為 False 時，視窗不可見。

【 Excel VBA 】

```
Application.Visible   'True
```

【 Python xlwings API 】

```
>>> app.api.Visible
True
```

使用 WindowState 屬性可以定義視窗的顯示狀態，包括 3 種狀態，即視窗最小化、最大化和正常顯示，其常數分別對應 xlMinimized、xlMaximized 和 xlNormal，對應的值為 -4140、-4137 和 -4143。

【 Excel VBA 】

```
Application.WindowState   '-4143
```

【 Python xlwings API 】

```
>>> app.api.WindowState
-4143
```

下面設定視窗最大化。

【 Excel VBA 】

```
Application.WindowState=xlMaximized
```

【 Python xlwings API 】

```
>>> app.api.WindowState=xw.constants.WindowState.xlMaximized
```

13.2.3　其他常用屬性

下面介紹幾個比較常用且很有用的屬性，包括 ScreenUpdating(screen_updating) 屬性、DisplayAlerts(display_alerts) 屬性和 WorksheetFunction 屬性。

1・更新畫面

Excel 提供給使用者的圖形化使用者介面相當於一個功能強大的虛擬辦公環境。從程式設計的角度來講，讀者需要知道的是，這個圖形化使用者介面是由圖形組成的，是「畫」出來的。另外，當使用滑鼠和鍵盤進行點擊、移動、按下、釋放等操作時，這個畫面都會更新，即所謂的重畫。當對工作表、儲存格進行頻繁的操作時，會頻繁地重畫整個介面。

重畫是需要時間的。所以，如果能關閉這個重畫的操作，就能顯著提高腳本的執行速度。這就是 ScreenUpdating(screen_updating) 屬性的意義所在。

當設定 ScreenUpdating(screen_updating) 屬性的值為 False 時，關閉更新畫面的操作，此後對工作表、儲存格所做的任何改變不會在介面上顯示出來，直到將 ScreenUpdating(screen_updating) 屬性的值設定為 True。

【Excel VBA】

```
Application.ScreenUpdating=False
```

【Python xlwings】

```
>>> app.screen_updating=False
```

需要注意的是，操作完成以後，需要將 ScreenUpdating(screen_updating) 屬性的值設定為 True。

2・顯示警告

撰寫程式，從來不是一蹴而就的事情，需要不斷地偵錯，不斷地發現錯誤並改正錯誤。即使沒有錯誤，也會有不完美的地方。此時，程式在執行時期可能會彈出一些對話方塊，舉出一些提示或警告等。這會中斷程式的執行，需要進行人工操作，關閉這些對話方塊以後程式才會繼續執行。所以，它對自動化操作來說是一大威脅。

這樣的提示或警告並不是程式出錯導致的，不會影響程式的結果。將 DisplayAlerts (display_alerts) 屬性的值設定為 False，可以禁止彈出這些對話方塊，從而保證程式流暢執行。當然，任務處理完以後，還需要將 DisplayAlerts (display_alerts) 屬性的值設定為 True。

【Excel VBA】

```
Application.DisplayAlerts=False
```

【Python xlwings】

```
>>> app.display_alerts=False
```

3・呼叫工作表函式

Excel 工作表函式的功能非常強大，在撰寫腳本時，如果能夠呼叫它們進行處理，就能達到事半功倍的效果。

利用 WorksheetFunction 屬性可以呼叫工作表函式，從而輕鬆完成很多工。

對於圖 13-1 所示的工作表中給定的資料，可以使用工作表函式 CountIf 統計其中大於 8 的資料的個數。

∩ 圖 13-1 給定的資料

撰寫的程式如下。

【Excel VBA】

```
lngN=WorksheetFunction.CountIf(Range("B2:F5"),">8")    '7.0
```

【Python xlwings API】

```
>>> app.api.WorksheetFunction.CountIf(app.api.Range('B2:F5'), '>8')
7.0
```

輸出結果為 7.0，表示工作表給定範圍內大於 8 的資料有 7 個。

13.3 │ 工作表物件

　　工作表物件是工作表物件的父物件，是對現實辦公場景中資料夾的抽象和模擬。一個工作表中可以有一個或多個工作表。使用工作表物件的屬性和方法，可以對工作表進行設定和操作。

　　與工作表有關的物件，在 Excel VBA 和 Python xlwings API 方式下主要有 Workbook、Workbooks 和 ActiveWorkbook 等物件，在 Python xlwings 方式下有 Book 和 books 兩種物件。複數形式的類別表示集合，所有單數形式的物件都在對應集合中儲存和管理。ActiveWorkbook 表示當前活動工作表。

13.3.1　建立和打開工作表

　　如果採用 Python xlwings 方式，則使用 books 物件的 add 方法，或 xlwings 套件的 Book 方法建立工作表。新建一個 application 物件也會建立一個工作表。如果採用 Excel VBA 和 Python xlwings API 方式，則使用 Workbooks 物件的 Add 方法建立工作表。

【Excel VBA】

```
Workbooks.Add
```

【Python xlwings】

```
>>> import xlwings as xw
>>> >>> app=xw.App(add_book=False)
>>> bk=app.books.add()
```

或使用以下格式。

```
>>> bk=xw.Book()
```

或使用以下格式。

```
>>> app=xw.App()
>>> bk=app.books.active
```

【Python xlwings API】

```
>>> import xlwings as xw
>>> app=xw.App()
>>> bk=app.api.Workbooks.Add()
```

如果採用 Python xlwings API 方式，則建立 application 物件時會建立一個工作表，用 Workbooks.Add 方法再建立一個，實際上是建立了兩個工作表。可以使用下面的程式引用上面建立的工作表。

```
>>> bk=app.api.Workbooks(1)
```

建立一個新工作表，新工作表自動成為活動工作表。如果採用 Python xlwings 方式，則使用 books 物件的 active 屬性獲取當前活動工作表。

```
>>> bk=app.books.active
>>> bk.name
'工作表 1'
```

如果採用 Python xlwings API 方式，則使用 ActiveWorkbook 物件引用活動工作表。

```
>>> app.api.ActiveWorkbook.Name
'工作表 1'
```

　　如果採用 Python xlwings API 方式，則可以在新建工作表的同時指定工作表中工作表的類型。指定工作表類型，既可以直接指定，也可以指定一個檔案，新建工作表中工作表的類型與該檔案中的相同。

【Excel VBA】

```
Workbooks.Add xlWBATChart
Workbooks.Add "C:\temp.xlsx"
```

【Python xlwings API】

```
>>> bk=app.api.Workbooks.Add(xw.constants.WBATemplate.xlWBATChart)
>>> bk=app.api.Workbooks.Add(r'C:\temp.xlsx')
```

　　工作表類型參數的設定值可以有 4 個，分別為 xlWBATWorksheet、xlWBATChart、xlWBATExcel4MacroSheet 和 xlWBATExcel4IntlMacroSheet，表示普通工作表、圖表工作表、巨集工作表和國際巨集工作表。

　　對於已經存在的工作表檔案，如果採用 Python xlwings 方式，則使用 books 物件的 open 方法打開；如果採用 Excel VBA 和 Python xlwings API 方式，則使用 Workbooks 物件的 Open 方法打開。如果工作表尚未打開則打開並傳回。如果工作表已經打開，不會引發異常，則只傳回工作表物件。open(Open) 方法的參數是一個字串，用於指定完整的路徑名稱和檔案名稱。如果只指定檔案名稱，則在當前工作目錄中查詢該檔案。

【Excel VBA】

```
Workbooks.Open "C:\1.xlsx"
```

【Python xlwings】

```
>>> app.books.open(r'C:\1.xlsx')
<Book [1.xls]>
```

　　也可以使用 Book 物件打開 Excel 檔案。

```
>>> xw.Book(r'C:\1.xlsx')
<Book [1.xls]>
```

【Python xlwings API】

```
>>> bk=app.api.Workbooks.Open(r'C:\1.xlsx')
```

13.3.2　引用、啟動、儲存和關閉工作表

　　如果採用 Python xlwings 方式，則 book 物件是 books 物件的成員，可以直接用 book 物件在 books 物件中的索引編號進行引用。

```
>>> import xlwings as xw
>>> app=xw.App()
>>> app.books[0]
<Book [ 工作表 1]>
```

　　也可以使用小括號進行引用，範例如下。

```
>>> app.books(1)
<Book [ 工作表 1]>
```

　　需要注意的是，如果使用中括號引用則基數為 0，如果使用小括號引用則基數為 1。

　　如果同時打開了多個 Excel 應用，則可以使用工作表的名稱進行引用。

　　下面建立一個新的 Excel 應用，引用其中名稱為「工作表 1」的工作表。

```
>>> app = xw.App()
>>> app.books[' 工作表 1']
```

　　如果已經存在多個 Excel 應用，則可以用 xw.apps.keys 方法獲取它們的 PID 索引，透過 PID 索引得到需要的應用，並用該應用的 books 屬性建立對工作表的引用。

```
>>> pid=xw.apps.keys()
>>> pid
[3672, 4056]
>>> app=xw.apps[pid[0]]
>>> app.books[0]
<Book [ 工作表 1]>
```

使用 activate 方法可以啟動工作表。

```
>>> app.books(1).activate()
```

使用 books 物件的 active 屬性可以傳回活動工作表。

```
>>> app.books.active.name
'工作表 1'
```

使用 save 方法可以儲存工作表。

```
>>> bk.save()
>>> bk.save(r'C:\path\to\new_file_name.xlsx')
```

使用 close 方法可以關閉工作表但不儲存。

```
>>> bk.close()
```

如果採用 Excel VBA 和 Python xlwings API 方式，則可以用索引編號和名稱引用工作表。

【Excel VBA】

```
Set bk=Workbooks(1)
Set bk=Workbooks("工作表 1")
```

【Python xlwings API】

```
>>> bk=app.api.Workbooks(1)
>>> bk=app.api.Workbooks('工作表 1')
```

使用 Activate 方法可以啟動工作表。

【Excel VBA】

```
Workbooks(1).Activate
```

【Python xlwings API】

```
>>> app.api.Workbooks(1).Activate()
```

使用 ActiveWorkbook 物件可以引用活動工作表。

【Excel VBA】

```
ActiveWorkbook.Name  ' '工作表1'
```

【Python xlwings API】

```
>>> app.api.ActiveWorkbook.Name
'工作表1'
```

當儲存工作表的更改時，若使用 Excel VBA 和 Python xlwings API 方式則呼叫 Workbook 物件的 Save 方法，若使用 Python xlwings 方式則呼叫 book 物件的 save 方法。

【Excel VBA】

```
Set bk=Workbooks(1)
bk.Save
```

【Python xlwings】

```
>>> bk=app.books(1)
>>> bk.save()
```

【Python xlwings API】

```
>>> bk=app.api.Workbooks(1)
>>> bk.Save()
```

如果想將檔案另存為一個新的檔案，或第 1 次儲存一個新建的工作表，就用 SaveAs 方法。參數指定檔案儲存的路徑及檔案名稱。如果省略路徑，則預設將檔案儲存在目前的目錄中。如果採用 Python xlwings 方式，則可以直接使用 save 方法指定檔案路徑進行儲存。

【Excel VBA】

```
Set bk=Workbooks(1)
bk.SaveAs "D:\test.xlsx"
```

【Python xlwings】

```
>>> bk=app.books(1)
>>> bk.save(r'D:\test.xlsx')
```

【Python xlwings API】

```
>>> bk=app.api.Workbooks(1)
>>> bk.SaveAs(r'D:\test.xlsx')
```

使用 SaveAs 方法將工作表另存為新檔案後，將自動關閉原文件，並打開新檔案。如果希望繼續保留原文件而不打開新檔案，則可以使用 SaveCopyAs 方法。

【Excel VBA】

```
Set bk=Workbooks(1)
bk.SaveCopyAs "D:\test.xlsx"
```

【Python xlwings API】

```
>>> bk=app.api.Workbooks(1)
>>> bk.SaveCopyAs(r'D:\test.xlsx')
```

使用工作表物件的 Close(close) 方法可以關閉工作表。如果沒有參數，則關閉所有打開的工作表。

【Excel VBA】

```
Workbooks(1).Close
```

【Python xlwings】

```
>>> app.books(1).close()
```

【Python xlwings API】

```
>>> app.api.Workbooks(1).Close()
```

13.4 | 工作表物件

因為儲存格是包含在工作表中的，所以工作表物件是儲存格物件的父物件。工作表物件是對現實辦公場景中工作表單據的抽象和模擬。使用工作表物件提供的屬性和方法，可以透過程式設計的方式控制和操作工作表。

13.4.1 相關物件

與工作表有關的物件，如果採用 Excel VBA 和 Python xlwings API 方式，則主要有 Worksheet、Worksheets、Sheet 和 Sheets 等，如果採用 Python xlwings 方式則只有 sheet 和 sheets 兩種。複數形式的類別表示集合，所有單數形式的物件都在對應集合中儲存和管理。

Worksheet 和 Sheet 都表示工作表，它們有什麼區別呢？在 Excel 主介面中，按滑鼠右鍵工作表標籤下面的標題處，在彈出的下拉式功能表中選擇「插入」命令，如圖 13-2 所示。彈出的對話方塊如圖 13-3 所示，在該對話方塊中選擇一種工作表類型，點擊「確定」按鈕，可以插入一個新的工作表。

🎧 圖 13-2 選擇「插入」命令

從圖 13-3 中可以看出，如果採用 Excel VBA 和 Python xlwings API 方式，則工作表主要有 4 種類型，即普通工作表、圖表工作表、巨集工作表和對話方塊工作表，最常用的是普通工作表。所以，上面提到的 Worksheet 物件和 Sheet 物件之間的區別主要在於：Worksheet 物件表示普通工作表，Worksheets 物件中儲存的是所有普通工作表；Sheet 物件可以是 4 種工作表類型中的任何一種，Sheets 物件中包含所有類型的工作表。如果採用 Python xlwings 方式則沒有這種區分，sheet 物件和 sheets 物件只針對普通工作表。

🎧 圖 13-3　選擇一種工作表類型

13.4.2　建立和引用工作表

使用集合物件的 add(Add) 方法可以建立新的工作表。如果採用 Python xlwings 方式，則使用 sheets 物件的 add 方法建立；如果採用 Excel VBA 和 Python xlwings API 方式，則使用 Worksheets 物件或 Sheets 物件的 Add 方法建立。

新建立的工作表自動放到集合中進行儲存，按照存放的先後順序，每個工作表都有一個索引編號。當需要對集合中的某個工作表操作時，需要先把它從集合中找出來，這個查詢操作就是工作表的引用。可以使用索引編號或工作表的名稱進行引用。

1．Python xlwings 方式

可以使用 sheets 物件的 add 方法建立工作表，語法格式如下。

```
bk.sheets.add(name=None, before=None, after=None)
```

其中，bk 表示指定的工作表。add 方法有 3 個參數。

- name：新工作表的名稱。如果不指定，則使用 Sheet 加數字的方式自動命名，數字按照增加順序自動累加。

- before：指定在該工作表之前插入新表。

- after：指定在該工作表之後插入新表。

在預設情況下，建立的新工作表自動成為活動工作表。

下面使用沒有參數的 add 方法在 bk 工作表中插入一個新的普通工作表。需要注意的是，如果採用 Python xlwings 方式，則預設使用 add 方法建立的新工作表放在所有已有工作表的後面。

```
>>> bk.sheets.add()
```

可以用 before 參數和 after 參數為新建的工作表指定位置。新建的工作表 sht 在已有的第 2 個工作表之前插入。

```
>>> bk.sheets.add(before=bk.sheets(2))
```

新建的工作表 sht 在已有的第 2 個工作表之後插入。

```
>>> bk.sheets.add(after=bk.sheets(2))
```

新建的工作表自動放到集合中儲存，並且每個工作表都有一個唯一的索引編號。可以用索引編號對工作表進行引用。在 Python xlwings 方式下，既可以用中括號進行引用，也可以用小括號進行引用。前者引用的基數為 0，即集合中第 1 個工作表物件的索引編號為 0；後者引用的基數為 1，即集合中第 1 個工作表物件的索引編號為 1。

```
>>> bk.sheets[0]
<Sheet [test.xlsx]MySheet>
>>> bk.sheets(1)
<Sheet [test.xlsx]MySheet>
```

也可以使用工作表的名稱進行引用。

```
>>> sht=bk.sheets['Sheet1']
>>> sht.name='MySheet'
```

2．Excel VBA 和 Python xlwings API 方式

可以使用 Worksheets 物件的 Add 方法建立新工作表，語法格式如下。

【Excel VBA】

```
bk.WorkSheets.Add Before, After, Count, Type
```

【Python xlwings API】

```
bk.api.WorkSheets.Add(Before, After, Count, Type)
```

其中，bk 表示指定的工作表。Add 方法有 4 個參數，皆為可選。

- Before：指定在該工作表之前插入新工作表。
- After：指定在該工作表之後插入新工作表。
- Count：插入工作表的個數。
- Type：插入工作表的類型。

由此可知，如果採用 Python xlwings API 方式，則可以指定工作表的類型，一次可以插入多個工作表。

Type 參數的設定值如表 13-1 所示。

▼ 表 13-1 Type 參數的設定值

名稱	值	說明
xlChart	-4109	圖表工作表
xlDialogSheet	-4116	對話方塊工作表
xlExcel4IntlMacroSheet	4	Excel 4.0 國際巨集工作表
xlExcel4MacroSheet	3	Excel 4.0 巨集工作表
xlWorksheet	-4167	普通工作表

　　下面使用沒有參數的 Add 方法建立新的普通工作表。此時建立的工作表自動增加到所有工作表的最前面，但需要注意的是，在 Python xlwings 方式下是放在最後面的。在預設情況下，新工作表的名稱為 Sheet 後面增加數字的形式，如 Sheet2、Sheet3 等。數字是從 2 開始連續累加的。

【Excel VBA】

```
bk.Worksheets.Add
```

【Python xlwings API】

```
>>> bk.api.Worksheets.Add()
```

　　新工作表在第 2 個工作表之前插入。

【Excel VBA】

```
bk.Worksheets.Add Before:=bk.Worksheets(1)
```

【Python xlwings API】

```
>>> bk.api.Worksheets.Add (Before=bk.api.Worksheets(1))
```

　　一次插入 3 個工作表，並且放在最前面。需要注意的是，在這 3 個工作表中，後生成的工作表始終在最前面插入。

【Excel VBA】

```
bk.Worksheets.Add Count:=3
```

【Python xlwings API】

```
>>> bk.api.Worksheets.Add(Count=3)
```

　　下面指定新工作表的類型，建立一個新的圖表工作表。

【Excel VBA】

```
bk.Worksheets.Add Type:=xlChart
```

【Python xlwings API】

```
>>> bk.api.Worksheets.Add(Type=xw.constants.SheetType.xlChart)
```

也可以組合使用參數設定。

【Excel VBA】

```
bk.Worksheets.Add Before:=bk.Worksheets(2), Count:=3
```

【Python xlwings API】

```
>>> bk.api.Worksheets.Add (Before=bk.api.Worksheets(2), Count=3)
```

在建立新工作表後，可以用工作表物件的 Name 屬性修改工作表的名稱。

【Excel VBA】

```
Set sht=bk.Worksheets.Add
sht.Name="MySheet"
```

【Python xlwings API】

```
>>> sht=bk.api.Worksheets.Add()
>>> sht.Name= 'MySheet'
```

也可以使用 Sheets 物件的 Add 方法建立新工作表，在語法上與使用 Worksheets.Add 方法的語法完全相同。

【Excel VBA】

```
Set sht=bk.Sheets.Add
Set sht=bk.Sheets.Add Before:=bk.Worksheets(2)
Set sht=bk.Sheets.Add Count:=3
Set sht=bk.Sheets.Add Type:=xlChart
```

【Python xlwings API】

```
>>> sht=bk.api.Sheets.Add()
>>> sht=bk.api.Sheets.Add (Before=bk.api.Worksheets(2))
>>> sht=bk.api.Sheets.Add(Count=3)
>>> sht=bk.api.Sheets.Add(Type=xw.constants.SheetType.xlChart)
```

可以使用索引編號和名稱兩種方式引用工作表。

【Excel VBA】

```
Set sht=Worksheets(1)
Set sht=Worksheets("Sheet1")
```

【Python xlwings】

```
>>> sht=bk.sheets[0]
>>> sht=bk.sheets(1)
>>> sht=bk.sheets('Sheet1')
```

【Python xlwings API】

```
>>> sht=bk.api.Worksheets(1)
>>> sht=bk.api.Worksheets('Sheet1')
>>> sht=bk.api.Sheets(1)
>>> sht=bk.api.Sheets('Sheet1')
```

13.4.3　啟動、複製、移動和刪除工作表

　　使用工作表物件的 Activate(activate) 方法或 Select(select) 方法可以啟動指定工作表，啟動以後的工作表就是活動工作表。

　　如果採用 Python xlwings 方式，則使用工作表物件的 activate 方法或 select 方法啟動第 2 個工作表；如果採用 Excel VBA 和 Python xlwings API 方式，則使用工作表物件的 Activate 方法或 Select 方法啟動。

【Excel VBA】

```
bk.Worksheets(2).Activate
bk.Worksheets(2).Select
```

【Python xlwings】

```
>>> bk.sheets[1].activate()
>>> bk.sheets[1].select()
```

【Python xlwings API】

```
>>> bk.api.Worksheets(2).Activate()
>>> bk.api.Worksheets(2).Select()
```

　　啟動以後，它就成為當前工作表的活動工作表。如果採用 Python xlwings 方式，則用 sheets 物件的 active 屬性獲取當前活動工作表；如果採用 Excel VBA 和 Python xlwings API 方式，則用 ActiveSheet 引用活動工作表。需要注意的是，如果採用 Excel VBA 方式，則引用 Application 物件的 ActiveSheet 屬性；如果採用 Python xlwings API 方式，則使用的是工作表物件的 ActiveSheet 屬性。

【Excel VBA】

```
ActiveSheet.Name    '  'Sheet1'
```

【Python xlwings API】

```
>>> bk.sheets.active.name
'Sheet1'
```

【Python xlwings API】

```
>>> bk.api.ActiveSheet.Name
'Sheet1'
```

　　複製工作表，如果採用 Excel VBA 和 Python xlwings API 方式，則使用 Copy 方法。

　　使用沒有參數的 Copy 方法，會複製一個工作表並在新工作表中打開。

【Excel VBA】

```
bk.Sheets("Sheet1").Copy
```

【Python xlwings API】

```
>>> bk.api.Sheets('Sheet1').Copy()
```

也可以在使用 Copy 方法時指定位置參數，確定將生成的新工作表放在指定工作表的前面或後面。需要注意的是，參數名稱區分大小寫。

【Excel VBA】

```
bk.Sheets("Sheet1").Copy Before:=bk.Sheets("Sheet2")
bk.Sheets("Sheet1").Copy After:=bk.Sheets("Sheet2")
```

【Python xlwings API】

```
>>> bk.api.Sheets('Sheet1').Copy(Before=bk.api.Sheets('Sheet2'))
>>> bk.api.Sheets('Sheet1').Copy(After=bk.api.Sheets('Sheet2'))
```

可以跨工作表複製。假設 bk2 是另一個工作表，將當前工作表 bk 中的第 1 個表複製到 bk2 工作表中的第 2 個表的前面或後面。

【Excel VBA】

```
bk.Sheets("Sheet1").Copy Before:=bk2.Sheets("Sheet2")
bk.Sheets("Sheet1").Copy After:=bk2.Sheets("Sheet2")
```

【Python xlwings API】

```
>>> bk.api.Sheets('Sheet1').Copy(Before=bk2.api.Sheets('Sheet2'))
>>> bk.api.Sheets('Sheet1').Copy(After=bk2.api.Sheets('Sheet2'))
```

移動工作表與複製工作表類似，使用工作表的 Move 方法。

使用沒有參數的 Move 方法，會建立一個新工作表並將指定的工作表移到該工作表中打開。

【Excel VBA】

```
bk.Sheets("Sheet1").Move
```

【Python xlwings API】

```
>>> bk.api.Sheets('Sheet1').Move()
```

也可以在使用 Move 方法時指定位置參數，確定將工作表移到指定的工作表的前面或後面。

【Excel VBA】

```
bk.Sheets("Sheet1").Move Before:=bk.Sheets("Sheet3")
bk.Sheets("Sheet1").Move After:=bk.Sheets("Sheet3")
```

【Python xlwings API】

```
>>> bk.api.Sheets('Sheet1').Move(Before=bk.api.Sheets('Sheet3'))
>>> bk.api.Sheets('Sheet1').Move(After=bk.api.Sheets('Sheet3'))
```

也可以跨工作表移動工作表，只需要在賦位置參數時指定目標工作表物件即可。

【Excel VBA】

```
bk.Sheets("Sheet1").Move Before:=bk2.Sheets("Sheet2")
```

【Python xlwings API】

```
>>> bk.api.Sheets('Sheet1').Move(Before=bk2.api.Sheets('Sheet2'))
```

使用串列，可以同時移動多個工作表。下面將工作表 Sheet2 和 Sheet3 移到工作表 Sheet1 的前面。

【Excel VBA】

```
bk.Sheets(Array("Sheet2", "Sheet3")).Move Before:=bk.Sheets(1)
```

【Python xlwings API】

```
>>> bk.api.Sheets(['Sheet2', 'Sheet3']).Move(Before=bk.api.Sheets(1))
```

刪除工作表使用 Sheets（sheets）物件的 Delete（delete）方法，使用串列可以一次刪除多個工作表。

【 Excel VBA 】

```
bk.Sheets("Sheet1").Delete
bk.Sheets(Array("Sheet2", "Sheet3")).Delete
```

【 Python xlwings 】

```
>>> bk.sheets('Sheet1').delete()
>>> bk.sheets(['Sheet2', 'Sheet3']).delete()
```

【 Python xlwings API 】

```
>>> bk.api.Sheets('Sheet1').Delete()
>>> bk.api.Sheets(['Sheet2', 'Sheet3']).Delete()
```

13.4.4　隱藏和顯示工作表

透過設定工作表物件的 visible(Visible) 屬性,可以隱藏或顯示工作表。

在 Python xlwings 方式下,如果將工作表物件的 visible 屬性的值設定為 False 或 0 則隱藏工作表,如果將工作表物件的 visible 屬性的值設定為 True 或 1 則顯示工作表。下面隱藏工作表 bk 中的工作表 Sheet1。

```
>>> bk.sheets("Sheet1").visible = False
>>> bk.sheets("Sheet1").visible = 0
```

在 Excel VBA 和 Python xlwings API 方式下,使用工作表物件的 Visible 屬性顯示或隱藏工作表。下面 3 行程式的作用一樣,用於隱藏工作表 bk 中的工作表 Sheet1。

【 Excel VBA 】

```
bk.Sheets("Sheet1").Visible=False
bk.Sheets("Sheet1").Visible=xlSheetHidden
bk.Sheets("Sheet1").Visible=0
```

【 Python xlwings API 】

```
>>> bk.api.Sheets('Sheet1').Visible = False
>>> bk.api.Sheets('Sheet1').Visible = xw.constants.SheetVisibility.xlSheetHidden
>>> bk.api.Sheets('Sheet1').Visible = 0
```

採用這種方法隱藏的工作表，選擇圖 13-2 中的「取消隱藏」命令，在打開的對話方塊中可以找到對應的工作表名稱，選擇它可以取消隱藏。

在 Excel VBA 和 Python xlwings API 方式下，還有一種深度隱藏。深度隱藏的工作表無法透過選單取消隱藏，只能透過屬性視窗設定或用程式取消隱藏。使用下面的程式可以對工作表進行深度隱藏。

【Excel VBA】

```
bk.Sheets("Sheet1").Visible=xlSheetVeryHidden
bk.Sheets("Sheet1").Visible=2
```

【Python xlwings API】

```
>>> bk.api.Sheets('Sheet1').Visible=xw.constants.SheetVisibility.xlSheetVeryHidden
>>> bk.api.Sheets('Sheet1').Visible=2
```

無論以何種方式隱藏工作表，都可以使用下面的程式中的任意一行來顯示它。

【Excel VBA】

```
bk.Sheets("Sheet1").Visible = True
bk.Sheets("Sheet1").Visible = xlSheetVisible
bk.Sheets("Sheet1").Visible = 1
bk.Sheets("Sheet1").Visible = -1
```

【Python xlwings】

```
>>> bk.sheets('Sheet1').visible = True
>>> bk.sheets('Sheet1').visible = 1
```

【Python xlwings API】

```
>>> bk.api.Sheets('Sheet1').Visible = True
>>> bk.api.Sheets('Sheet1').Visible = xw.constants.SheetVisibility.xlSheetVisible
>>> bk.api.Sheets('Sheet1').Visible = 1
>>> bk.api.Sheets('Sheet1').Visible = -1
```

13.4.5　選擇行和列

選擇單行，先引用該單行，然後用 Select（select）方法選擇即可。下面選擇第 1 行。

【Excel VBA】

```
sht.Rows(1).Select
sht.Range("1:1").Select
sht.Range("A1").EntireRow.Select
```

【Python xlwings】

```
>>> sht['1:1'].select()
```

【Python xlwings API】

```
>>> sht.api.Rows(1) .Select()
>>> sht.api.Range('1:1').Select()
>>> sht.api.Range('a1').EntireRow.Select()
```

選擇多行，先引用該多行，然後用 Select（select）方法選擇即可。下面選擇第 1～5 行。

【Excel VBA】

```
sht.Rows("1:5").Select
sht.Range("1:5").Select
sht.Range("A1:A5").EntireRow.Select
```

【Python xlwings】

```
>>> sht['1:5'].select()
>>> sht[0:5,:].select()
```

【Python xlwings API】

```
>>> sht.api.Rows('1:5').Select()
>>> sht.api.Range('1:5').Select()
>>> sht.api.Range('A1:A5').EntireRow.Select()
```

選擇不連續行,先引用該不連續行,然後用 Select(select)方法選擇即可。下面選擇第 1～5 行和第 7～10 行。

【Excel VBA】

```
sht.Range("1:5,7:10").Select
```

【Python xlwings】

```
>>> sht.range('1:5,7:10').select()
```

【Python xlwings API】

```
>>> sht.api.Range('1:5,7:10').Select()
```

選擇單列,先引用該單列,然後用 Select(select)方法選擇即可。下面選擇第 1 列。

【Excel VBA】

```
sht.Columns(1).Select
sht.Columns("A").Select
sht.Range("A:A").Select
sht.Range("A1").EntireColumn.Select
```

【Python xlwings】

```
>>> sht.range('A:A').select()
```

【Python xlwings API】

```
>>> sht.api.Columns(1).Select()
>>> sht.api.Columns('A').Select()
>>> sht.api.Range('A:A').Select()
>>> sht.api.Range('A1').EntireColumn.Select()
```

選擇多列,先引用該多列,然後用 Select(select)方法選擇即可。下面選擇 B 列和 C 列。

【Excel VBA】

```
sht.Columns("B:C").Select
sht.Range("B:C").Select
sht.Range("B1:C2").EntireColumn.Select
```

【Python xlwings】

```
>>> sht.range('B:C').select()
>>> sht[:,1:3].select()
```

【Python xlwings API】

```
>>> sht.api.Columns('B:C').Select()
>>> sht.api.Range('B:C').Select()
>>> sht.api.Range('B1:C2').EntireColumn.Select()
```

　　選擇不連續列，先引用該不連續列，然後用 Select（select）方法選擇即可。下面選擇 C ～ E 列和 G ～ I 列。

【Excel VBA】

```
sht.Range("C:E,G:I").Select
```

【Python xlwings】

```
>>> sht.range('C:E,G:I').select()
```

【Python xlwings API】

```
>>> sht.api.Range('C:E,G:I').Select()
```

13.4.6 複製 / 剪下行和列

　　在 Excel VBA 和 Python xlwings API 方式下，引用行與列後，用儲存格物件的 Copy 方法和 Cut 方法複製和剪下行與列。

　　進行複製時，首先用 Copy 方法將來源資料複製到剪貼簿，選擇要貼上的目標位置，然後用工作表物件的 Paste 方法進行貼上。下面將第 2 行的內容複製到第 7 行。

【Excel VBA】

```
sht.Rows("2:2").Copy
sht.Range("A7").Select
sht.Paste
```

【Python xlwings API】

```
>>> sht.api.Rows('2:2').Copy()
>>> sht.api.Range('A7').Select()
>>> sht.api.Paste()
```

　　進行剪下時，首先用 Cut 方法將來源資料剪下到剪貼簿，選擇要貼上的目標位置，然後用工作表物件的 Paste 方法進行貼上。剪下與複製的區別在於，剪下後來源資料就會清空，而複製不會清空來源資料。剪下相當於移動操作。下面將第 2 行的內容剪下到第 7 行。

【Excel VBA】

```
sht.Rows("2:2").Cut
sht.Range("A7").Select
sht.Paste
```

【Python xlwings API】

```
>>> sht.api.Rows('2:2').Cut()
>>> sht.api.Range('A7').Select()
>>> sht.api.Paste()
```

　　也可以一次剪下多行。首先選擇多行，然後用 Selection 物件的 Cut 方法進行剪下。需要注意的是，Excel VBA 和 Python xlwings API 方式獲取 Selection 物件的方法不一樣。下面將第 2 行和第 3 行的內容剪下到第 7 行和第 8 行。

【Excel VBA】

```
sht.Rows("2:3").Cut
sht.Range("A7").Select
sht.Paste
```

【Python xlwings API】

```
>>> sht.api.Rows ('2:3').Cut()
>>> sht.api.Range('A7').Select()
>>> sht.api.Paste()
```

　　列的複製和剪下與行的類似，只是引用的是列。下面將 A 列的內容複製到
E 列。

【Excel VBA】

```
sht.Columns("A:A").Copy
sht.Range("E1").Select
sht.Paste
```

【Python xlwings API】

```
>>> sht.api.Columns('A:A').Copy()
>>> sht.api.Range('E1').Select()
>>> sht.api.Paste()
```

　　將第 1 列的內容剪下到第 5 列。

【Excel VBA】

```
sht.Columns("A:A").Cut
sht.Range("E1").Select
sht.Paste
```

【Python xlwings API】

```
>>> sht.api.Columns('A:A').Cut()
>>> sht.api.Range('E1').Select()
>>> sht.api.Paste()
```

　　將 B 列和 C 列的內容剪下到 F 列和 G 列。

【Excel VBA】

```
sht.Columns("B:C").Cut
sht.Range("F1").Select
sht.Paste
```

【Python xlwings API】

```
>>> sht.api.Columns('B:C').Cut()
>>> sht.api.Range('F1').Select()
>>> sht.api.Paste()
```

13.4.7 插入行和列

　　使用儲存格物件的 Insert(insert) 方法引用行或列後，可以實現插入行或列。對於圖 13-4 所示的工作表資料，設定第 2 行的格式，A2 儲存格的背景顏色設定為綠色，C2 儲存格的背景顏色設定為藍色，E2 儲存格的背景顏色設定為紅色，在第 3 行上面插入行，複製第 2 行的格式。撰寫的程式如下。

🎧 圖 13-4　原工作表資料

【Excel VBA】

```
sht.Range("A2").Interior.Color=RGB(0, 255, 0)
sht.Range("C2").Interior.Color=RGB(0, 0, 255)
sht.Range("E2").Interior.Color=RGB(255, 0, 0)
sht.Rows(3).Insert Shift:=xlShiftDown,CopyOrigin:=xlFormatFromLeftOrAbove
```

【Python xlwings】

```
>>> sht.range('A2').color=(0,255,0)
>>> sht.range('C2').color=(0,0,255)
>>> sht.range('E2').color=(255,0,0)
>>> sht['3:3'].insert(shift='down',copy_origin='format_from_left_or_above')
```

【Python xlwings API】

```
>>> sht.api.Range('A2').Interior.Color=xw.utils.rgb_to_int((0, 255, 0))
>>> sht.api.Range('C2').Interior.Color=xw.utils.rgb_to_int((0, 0, 255))
>>> sht.api.Range('E2').Interior.Color=xw.utils.rgb_to_int((255, 0, 0))
>>>sht.api.Rows(3).Insert(Shift=xw.constants.InsertShiftDirection.xlShift
Down,CopyOrigin=xw.constants.InsertFormatOrigin.xlFormatFromLeftOrAbove)
```

定義第 2 行的格式並在第 3 行上面插入行之後的效果如圖 13-5 所示。插入的第 3 行複製了第 2 行的格式，原來位置的行及以下資料依次向下移。

🎧 圖 13-5 定義格式並插入行之後的工作表

使用迴圈可以連續插入多行。下面在第 3 行上方插入 4 個空白行。

【Excel VBA】

```
For intI = 0 To 3
  sht.Rows(3).Insert
Next
```

【Python xlwings API】

```
>>> for i in range(4):
        sht.api.Rows(3).Insert()
```

下面在活動工作表中先選擇一個行，然後在該行上方插入一個空白行。

【Excel VBA】

```
ActiveSheet.Rows(Selection.Row).Insert
```

【Python xlwings API】

```
>>> bk.sheets.active.api.Rows(bk.selection.row).Insert()
```

在實際應用中，經常需要遍歷多個行，在其中找到滿足條件的行，並在它上面插入空白行。下面遍歷工作表 sht 中第 3 列的各行，找到值為 2 的儲存格，並在它所在的行上面插入一行。

【Excel VBA】

```
For intI = 10 To 2 Step -1
  If ActiveSheet.Cells(intI, 2).Value = 2 Then
    ActiveSheet.Cells(intI, 2).EntireRow.Insert
  End If
Next
```

【Python xlwings API】

```
>>> for i in range(10,2,-1):
        if sht.cells(i,3).value==2:
            sht.api.Cells(i,3).EntireRow.Insert()
```

　　插入列的操作與插入行的操作大致相同，只是儲存格區域的引用方式和 Insert(insert) 方法的參數設定不一樣。

【 Excel VBA 】

```
sht.Columns(2).Insert
```

【 Python xlwings 】

```
>>> sht['B:B'].insert()
```

【 Python xlwings API 】

```
>>> sht.api.Columns(2).Insert()
```

　　使用迴圈可以連續插入多列。

【 Excel VBA 】

```
For intI = 1 To 2
  ActiveSheet.Cells(1, 2).EntireColumn.Insert
Next
```

【 Python xlwings API 】

```
>>> for i in range(1,3):
        sht.cells(1, 2).EntireColumn.Insert()
```

　　使用迴圈隔列插入列，可以將迴圈時計數變數的步進值設定為 2，或在迴圈本體中對儲存格進行引用時間隔引用列。下面使用第 2 種方法隔列插入列。

【 Excel VBA 】

```
For intI = 1 To 8
   ActiveSheet.Cells(1, 2 * intI).EntireColumn.Insert
Next
```

【 Python xlwings API 】

```
>>> for i in range(1,9):
        sht.cells(1, 2*i).EntireColumn.Insert()
```

13.4.8 刪除行和列

引用行或列以後，使用工作表物件的 Delete(delete) 方法可以刪除行或列。

1 · 刪除單行單列 / 多行多列 / 不連續行和列

單行單列、多行多列及不連續行和列的刪除，可以參考 13.4.5 節的內容，二者的引用方式相同，把 Select(select) 方法換成 Delete(delete) 方法即可，本節不再贅述。

2 · 刪除空行

刪除空行有多種方法，下面介紹兩種。

第 1 種是使用 13.5.7 節介紹的 SpecialCells 方法，先找到空格，然後刪除空格所在的行。

【Excel VBA】

```
sht.Columns("A:A").SpecialCells(xlCellTypeBlanks).EntireRow.Delete
```

【Python xlwings API】

```
>>> sht.api.Columns('A:A').SpecialCells(xw.constants.\
CellType.xlCellTypeBlanks).EntireRow.Delete()
```

第 2 種方法是使用工作表函式，這就需要使用 13.2.1 節介紹的 Application 物件，使用該物件的 WorksheetFunction 屬性，繼續引用其 CountA 方法。CountA 方法的參數為工作表的行，如果是空行，則傳回 0。據此可以刪除所有的空行。

【Excel VBA】

```
intRows = ActiveSheet.UsedRange.Rows.Count
For intI = intRows To 1 Step -1
  If Application.WorksheetFunction.CountA(ActiveSheet.Rows(intI)) = 0 Then
    ActiveSheet.Rows(intI).Delete
  End If
Next
```

【Python xlwings API】

```
>>> a= sht.used_range.rows.count
>>> for i in range(a,1,-1):
        if app.api.WorksheetFunction.CountA(sht.api.Rows(i))==0:
            sht.api.Rows(i).Delete()
```

3 · 刪除重複行

刪除重複行需要先把重複行找出來。使用工作表函式 COUNTIF 可以找出重複行。如圖 13-6 所示，A 列是給定的資料，在儲存格 B1 中增加公式 =COUNTIF($A$1:$A$8,A1)，下拉填充，結果如圖中的 B 列所示，B 列中的每個資料表示左側資料重複的次數，大於 1 的表示有重複。據此可以找出重複行。

🎧 圖 13-6 使用 COUNTIF 函式查詢重複行

撰寫以下程式，對工作表中的 A 列資料使用 COUNTIF 函式進行判斷，如果傳回值大於 1，則表示為重複行，需要刪除。

【Excel VBA】

```
intRows = sht.Cells(sht.Rows.Count, 1).End(xlUp).Row
For intI = intRows To 1 Step -1
  If Application.WorksheetFunction.CountIf(sht.Columns(1), _
                   sht.Cells(intI, 1)) > 1 Then
    sht.Rows(intI).Delete
  End If
Next
```

【Python xlwings API】

```
>>> a=sht.cells(sht.api.Rows.Count, 1).end('up').row
>>> for i in range(a,1,-1):
        if app.api.WorksheetFunction.CountIf(sht.api.Columns(1), \
                   sht.api.Cells(i,1))>1:
            sht.api.Rows(i).Delete()
```

13.4.9　設定行高和列寬

　　如果採用 Excel VBA 和 Python xlwings API 方式，那麼使用儲存格物件的 RowHeight 屬性可以設定和獲取行高，使用 ColumnWidth 屬性可以設定和獲取列寬（本節行高和列寬的單位為磅）。

　　下面先將第 3 行的行高設定為 30，再將第 5 行的行高設定為 40，最後設定全部行的行高為 30。

【Excel VBA】

```
sht.Rows(3).RowHeight = 30
sht.Range("C5").EntireRow.RowHeight = 40
sht.Range("C5").RowHeight = 40
sht.Cells.RowHeight = 30
```

【Python xlwings API】

```
>>> sht.api.Rows(3).RowHeight = 30
>>> sht.api.Range('C5').EntireRow.RowHeight = 40
```

```
>>> sht.api.Range('C5').RowHeight = 40
>>> sht.api.Cells.RowHeight = 30
```

下面先將第 2 列的列寬設定為 20，再將第 4 列的列寬設定為 15，最後設定全部列的列寬為 10。

【Excel VBA】

```
sht.Columns(2).ColumnWidth = 20
sht.Range("C4").ColumnWidth = 15
sht.Range("C4").EntireColumn.ColumnWidth = 15
sht.Cells.ColumnWidth = 10
```

【Python xlwings API】

```
>>> sht.api.Columns(2).ColumnWidth = 20
>>> sht.api.Range('C4').ColumnWidth = 15
>>> sht.api.Range('C4').EntireColumn.ColumnWidth = 15
>>> sht.api.Cells.ColumnWidth = 10
```

如果採用 Python xlwings 方式，使用工作表物件的 autofit 方法，就可以在整個工作表上自動調整行、列或兩者的高度和寬度。autofit 方法的語法格式如下。

```
sht.autofit(axis=None)
```

其中，sht 表示需要設定的工作表。當參數 axis 的值為 'rows' 或 'r' 時，自動調整行；當參數 axis 的值為 'columns' 或 'c' 時，自動調整列。如果沒有參數，則自動調整行和列。

```
>>> sht.autofit('c')
```

自動調整工作表列寬前後的效果如圖 13-7 和圖 13-8 所示。

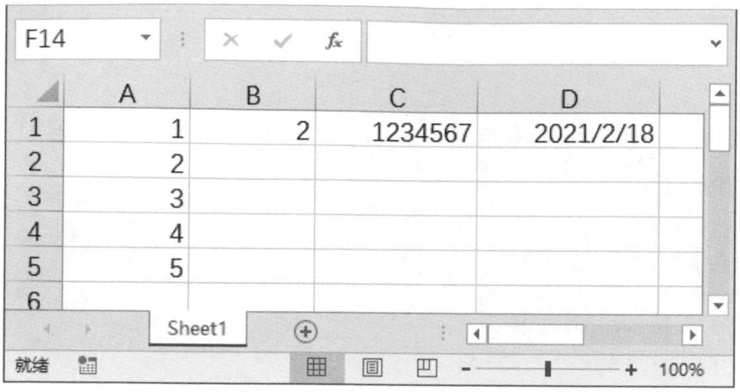

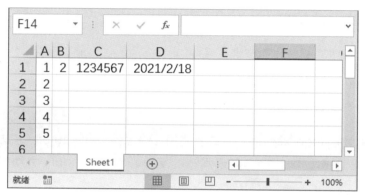

● 圖 13-7 自動調整列寬前的工作表

● 圖 13-8 自動調整列寬後的工作表

13.5 │ 儲存格物件

儲存格物件是工作表物件的子物件，使用儲存格物件的屬性和方法可以對它進行設定與修改。

【Excel VBA】

首先建立或獲取一個工作表物件 bk，範例如下。

```
Set bk=Workbooks.Add
```

新增加的工作表的名稱為工作表 1，包含一個名稱為 Sheet1 的工作表。獲取該工作表，並賦給變數 sht。

```
Set sht=bk.Worksheets(1)
```

在預設情況下，新增加的工作表就是活動工作表，所以也可以按以下形式引用。

```
Set sht=bk.ActiveSheet
strName=sht.Name      'Sheet1
```

【Python xlwings】

首先匯入 xlwings 套件。

```
>>> import xlwings as xw
```

然後用 Book 方法建立一個工作表物件 bk。

```
>>> bk=xw.Book()
```

新建的工作表中會自動增加一個名稱為 Sheet1 的工作表。獲取該工作表，並賦給變數 sht。

```
>>> sht=bk.sheets(1)
```

在預設情況下，新增加的工作表就是活動工作表，所以也可以按以下形式引用。

```
>>> sht= bk.sheets active
>>> sht.name
'Sheet1'
```

13.5.1　引用儲存格

引用儲存格，即找到儲存格。這是進行後續操作的前提。下面分別介紹引用單一儲存格、引用多個儲存格、引用目前的儲存格、用儲存格的名稱進行引用和用變數進行引用。

1.引用單一儲存格

使用工作表物件的 Range(range、api.Range) 屬性和 Cells(cells、api. Cells) 屬性可以引用單一儲存格。如果採用 Python xlwings 方式，還可以用中括號進行引用。下面引用和選擇工作表 sht 中的儲存格 A1。

【Excel VBA】

```
sht.Range("A1").Select
sht.Cells(1, "A").Select
sht.Cells(1,1).Select
```

【Python xlwings】

```
>>> sht.range('A1').select()
>>> sht.range(1,1).select()
>>> sht['A1'].select()
>>> sht.cells(1,1).select()
>>> sht.cells(1, 'A').select()
```

【Python xlwings API】

```
>>> sht.api.Range('A1').Select()
>>> sht.api.Cells(1, 'A').Select()
>>> sht.api.Cells(1,1).Select()
```

2.引用多個儲存格

使用工作表物件的 Range(range、api.Range) 屬性可以引用多個儲存格，在引用時，將各儲存格的座標組成的字串作為參數即可。如果採用 Python xlwings 方式，還可以用中括號進行引用。下面引用和選擇工作表 sht 中的儲存格 B2、C5 和 D7。

【Excel VBA】

```
sht.Range("B2, C5, D7").Select
```

【Python xlwings】

```
>>> sht.range('B2, C5, D7').select()
>>> sht['B2, C5, D7'].select()
```

【Python xlwings API】

```
>>> sht.api.Range('B2, C5, D7').Select()
```

執行效果如圖 13-9 所示。

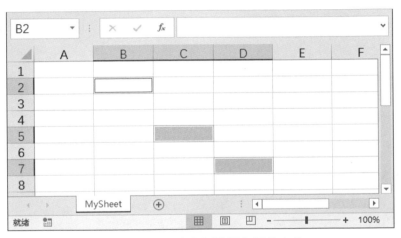

⋒ 圖 13-9　引用和選擇多個儲存格

3．引用目前的儲存格

　　如果採用 Excel VBA 方式，則使用 Application 物件的 ActiveCell 屬性引用當前活動工作表中活動工作表內的作用儲存格。下面給工作表 sht 中的儲存格 C3 增加值 3.0，先選擇它，然後用 ActiveCell 屬性獲取目前的儲存格的值。

```
sht.Range("C3").Value=3.0
sht.Range("C3").Select
sngA=ActiveCell.Value      '3.0
```

使用 xlwings 套件來實現，首先獲取所有 Application 物件的 key 值，用 xlwings 套件的 apps 屬性，透過索引獲取當前 Application 物件。然後給儲存格 C3 賦值 3.0，選擇它，用 Python xlwings API 方式獲取 ActiveCell 屬性的值。選擇一個儲存格，它就是作用儲存格。

```
>>> pid=xw.apps.keys()
>>> app=xw.apps[pid[0]]
>>> sht['C3'].value=3.0
>>> sht['C3'].select()
>>> a=app.api.ActiveCell.Value
>>> a
3.0
```

4·用儲存格的名稱進行引用

如果儲存格有名稱，則可以用它的名稱進行引用。下面首先將儲存格 C3 的名稱設定為 test，然後用該名稱引用此儲存格。

【Excel VBA】

```
Set cl=sht.Range("C3")
cl.Name="test"
sht.Range("test").Select
```

【Python xlwings】

```
>>> cl=sht.cells(3,3)
>>> cl.name='test'
>>> sht.range('test').select()
```

【Python xlwings API】

```
>>> cl=sht.api.Range('C3')
>>> cl.Name='test'
>>> sht.api.Range('test').Select()
```

5．用變數進行引用

　　在程式設計過程中，常常需要動態設定儲存格的座標，這就需要使用變數。當使用儲存格物件的 Range（range）屬性引用儲存格時，可以先將行號或列號的數字部分轉換成字串，然後組合成一個完整的座標字串進行引用。在使用 Cells（cells）屬性時，如果有必要也進行對應的處理，轉換資料型態即可。下面用變數引用儲存格 C3。

【Excel VBA】

```
intI = 3
Debug.Print sht.Range("C" & CStr(intI)).Value
Debug.Print sht.Cells(intI, intI).Value
```

【Python xlwings】

```
>>> i=3
>>> sht.range('C'+ str(i)).value
>>> sht.cells(i,i).value
```

【Python xlwings API】

```
>>> i=3
>>> sht.api.Range('C'+ str(i)).Value
>>> sht.api.Cells(i,i).Value
```

13.5.2　引用整行和整列

　　引用整行，如果採用 Excel VBA 和 Python xlwings API 方式，則可以使用工作表物件的 Rows 屬性和 Range 屬性實現。Rows 屬性有一個參數，指定要引用行的行號。當使用 Range 屬性時，可以將「行號:行號」形式的字串作為參數進行引用，或引用該行上的任意一個儲存格後接著引用其 EntireRow 屬性獲取整數行。如果採用 Python xlwings 方式，還可以使用中括號進行引用。下面引用和選擇第 1 行。

【Excel VBA】

```
sht.Rows(1).Select
sht.Range("1:1").Select
sht.Range("A1").EntireRow.Select
```

【Python xlwings】

```
>>> sht.range('1:1').select()
>>> sht['1:1'].select()
```

【Python xlwings API】

```
>>> sht.api.Rows(1).Select()
>>> sht.api.Range('1:1').Select()
>>> sht.api.Range('A1').EntireRow.Select()
```

　　引用多行的使用方法與引用單行的類似，只是需要指定起始行和終止行的行號，中間用冒號隔開。指定一個佔據多行的任意儲存格區域，用 EntireRow 屬性可以引用該儲存格區域佔用的連續多行。下面引用和選擇工作表 sht 中的第 1～5 行。

【Excel VBA】

```
sht.Rows("1:5").Select
sht.Range("1:5").Select
sht.Range("A1:C5").EntireRow.Select
```

【Python xlwings】

```
>>> sht.range('1:5').select()
>>> sht['1:5'].select()
>>> sht[0:5,:].select()
```

【Python xlwings API】

```
>>> sht.api.Rows('1:5').Select()
>>> sht.api.Range('1:5').Select()
>>> sht.api.Range('A1:C5').EntireRow.Select()
```

需要注意在 Python xlwings 方式下 sht[0:5,:] 的引用方法,中括號中的第 2 個冒號是切片的用法,表示逗點前面指定的是連續多行的所有列。

引用整列,如果採用 Excel VBA 和 Python xlwings API 方式,則可以使用工作表物件的 Columns 屬性和 Range 屬性實現。Columns 屬性有一個參數,用於指定要引用列的列號,可以用數字或字母表示。當使用 Range 屬性時,可以將「列號:列號」形式的字串作為參數進行引用,或引用該列上的任意一個儲存格後接著引用其 EntireColumn 屬性獲取整數列。下面引用和選擇 A 列。

【Excel VBA】

```
sht.Columns(1).Select
sht.Columns("A").Select
sht.Range("A:A").Select
sht.Range("A1").EntireColumn.Select
```

【Python xlwings】

```
>>> sht.range('A:A').select()
```

【Python xlwings API】

```
>>> sht.api.Columns(1).Select()
>>> sht.api.Columns('A').Select()
>>> sht.api.Range('A:A').Select()
>>> sht.api.Range('A1').EntireColumn.Select()
```

引用多列的使用方法與引用單列的類似,只是需要指定起始列和終止列的列號,中間用冒號隔開。指定一個佔據多列的任意儲存格區域,用 EntireRow 屬性可以引用該儲存格區域佔用的連續多列。下面引用和選擇工作表 sht 中的 B 列和 C 列。

【Excel VBA】

```
sht.Columns("B:C").Select
sht.Range("B:C").Select
sht.Range("B1:C2").EntireColumn.Select
```

【 Python xlwings 】

```
>>> sht.range('B:C').select()
>>> sht[:,1:3].select()
```

【 Python xlwings API 】

```
>>> sht.api.Columns('B:C').Select()
>>> sht.api.Range('B:C').Select()
>>> sht.api.Range('B1:C2').EntireColumn.Select()
```

13.5.3　引用儲存格區域

　　儲存格區域，指的是連續引用行方向和列方向上的 $m \times n$ 個儲存格得到的矩形區域。可以將儲存格看作大小為 1×1 的特殊儲存格區域。本節分為引用一般儲存格區域、引用用作用儲存格建構的儲存格區域、引用用偏移建構的儲存格區域、用名稱引用儲存格區域和引用儲存格區域內的儲存格等幾種情況介紹。

1．引用一般儲存格區域

　　引用一般儲存格區域，需要指定儲存格區域左上角儲存格和右下角儲存格的座標，二者之間用冒號隔開組成字串作為工作表物件 Range(range) 屬性的唯一參數，或各自作為字串作為 Range(range) 屬性的兩個參數。在指定儲存格區域左上角儲存格和右下角儲存格的座標時也可以使用工作表物件的 Range(range) 屬性或 Cells(cells) 屬性。下面引用和選擇儲存格區域 A3:C8：

【 Excel VBA 】

```
sht.Range("A3:C8").Select
sht.Range("A3","C8").Select
sht.Range(sht.Range("A3"), sht.Range("C8")).Select
sht.Range(sht.Cells(3,1),sht.Cells(8,3)).Select
```

【 Python xlwings 】

```
>>> sht.range('A3:C8').select()
>>> sht.range('A3', 'C8').select()
>>> sht.range(sht.range('A3'),sht.range('C8')).select()
```

```
>>> sht.range(sht.cells(3,1),sht.cells(8,3)).select()
>>> sht.range((3,1),(8,3)).select()
```

【Python xlwings API】

```
>>> sht.api.Range('A3:C8').Select()
>>> sht.api.Range('A3', 'C8').Select()
>>> sht.api.Range(sht.api.Range('A3'), sht.api.Range('C8')).Select()
>>> sht.api.Range(sht.api.Cells(3,1),sht.api.Cells(8,3)).Select()
```

執行效果如圖 13-10 所示。

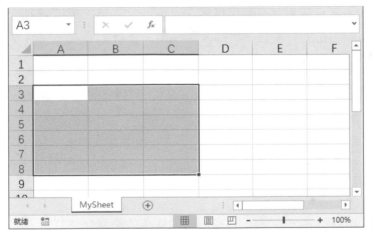

🎧 圖 13-10 選擇一個儲存格區域

2 · 引用用作用儲存格建構的儲存格區域

當儲存格區域的起點或終點為作用儲存格時，用作用儲存格的引用進行替換即可。下面指定要引用儲存格區域的左上角儲存格為 A3，右下角儲存格為作用儲存格，並選擇該儲存格區域。

【Excel VBA】

```
sht.Range("A3", ActiveCell).Select
```

【Python xlwings API】

```
>>> sht.api.Range('A3', app.api.ActiveCell).Select()
```

3 · 引用用偏移建構的儲存格區域

對已有儲存格區域進行整體偏移，可以得到一個新的儲存格區域。使用儲存格區域物件的 Offset(offset) 方法可以進行偏移。3 種方式在使用上有所不同。

當採用 Excel VBA 和 Python xlwings 方式時，使用 Offset(offset) 方法可以對給定的儲存格區域進行整體平移；當採用 Python xlwings API 方式時，使用 Offset 方法只能對儲存格區域的左上角進行平移。所以，對於後者，分別對儲存格區域的左上角和右下角進行平移後，重新組合成一個儲存格區域進行選擇。

對於 Excel VBA 和 Python xlwings 方式，當只給一個參數時，表示上下方向的偏移，如果參數的值大於 0 則表示向下偏移，如果參數的值小於 0 則表示向上偏移。當給兩個參數時，如果第 1 個參數的值為 0 則表示左右方向的偏移，大於 0 表示向右偏移，小於 0 表示向左偏移。如果兩個參數的值都不為 0，則表示上下和左右兩個方向都有偏移。

對於 Python xlwings API 方式，參數使用的不同之處就是基數為 1，即上面 Excel VBA 和 Python xlwings 方式的描述中值為 0 的地方改為 1，值為 1 的地方改為 2。

【Excel VBA】

```
sht.Range("A3:C8").Offset(1).Select       'A4:C9
sht.Range("A3:C8").Offset(0,1).Select     'B3:D8
sht.Range("A3:C8").Offset(1,1).Select     'B4:D9
```

【Python xlwings】

```
>>> sht.range('A3:C8').offset(1).select()      #A4:C9
>>> sht.range('A3:C8').offset(0,1).select()    #B3:D8
>>> sht.range('A3:C8').offset(1,1).select()    #B4:D9
```

【Python xlwings API】

```
>>> sht.api.Range(sht.api.Range('A3').Offset(2),\
sht.api.Range('C8').Offset(2)).Select()    #A4:C9
>>> sht.api.Range(sht.api.Range('A3').Offset(1,2),\
sht.api.Range('C8').Offset(1,2)).Select()       #B3:D8
>>> sht.api.Range(sht.api.Range('A3').Offset(2,2),\
sht.api.Range('C8').Offset(2,2)).Select()       #B4:D9
```

4．用名稱引用儲存格區域

如果儲存格區域有名稱，則可以用名稱引用儲存格區域。下面先將儲存格區域 A3:C8 命名為 MyData，然後用該名稱引用儲存格區域。

【Excel VBA】

```
Set cl = sht.Range("A3:C8")
cl.Name = "MyData"
sht.Range("MyData").Select
```

【Python xlwings】

```
>>> cl = sht.range('A3:C8')
>>> cl.name = 'MyData'
>>> sht.range('MyData').select()
```

【Python xlwings API】

```
>>> cl = sht.api.Range('A3:C8')
>>> cl.Name = 'MyData'
>>> sht.api.Range('MyData').Select()
```

5．引用儲存格區域內的儲存格

引用儲存格區域內的儲存格，有座標索引、線性索引和切片等方法。

座標索引，儲存格在儲存格區域內的座標是相對座標，是相對於儲存格區域左上角計算得到的。這與儲存格區域偏移的計算方法相同。需要注意的是，使用 Python xlwings 方式和其他兩種方式，偏移的基數不同，前者的基數為 0，後者的基數為 1。

【 Excel VBA 】

```
Dim Rng As Object
Set Rng=sht.Range("B2:D5")
Rng(1,1).Select    'B2
```

【 Python xlwings 】

```
>>> rng=sht.range('B2:D5')
>>> rng[0,0].select()   #B2，注意基數為 0
```

【 Python xlwings API 】

```
>>> rng=sht.api.Range('B2:D5')
>>> rng(1,1).Select()
```

　　線性索引的索引參數只有一個，其值是對儲存格區域內的儲存格按照先行後列的順序進行編號得到的。需要注意的是，當採用 Python xlwings 方式時，編號是從 0 開始的，如下所示。

```
0       1       2
3       4       5
```

　　當採用 Python xlwings API 方式時，編號是從 1 開始的，如下所示。

```
1       2       3
4       5       6
```

　　對於給定的儲存格區域 B2:D5，下面用線性索引引用儲存格 D2。

【 Excel VBA 】

```
Dim Rng As Object
Set Rng=sht.Range("B2:D5")
Rng(3).Select
```

【 Python xlwings 】

```
>>> rng=sht.range('B2:D5')
>>> rng[2].select()
```

【 Python xlwings API 】

```
>>> rng=sht.api.Range('B2:D5')
>>> rng(3).Select()
```

　　當採用 Python xlwings 方式時，透過切片可以從儲存格區域內取出部分連續資料。

```
>>> rng=sht.range('B2:D5')
>>> rng[1:3,1:3].select()          # 切片 C3:D4
>>> rng[:,2].select()              # 切片 D2:D5
```

13.5.4　引用所有儲存格、特殊儲存格區域、儲存格區域的集合

　　本節介紹引用所有儲存格、引用特殊儲存格區域、引用儲存格區域的集合等內容。

1・引用所有儲存格

　　如果採用 Python xlwings 方式，則可以使用工作表物件的 cells 屬性引用工作表中的所有儲存格。如果採用另外兩種方式，則還可以透過引用所有行或所有列來實現。

【 Excel VBA 】

```
sht.Cells.Select
sht.Range(sht.Cells(1,1),sht.Cells(sht.Cells.Rows.Count, _
                      sht.Cells.Columns.Count)).Select
```

　　引用所有行的範例如下。

```
sht.Rows.Select
```

　　引用所有列的範例如下。

```
sht.Columns.Select
```

【Python xlwings】

```
>>> sht.cells.select()
```

【Python xlwings API】

```
>>> sht.api.Cells.Select()
>>> sht.api.Range(sht.api.Cells(1,1),\
                  sht.api.Cells(sht.api.Cells.Rows.Count,\
                  sht.api.Cells.Columns.Count)).Select()
```

引用所有行的範例如下。

```
>>> sht.api.Rows.Select()
```

引用所有列的範例如下。

```
>>> sht.api.Columns.Select()
```

2 · 引用特殊儲存格區域

這裡介紹的特殊儲存格區域包括多個儲存格區域、給定儲存格的目前的儲存格區域和工作表的已用儲存格區域等。

1）一次引用多個儲存格區域

當使用工作表物件的 Range(range) 屬性一次引用多個儲存格區域時，多個儲存格區域之間用逗點隔開，儲存格區域用區域左上角儲存格和右下角儲存格的座標表示，座標之間用冒號隔開。下面一次引用和選擇工作表 sht 中的 A2、B3:C8、E2:F5 這 3 個儲存格區域。

【Excel VBA】

```
sht.Range("A2, B3:C8, E2:F5").Select
```

【Python xlwings】

```
>>> sht['A2, B3:C8, E2:F5'].select()
>>> sht.range('A2, B3:C8, E2:F5').select()
```

【Python xlwings API】

```
>>> sht.api.Range('A2, B3:C8, E2:F5').Select()
```

執行效果如圖 13-11 所示。

🎧 圖 13-11　一次引用多個儲存格區域

2）引用給定儲存格的目前的儲存格區域

什麼是給定儲存格的目前的儲存格區域？圖 13-12 所示的陰影部分表示的是儲存格 C3 的目前的儲存格區域。儲存格的目前的儲存格區域，指的是從該儲存格向上、下、左、右 4 個方向擴充，直到包含資料的矩形區域第 1 次被空格組成的矩形環包圍，即在 4 個方向上都是空行或空列（在儲存格區域的範圍內為空行或空列，不是指整個行或列是空的）。

當引用給定儲存格的目前的儲存格區域時，如果採用的是 Python xlwings 方式則使用儲存格物件的 current_region 屬性，如果採用的是 Excel VBA 或 Python xlwings API 方式則使用 CurrentRegion 屬性。

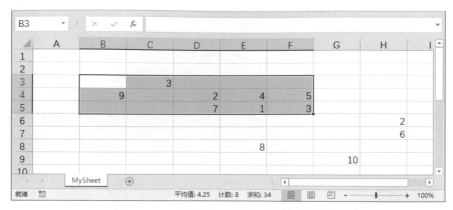

● 圖 13-12　儲存格 C3 的目前的儲存格區域

【Excel VBA】

```
sht.Range("C3").CurrentRegion.Select
```

【Python xlwings】

```
>>> sht.range('C3').current_region.select()
```

【Python xlwings API】

```
>>> sht.api.Range('C3').CurrentRegion.Select()
```

3）引用工作表的已用儲存格區域

工作表的已用儲存格區域，指的是工作表中包含所有資料的最小儲存格區域。如果採用 Python xlwings 方式，則使用儲存格物件的 used_range 屬性引用指定工作表的已用儲存格區域；如果採用 Excel VBA 和 Python xlwings API 方式，則使用 UsedRange 屬性引用指定工作表的已用儲存格區域。

【Excel VBA】

```
sht.UsedRange.Select
```

【Python xlwings】

```
>>> sht.used_range.select()
```

【Python xlwings API】

```
>>> sht.api.UsedRange.Select()
```

　　對於工作表 sht 中給定的儲存格資料,它的已用儲存格區域如圖 13-13 所示。

3．引用儲存格區域的集合

　　儲存格區域的集合運算包括儲存格區域的並運算和儲存格區域的交運算。如圖 13-14 所示,兩個矩形儲存格區域放在一起,有部分重疊。兩個矩形儲存格區域的並包括全部陰影部分,交為二者的重疊部分,即圖中的深色陰影部分。

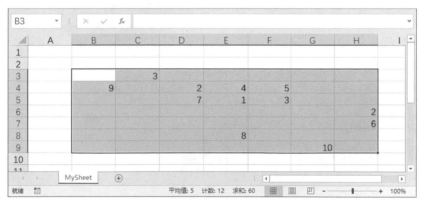

⋒ 圖 13-13　工作表的已用儲存格區域

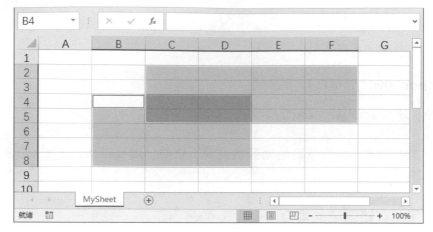

● 圖 13-14 儲存格區域的並與交

如果採用 Excel VBA 和 Python xlwings API 方式，則使用 Application 物件的 Union 方法獲取兩個儲存格區域的並，使用 Intersect 方法獲取兩個儲存格區域的交。下面計算儲存格區域 B4:D8 和 C2:F5 的並與交。

【Excel VBA】

```
Union(sht.Range("B4:D8"), sht.Range("C2:F5")).Select
Intersect(sht.Range("B4:D8"), sht.Range("C2:F5")).Select
```

【Python xlwings API】

```
>>> app.api.Union(sht.api.Range('B4:D8'),\
                  sht.api.Range('C2:F5')).Select()
>>> app.api.Intersect(sht.api.Range('B4:D8'),\
                      sht.api.Range('C2:F5')).Select()
```

13.5.5 擴充引用當前工作表中的儲存格區域

13.5.3 節介紹了儲存格區域的偏移，即透過將儲存格區域進行整體平移可以獲取新的儲存格區域。本節介紹另外一種方式，即透過對已有儲存格向上、下、左、右進行擴充來獲得新的儲存格區域。使用儲存格物件的 Resize(resize) 方法可以擴充儲存格區域。需要注意的是，3 種方式的設定有所不同。

當採用 Excel VBA 和 Python xlwings 方式時，使用 Resize(resize) 方法可以直接得到擴充後的儲存格區域；當採用 Python xlwings API 方式時，使用 Resize 方法只能得到原儲存格擴充後的位置上的儲存格。所以，當採用 Python xlwings API 方式時，需要先獲取儲存格區域的右下角儲存格，然後與原儲存格重新組合成一個儲存格區域。

如果只給一個大於 1 的參數，表示向下擴充。當給兩個參數時，如果第 1 個參數的值為 1，第 2 個參數的值大於 1 則向右擴充。如果兩個參數都大於 1，則表示向下和向右兩個方向都擴充。

下面演示透過對指定儲存格 C2 進行向下、向右和向右下等 3 個方向的擴充來得到新的儲存格區域，並選擇它們。

【 Excel VBA 】

```
sht.Range("C2").Resize(3).Select       'C2:C4
sht.Range("C2").Resize(1, 3).Select    'C2:E2
sht.Range("C2").Resize(3, 3).Select    'C2:E4
```

【 Python xlwings 】

```
>>> sht.range('C2').resize(3).select()       # 建立 C2:C4 儲存格區域
>>> sht.range('C2').resize(1, 3).select()    # 建立 C2:E2 儲存格區域
>>> sht.range('C2').resize(3, 3).select()    # 建立 C2:E4 儲存格區域
```

【 Python xlwings API 】

```
>>> sht.api.Range('C2', sht.api.Range('C2').Resize(3)).Select()
>>> sht.api.Range('C2', sht.api.Range('C2').Resize(1, 3)).Select()
>>> sht.api.Range('C2', sht.api.Range('C2').Resize(3, 3)).Select()
```

從目前的儲存格開始建立一個 3 行 3 列的儲存格區域。

【 Excel VBA 】

```
ActiveCell.Resize(3, 3).Select
```

【Python xlwings API】

```
>>> sht.api.Range(app.api.ActiveCell, app.api.ActiveCell.Resize(3, 3)).Select()
```

如果採用 Python xlwings 方式，則使用儲存格物件的 expand 方法還可以得到另外一種擴充結果。對於儲存格區域內的儲存格，使用它的 expand 方法可以獲取儲存格區域內從它到右端的行區域、從它到底部的列區域，以及它所在的整個表格區域。

需要注意的是，使用 expand 方法只能向右和向下擴充。

```
>>> sht.range('C4').expand('table').select()
>>> sht.range('C4').expand().select()      #與上面的使用方式等值
>>> sht.range('C4').expand('down').select()
>>> sht.range('C4').expand('right').select()
```

使用 expand 方法對 C4 儲存格進行 table 擴充後的效果如圖 13-15 所示。

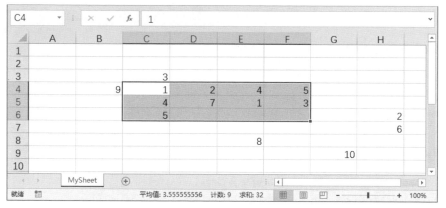

◑ 圖 13-15　使用 expand 方法對 C4 儲存格進行 table 擴充後的效果

13.5.6　引用末行或末列

引用末行或末列，即獲取資料區域末行的行號或末列的列號。

　　引用末行有兩種方法：一是從頂部的某儲存格開始由上向下找，資料區域的末行即最後一個不可為空行；二是從工作表的底部向上找，為資料區域內的第一個不可為空行。這裡需要使用儲存格物件的 End(end) 方法。

　　範例工作表如圖 13-16 所示，可以採用不同的方式獲取資料區域末行的行號和末列的列號。需要注意的是，Excel VBA 和 Python xlwings API 方式使用列舉常數的方法不同。

🎧 圖 13-16　範例工作表

【Excel VBA】

```
intR=sht.Range("A1").End(xlDown).Row                              '2
intR=sht.Cells(1,1).End(xlDown).Row                               '2
intR=sht.Range("A" & CStr(sht.Rows.Count)).End(xlUp).Row          '2
intR=sht.Cells(sht.Rows.Count,1).End(xlUp).Row                    '2
```

【Python xlwings】

```
>>> sht.range('A1').end('down').row
2
>>> sht.cells(1,1).end('down').row
2
>>> sht.range('A'+str(sht.api.Rows.Count)).end('up').row
2
>>> sht.cells(sht.api.Rows.Count,1).end('up').row
2
```

【Python xlwings API】

```
>>> sht.api.Range('A1').End(xw.constants.Direction.xlDown).Row
2
>>> sht.api.Cells(1,1).End(xw.constants.Direction.xlDown).Row
2
>>>sht.api.Range('A'+str(sht.api.Rows.Count)).\
                    End(xw.constants.Direction.xlUp).Row
2
>>> sht.api.Cells(sht.api.Rows.Count,1).\
                    End(xw.constants.Direction.xlUp).Row
2
```

　　下面採用 Python xlwings 和 Python xlwings API 方式引用末列。引用末列也有兩種方法：一是從左側的某儲存格開始由左向右找，資料區域的末列即最後一個不可為空列；二是從工作表的最右端向左找，為資料區域內的第一個不可為空列。當 end 方法的參數為 right 時由左向右找，當 end 方法的參數為 left 時由右向左找。

【Excel VBA】

```
intC=sht.Range("A1").End(xlToRight).Column                '5
intC=sht.Cells(1,1).End(xlToRight).Column                '5
intC=sht.Cells(1,sht.Columns.Count).End(xlToLeft).Column '5
```

【Python xlwings】

```
>>> sht.range('A1').end('right').column
5
>>> sht.cells(1,1).end('right').column
5
>>> sht.cells(1,sht.api.Columns.Count).end('left').column
5
```

【Python xlwings API】

```
>>> sht.api.Range('A1').End(xw.constants.Direction.xlToRight).Column
5
>>> sht.api.Cells(1,1).End(xw.constants.Direction.xlToRight).Column
```

```
5
>>>sht.api.Cells(1,sht.api.Columns.Count).\
            End(xw.constants.Direction.xlToLeft).Column
5
```

13.5.7 引用特殊的儲存格

所謂特殊的儲存格，指的是內容為空的儲存格、有批註的儲存格、有公式的儲存格等。使用儲存格物件的 SpecialCells 方法，可以把這些特殊的儲存格找出來。如果採用 Excel VBA 和 Python xlwings API 方式，則其引用格式如下。

```
rng.SpecialCells(Type,Value)
```

其中，rng 表示指定的儲存格區域。SpecialCells 方法有兩個參數：Type為必選參數，表示特殊儲存格的類型，其設定值如表 13-2 所示；Value 為可選參數，當 Type 參數的值為 xlCellTypeConstants 或 xlCellTypeFormulas 時設定必要的值。

▼ 表 13-2　Type 參數的設定值

名稱	值	說明
xlCellTypeAllFormatConditions	-4172	任意格式的儲存格
xlCellTypeAllValidation	-4174	包含驗證條件的儲存格
xlCellTypeBlanks	4	空儲存格
xlCellTypeComments	-4144	包含註釋的儲存格
xlCellTypeConstants	2	包含常數的儲存格
xlCellTypeFormulas	-4123	包含公式的儲存格
xlCellTypeLastCell	11	所用儲存格區域中的最後一個儲存格
xlCellTypeSameFormatConditions	-4173	格式相同的儲存格
xlCellTypeSameValidation	-4175	驗證條件相同的儲存格
xlCellTypeVisible	12	所有可見儲存格

下面的例子使用 SpecialCells 方法選擇儲存格 A1 目前的儲存格區域中的空儲存格。

【Excel VBA】

```
sht.Range("A1").CurrentRegion.SpecialCells(xlCellTypeBlanks).Select
```

【Python xlwings API】

```
>>> sht.api.Range('A1').CurrentRegion.\
SpecialCells(xw.constants.CellType.xlCellTypeBlanks).Select()
```

執行效果如圖 13-17 所示。

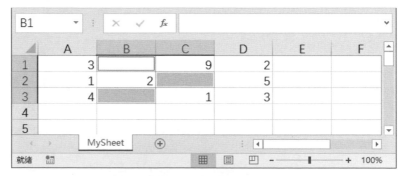

◑ 圖 13-17　選擇空儲存格

13.5.8　儲存格區域的行數、列數、左上角、右下角、形狀、大小

下面介紹幾個與儲存格區域的維度、形狀、大小等有關的屬性。

使用儲存格區域物件的 Rows(rows) 屬性和 Columns(columns) 屬性傳回物件的 Count(count) 屬性，可以獲取儲存格區域的行數和列數。下面獲取工作表 sht 已用儲存格區域的行數和列數（使用圖 13-16 中的資料）。

【Excel VBA】

```
sht.UsedRange.Rows.Count          '2
sht.UsedRange.Columns.Count       '5
```

【Python xlwings】

```
>>> sht.used_range.rows.count
2
>>> sht.used_range.columns.count
5
```

【Python xlwings API】

```
>>> sht.api.UsedRange.Rows.Count
2
>>> sht.api.UsedRange.Columns.Count
5
```

使用儲存格區域物件的 Row(row) 屬性和 Column(column) 屬性，可以獲取儲存格區域左上角儲存格的座標，即其行號和列號。

【Excel VBA】

```
sht.UsedRange.Row        '1
sht.UsedRange.Column      '1
```

【Python xlwings】

```
>>> sht.used_range.row
1
>>> sht.used_range.column
1
```

【Python xlwings API】

```
>>> sht.api.UsedRange.Row
1
>>> sht.api.UsedRange.Column
1
```

在 Python xlwings 方式下，使用儲存格區域物件的 last_cell 屬性傳回物件的 row 屬性和 column 屬性，可以獲取儲存格區域右下角儲存格的座標，即其行號和列號。在 Excel VBA 和 Python xlwings API 方式下，可以利用工作表的已用儲存格區域來獲取儲存格區域右下角儲存格的座標。

【Excel VBA】

```
Set rng=sht.UsedRange
rng.Rows(rng.Rows.Count).Row                 '2
rng.Columns(rng.Columns.Count).Column        '5
```

【Python xlwings】

```
>>> sht.used_range.last_cell.row
2
>>> sht.used_range.last_cell.column
5
```

【Python xlwings API】

```
>>> rng=sht.api.UsedRange
>>> rng.Rows(rng.Rows.Count).Row
2
>>> rng.Columns(rng.Columns.Count).Column
5
```

在 Python xlwings 方式下，引用儲存格區域物件的 shape 屬性可以獲取儲存格區域的形狀。

```
>>> sht.used_range.shape
(2, 5)
```

在 Python xlwings 方式下，引用儲存格區域物件的 size 屬性可以獲取儲存格區域的大小。

```
>>> sht.used_range.size
10
```

13.5.9　插入儲存格或儲存格區域

使用儲存格物件的 Insert(insert) 方法可以插入儲存格或儲存格區域。

在 Python xlwings 方式下，insert 方法的語法格式如下所示。

```
rng.insert(shift=None, copy_origin='format_from_left_or_above')
```

其中，rng 表示指定的儲存格或儲存格區域。insert 方法兩個參數的意義為：

- shift 參數：定義插入儲存格或儲存格區域的方向。當值為 down 時表示上下方向插入，原位置及其以下的資料依次向下移；當值為 right 時表示左右方向插入，原位置及其右邊的資料依次向右移。

- copy_origin 參數：表示插入的儲存格或儲存格區域的格式與週邊哪個的相同。當值為 format_from_left_or_above 時與左側或上邊儲存格或儲存格區域的相同，當值為 format_from_right_or_below 時與右側或下邊儲存格或儲存格區域的相同。

在 Excel VBA 和 Python xlwings API 方式下，Insert 方法的語法格式如下。

```
rng.Insert(Shift, CopyOrigin)
```

其中，rng 表示指定的儲存格或儲存格區域。Insert 方法兩個參數的意義為：

- Shift 參數：定義插入儲存格或儲存格區域的方向。當值為 xlShiftDown 或 xw.constants.InsertShiftDirection.xlShiftDown 時表示上下方向插入，原位置及其以下的資料依次向下移；當值為 xlShiftRight 或 xw.constants.InsertShiftDirection.xlShiftRight 時表示左右方向插入，原位置及其右邊的資料依次向右邊移。

- CopyOrigin 參數：表示插入的儲存格或儲存格區域的格式與週邊哪個的相同。當值為 xlFormatFromLeftOrAbove 或 xw.constants.InsertFormatOrigin.xlFormatFromLeftOrAbove 時，與左側或上邊儲存格或儲存格區域的相同；當值為 xlFormatFromRightOrBelow 或 xw.constants.InsertFormatOrigin.xlFormatFromRightOrBelow 時，與右側或下邊儲存格或儲存格區域的相同。

對於圖 13-18 所示的工作表資料，將 A1 儲存格的背景顏色設定為綠色，在 A2 處和 B4:C5 處插入儲存格和儲存格區域。

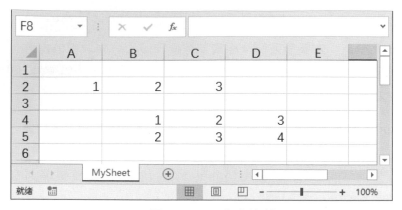

● 圖 13-18　工作表資料

【 Excel VBA 】

```
sht.Range("A1").Interior.Color=RGB(0, 255, 0)
sht.Range("A2").Insert _
Shift:=xlShiftDown,CopyOrigin:=xlFormatFromLeftOrAbove
sht.Range("B4:C5").Insert
```

【 Python xlwings 】

```
>>> sht.range('A1').color=(0,255,0)
>>> sht.range('A2').insert(shift='down',\
copy_origin='format_from_left_or_above')
>>> sht.range('B4:C5').insert()
```

【 Python xlwings API 】

```
>>> sht.api.Range('A1').Interior.Color=xw.utils.rgb_to_int((0, 255, 0))
>>> sht.api.Range('A2').Insert(\
Shift=xw.constants.InsertShiftDirection.xlShiftDown,\
CopyOrigin=xw.constants.InsertFormatOrigin.\
xlFormatFromLeftOrAbove)
>>> sht.api.Range('B4:C5').Insert()
```

插入儲存格和儲存格區域後的工作表如圖 13-19 所示。由此可知，在 A2 處插入的儲存格複製了 A1 儲存格的格式。按照設定，插入儲存格或儲存格區域後，原來位置及其以下資料依次向下移動。

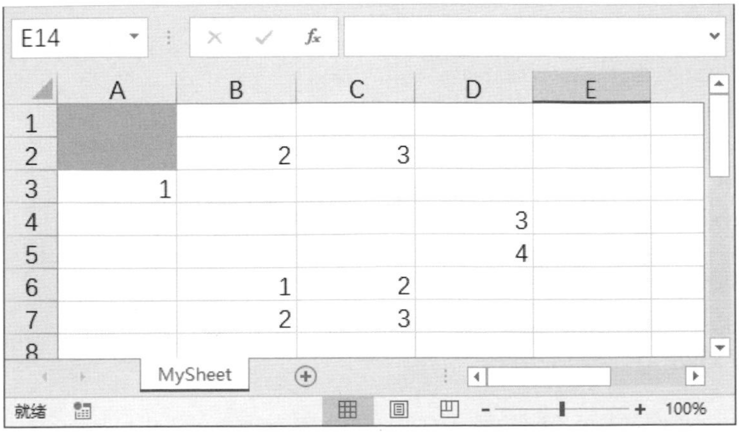

🎧 圖 13-19 插入儲存格和儲存格區域後的工作表

13.5.10 儲存格的選擇和清除

選擇儲存格有兩種方法，即啟動或選擇，分別用儲存格物件的 Activate 方法（僅用於 Excel VBA 和 Python xlwings API 方式）或 Select(select) 方法實現。

【Excel VBA】

```
sht.Range("A1:B10").Select
sht.Range("A1:B10").Activate
```

【Python xlwings】

```
>>> sht.range('A1:B10').select()
```

【Python xlwings API】

```
>>> sht.api.Range('A1:B10').Select()
>>> sht.api.Range('A1:B10').Activate()
```

　　選取不連續的儲存格和儲存格區域，只需要引用不連續的儲存格和儲存格區域，並啟動或選擇即可。下面是在 3 種方式下的實現方法。採用 Excel VBA 和 Python xlwings API 方式，還可以透過儲存格區域的並運算來實現。

【Excel VBA】

```
sht.Range("A1:A5,C3,E1:E5").Activate
sht.Range("A1:A5,C3,E1:E5").Select
Union(sht.Range("A1:A5"),sht.Range("C3"),sht.Range("E1:E5")).Select
```

【Python xlwings】

```
>>> sht.range('A1:A5,C3,E1:E5').select()
```

【Python xlwings API】

```
>>> sht.api.Range('A1:A5,C3,E1:E5').Activate()
>>> sht.api.Range('A1:A5,C3,E1:E5').Select()
>>> pid=xw.apps.keys()
>>> app=xw.apps[pid[0]]
>>>app.api.Union(sht.api.Range('A1:A5'),sht.api.Range('C3'),sht.api.Range
('E1:E5')).Select()
```

　　執行效果如圖 13-20 所示。

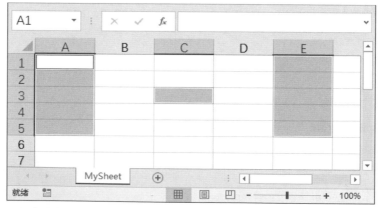

🎧 圖 13-20 選取不連續的儲存格和儲存格區域

　　清除儲存格或儲存格區域中的內容可以有多種選擇。下面使用 Clear(clear) 方法清除全部內容。

【Excel VBA】

```
sht.Range("B1:B5").Clear
```

【Python xlwings】

```
>>> sht.range('B1:B5').clear()
```

【Python xlwings API】

```
>>> sht.api.Range('B1:B5').Clear()
```

　　使用 ClearContents(clear_contents) 方法可以清除指定儲存格區域中的內容。

【Excel VBA】

```
sht.Range("B1:B5").ClearContents
```

【Python xlwings】

```
>>> sht.range('B1:B5').clear_contents()
```

【Python xlwings API】

```
>>> sht.api.Range('B1:B5').ClearContents()
```

　　使用 ClearComments 方法可以清除註釋。

【Excel VBA】

```
sht.Range("B1:B5").ClearComments
sht.Range("B1:B5").ClearFormats
```

【Python xlwings API】

```
>>> sht.api.Range('B1:B5').ClearComments()
>>> sht.api.Range('B1:B5').ClearFormats()
```

13.5.11 儲存格的複製、貼上、剪下和刪除

複製和貼上儲存格區域的完整過程如下。

【Excel VBA】

```
sht.Range("A1").Select
Selection.Copy
sht.Range("C1").Select
sht.Paste
```

【Python xlwings API】

```
>>> sht.range('A1').select()
>>> bk.selection.api.Copy()
>>> sht.range('C1').select()
>>> sht.api.Paste()
```

首先選擇要複製的儲存格或儲存格區域，使用 Copy 方法將資料複製到剪貼簿，然後選擇進行貼上的目標儲存格或儲存格區域，使用 Paste 方法進行貼上。如果省略選擇儲存格或儲存格區域的步驟，則可以簡化為以下形式。

【Excel VBA】

```
sht.Range("A1").Copy sht.Range("C1")
```

【Python xlwings API】

```
>>> sht.api.Range('A1').Copy(sht.api.Range('C1'))
```

其中，A1 是來源儲存格，C1 是目標儲存格。

下面將儲存格 A1 的目前的儲存格區域複製到以 A4 為左上角儲存格的目的地區域。

【Excel VBA】

```
sht.Range("A1").CurrentRegion.Copy sht.Range("A4")
```

【Python xlwings API】

```
>>> sht.api.Range('A1').CurrentRegion.Copy(sht.api.Range('A4'))
```

執行效果如圖 13-21 所示。

🎧 圖 13-21　將儲存格區域複製到指定位置

在 Excel VBA 和 Python xlwings API 方 式 下，使 用 儲 存 格 物 件 的 PasteSpecial 方法可以進行選擇性貼上。PasteSpecial 方法的語法格式如下。

【Excel VBA】

```
rng.PasteSpecial Paste, Operation, SkipBlanks, Transpose
```

【Python xlwings API】

```
rng.PasteSpecial(Paste, Operation, SkipBlanks, Transpose)
```

其中，rng 表示指定的儲存格區域。PasteSpecial 方法有 4 個參數。

- Paste 參數：表示選擇性貼上的類型，設定值如表 13-3 所示。

▼ 表 13-3　Paste 參數的設定值

名稱	值	說明
xlPasteAll	-4104	貼上全部內容
xlPasteComments	-4144	貼上批註
xlPasteFormats	-4122	貼上格式
xlPasteFormulas	-4123	貼上公式
xlPasteFormulasAndNumberFormats	11	貼上公式和數字格式
xlPasteValues	-4163	貼上值
xlPasteValuesAndNumberFormats	12	貼上值和數字格式

- Operation 參數：貼上時是否與原有內容進行運算及運算的類型，設定值如表 13-4 所示。

▼ 表 13-4　Operation 參數的設定值

名稱	值	說明
xlPasteSpecialOperationAdd	2	複製的資料將與目標儲存格中的值相加
xlPasteSpecialOperationDivide	5	目標儲存格中的值除以複製的資料
xlPasteSpecialOperationMultiply	4	複製的資料將與目標儲存格中的值相乘
xlPasteSpecialOperationNone	-4142	貼上操作中不執行任何計算
xlPasteSpecialOperationSubtract	3	目標儲存格中的值減去複製的資料

- SkipBlanks 參數：忽略空儲存格。

- Transpose 參數：對行列資料進行轉置。

下面舉例說明 PasteSpecial 方法的使用。

下面的程式把圖 13-21 中工作表內第 1 行的資料複製到第 4 行。

【Excel VBA】

```
sht.Range("A1:E1").Copy
sht.Range("A4:E4").PasteSpecial Paste:=xlPasteValues
```

【 Python xlwings API 】

```
>>> sht.api.Range('A1:E1').Copy()
>>>sht.api.Range('A4:E4').PasteSpecial(Paste=\
                    xw.constants.PasteType.xlPasteValues)
```

下面的程式先給儲存格 B1 增加一個批註，然後將工作表內第 1 行的批註複製到第 5 行。

【 Excel VBA 】

```
sht.Range("B1").AddComment "CommentTest"
sht.Range("A1:E1").Copy
sht.Range("A5:E5").PasteSpecial Paste:=xlPasteComments
```

【 Python xlwings API 】

```
>>> sht.api.Range('B1').AddComment('CommentTest')
>>> sht.api.Range('A1:E1').Copy()
>>>sht.api.Range('A5:E5').PasteSpecial(Paste=xw.constants.PasteType.xlPasteComments)
```

下面的程式先給儲存格 A2 增加一些格式，包括將背景顏色設定為綠色，字型大小設定為 20，粗體，傾斜，然後將工作表內第 2 行的格式複製到第 6 行。

【 Excel VBA 】

```
sht.Range("A2").Interior.Color=RGB(0,255,0)
sht.Range("A2").Font.Size=20
sht.Range("A2").Font.Bold=True
sht.Range("A2").Font.Italic=True
sht.Range("A2:E2").Copy
sht.Range("A6:E6").PasteSpecial Paste:=xlPasteFormats
```

【 Python xlwings API 】

```
>>> sht.range('A2').color=(0,255,0)
>>> sht.api.Range('A2').Font.Size=20
>>> sht.api.Range('A2').Font.Bold=True
>>> sht.api.Range('A2').Font.Italic=True
>>> sht.api.Range('A2:E2').Copy()
>>>sht.api.Range('A6:E6').PasteSpecial(Paste=\
            xw.constants.PasteType.xlPasteFormats)
```

執行效果如圖 13-22 所示。

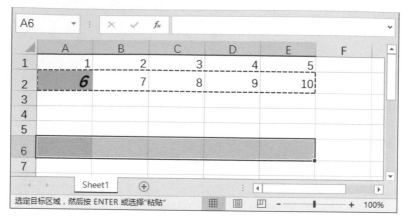

🎧 圖 13-22　選擇性貼上

剪下操作，實際上是進行複製→貼上以後把原來位置上的資料刪除。使用儲存格物件的 Cut 方法可以把來源儲存格的內容移到目標儲存格中。下面把 A1:E1 儲存格區域的資料剪下到 A7:E7 儲存格區域中。

【Excel VBA】

```
sht.Range("A1:E1").Cut Destination:=sht.Range("A7")
```

【Python xlwings API】

```
>>> sht.api.Range('A1:E1').Cut(Destination=sht.api.Range('A7'))
```

參數名稱 Destination 可以省略，如下所示。

【Excel VBA】

```
sht.Range("A1:E1").Cut sht.Range("A7")
```

【Python xlwings API】

```
>>> sht.api.Range('A1:E1').Cut(sht.api.Range('A7'))
```

使用儲存格物件的 delete(Delete) 方法可以刪除儲存格或儲存格區域。

在 Python xlwings 方式下，delete 方法的語法格式如下。

```
rng.delete(shift=None)
```

其中，rng 為儲存格或儲存格區域物件。shift 參數的設定值為 "left" 或 "up"。當設定值為 "up" 時，刪除儲存格後，該儲存格下面的儲存格依次向上移；當設定值為 "left" 時，刪除儲存格後，該儲存格右側的儲存格依次向左移。如果沒有參數，那麼 Excel 會根據前面的引用情況自行判斷使用哪個值。

在 Excsl VBA 和 Python xlwings API 方式下，Delete 方法的語法格式如下。

```
rng.Delete(Shift)
```

其中，rng 為儲存格或儲存格區域物件。當 shift 參數的設定值為 xlShiftToUp 時，刪除儲存格後，該儲存格下面的儲存格依次向上移；當 shift 參數的設定值為 xlShiftLeft 時，刪除儲存格後，該儲存格右側的儲存格依次向左移。如果沒有參數，那麼 Excel 會根據前面的引用情況自行判斷使用哪個值。

下面刪除儲存格 A2 和儲存格區域 C3:E5。

【Excel VBA】

```
sht.Range("A2").Delete Shift:=xlShiftToUp
sht.Range("C3:E5").Delete
```

【Python xlwings】

```
>>> sht['A2'].delete(shift='up')
>>> sht['C3:E5'].delete()
```

【Python xlwings API】

```
>>>sht.api.Range('A2').Delete(Shift=xw.constants.DeleteShiftDirection.xlShiftToUp)
>>>sht.api.Range('C3:E5').Delete()
```

13.5.12　儲存格的名稱、批註和字型設定

使用儲存格物件的 Name(name) 屬性可以獲取或設定儲存格或儲存格區域的名稱。下面將儲存格 C3 的名稱設定為 test，並用該名稱進行引用。

【Excel VBA】

```
Set cl=sht.Range("C3")
cl.Name="test"
sht.Range("test").Select
```

【Python xlwings】

```
>>> cl=sht.cells(3,3)
>>> cl.name='test'
>>> sht.range('test').select()
```

【Python xlwings API】

```
>>> cl=sht.api.Range('C3')
>>> cl.Name='test'
>>> sht.api.Range('test').Select()
```

也可以為儲存格區域設定名稱，並用名稱引用儲存格區域。下面將 A3:C8 儲存格區域命名為 MyData，並用該名稱進行引用。

【Excel VBA】

```
Set cl = sht.Range("A3:C8")
cl.Name = "MyData"
sht.Range("MyData").Select
```

【Python xlwings】

```
>>> cl =sht.range('A3:C8')
>>> cl.name ='MyData'
>>> sht.range('MyData').select()
```

【Python xlwings API】

```
>>> cl=sht.api.Range('A3:C8')
>>> cl.Name ='MyData'
>>> sht.api.Range('MyData').Select()
```

　　使用儲存格物件的 AddComment 方法可以為儲存格增加批註。另外，使用 AddComment 方法的 Text 屬性可以設定批註的內容。

【Excel VBA】

```
sht.Range("A3").AddComment Text:=" 儲存格批註 "
```

【Python xlwings API】

```
>>> sht.api.Range('A3').AddComment(Text=' 儲存格批註 ')
```

　　使用儲存格物件的 Comment 屬性可以獲取儲存格的批註。獲取的批註是一個 Comment 物件，有批註相關的若干屬性，利用這些屬性可以對批註進行設定。Comments 是工作表中所有 Comment 物件的集合。

　　下面使用一個判斷結構判斷 A3 儲存格中是否有批註。

【Excel VBA】

```
If sht.Range("A3").Comment Is Nothing Then
  Debug.Print "A3 儲存格中沒有批註。"
Else
  Debug.Print "A3 儲存格中已有批註。"
End If
```

【Python xlwings API】

```
>>> if sht.api.Range('A3').Comment is None:
            Print('A3 儲存格中沒有批註。')
    else:
            Print('A3 儲存格中已有批註。')
```

　　使用 Comment 物件的 Visible 屬性可以隱藏 A3 儲存格中的批註。

【Excel VBA】

```
sht.Range("A3").Comment.Visible=False
```

【Python xlwings API】

```
>>> sht.api.Range('A3').Comment.Visible=False
```

使用 Comment 物件的 Delete 方法可以刪除 A3 儲存格中的批註。

【Excel VBA】

```
sht.Range("A3").Comment.Delete
```

【Python xlwings API】

```
>>> sht.api.Range('A3').Comment.Delete()
```

儲存格物件的 Font 屬性傳回一個 Font 物件。利用 Font 物件的屬性和方法，可以對儲存格或儲存格區域中文字的字型進行設定。

下面的程式設定的是 A1:E1 儲存格區域中的字型的樣式。

【Excel VBA】

```
sht.Range("A1:E1").Font.Name = " 宋體 "      ' 設定字型為宋體
sht.Range("A1:E1").Font.ColorIndex = 3      ' 設定字型顏色為紅色
sht.Range("A1:E1").Font.Size = 20           ' 設定字型大小為 20
sht.Range("A1:E1").Font.Bold = True         ' 設定字型粗體
sht.Range("A1:E1").Font.Italic = True       ' 設定字型傾斜顯示
sht.Range("A1:E1").Font.Underline = _
            xlUnderlineStyleDouble          ' 為文字增加雙底線
```

【Python xlwings API】

```
>>> sht.api.Range('A1:E1').Font.Name = ' 宋體 '      # 設定字型為宋體
>>> sht.api.Range('A1:E1').Font.ColorIndex = 3      # 設定字型顏色為紅色
>>> sht.api.Range('A1:E1').Font.Size = 20           # 設定字型大小為 20
>>> sht.api.Range('A1:E1').Font.Bold = True         # 設定字型粗體
>>> sht.api.Range('A1:E1').Font.Italic = True       # 設定字型傾斜顯示
>>> sht.api.Range('A1:E1').Font.Underline=xw.constants.\
UnderlineStyle.xlUnderlineStyleDouble               # 為文字增加雙底線
```

執行效果如圖 13-23 所示。

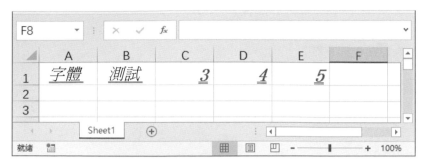

🎧 圖 13-23　儲存格區域中的字型設定

底線樣式的設定如表 13-5 所示。

▼ 表 13-5　底線樣式的設定

名稱	值	說明
xlUnderlineStyleDouble	-4119	粗雙底線
xlUnderlineStyleDoubleAccounting	5	緊靠在一起的兩條細底線
xlUnderlineStyleNone	-4142	無底線
xlUnderlineStyleSingle	2	單底線
xlUnderlineStyleSingleAccounting	4	不支持

關於字型顏色的設定，有以下幾種方法。

第 1 種是設定為 RGB 顏色，即用紅色、綠色和藍色分量來定義顏色，使用 Font 物件的 Color 屬性進行設定。如果習慣透過指定 RGB 分量來設定顏色，在 Excel VBA 方式下，使用 RGB 函式進行設定；在 Python xlwings 方式下，使用 xlwings.utils 模組中的 rgb_to_int 方法將類似於 (255,0,0) 的 RGB 分量指定轉為整數值，並賦給 Color 屬性。

【Excel VBA】

```
sht.Range("A3:E3").Font.Color = RGB(0, 0, 255)
```

【Python xlwings API】

```
>>> sht.api.Range('A3:E3').Font.Color =xw.utils.rgb_to_int((0, 0, 255))
```

也可以直接將一個表示顏色的整數賦給 Color 屬性。

【Excel VBA】

```
sht.Range("A3:E3").Font.Color = 16711680
```

【Python xlwings API】

```
>>> sht.api.Range('A3:E3').Font.Color =16711680  # 或 0x0000FF
```

第 2 種是使用索引著色，此時需要有一張顏色查閱資料表，如圖 13-24 所示。系統預先定義了很多種顏色，而且每種顏色都有一個唯一的索引編號。當進行索引著色時，將某個索引編號指定給 Font 物件的 ColorIndex 屬性即可。

🔊 圖 13-24　索引著色的顏色查閱資料表

下面將 A1:E1 儲存格區域內的字型顏色設定為紅色。

【Excel VBA】

```
sht.Range("A1:E1").Font.ColorIndex = 3
```

【Python xlwings API】

```
>>> sht.api.Range('A1:E1').Font.ColorIndex = 3
```

第 3 種是使用主題顏色。系統預先定義了很多主題顏色，可以便捷地使用它們進行字型著色。每種主題顏色有對應的整數編號，將必要的編號指定給 Font 物件的 ThemeColor 屬性即可。

下面將 A3:E3 儲存格區域內的字型顏色設定為淡藍色。

【Excel VBA】

```
sht.Range("A3:E3").Font.ThemeColor = 5
```

【Python xlwings API】

```
>>> sht.api.Range('A3:E3').Font.ThemeColor = 5
```

13.5.13 儲存格的對齊方式、背景顏色和邊框

儲存格內容的對齊包括水平方向的對齊和垂直方向的對齊，分別用儲存格物件的 HorizontalAlignment 屬性和 VerticalAlignment 屬性設定。

HorizontalAlignment 屬性的設定值如表 13-6 所示，VerticalAlignment 屬性的設定值如表 13-7 所示。

▼ 表 13-6　HorizontalAlignment 屬性的設定值

名稱	值	說明
xlHAlignCenter	-4108	置中對齊
xlHAlignCenterAcrossSelection	7	跨列置中對齊
xlHAlignDistributed	-4117	分散對齊
xlHAlignFill	5	填充
xlHAlignGeneral	1	按資料型態對齊
xlHAlignJustify	-4130	兩端對齊
xlHAlignLeft	-4131	左對齊
xlHAlignRight	-4152	右對齊

▼ 表 13-7　VerticalAlignment 屬性的設定值

名稱	值	說明
xlVAlignBottom	-4107	底對齊
xlVAlignCenter	-4108	置中對齊
xlVAlignDistributed	-4117	分散對齊
xlVAlignJustify	-4130	兩端對齊
xlVAlignTop	-4160	頂對齊

下面將 C3 儲存格中的內容設定為水平置中對齊和垂直置中對齊。

【 Excel VBA 】

```
sht.Range("C3").HorizontalAlignment = xlHAlignCenter
sht.Range("C3").VerticalAlignment = xlVAlignCenter
```

【 Python xlwings API 】

```
>>> sht.api.Range('C3').HorizontalAlignment = \
xw.constants.HAlign.xlHAlignCenter
>>> sht.api.Range('C3').VerticalAlignment = \
xw.constants.VAlign.xlVAlignCenter
```

如果採用 Python xlwings 方式，則可以直接給儲存格物件的 color 屬性賦值。顏色可以用 (R,G,B) 形式的 RGB 顏色設定，其中，R、G、B 各分量從 0~255 中設定值。

如果採用 Excel VBA 和 Python xlwings API 方式，則用儲存格物件的 Interior 屬性設定其背景顏色。Interior 屬性傳回一個 Interior 物件，使用該物件的 Color 屬性、ColorIndex 屬性和 ThemeColor 屬性，可以用 RGB 顏色著色、索引著色和主題顏色著色等不同的方法對儲存格進行著色。關於這幾種著色方法的介紹可以參考 13.5.12 節，此處不再贅述。

下面舉例說明。

【Excel VBA】

```
sht.Range("A1:E1").Interior.Color=RGB(0, 255, 0)
sht.Range("A1:E1").Interior.Color=65280
sht.Range("A1:E1").Interior.ColorIndex=6
sht.Range("A1:E1").Interior.ThemeColor=5
```

【Python xlwings】

```
>>> sht.range('A1:E1').color=(210, 67, 9)
>>> sht['A:A, B2, C5, D7:E9'].color=(100,200,150)
```

【Python xlwings API】

```
>>> sht.api.Range('A1:E1').Interior.Color=xw.utils.rgb_to_int((0, 255, 0))
>>> sht.api.Range('A1:E1').Interior.Color=65280
>>> sht.api.Range('A1:E1').Interior.ColorIndex=6
>>> sht.api.Range('A1:E1').Interior.ThemeColor=5
```

使用儲存格或儲存格區域物件的 Borders 屬性可以設定表框。Borders 屬性傳回 Borders 物件，利用該物件的屬性和方法可以設定表框的顏色、線型與線寬等。

下面對 B2 儲存格的目前的儲存格區域設定表框。

【Excel VBA】

```
sht.Range("B2").CurrentRegion.Borders.LineStyle=xlContinuous
sht.Range("B2").CurrentRegion.Borders.ColorIndex = 3
sht.Range("B2").CurrentRegion.Borders.Weight=xlThick
```

【Python xlwings API】

```
>>>sht.api.Range('B2').CurrentRegion.Borders.LineStyle=\
        xw.constants.LineStyle.xlContinuous
>>> sht.api.Range('B2').CurrentRegion.Borders.ColorIndex=3
>>> sht.api.Range('B2').CurrentRegion.Borders.Weight=\
        xw.constants.BorderWeight.xlThick
```

表框設定效果如圖 13-25 所示。

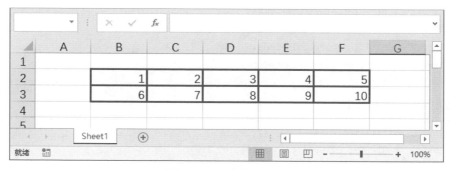

◯ 圖 13-25　表框設定效果

⊞ 13.6 │ Excel 物件模型應用範例

本節介紹幾個比較實用的範例，以此來加強讀者對 Excel VBA 和 Python xlwings 的學習與理解。

13.6.1　應用範例 1：批次新建和刪除工作表

Excel 腳本開發的好處之一就是可以讓電腦自動處理批次任務，大幅度提高工作效率，避免出錯。本節採用 Excel VBA 與 Python xlwings 方式批次新建和刪除工作表。

1 · 批次新建工作表

下面使用 for 迴圈，利用 Worksheets 物件的 Add 方法批次新建工作表。

【Excel VBA】

範例檔案的存放路徑為 Samples\ch013\Excel VBA\ 應用示例 1\ 批量新建和刪除工作表 .xlsm。

```
Sub ShtAdd10()
  Dim intI As Integer
  For intI = 1 To 10    ' 批次新建 10 個工作表
    ' 新建的工作表放在所有工作表的最後面
    Sheets.Add After:=Sheets(Sheets.Count)
  Next
End Sub
```

執行過程，批次新建的 10 個工作表如圖 13-26 所示。

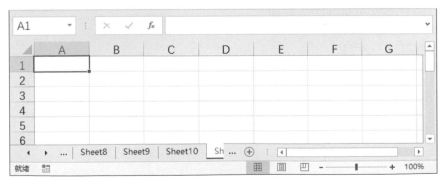

⋒ 圖 13-26　批次新建的 10 個工作表

【Python xlwings】

範例的 .py 檔案的儲存路徑為 Samples\ch13\Python\ 示例 1-1，檔案名稱為 sam13-101.py。

```
import xlwings as xw        # 匯入 xlwings 套件，別名為 xw
app=xw.App()               # 建立 Excel 應用
bk=app.books(1)            # 獲取工作表物件
for i in range(1,11):      # 批次新建 10 個工作表
    # 新建的工作表放在所有工作表的最後面
    bk.api.Worksheets.Add(After=bk.api.Worksheets(bk.api.Worksheets.Count))
```

在 Python IDLE 檔案腳本視窗中，選擇 Run → Run Module 命令，批次新建的 10 個工作表如圖 13-26 所示。

2 · 批次刪除工作表

【Excel VBA】

範例檔案的存放路徑為 Samples\ch013\Excel VBA\ 应用示例 1\ 批量新建和刪除工作表 .xlsm。需要注意的是，當刪除工作表時必須從後往前刪，這樣剩下的工作表的索引編號不會變。

```
Sub ShtDelete10()
  Dim intI As Integer
  Application.DisplayAlerts = False
  For intI = 11 To 2 Step -1   ' 批次刪除 10 個工作表
    Sheets(intI).Delete
  Next
  Application.DisplayAlerts = True
End Sub
```

執行過程，批次刪除 10 個工作表。

【Python】

　　本範例使用 for 迴圈，利用 Sheets 物件的 Delete 方法批次刪除指定工作表中的工作表。該工作表檔案的存放路徑為 Samples\ch13\Python\ 示例 1-2\test01.xlsx，其中有 11 個工作表，編號為 1 ～ 11，從前往後依次排列。範例的 .py 檔案的儲存路徑為 Samples\ch13\Python\ 示例 1-2，檔案名稱為 sam13-102.py。需要注意的是，當刪除工作表時是從後往前刪的。

```python
import xlwings as xw                              # 匯入 xlwings 套件
import os                                         # 匯入 os 套件
root=os.getcwd()                                  # 獲取 .py 檔案的目前的目錄
# 建立 Excel 應用，可見，不增加工作表
app=xw.App(visible=True, add_book=False)
# 打開目前的目錄下的 test01.xlsx 檔案，傳回工作表物件
bk=app.books.open(fullname=root+r'\test01.xlsx',read_only=False)
app.display_alerts=False                          # 後面刪除工作表時不彈出提示訊息對話方塊
for i in range(11,1,-1):                          # 批次刪除 10 個工作表
    bk.api.Sheets(i).Delete()
app.display_alerts=True
```

　　在 Python IDLE 檔案腳本視窗中，選擇 Run → Run Module 命令，從後往前批次刪除 10 個工作表。

13.6.2　應用範例 2：按工作表的某列分類並拆分為多個工作表

　　現有各部門的工作人員資訊如圖 13-27 中處理前的工作表所示。現在根據 A 列的值對工作表資料進行拆分，將每個部門的工作人員資訊歸總到一起組成一個新表，表的名稱為該部門的名稱。拆分的想法是遍歷工作表的每一行，如果以部門名稱命名的工作表不存在，則建立該名稱的新表；如果已經存在，則將該行資訊追加到這個已經存在的工作表中。

圖 13-27　按部門將工作表拆分為多個新表

下面採用 Excel VBA 和 Python xlwings 方式進行拆分。

【Excel VBA】

範例檔案的存放路徑為 Samples\ch013\Excel VBA\ 应用示例 2\ 各部门员工 .xlsm。

```vba
Sub CF()
  ' 按工作表的 A 列分類，並拆分到多個工作表
  Dim lngI As Long, lngJ As Long
  Dim strT As String, strS As String
  Dim lngN As Long, lngR As Long

  Application.ScreenUpdating = False    ' 取消視窗重畫
  Application.DisplayAlerts = False     ' 取消警告提示訊息對話方塊的顯示

  ' 遍歷資料表的每一行
  For lngI = 2 To Range("A" & Rows.Count).End(xlUp).Row
    Worksheets(" 整理 ").Select
    strT = Range("A" & lngI).Text       ' 獲取該行所屬部門的名稱
    If InStr(strS, strT) = 0 Then
      ' 如果是新部門，則將名稱增加到 strS，複製標頭和資料
      strS = strS & strT & " "
      Worksheets.Add after:=Worksheets(Worksheets.Count)
```

```
       ActiveSheet.Name = strT
       Worksheets(" 整理 ").Rows(1).Copy ActiveSheet.Rows(1)
       Worksheets(" 整理 ").Rows(lngI).Copy ActiveSheet.Rows(2)
     Else
       ' 如果是已經存在的部門名稱，則直接追加資料行
       Worksheets(strT).Select
       lngR = ActiveSheet.Range("A" & ActiveSheet.Rows.Count).End(xlUp).Row + 1
       Worksheets(" 整理 ").Rows(lngI).Copy ActiveSheet.Rows(lngR)
     End If
   Next

   ' 刪除新生成的工作表的第 1 列
   For intI = 2 To Worksheets.Count
     Worksheets(intI).Columns(1).Delete
   Next

   Application.ScreenUpdating = True
   Application.DisplayAlerts = True
End Sub
```

執行程式，拆分工作表，效果如圖 13-27 中處理後的工作表所示。

【Python xlwings】

採用 Python xlwings 方式進行拆分的程式如下所示。範例的資料檔案的存放路徑為 Samples\ch13\Python\ 應用示例 2\ 各部门员工 .xlsx，.py 檔案儲存在相同的目錄下，檔案名稱為 sam13-103.py。

```
import xlwings as xw      # 匯入 xlwings 套件
# 從 constants 類別中匯入 Direction
from xlwings.constants import Direction
import os                          # 匯入 os 套件
root = os.getcwd()                 # 獲取當前工作目錄，即 .py 檔案所在的目錄
# 建立 Excel 應用，可見，不增加工作表
app=xw.App(visible=True, add_book=False)
# 打開目前的目錄下的 " 各部門員工 .xlsx" 檔案，寫入，傳回工作表物件
bk=app.books.open(fullname=root+r'\ 各部門員工 .xlsx',read_only=False)
app.screen_updating=False          # 取消視窗重畫
app.display_alerts=False           # 取消警告提示訊息對話方塊的顯示
```

```
sht=bk.sheets(1)                                        # 獲取 " 整理 " 工作表
# 獲取該工作表中資料區域的行數
irow=sht.api.Range('A'+str(sht.api.Rows.Count)).End(Direction.xlUp).Row
strs=[]                                                 # 建立空串列 strs
for i in range(2,irow+1):          #遍歷資料表的每一行
    sht2=bk.api.Worksheets(' 整理 ')                    # 獲取 " 整理 " 工作表
    strt=sht2.Range('A'+str(i)).Text                    # 獲取該行所屬部門名稱
    if(strt not in strs):
        #如果是新部門，則將名稱增加到 strs 串列，複製標頭和資料
        strs.append(strt)
        bk.api.Worksheets.Add(After=bk.api.Worksheets(bk.api.Worksheets.Count))
        bk.api.ActiveSheet.Name = strt
        bk.api.Worksheets(' 整理 ').Rows(1).Copy(bk.api.ActiveSheet.Rows(1))
        bk.api.Worksheets(' 整理 ').Rows(i).Copy(bk.api.ActiveSheet.Rows(2))
    else:
        #如果是已經存在的部門名稱，則直接追加資料行
        bk.api.Worksheets(strt).Select()
        r=bk.api.ActiveSheet.Range('A'+\
            str(bk.api.ActiveSheet.Rows.Count)).\
            End(Direction.xlUp).Row + 1
        bk.api.Worksheets(' 整理 ').Rows(i).\
            Copy(bk.api.ActiveSheet.Rows(r))

# 刪除新生成的工作表的第 1 列
for i in range(1,bk.api.Worksheets.Count+1):
    bk.api.Worksheets(i).Columns(1).Delete()

app.screen_updating=True
app.display_alerts=True
```

在 Python IDLE 檔案腳本視窗中，選擇 Run → Run Module 命令，進行工作表拆分。拆分效果如圖 13-27 中處理後的工作表所示。

13.6.3　應用範例 3：將多個工作表分別儲存為工作表

現有各部門的工作人員資訊如圖 13-28 中處理前的工作表所示。不同部門的工作人員資訊單獨放在一個工作表中，現在要求將不同工作表中的資料單獨儲存為工作表檔案。

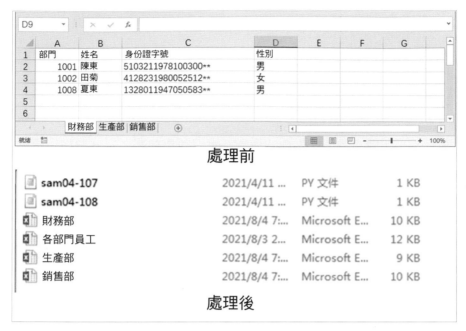

♠ 圖 13-28 將多個工作表分別儲存為工作表檔案

下面採用 Excel VBA 和 Python xlwings 方式將各工作表資料儲存為單獨的工作表檔案。

【Excel VBA】

範例檔案的存放路徑為 Samples\ch013\Excel VBA\ 應用示例 3\ 各部门员工 .xlsm。

```
Sub SaveToFile()
    Application.ScreenUpdating = False          '取消視窗重畫

    Dim strFolder As String
    strFolder = ThisWorkbook.Path               '獲取目前的目錄
    Dim shtT As Worksheet
    For Each shtT In Worksheets                  '遍歷每個工作表，分別儲存
        '建立一個新的工作表並複製原始工作表中的資料
        '新建立的工作表就是活動工作表
        shtT.Copy
        '儲存到檔案，檔案名稱為原始工作表的名稱
```

```
        ActiveWorkbook.SaveAs strFolder & "\" & shtT.Name & ".xlsx", 51
        ActiveWorkbook.Close
    Next

    Application.ScreenUpdating = True
End Sub
```

執行程式，儲存各工作表中的資料。處理效果如圖 13-28 中處理後的工作表所示。

【 Python xlwings 】

採用 Python xlwings 方式來實現的程式如下所示。範例的資料檔案的存放路徑為 Samples\ch13\Python\ 应用示例 3\ 各部门员工 .xlsx，.py 檔案儲存在相同的目錄下，檔案名稱為 sam13-104.py。

```
import xlwings as xw             # 匯入 xlwings 套件
import os                        # 匯入 os 套件
root = os.getcwd()               # 獲取 .py 檔案所在的目錄，即目前的目錄
# 建立 Excel 應用，可見，不增加工作表
app=xw.App(visible=True, add_book=False)
# 打開目前的目錄下的 " 各部門員工 .xlsx" 檔案，寫入，傳回工作表物件
bk=app.books.open(fullname=root+r'\ 各部門員工 .xlsx',read_only=False)
app.screen_updating=False        # 取消視窗重畫
for sht in bk.api.Worksheets:    # 遍歷每個工作表，分別儲存
    # 建立一個新的工作表並複製原始工作表中的資料
    # 新建立的工作表就是活動工作表
    sht.Copy()
    # 儲存到檔案，檔案名稱為原始工作表的名稱
    app.api.ActiveWorkbook.SaveAs(root+'\\'+sht.Name+'.xlsx', 51)
    app.api.ActiveWorkbook.Close()

app.screen_updating=True
```

在 Python IDLE 檔案腳本視窗中，選擇 Run → Run Module 命令，儲存各工作表中的資料。處理效果如圖 13-28 中處理後的工作表所示。

13.6.4　應用範例 4：將多個工作表合併為一個工作表

13.6.2 節將一個工作表根據某列的值拆分為多個工作表，本節介紹的是將多個工作表合併為一個工作表。

現有各部門的工作人員資訊如圖 13-29 中處理前的工作表所示。不同部門的工作人員資訊單獨放在一個工作表中，現在要求將不同工作表中的資料合併到「整理」工作表中，並增加「部門」列，列的值為資料來源工作表的表名。

● 圖 13-29　將多個工作表合併為一個工作表

下面採用 Excel VBA 和 Python xlwings 方式將各工作表合併為「整理」工作表。

【Excel VBA】

範例檔案的存放路徑為 Samples\ch013\Excel VBA\ 应用示例 4\ 各部门员工 .xlsm。

```
Sub CombineSheets()
  Dim shtT As Worksheet, lngRow As Long, rngT As Range
  Dim lngRT As Long, lngRT2 As Long, lngI As Long
  Worksheets(" 整理 ").Select          ' 選擇「整理」工作表
  Cells.Clear                          ' 清空「整理」表
```

```
    Range("A1").Value = " 部門 "
    Worksheets(1).Range("A1:D1").Copy Range("B1")    ' 複製標頭
    For Each shtT In Worksheets     ' 遍歷「整理」工作表外的每個工作表
      If shtT.Name <> " 整理 " Then
          ' 將各部門工作表的資料複製到「整理」工作表
        Set rngT = Range("A65536").End(xlUp).Offset(1, 1)
        lngRow = shtT.Range("A1").CurrentRegion.Rows.Count - 1
        shtT.Range("A2").Resize(lngRow, 4).Copy rngT
        ' 在「整理」工作表的 A 列增加部門名稱
        lngRT = Range("A65536").End(xlUp).Row + 1
        lngRT2 = lngRT + lngRow - 1
        ' 將當前工作表的名稱作為「部門」列的值進行增加
        For lngI = lngRT To lngRT2
          Cells(lngI, 1).Value = shtT.Name
        Next
      End If
    Next
End Sub
```

執行程式，處理效果如圖 13-29 中處理後的「整理」工作表所示。

【 Python xlwings 】

採用 Python xlwings 方式來實現的程式如下所示。範例的資料檔案的存放路徑為 Samples\ch13\Python 应用 \ 示例 4\ 各部门员工 .xlsx，.py 檔案儲存在相同的目錄下，檔案名稱為 sam13-105.py。

```
import xlwings as xw                   # 匯入 xlwings 套件
# 從 constants 類別中匯入 Direction
from xlwings.constants import Direction
import os                             # 匯入 os 套件
root = os.getcwd()                    # 獲取 .py 檔案所在的目錄，即目前的目錄
# 建立 Excel 應用，可見，不增加工作表
app=xw.App(visible=True, add_book=False)
# 打開目前的目錄下的「各部門員工 .xlsx」檔案，寫入，傳回工作表物件
bk=app.books.open(fullname=root+r'\ 各部門員工 .xlsx',read_only=False)
sht= bk.api.Worksheets(' 整理 ')         # 獲取「整理」工作表
sht.Cells.Clear()                      # 清空「整理」工作表
sht.Range('A1').Value = ' 部門 '
```

```
bk.api.Worksheets(1).Range('A1:D1').Copy(sht.Range('B1'))  #複製標頭
for shtt in bk.api.Worksheets:    #遍歷「整理」工作表外的每個工作表
    if shtt.Name!= ' 整理 ':
        #將各部門工作表的資料複製到「整理」工作表
        rngt=shtt.Range('A2',shtt.Cells(shtt.\
            Range('A'+str(shtt.Rows.Count)).\
            End(Direction.xlUp).Row,4))
        row=sht.Range('A1').CurrentRegion.Rows.Count+1
        rngt.Copy(sht.Cells(row,2))   #複製資料
        #在「整理」工作表的 A 列增加部門名稱
        rt=sht.Range('A'+str(sht.Rows.Count)).\
            End(Direction.xlUp).Row + 1
        row2=shtt.Range('A1').CurrentRegion.Rows.Count-1
        rt2=rt+row2
        #將當前工作表的名稱作為「部門」列的值進行增加
        for i in range(rt,rt2):
            sht.Cells(i,1).Value=shtt.Name
```

在 Python IDLE 檔案腳本視窗中，選擇 Run → Run Module 命令，將各工作表中的資料合併到「整理」工作表中，並增加「部門」列。處理效果如圖 13-29 中處理後的「整理」工作表所示。

第 **14** 章

介面設計

　　介面設計是程式設計的主要內容之一，提供了人機互動的友善環境。可以使用圖形介面顯示資訊、輸入資料和輸出資料等。在 Excel VBA 中，既可以增加表單模組，也可以透過拖曳操作在表單上互動繪製控制項並透過表單和控制項的成員進行程式設計，從而實現圖形化使用者介面的設計。在 Python 中，可以使用 Tkinter、wxPython 和 PyQt 等模組進行介面設計。因為 Tkinter 是內建模組，並且具有使用簡便、功能齊全等特點，所以本書結合 Tkinter 介紹。

14.1 | 表單

表單是一個容器物件，可以包含各種控制項，並與這些控制項一起組成程式介面。一個標準專案的介面中必須至少包含一個表單。

14.1.1 建立表單

下面介紹採用 Excel VBA 和 Python Tkinter 方式建立表單的方法。

【Excel VBA】

打開 Excel 後，點擊「開發人員」→ Visual Basic 按鈕，打開 Excel VBA 程式設計環境。如果沒有找到「開發人員」功能區，則需要先按照 1.2.1 節介紹的步驟進行載入。

在 Excel VBA 程式設計環境中，選擇「插入」→「使用者表單」命令，增加一個名為 UserForm1 的表單，如圖 14-1 所示。同時顯示一個「工具箱」浮動視窗，提供向表單增加控制項的各種按鈕。14.2 節會對控制項進行詳細介紹。左下角為「屬性」面板，當表單被選中時，「屬性」面板中顯示的就是表單的各種屬性和它們的值。按兩下表單進入程式編輯視窗。

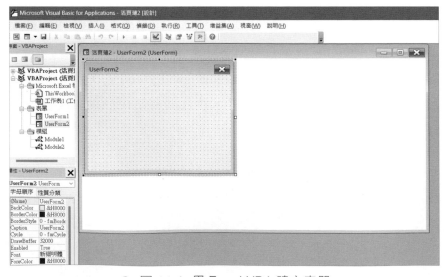

❶ 圖 14-1 用 Excel VBA 建立表單

【Python Tkinter】

在 Python 中使用 Tkinter 建立表單，打開 Python IDLE 檔案腳本視窗，在 Python Shell 視窗中輸入以下命令列。

```
>>> from tkinter import *
>>> form = Tk()   #建立表單
```

建立的預設表單如圖 14-2 所示。

🎧 圖 14-2　建立的預設表單

14.1.2　表單的主要屬性、方法和事件

建立表單後，設定屬性可以改變其外觀，使用方法可以進行各種操作，使用事件可以對協力廠商動作做出回應。

【Excel VBA】

在 Excel VBA 中，透過「屬性」面板可以查看表單的主要屬性。表單的主要屬性包括以下幾個。

- Left 屬性、Top 屬性、Width 屬性和 Height 屬性：用於設定表單左上角的水平座標、垂直座標，以及表單的寬度和高度。

- BackColor 屬性和 ForeColor 屬性：用於設定表單的背景顏色和前景顏色。

- BorderStyle 屬性：用於確定表單邊框的類型。

- Caption 屬性：用於設定表單的標題。

- Picture 屬性：用於在表單上顯示圖片。

在 Excel VBA 中，為表單設定屬性有兩種方法：一種是在設計階段進行設定，稱為設計時；另一種是在程式執行階段透過程式進行設定，稱為執行時期。

設計時是選擇表單後，在介面左下角的「屬性」面板中直接輸入指定屬性的值，如指定 BackColor 屬性的值為黃色。執行時期則使用程式進行設定，以下面的程式在啟動表單時將表單的背景顏色修改為黃色。

```
Private Sub UserForm_Activate()
  Me.BackColor = RGB(255, 255, 0)
End Sub
```

表單的主要方法有以下幾種。

- Show 方法：顯示表單。

- Move 方法：移動表單。該方法常用於改變表單的大小，此時比直接使用 Left 屬性、Top 屬性、Width 屬性、Height 屬性等要快一些。

表單的主要事件有以下幾個。

- Activate 事件：啟動表單時觸發。

- Click 事件：點擊表單時觸發。

- Resize 事件：改變表單的大小時觸發。

- MouseDown 事件、MouseMove 事件和 MouseUp 事件：滑鼠在表單上按下、移動和彈起時觸發。

舉例來說，上面的 UserForm_Activate 過程在定義啟動表單這個事件發生時，將表單的背景顏色修改為黃色。

【Python Tkinter】

在 Python Tkinter 中，設定表單的屬性需要先建立表單物件 form。

```
>>> from tkinter import *
>>> form=Tk()
```

使用表單物件的 keys 方法可以獲取該物件的所有屬性，範例如下。

```
>>> form.keys()
['bd', 'borderwidth', 'class', 'menu', 'relief', 'screen', 'use', 'background', 'bg',
'colormap', 'container', 'cursor', 'height', 'highlightbackground', 'highlightcolor',
'highlightthickness', 'padx', 'pady', 'takefocus', 'visual', 'width']
```

在 Python Tkinter 中，設定表單內容的值主要有下面幾種方法。

- 使用表單物件的 config 方法可以一次設定一個或多個屬性的值。

舉例來説，下面將表單的背景顏色設定為黃色，表單的寬度設定為 300
像素。

```
>>> form.config(background='yellow',width=300)
```

需要注意的是，屬性名稱不要加引號。

- 使用字典的方式進行設定，一次只能設定一個屬性的值。

舉例來説，下面將表單的背景顏色設定為綠色。

```
>>> form['background']='green'
```

- 使用表單物件的 attributes 方法可以設定部分特殊的屬性，如 alpha（透明度）、disabled（不可用）、fullscreen（全螢幕顯示）和 topmost（置頂顯示）等，範例如下。

```
>>> form.attributes('-alpha',0.5)          # 透明度，半透明
>>> form.attributes('-disabled',False)      # 可用
>>> form.attributes('-fullscreen',False)    # 不全螢幕顯示
>>> form.attributes('-topmost',False)       # 不置頂顯示
```

- 使用表單物件的 geometry 方法可以設定表單的位置和大小。

　　舉例來說，下面設定表單左上角的水平座標為 200 像素、垂直座標為 300 像素，表單的寬度為 400 像素、高度為 200 像素。

```
>>> form.geometry('400x200+200+300')
```

■ 設定表單的標題。

```
>>> form.title(' 新表單 ')
```

獲取屬性的值有以下幾種方法。

■ 用字典方式獲取，範例如下。

```
>>> form['background']
'green'
```

■ 用表單物件的 cget 方法獲取，範例如下。

```
>>> form.cget('background')
'green'
```

■ 用表單物件的 attributes 方法獲取，範例如下。

```
>>> form.attributes('-alpha')
0.5
```

■ 獲取表單的位置和大小，範例如下。

```
>>> form.winfo_x()          #表單左上角在螢幕座標系中的水平座標
125
>>> form.winfo_y()          #表單左上角在螢幕座標系中的垂直座標
125
>>> form.winfo_width()      #表單的寬度
300
>>> form.winfo_height()     #表單的高度
239
```

■ 獲取表單的標題，範例如下。

```
>>> form.title()
' 新表單 '
```

　　控制項是用圖形表示的具備特定功能的介面元素。使用控制項，可以像搭積木一樣很方便地建立程式介面。控制項是程式重用的一種方式，常用的有標籤控制項、文字標籤控制項、命令按鈕控制項、選項按鈕控制項、核取方塊控制項、串列方塊控制項、下拉式方塊控制項、旋轉按鈕控制項和方框控制項等。

14.2.1　建立控制項的方法

　　在 Excel VBA 中，可以使用設計時和執行時期兩種方法建立控制項；在 Python Tkinter 中，只能使用執行時期透過特定函式建立控制項。

【Excel VBA】

　　如果使用設計時建立控制項，則先在「工具箱」浮動視窗中點擊要建立的控制項的圖示按鈕，然後在表單中合適的位置點擊並拖曳滑鼠，在合適的位置停下來再點擊，目標控制項就建立好了。所以，這是一個「所見即所得」的過程，操作方便、直觀。

　　如果使用執行時期建立控制項，則需要使用 Controls 物件的 Add 方法。表單物件的 Controls 屬性傳回 Controls 物件，該物件中儲存了表單的所有控制項並進行管理。Add 方法具有類似下面的形式。

```
Set lblT = UserForm1.Controls.Add("forms.ctlType.1", ctlName, True)
```

　　其中，lblT 是一個 Object 物件，UserForm1 是一個表單物件，"forms.ctlType.1" 指定控制項類型，ctlName 為控制項名稱。

　　在 Excel VBA 程式設計環境中，增加一個表單後，按兩下該表單進入程式編輯視窗，並增加下面的事件程序，當啟動表單事件觸發時在表單上增加一個標籤，標籤文字為 " 新標籤 "。

```
Private Sub UserForm_Activate()
  Dim lblT As Object
```

```
   Set lblT = UserForm1.Controls.Add("forms.label.1", Label1, True)
   lblT.Caption = " 新標籤 "
End Sub
```

【Python Tkinter】

在 Python Tkinter 中，可以使用特定的函式建立控制項。舉例來說，在 Python Shell 視窗中輸入下面的程式，建立表單後，使用 Button 函式建立一個文字為 " 確定 "、寬度為 8、背景顏色為黃色的命令按鈕，並使用 pack 方法將命令按鈕停放在距離表單頂部 10 個單位的位置。

```
>>> from tkinter import *
>>> form=Tk()
>>> form.geometry('400x160+100+100')

# 建立按鈕，文字為 " 確定 "，寬度為 8，背景顏色為黃色
>>> btn=Button(form,text=' 確定 ',width=8,background='yellow')
>>> btn.pack(pady=10)   # 版面配置，距離表單頂部 10 個單位
```

14.2.2　控制項的共有屬性

有些屬性是絕大部分控制項共有的，因此有必要將它們單獨列出來介紹。這些屬性與控制項的位置、大小、顏色、字型、邊框、樣式和圖片等有關。

【Excel VBA】

在 Excel VBA 中，控制項共有的屬性如下。

- Left 屬性和 Top 屬性：用於設定控制項左上角在表單座標系中的水平座標和垂直座標。

- Width 屬性和 Height 屬性：用於設定控制項的寬度和高度。

- BackColor 屬性和 ForeColor 屬性：用於設定控制項的背景顏色和前景顏色。

- Font 屬性：用於設定控制項的字型。

- BorderColor 屬性和 BorderStyle 屬性：用於設定控制項邊框的顏色和樣式等。

- Picture 屬性：用於設定圖片。

- Visible 屬性：用於設定控制項的可見性。

這些屬性的設定有設計時和執行時期兩種方式，讀者可以參考 14.1.2 節中表單內容的設定方法。

下面重點介紹設定控制項的顏色和字型的方法。

設定控制項的顏色可以使用顏色常數、整數、十六進位整數和 RGB 函式等，以下面的程式在執行時期如果發生點擊命令按鈕的事件，則命令按鈕的背景顏色改為紅色。

```
Private Sub CommandButton1_Click()
  CommandButton1.BackColor = vbRed            '用顏色常數設定
  'CommandButton1.BackColor = 255             '用整數設定
  'CommandButton1.BackColor = &HFF&           '用十六進位整數設定
  'CommandButton1.BackColor = RGB(255,0,0)    '用 RGB 函式設定
End Sub
```

設定控制項文字的字型，使用控制項物件的 Font 屬性傳回一個 Font 物件，利用該物件的屬性設定字型。舉例來說，下面的程式在執行時期如果發生點擊命令按鈕的事件，則命令按鈕的標題改變字型。

```
Private Sub CommandButton1_Click()
  With CommandButton1.Font
    .Name = " 宋體 "                  '設定字型名稱
    .Size = 16                        '設定字型大小大小
    .Bold = True                      '設定是否粗體
    .Italic = True                    '設定是否傾斜
    .Underline = True                 '設定是否加底線
    .Strikethrough = True             '設定是否加刪除線
  End With
End Sub
```

【Python】

在 Python Tkinter 中，控制項共有的屬性如下。

- width 屬性和 height 屬性：用於設定控制項的寬度和高度。控制項的位置與版面配置有關，具體內容請參考 14.2.3 節。

- background 屬性和 foreground 屬性：用於設定控制項的背景顏色和前景顏色。

- font 屬性：用於設定字型。

- borderwidth 屬性：用於設定控制項的邊框寬度。

- padx 屬性和 pady 屬性：用於設定控制項中文字與邊界的距離。

- relief 屬性：用於設定控制項的外觀樣式。

- image 屬性：用於設定圖片。

- command 屬性：用於設定連結的事件回應。

屬性的設定方法請參考 14.1.2 節中表單內容的設定。

在 Python Tkinter 中，控制項的顏色可以用常數或十六進位整數進行設定，範例如下。

```
>>> btn=Button(form,text=' 確定 ',width=8)
>>> btn['background']='red'
```

也可以使用以下形式。

```
>>> btn['background']='#FF0000'
```

常用的顏色常數包括 red（紅色）、green（綠色）、blue（藍色）、yellow（黃色）、orange（橙色）、lightgreen（淡綠色）、lightblue（淡藍色）和 lightyellow（淡黃色）等。

控制項中文字的字型用 font 屬性進行設定，以下面設定命令按鈕上標題文字的字型為宋體，字型大小為 15，粗體，傾斜，增加底線和刪除線。

```
>>> btn['font']=('宋體',15, 'bold', 'italic', 'underline', 'overstrike')
```

控制項的樣式用 relief 屬性設定，以下面將命令按鈕的樣式設定為凸起。

```
>>> btn['releif']='raised'
```

可設定的樣式包括 flat（平整）、raised（凸起）、sunken（下凹）、groove（邊凹）、ridge（邊凸）和 solid（黑框）等。

14.2.3　控制項的版面配置

控制項的版面配置指的是合理佈置表單中控制項的位置，達到理想的介面外觀效果。

【Excel VBA】

在 Excel VBA 中，設計時建立控制項因為採用的是「所見即所得」的方式，所以可以互動式地控制控制項的版面配置。另外，「格式」選單中提供了很多與版面配置有關的命令，如「控制項對齊」命令、「尺寸統一」命令、「間隔排列」命令等。

如果採用執行時期建立控制項，則可以使用控制項的 Left 屬性和 Top 屬性控制控制項的位置，使用 Width 屬性和 Height 屬性控制控制項的大小。

【Python Tkinter】

在 Python Tkinter 中，有 3 種版面配置方法，即 place 版面配置、pack 版面配置和 grid 版面配置。

place 版面配置與 Excel VBA 中控制項的版面配置方法類似，可以精確地指定控制項的位置和大小。使用控制項物件的 place 方法可以實現 place 版面配置。place 方法的參數主要有以下幾個。

- x 和 y：用於指定控制項左上角的 x 座標和 y 座標。

- width 和 height：用於指定控制項的寬度和高度。

- relx 和 rely：用於指定控制項相對於表單的 x 座標和 y 座標，值為 0 和 1 之間的小數。

- relwidth 和 relheight：用於指定控制項相對於表單的寬度和高度，值為 0 和 1 之間的小數。

pack 版面配置透過控制項在表單某一側停靠分割表單空間來進行版面配置。使用控制項物件的 pack 方法可以實現 pack 版面配置。pack 方法的參數主要有以下幾個。

- anchor：用於指定控制項的對齊方式，設定值為 N（頂對齊）、S（底對齊）、W（左對齊）和 E（右對齊）等。

- side：用於指定控制項在表單中的停靠位置，設定值為 "top"、"bottom"、"left" 和 "right" 等，預設頂部停靠，中心對齊。

- fill：用於指定填充方式，設定值為 X（水平填充）或 Y（垂直填充）。

- expand：是否可以擴充，設定值為 1（可擴充）或 0（不可擴充）。

grid 版面配置採用均勻網格結構進行版面配置。使用控制項物件的 grid 方法可以實現 grid 版面配置。grid 方法的參數主要有以下幾個。

- row：用於指定行編號，基數為 0。

- column：用於指定列編號，基數為 0。

- rowspan：用於指定行合併，控制項佔據多行。

- columnspan：用於指定列合併，控制項佔據多列。

- sticky：用於指定控制項的對齊方式，設定值為 N（頂對齊）、S（底對齊）、W（左對齊）和 E（右對齊）等。

pack 版面配置和 grid 版面配置還有以下幾個常用的參數。

- padx 和 pady：用於指定控制項外部與左右或上下的距離。如果指定 pady=10，則表示控制項與上下的距離為 10；如果指定 pady=(10,0)，則表示控制項與上面的距離為 10，與下面沒有距離。

- ipadx 和 ipady：用於指定控制項內部文字與控制項左右兩側或上下兩邊的距離，是控制項內部的距離度量。

14.2.4　標籤控制項

標籤控制項用於在介面上顯示不可互動操作和不可修改的文字內容。

【Excel VBA】

如果採用設計時建立標籤控制項，則點擊「工具箱」浮動視窗中的 A 按鈕，在表單上通過點擊和拖曳即可互動繪製標籤。選擇它，在「屬性」面板中設定標籤的屬性。常見屬性的設定請參考 14.2.2 節。使用 Caption 屬性可以設定標籤的文字。

如果採用執行時期動態建立標籤控制項，則可以使用 Controls 物件的 Add 方法。下面的程式建立的是一個指定位置和大小、背景顏色為黃色，以及文字為 " 標籤範例 " 的標籤。範例檔案的存放路徑為 Samples\ch14\Excel VBA\ 标签 .xlsm。

```
Private Sub UserForm_Activate()
  Dim lblNew As Object
  Set lblNew = Me.Controls.Add("forms.label.1", "Label1", True)  ' 建立標籤
  With lblNew                             ' 設定標籤
    .Left = 10:.Top = 10                  ' 位置
    .Width = 100:.Height = 20             ' 大小
    .BackColor = RGB(255, 255, 0)         ' 背景顏色為黃色
    .Caption = " 標籤範例 "               ' 文字
  End With
End Sub
```

【Python】

在 Python Tkinter 中，使用 Label 函式可以建立標籤控制項。有關標籤控制項的常用屬性請參考 14.2.2 節。使用 text 屬性可以設定或傳回標籤的文字。

下面建立 3 個標籤。第 1 個標籤的背景顏色為淡綠色；第 2 個標籤的樣式為凸起，前景顏色為紅色，並設定為黑體；第 3 個標籤的文字有換行。撰寫的 Python 指令檔的存放路徑為 Samples\ch14\Python\ 標籤 .py。

```python
from tkinter import *

# 表單
form=Tk()
form.geometry('300x120+100+100')

# 第 1 個標籤
lbl1=Label(form,text=' 這是一個標籤 ')
lbl1.pack()
lbl1['background']='lightgreen'              # 背景顏色為淡綠色

# 第 2 個標籤
lbl2=Label(form,text=' 這是第 2 個標籤 ')
lbl2.pack()
lbl2['relief']='raised'                      # 樣式為凸起
lbl2['foreground']='red'                      # 前景顏色為紅色
# 設定字型：黑體，大小為 15，粗體，傾斜，底線
lbl2['font']=(' 黑體 ',15,'bold','italic','underline')

# 第 3 個標籤
lbl3=Label(form,text=' 這是第 3 個標籤這是第 3 個標籤 ')
lbl3.pack()
lbl3['wraplength']=120                        # 換行長度為 120
lbl3['background']='lightblue'                 # 背景顏色為淡藍色
lbl3['width']=20   # 寬度為 20
lbl3['height']=3   # 高度為 3

form.mainloop()
```

執行效果如圖 14-3 所示。

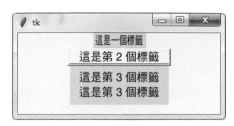

⊙ 圖 14-3 建立標籤

14.2.5 文字標籤控制項

使用文字標籤控制項可以在介面上互動輸入和顯示文字內容。

【Excel VBA】

如果採用設計時建立文字標籤控制項,則點擊「工具箱」浮動視窗中的 **abl** 按鈕,在表單上通過點擊和拖曳即可互動繪製文字標籤。選擇它,在「屬性」面板中設定文字標籤的屬性。常見屬性的設定請參考 14.2.2 節。使用 Text 屬性可以設定文字標籤中的文字。

如果採用執行時期動態建立文字標籤控制項,則可以使用 Controls 物件的 Add 方法。下面的程式建立的是一個指定位置和大小、背景顏色為黃色,以及文字為 " 文字標籤範例 " 的文字標籤。範例檔案的存放路徑為 Samples\ch14\ Excel VBA\ 文本框 .xlsm。

```
Private Sub UserForm_Activate()
  Dim txtNew As Object
  Set txtNew = Me.Controls.Add("forms.textbox.1", "TextBox1", True)
  With txtNew
    .Left = 10: .Top = 10
    .Width = 100: .Height = 20
    .BackColor = RGB(255, 255, 0)
    .Text = " 文字標籤範例 "
  End With
End Sub
```

【Python Tkinter】

在 Python Tkinter 中，使用 Entry 函式可以建立單行文字標籤控制項。單行文字標籤控制項的常用屬性請參考 14.2.2 節。使用 insert 方法可以在單行文字標籤的指定位置插入文字。

下面建立 3 個單行文字標籤。第 1 個單行文字標籤設定了被選擇文字的背景顏色和前景顏色，選擇前兩個字元查看效果；第 2 個單行文字標籤插入文字後，在第 2 個字元前插入新文字；第 3 個單行文字標籤將輸入的字元全部顯示為星號。撰寫的 Python 指令檔的存放路徑為 Samples\ch14\Python\ 單行文本框 .py。

```python
from tkinter import *

# 表單
form=Tk()
form.geometry('400x160+100+100')

# 第 1 個單行文字標籤
en1=Entry(form)
en1.pack()
en1.insert('end',' 單行文字標籤 ')              # 在尾端插入文字
en1['selectbackground']='lightblue'            # 被選擇文字的背景顏色為淡藍色
en1['selectforeground']='red'                  # 被選擇文字的前景顏色為紅色
en1.focus_set()                                # 焦點轉移到文字標籤
en1.select_range(0,2)                          # 選擇前兩個字元

# 第 2 個單行文字標籤
en2=Entry(form)
en2.pack()
en2.insert('end',' 單行文字標籤 ')              # 在尾端插入文字
en2.icursor(1)                                 # 將游標插到第 2 個字元前
en2.insert('insert',' 單行文字標籤 ')           # 在游標處插入文字

# 第 3 個單行文字標籤
en3=Entry(form)
en3.pack()
en3.insert('end',' 單行文字標籤 ')              # 在尾端插入文字
```

```
en3['show']='*'                                    # 輸入的字元顯示為星號

form.mainloop()
```

執行效果如圖 14-4 所示。

🎧 圖 14-4　建立單行文字標籤

在 Python Tkinter 中，使用 Text 函式可以建立多行文字標籤控制項。多行文字標籤控制項的常用屬性請參考 14.2.2 節。使用 insert 方法可以在多行文字標籤的指定位置插入文字。

下面建立 3 個多行文字標籤。第 1 個多行文字標籤設定了被選擇文字的背景顏色和前景顏色；第 2 個和第 3 個多行文字標籤在插入文字後，用兩種方式實現在第 3 個字元前插入新文字。撰寫的 Python 指令檔的存放路徑為 Samples\ch14\Python\ 多行文本框 .py。

```
from tkinter import *

# 表單
form=Tk()
form.geometry('400x200+100+100')

# 第 1 個多行文字標籤
txt1=Text(form,width=50,height=3)
txt1.pack()
txt1.insert('end','多行文字標籤多行文字標籤多行文字標籤多行文字標籤多行文字標籤多行文字標
籤多行文字標籤多行文字標籤 ')              # 在尾端插入文字
txt1['selectbackground']='lightblue'      # 被選擇文字的背景顏色為淡藍色
txt1['selectforeground']='red'            # 被選擇文字的前景顏色為紅色
```

```
print(txt1.get('1.6',END))                    # 獲取文字內容

# 第 2 個多行文字標籤
txt2=Text(form,width=50,height=3)
txt2.pack()
txt2.insert('end',' 多行文字標籤 ')           # 在尾端插入文字
txt2.mark_set('pos','1.2')                    # 標記位置為第 3 個字元前
txt2.insert('pos',' 插入內容 ')               # 在標記處插入文字

# 第 3 個多行文字標籤
txt3=Text(form,width=50,height=3)
txt3.pack()
txt3.insert('end',' 多行文字標籤 ')           # 在尾端插入文字
txt3.insert('1.2',' 插入內容 ')               # 在第 1 行的第 3 個字元前插入文字

form.mainloop()
```

執行效果如圖 14-5 所示。

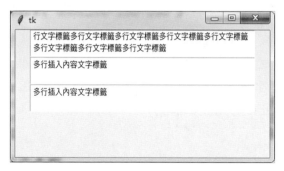

● 圖 14-5　建立多行文字標籤

14.2.6　命令按鈕控制項

命令按鈕可以用於發出指令。

【Excel VBA】

如果採用設計時建立命令按鈕控制項，則點擊「工具箱」浮動視窗中的 ↵
按鈕，在表單上通過點擊和拖曳即可互動繪製命令按鈕。選擇它，在「屬性」

面板中設定命令按鈕的屬性。常見屬性的設定請參考 14.2.2 節。使用 Caption 屬性可以設定命令按鈕的標題。

　　如果採用執行時期動態建立命令按鈕控制項，則可以使用 Controls 物件的 Add 方法。下面的程式建立的是一個指定位置和大小、背景顏色為黃色，以及文字為 " 命令按鈕範例 " 的標籤。範例檔案的存放路徑為 Samples\ch14\Excel VBA\ 命令按鈕 .xlsm。

```
Private Sub UserForm_Activate()
  Dim cmdNew As Object
  Set cmdNew = Me.Controls.Add("forms.commandbutton.1", "Button1", True)
  With cmdNew
    .Left = 10: .Top = 10
    .Width = 100: .Height = 20
    .BackColor = RGB(255, 255, 0)
    .Caption = " 命令按鈕範例 "
  End With
End Sub
```

　　常常使用命令按鈕控制項的 Click 事件發佈指令。舉例來說，下面的程式定義程式執行時期點擊命令按鈕，將表單的標題修改為 " 命令按鈕點擊事件測試 "。範例檔案的存放路徑為 Samples\ch14\Excel VBA\ 命令按鈕 2.xlsm。

```
Private Sub CommandButton1_Click()
  Me.Caption = " 命令按鈕點擊事件測試 "
End Sub
```

【 Python Tkinter 】

　　在 Python Tkinter 中，使用 Button 函式可以建立命令按鈕控制項。命令按鈕控制項的常用屬性請參考 14.2.2 節。使用 text 屬性設定命令按鈕的標題，使用 command 屬性定義點擊命令按鈕時的回應，使用函式定義回應。

　　下面建立 3 個命令按鈕。第 1 個命令按鈕的背景顏色為淡綠色，點擊它時呼叫 callback 函式，輸出字串 " 已確定 "；第 2 個命令按鈕的背景顏色為淡藍色，點擊它時呼叫 callback2 函式，該函式附帶有參數；點擊第 3 個命令按鈕時呼叫表單物件的 destroy 方法，退出。撰寫的 Python 指令檔的存放路徑為 Samples\ch14\Python\ 命令按鈕 .py。

```python
from tkinter import *

def callback():
    print(' 已確定 ')

def callback2(para):
    print(para)

# 表單
form=Tk()
form.geometry('400x160+100+100')

# 第 1 個命令按鈕
btn1=Button(form,text=' 確定 ',width=8,command=callback)
btn1.pack(pady=10)
btn1['background']='lightgreen'          # 背景顏色為淡綠色

# 第 2 個命令按鈕
btn2=Button(form,text=' 參數確定 ',width=8,command=lambda:callback2(' 參數確定 '))
btn2.pack(pady=10)
btn2['background']='lightblue'     # 背景顏色為淡藍色

# 第 3 個命令按鈕
btn3=Button(form,text=' 退出 ',width=8,command=form.destroy)
btn3.pack(pady=10)

form.mainloop()
```

執行效果如圖 14-6 所示。

🎧　圖 14-6　建立命令按鈕

點擊第 1 個和第 2 個命令按鈕，在 Python Shell 視窗中輸出下面的內容。

```
>>> = RESTART: ...\Samples\ch64- 介面 \Python\ 命令按鈕 .py
已確定
參數確定
```

點擊第 3 個命令按鈕，關閉介面，退出。

14.2.7　選項按鈕控制項

可以使用一組選項按鈕控制項實現單項選擇。

【Excel VBA】

如果採用設計時建立選項按鈕控制項，則點擊「工具箱」浮動視窗中的 ⦿ 按鈕，在表單上通過點擊和拖曳即可互動繪製選項按鈕。選擇它，在「屬性」面板中設定選項按鈕的屬性。常見屬性的設定請參考 14.2.2 節。使用 Caption 屬性設定選項按鈕的文字；使用 Value 屬性設定或傳回選項按鈕是否被選中，當值為 True 時表示被選中，當值為 False 時表示未選中。

如果採用執行時期動態建立選項按鈕控制項，則可以使用 Controls 物件的 Add 方法。下面的程式建立的是兩個指定位置，以及文字分別為 " 選項按鈕選項 1" 和 " 選項按鈕選項 2" 的選項按鈕，且選中第 1 個選項按鈕。範例檔案的存放路徑為 Samples\ch14\Excel VBA\ 單選按鈕 .xlsm。

```
Private Sub UserForm_Activate()
  Dim optNew As Object
  Set optNew = Me.Controls.Add("forms.optionbutton.1", "Option1", True)
  With optNew
    .Left = 10: .Top = 10
    .Caption = " 選項按鈕選項 1"
    .Value = True
  End With

  Dim optNew2 As Object
  Set optNew2 = Me.Controls.Add("forms.optionbutton.1", "Option2", True)
  With optNew2
```

```
      .Left = 10:  .Top = 30
      .Caption = " 選項按鈕選項 2"
      .Value = False
   End With
End Sub
```

【 Python Tkinter 】

在 Python Tkinter 中，使用 Radiobutton 函式可以建立選項按鈕控制項。選項按鈕控制項的常用屬性請參考 14.2.2 節。使用 text 屬性設定選項按鈕的標題；使用 variable 屬性綁定變數，屬於同一組的選項按鈕綁定同一個變數；使用 value 屬性設定或傳回值；使用 command 屬性定義選中選項按鈕時的回應，用函式定義回應。

下面建立兩個選項按鈕。第 1 個選項按鈕表示男性性別，選中；第 2 個選項按鈕表示女性性別，未選中。建立一個淡綠色的命令按鈕，點擊它時呼叫 OptBtn 函式，根據選項按鈕的選中狀態輸出對應的內容。撰寫的 Python 指令檔的存放路徑為 Samples\ch14\Python\ 单选按钮 .py。

```
from tkinter import *
# 表單
form=Tk()
form.geometry('300x120+100+100')

def OptBtn():
    if g1.get()==0:
        print(' 你是男生 ')
    else:
        print(' 你是女生 ')

g1=IntVar()              # 建立變數 g1，同一組的選項按鈕綁定同一個變數
g1.set(0)               # 選擇第 1 個選項按鈕

# 建立兩個選項按鈕
rdn1=Radiobutton(form,text=' 男 ',variable=g1,value=0)
rdn1.grid()
rdn2=Radiobutton(form,text=' 女 ',variable=g1,value=1)
rdn2.grid()
```

```
#建立命令按鈕
btn=Button(form,text=' 確定 ',width=8,command=OptBtn)
btn.grid(pady=10)
btn['background']='lightgreen'   #背景顏色為淡綠色

form.mainloop()
```

執行效果如圖 14-7 所示。

● 圖 14-7　建立選項按鈕

當執行腳本時，選中第 1 個選項按鈕，點擊「確定」按鈕，在 Python Shell 視窗中輸出下面的內容。

```
>>> = RESTART: ...\Samples\ch64- 介面 \Python\ 選項按鈕 .py
你是男生
```

14.2.8　核取方塊控制項

可以使用一組核取方塊控制項來實現多項選擇。

【Excel VBA】

如果採用設計時建立核取方塊控制項，則點擊「工具箱」浮動視窗中的 ☑ 按鈕，在表單上通過點擊和拖曳即可互動繪製核取方塊。選擇它，在「屬性」面板中設定核取方塊的屬性。常見屬性的設定請參考 14.2.2 節。使用 Caption 屬性設定核取方塊的文字；使用 Value 屬性設定或傳回核取方塊是否被選取，當值為 True 時表示選取，當值為 False 時表示沒有選取。

如果採用執行時期動態建立核取方塊控制項，則可以使用 Controls 物件的 Add 方法。下面的程式建立的是兩個指定位置，並且文字分別為 " 核取方塊選項 1" 和 " 核取方塊選項 2" 的核取方塊。範例檔案的存放路徑為 Samples\ch14\ Excel VBA\ 复选框 .xlsm。

```vba
Private Sub UserForm_Activate()
  Dim chkNew As Object
  Set chkNew = Me.Controls.Add("forms.checkbox.1", "Check1", True)
  With chkNew
    .Left = 10: .Top = 10
    .Caption = " 核取方塊選項 1"
    .Value = True
  End With

  Dim chkNew2 As Object
  Set chkNew2 = Me.Controls.Add("forms.checkbox.1", "Check2", True)
  With chkNew2
    .Left = 10: .Top = 30
    .Caption = " 核取方塊選項 2"
    .Value = False
  End With
End Sub
```

【Python Tkinter】

在 Python Tkinter 中，使用 Checkbutton 函式可以建立核取方塊控制項。核取方塊控制項的常用屬性請參考 14.2.2 節。使用 text 屬性設定核取方塊的標題；使用 variable 屬性綁定變數，不同核取方塊綁定不同的變數；使用 value 屬性設定或傳回值；使用 command 屬性定義點擊核取方塊時的回應，用函式定義回應。

下面建立 3 個核取方塊。第 1 個核取方塊的文字為 " 音樂 "，選取；第 2 個核取方塊的文字為 " 美術 "，未選取；第 3 個核取方塊的文字為 " 體育 "，未選取。建立一個淡綠色的命令按鈕，點擊它時呼叫 ChkBtn 函式，根據核取方塊的選中狀態輸出對應的內容。撰寫的 Python 指令檔的存放路徑為 Samples\ch14\ Python\ 复选框 .py。

```
from tkinter import *

#表單
form=Tk()
form.geometry('300x120+100+100')

def ChkBtn():
    str=''
    if g1.get()==True:
        str=str+chk1['text']+' '
    if g2.get()==True:
        str=str+chk2['text']+' '
    if g3.get()==True:
        str=str+chk3['text']
    print('你的愛好是：'+str)

g1=DoubleVar(value=True)          #建立布林類型變數 g1，預設選擇
g2=DoubleVar()                    #建立布林類型變數 g2
g3=DoubleVar()                    #建立布林類型變數 g3

#建立核取方塊，分別綁定不同的變數
chk1=Checkbutton(form,text=' 音樂 ',variable=g1)
chk1.grid()
chk2=Checkbutton(form,text=' 美術 ',variable=g2)
chk2.grid()
chk3=Checkbutton(form,text=' 體育 ',variable=g3)
chk3.grid()

#建立按鈕
btn=Button(form,text=' 確定 ',width=8,command=ChkBtn)
btn.grid(pady=10)
btn['background']='lightgreen'    #背景顏色為淡綠色

form.mainloop()
```

執行效果如圖 14-8 所示。

🎧 圖 14-8 建立和使用核取方塊

當執行腳本時,選取第 1 個和第 3 個核取方塊,點擊「確定」按鈕,在 Python Shell 視窗中輸出下面的內容。

```
>>> = RESTART: ...\Samples\ch64- 介面 \Python\ 核取方塊 .py
你的愛好是:音樂 體育
```

14.2.9 串列方塊控制項

串列方塊控制項用於在介面上列出多個選項,可以從中進行選擇。

【Excel VBA】

如果採用設計時建立串列方塊控制項,則點擊「工具箱」浮動視窗中的 圖 按鈕,在表單上通過點擊和拖曳即可互動繪製串列方塊。選擇它,在「屬性」面板中設定串列方塊的屬性。常見屬性的設定請參考 14.2.2 節。串列方塊控制項的特有屬性和方法如下。

- ColumnCount 屬性:串列方塊的列數。

- ColumnHeads 屬性:是否將第 1 行的資料作為標頭。

- ColumnWidths 屬性:指定各列的列寬,如「70 磅 ;60 磅 ;50 磅」或「2 公分 ;2 公分 ;3 公分」。

- RowSource 屬性:指定資料來源,如「Sheet1!A1:E5」,表示 Sheet1 工作表中 A1:E5 儲存格區域中的資料。

- ListStyle 屬性:串列方塊的樣式,有普通樣式和選項按鈕樣式。

- BoundColumn 屬性：當有多列時，指定將選定行中哪一列的值作為 Value 屬性的值。

- TextColumn 屬性：當有多列時，指定將選定行中哪一列的值作為 Text 屬性的值。

- MultiSelect 屬性：當值為 0 時表示每次只能選 1 個；當值為 1 時表示有 多個選擇；當值為 2 時表示擴充多選，按住 Shift 鍵可以實現連續多選， 按住 Ctrl 鍵可以實現不連續多選。

- Value 屬性：串列方塊中當前選擇的值。

Text 屬性：串列方塊中當前選擇的文字。

- ControlSource 屬性：當前選擇的某值（Value 屬性的值）在指定儲存格 中顯示，如 "A1"。

- ListIndex 屬性：指定或傳回當前選中的選項的編號。

- ListCount 屬性：傳回串列方塊中選項的個數。

- List 屬性：可以使用陣列指定串列資料。

- AddItem 方法：向串列中增加選項。

- RemoveItem 方法：刪除串列中的指定選項。

　　當採用設計時建立串列方塊後，可以結合表單物件的 Activate 事件向串列 中增加資料，實現串列方塊內容的初始化。

```
Private Sub UserForm_Activate()
  With ListBox1
    .AddItem " 北京 "
    .AddItem " 上海 "
    .AddItem " 廣州 "
    .ListIndex = 0
  End With
End Sub
```

　　如果採用執行時期動態建立串列方塊控制項，則可以使用 Controls 物件的 Add 方法。下面的程式建立的是一個指定位置和大小的串列方塊，給串列方塊增加 3 個選項，其中第 1 個選項被選中。範例檔案的存放路徑為 Samples\ch14\Excel VBA\ 列表框 .xlsm。

```
Private Sub UserForm_Activate()
  Dim lstNew As Object
  Set lstNew = Me.Controls.Add("forms.listbox.1", "list1", True)
  With lstNew
    .Left = 10: .Top = 10
    .Width = 100: .Height = 50
    .AddItem " 北京 "
    .AddItem " 上海 "
    .AddItem " 廣州 "
    .ListIndex = 0
  End With
End Sub
```

【Python Tkinter】

　　在 Python Tkinter 中，可以使用 Listbox 函式建立串列方塊控制項。串列方塊控制項的常用屬性請參考 14.2.2 節。使用 text 屬性設定核取方塊的標題；使用 value 屬性設定或傳回值；使用 command 屬性定義點擊串列方塊時的回應，用函式定義回應。

　　下面建立一個串列方塊，使用 insert 方法向串列方塊中插入資料，並選擇第 4 個資料。建立一個淡綠色的命令按鈕，點擊它時呼叫 Lst 函式，輸出選中的內容。撰寫的 Python 指令檔的存放路徑為 Samples\ch14\Python\ 列表框 .py。

```
from tkinter import *

# 表單
form=Tk()
form.geometry('300x200+100+100')

def Lst():
```

```
        idx=lst.curselection()
        for i in idx:
            print(' 當前選項：'+lst.get(i))

# 建立串列方塊
lst=Listbox(form,height=7)
lst.pack(padx=10,pady=10)
# 向串列方塊中寫入資料
strs=(' 高中 ',' 中專 ',' 大專 ',' 大學 ',' 所究所學生 ')
lst.insert(END,*strs)
lst.select_set(3)   # 預設選擇大學

# 點擊按鈕，從串列方塊中讀取資料
btn=Button(form,text=' 確定 ',width=8,command=Lst)
btn.pack(pady=10)
btn['background']='lightgreen'   # 背景顏色為淡綠色

form.mainloop()
```

執行效果如圖 14-9 所示。

⋒ 圖 14-9 建立和使用串列方塊

執行腳本，選擇第 4 個選項，點擊「確定」按鈕，在 Python Shell 視窗中輸出下面的內容。

```
>>> = RESTART: ...\Samples\ch64- 介面 \Python\ 串列方塊 .py
當前選項：大學
```

如果將串列方塊物件的 selectmode 屬性的值設定為 multiple，就可以在串列方塊中實現多選。撰寫的 Python 指令檔的存放路徑為 Samples\ch14\Python\ 列表框 2.py。

```python
from tkinter import *

# 表單
form=Tk()
form.geometry('300x200+100+100')

def Lst():
    idx=lst.curselection()
    str=''
    for i in idx:
        str=str+lst.get(i)+' '
    print(' 當前選項：'+str)

# 建立串列方塊
# 省略
lst['selectmode']='multiple'

# 點擊按鈕，從串列方塊中讀取資料
# 省略

form.mainloop()
```

執行效果如圖 14-10 所示。

🎧 圖 14-10　實現串列方塊中選項的多選

執行腳本，選擇第 2、4 和 5 項，點擊「確定」按鈕，在 Python Shell 視窗中輸出下面的內容。

```
>>> = RESTART: ...\Samples\ch64- 介面 \Python\ 串列方塊 2.py
當前選項：中專 大學 所究所學生
```

14.2.10　下拉式方塊控制項

下拉式串列方塊是文字標籤和串列方塊的組合，列出多個選項，可以從中進行選擇。

【Excel VBA】

如果採用設計時建立下拉式方塊控制項，則點擊「工具箱」浮動視窗中的 圖 按鈕，在表單上通過點擊和拖曳即可互動繪製下拉式串列方塊。選擇它，在「屬性」面板中設定下拉式串列方塊的屬性。常見屬性的設定請參考 14.2.2 節。下拉式方塊控制項的特有屬性和方法與串列方塊的大致相同，請參考 14.2.9 節。

採用設計時建立下拉式串列方塊後，可以結合表單物件的 Activate 事件使用下拉式串列方塊物件的 AddItem 方法向串列中增加資料，其操作與串列方塊的相同。

如果採用執行時期動態建立串列方塊控制項，則可以使用 Controls 物件的 Add 方法。下面的程式建立的是一個指定位置的串列方塊，為串列方塊增加 3 個選項，其中第 1 個選項被選中。範例檔案的存放路徑為 Samples\ch14\Excel VBA\ 組合框 .xlsm。

```vba
Private Sub UserForm_Activate()
  Dim cmbNew As Object
  Set cmbNew = Me.Controls.Add("forms.combobox.1", "combo1", True)
  With cmbNew
    .Left = 100: .Top = 50
    .AddItem " 北京 "
    .AddItem " 上海 "
    .AddItem " 廣州 "
```

```
    .ListIndex = 0
  End With
End Sub
```

【Python Tkinter】

在 Python Tkinter 中，建立下拉式串列方塊需要匯入 ttk 模組，使用該模組的 Combobox 函式可以建立下拉式方塊控制項。使用 value 屬性設定資料；使用 current 方法指定預設值，該方法的參數為下拉式串列方塊選項編號，基數為 0。

下面建立一個下拉式串列方塊，使用 value 屬性向下拉式串列方塊中增加資料，並選擇第 1 個資料作為預設值。撰寫的 Python 指令檔的存放路徑為 Samples\ch14\Python\ 組合框 .py。

```python
from tkinter import *
from tkinter import ttk    # 匯入 ttk 模組

form = Tk()
form.geometry('300x200+100+100')

# 建立下拉式串列方塊
cmb = ttk.Combobox(form)
cmb.pack(padx=10,pady=50)
# 增加資料
cmb['value'] = (' 北京 ',' 上海 ',' 廣州 ')
# 設定預設值
cmb.current(0)

form.mainloop()
```

執行效果如圖 14-11 所示。

🎧 圖 14-11　建立下拉式串列方塊

14.2.11　旋轉按鈕控制項

使用旋轉按鈕可以採用上下翻動的方式設定值。可以將旋轉按鈕看作只有兩端按鈕的捲軸。

【Excel VBA】

如果採用設計時建立旋轉按鈕控制項，則點擊「工具箱」浮動視窗中的 按鈕，在表單上通過點擊和拖曳即可互動繪製旋轉按鈕。選擇它，在「屬性」面板中設定旋轉按鈕的屬性。常見屬性的設定請參考 14.2.2 節。使用 Min 屬性設定最小值，使用 Max 屬性設定最大值，使用 SmallChange 屬性設定步進值，使用 Value 屬性傳回當前的值。

如果採用執行時期動態建立旋轉按鈕控制項，則可以使用 Controls 物件的 Add 方法。下面的程式建立的是一個指定位置和大小，並且步進值為 1 的旋轉按鈕。範例檔案的存放路徑為 Samples\ch14\Excel VBA\ 旋转按钮 .xlsm。

```
Private Sub UserForm_Activate()
  Dim spnNew As Object
  Set spnNew = Me.Controls.Add("forms.spinbutton.1", "spin1", True)
  With spnNew
    .Left = 10: .Top = 10
    .Min = 0: .Max = 10
    .SmallChange = 1
  End With
End Sub
```

【Python】

在 Python Tkinter 中，使用 Spinbox 函式可以建立旋轉按鈕控制項。旋轉按鈕控制項的常用屬性請參考 14.2.2 節。使用 from 屬性和 to 屬性設定最小值和最大值，使用 get 方法獲取當前值，使用 wrap 屬性設定是否迴圈使用資料。

下面建立一個旋轉按鈕，取 0 到 20 之間的數，可以迴圈使用。建立一個淡綠色的命令按鈕，點擊它時呼叫 Spn 函式，輸出旋轉按鈕的當前值。撰寫的 Python 指令檔的存放路徑為 Samples\ch14\Python\ 旋转按钮 .py。

```python
from tkinter import *

# 表單
form=Tk()
form.geometry('300x120+100+100')

def Spn():
    print(' 當前值：'+spn.get())

# 建立旋轉按鈕
spn=Spinbox(form,from_=0,to=20)
spn.pack(padx=10,pady=10)
spn['wrap']=True   # 可以迴圈

# 點擊按鈕，從串列方塊中讀取資料
btn=Button(form,text=' 確定 ',width=8,command=Spn)
btn.pack(pady=10)
btn['background']='lightgreen'   # 背景顏色為淡綠色

form.mainloop()
```

執行效果如圖 14-12 所示。

🎧 圖 14-12　建立和使用旋轉按鈕

執行腳本，點擊旋轉按鈕中的向上或向下按鈕，當當前值為 6 時，點擊「確定」按鈕，在 Python Shell 視窗中輸出下面的內容。

```
= RESTART: ...\Samples\ch64- 介面 \Python\ 旋轉按鈕 .py
當前值：6
```

14.2.12　方框控制項

方框控制項是一個容器控制項，可以包含其他控制項。

【Excel VBA】

如果採用設計時建立方框控制項，則點擊「工具箱」浮動視窗中的 按鈕，在表單上通過點擊和拖曳即可互動繪製方框。選擇它，在「屬性」面板中設定方框的屬性。常見屬性的設定請參考 14.2.2 節。

如果採用執行時期動態建立方框控制項，則可以使用 Controls 物件的 Add 方法。下面的程式建立的是一個指定位置和大小的方框。範例檔案的存放路徑為 Samples\ch14\Excel VBA\ 方框 .xlsm。

```
Private Sub UserForm_Activate()
  Dim fmNew As Object
  Set fmNew = Me.Controls.Add("forms.frame.1", "Frame1", True)
  With fmNew
    .Left = 10: .Top = 10
    .Width = 100: .Height = 50
  End With
End Sub
```

【Python】

在 Python Tkinter 中，可以使用 LabelFrame 函式建立方框控制項。方框控制項的常用屬性請參考 14.2.2 節。可以使用 text 屬性設定方框的文字。

下面建立一個方框，並在方框中放置兩個選項按鈕。需要注意的是，在建立選項按鈕時將方框作為容器物件。撰寫的 Python 指令檔的存放路徑為 Samples\ch14\Python\ 方框 .py。

```
from tkinter import *

# 表單
form=Tk()
form.geometry('300x120+100+100')

# 建立方框
lfr=LabelFrame(form,text=' 性別 ')
lfr.pack(padx=10,pady=10)

# 向方框中增加選項按鈕,將方框作為容器物件
g1=IntVar(0)
rdn1=Radiobutton(lfr,text=' 男 ',variable=g1,value=0)
rdn1.pack(padx=20)
rdn2=Radiobutton(lfr,text=' 女 ',variable=g1,value=1)
rdn2.pack(padx=20)

form.mainloop()
```

執行效果如圖 14-13 所示。

⋒ 圖 14-13　建立方框

⌗ 14.3 │ 介面設計範例

　　本節設計個人資料輸入介面,先透過滑鼠和鍵盤輸入姓名、性別、年齡、籍貫和愛好等資料,然後輸出到指定位置。

【Excel VBA】

在 Excel VBA 程式設計環境中增加表單模組，在表單上增加控制項，最終的設計介面如圖 14-14 所示。範例檔案的存放路徑為 Samples\ch14\Excel VBA\ 示例 .xlsm。

● 圖 14-14　設計介面

表單中各控制項的名稱和屬性如表 14-1 所示。

▼ 表 14-1　表單中各控制項的名稱和屬性

類型	名稱	屬性
Label	lblName	Caption=" 姓名 "
	lblSex	Caption=" 性別 "
	lblAge	Caption=" 年齡 "
	lblNative	Caption=" 籍貫 "
	lblHobby	Caption=" 愛好 "
TextBox	txtName	Text=" "
	txtAge	Text=" "
OptionButton	optBoy	Caption=" 男 "
	optGirl	Caption=" 女 "
ComboBox	cmbNative	

（續表）

類型	名稱	屬性
CheckBox	chkPaper	Caption=" 文學 "
	chkPhis	Caption=" 體育 "
	chkMusic	Caption=" 音樂 "
	chkArt	Caption=" 美術 "
CommandButton	cmdOK	Caption=" 確定 "
	cmdCancel	Caption=" 取消 "

在表單模組中增加下面的程式，對「籍貫」下拉式串列方塊中的資料進行初始化。

```
Private Sub UserForm_Activate()
  ' 下拉式串列方塊初始化資料
  With cmbNative
    .AddItem " 北京 "
    .AddItem " 天津 "
    .AddItem " 上海 "
    .AddItem " 重慶 "
    .AddItem " 廣東 "
    .AddItem " 江蘇 "
    .ListIndex = 0
  End With
End Sub
```

點擊「確定」按鈕可以將個人資料輸出到「立即視窗」面板。在表單模組中增加下面的 cmdOK_Click 點擊事件程序。根據文字標籤和下拉式串列方塊的輸入內容及選項按鈕和核取方塊的選擇情況組合輸出文字。

```
Private Sub cmdOK_Click()
  Dim strData As String
  Dim strHobby As String

  ' 姓名
  If txtName.Text <> "" Then
    strData = txtName.Text
  Else
```

```
    strData = "-"
  End If

  ' 性別
  If optBoy.Value Then
    strData = strData & ", 男 "
  ElseIf optGirl.Value Then
    strData = strData & ", 女 "
  End If

  ' 年齡
  If txtAge.Text <> "" Then
    strData = strData & "," & txtAge.Text & " 歲 "
  Else
    strData = strData & ", - 歲 "
  End If

  strData = strData & ", 籍貫 " & cmbNative.Text     ' 籍貫

  ' 愛好
  strHobby = ""
  If chkPaper.Value Then strHobby = strHobby & " 文學 "
  If chkPhis.Value Then strHobby = strHobby & " 體育 "
  If chkMusic.Value Then strHobby = strHobby & " 音樂 "
  If chkArt.Value Then strHobby = strHobby & " 美術 "

  strData = strData & ", 愛好 " & strHobby

  ' 將當前的個人資料輸出到 " 立即視窗 " 面板
  Debug.Print strData
End Sub
```

當點擊「取消」按鈕時退出應用程式。在表單模組中增加下面的程式。

```
Private Sub cmdCancel_Click()
  Unload Me
End Sub
```

執行程式，在介面中輸入個人資料，如圖 14-15 所示。

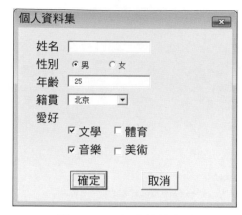

🎧 圖 14-15 程式的執行介面

點擊「確定」按鈕，將個人資料輸出到「立即視窗」面板，如下所示。

張三 , 男 ,25 歲 , 籍貫北京 , 愛好文學 音樂

【Python Tkinter】

使用 Python Tkinter 也可以實現上面的程式介面，在 Python IDLE 檔案腳本視窗中增加指令檔，輸入下面的程式建立表單和控制項，並對控制項進行版面配置。指令檔的存放路徑為 Samples\ch14\Python\ 示例 .py。

```python
from tkinter import *
from tkinter import ttk

# 建立表單
form=Tk()
form.geometry('300x270+100+100')

# 選項按鈕變數
g1=IntVar()
g1.set(0)

# 核取方塊變數
c1=DoubleVar(value=True)
```

```
c2=DoubleVar()
c3=DoubleVar()
c4=DoubleVar()

# 姓名
label_name=Label(form,text=' 姓名 ')
label_name.grid(row=0,column=0,padx=30,pady=(10,0))
entry_name=Entry(form,width=10)
entry_name.grid(row=0,column=1,sticky=W,pady=(10,0))

# 性別
label_sex=Label(form,text=' 性別 ')
label_sex.grid(row=1,column=0,pady=5)
option_sex1=Radiobutton(form,text=' 男 ',variable=g1,value=1)
option_sex1.grid(row=1,column=1,sticky=W)
option_sex2=Radiobutton(form,text=' 女 ',variable=g1,value=0)
option_sex2.grid(row=1,column=2,sticky=W)

# 年齡
label_age=Label(form,text=' 年齡 ')
label_age.grid(row=2,column=0,pady=5)
entry_age=Entry(form,width=10)
entry_age.grid(row=2,column=1,sticky=W)

# 籍貫
label_native=Label(form,text=' 籍貫 ')
label_native.grid(row=3,column=0,pady=5)
combo_native=ttk.Combobox(form,width=7)
combo_native.grid(row=3,column=1,sticky=W)
combo_native['value']=(' 北京 ',' 上海 ',' 廣東 ',' 江蘇 ',' 天津 ',' 重慶 ')
combo_native.current(0)

# 愛好
label_hobby=Label(form,text=' 愛好 ')
label_hobby.grid(row=4,column=0)
check_hobby1=Checkbutton(form,text=' 文學 ',variable=c1)
check_hobby1.grid(row=5,column=1,sticky=W)
check_hobby2=Checkbutton(form,text=' 體育 ',variable=c2)
check_hobby2.grid(row=5,column=2,sticky=W)
```

```
check_hobby3=Checkbutton(form,text=' 音樂 ',variable=c3)
check_hobby3.grid(row=6,column=1,sticky=W)
check_hobby4=Checkbutton(form,text=' 美術 ',variable=c4)
check_hobby4.grid(row=6,column=2,sticky=W)

# 命令按鈕
button_yes=Button(form,text=' 確定 ',width=6,command=get_data)
button_yes.grid(row=7,column=1,sticky=W,pady=15)
button_cancel=Button(form,text=' 取消 ',width=6)
button_cancel.grid(row=7,column=2,sticky=W)

form.mainloop()
```

「確定」命令按鈕的 command 屬性連結 get_data 函式，根據文字標籤和下拉式串列方塊的輸入內容及選項按鈕和核取方塊的選擇情況組合輸出文字。在上面的指令檔中增加 get_data 函式，如下所示。

```
# 獲取資料並輸出，綁定 " 確定 " 按鈕
def get_data():
    data=[]                                      # 將資料放在串列中
    # 姓名
    if len(entry_name.get())>0:                  # 如果填寫了姓名
        data.append(entry_name.get())            # 則把名稱增加到串列中
    else:
        data.append('-')                         # 如果沒有填寫姓名，則在串列中增加 "-"
    # 性別
    if option_sex1['value']==1:
        data.append(' 男 ')
    else:
        data.append(' 女 ')
    # 年齡
    if len(entry_age.get())>0:
        data.append(int(entry_age.get()))
    else:
        data.append('-')
    # 籍貫
    data.append(combo_native['value'][combo_native.current()])
    # 愛好
    mystr=''
```

```
if c1.get()==True:                          # 如果選擇了該核取方塊
    mystr=mystr+check_hobby1['text']+' '     # 則拼接對應的文字
if c2.get()==True:
    mystr=mystr+check_hobby2['text']+' '
if c3.get()==True:
    mystr=mystr+check_hobby3['text']+' '
if c4.get()==True:
    mystr=mystr+check_hobby4['text']
data.append(mystr)
print(data)
```

執行程式，生成的程式介面如圖 14-16 所示。

🎧 圖 14-16　使用 Python Tkinter 生成的程式介面

在介面中輸入個人資料，點擊「確定」按鈕，在 Python Shell 視窗中輸出下面的內容。

```
>>> = RESTART: .../Samples/ch14/Python/ 範例 .py
[' 張三 ', ' 男 ', 25, ' 天津 ', ' 文學 音樂 ']
```

第15章

檔案操作

　　檔案操作是 Python 的基本內容之一。本章介紹使用 Excel VBA 和 Python 進行檔案操作的方法,主要包括文字檔和二進位檔案的讀 / 寫。

15.1 │ **文字檔的讀 / 寫**

　　文字檔的讀 / 寫，包括建立文字檔並寫入資料、讀取文字檔和向文字檔追加資料等內容。

15.1.1　建立文字檔並寫入資料

　　本節介紹建立新的文字檔或打開已經存在的文字檔並寫入資料的操作。

【Excel VBA】

　　在 Excel VBA 中，可以使用 Open 敘述打開指定文字檔並寫入資料。Open 敘述的語法格式如下。

```
Open pathname For Output As filenumber [Len = buffersize]
```

　　打開文字檔以後，可以使用 Print 敘述寫入資料。打開一個文字檔以後，在為其他類型的操作重新打開它之前必須先使用 Close 敘述關閉它。

```
Sub SaveToFile()
  Dim intFileNum As Integer
  Dim strFile As String
  Dim strText As String

  strFile = "D:\test.txt"
  strText = " 誰知盤中飧 " & vbCrLf & " 粒粒皆辛苦 "
  intFileNum = FreeFile()          ' 找到空閒的檔案號
  If strFile <> "" Then            ' 如果指定了不可為空的檔案名稱
    ' 打開該檔案，準備寫入內容
    Open strFile For Output As #intFileNum
    ' 寫入文字標籤中的內容
    Print #1, strText
  End If

  ' 關閉檔案號
  Close #intFileNum
End Sub
```

執行過程，打開 D 磁碟下的文字檔 test.txt，效果如圖 15-1 所示。

⋔ 圖 15-1　建立文字檔並寫入資料

【Python】

在 Python 中，可以使用 open 函式進行文字檔的讀 / 寫。open 函式按指定模式打開文字檔，並傳回一個 file 物件，語法格式如下。

```
open(file, mode='r', buffering=-1, encoding=None, errors=None, \
         newline=None, closefd=True, opener=None)
```

其中，各參數的意義如下。

- file: 必需參數，指定文字檔路徑和名稱。

- mode: 可選參數，指定文字檔打開模式，包括讀、寫、追加等各種模式。

- buffering: 可選參數，設定緩衝（不影響結果）。

- encoding: 可選參數，設定編碼方式，一般使用 UTF-8。

- errors: 可選參數，指定編碼和解碼錯誤時怎麼處理，適用於文字模式。

- newline: 可選參數，指定文字文字模式，控制一行結束的字元。

- closefd: 可選參數，指定傳入的 file 參數的類型。

- opener: 可選參數，設定自訂文字檔的打開方式，預設為 None。

需要注意的是，使用 open 函式打開文字檔且操作完畢後，一定要保證關閉檔案物件。關閉檔案物件使用 close 函式。

使用 open 函式打開文字檔後會傳回一個 file 物件，利用該物件的方法可以進行文字檔內容的讀取、寫入、截取和檔案關閉等一系列操作，如表 15-1 所示。

▼ 表 15-1　file 物件的方法

方法	說明
close()	關閉文字檔
flush()	更新文字檔的內部快取，把內部快取中的資料直接寫入檔案
fileno()	傳回文字檔描述符號，整數
isatty()	當文字檔連接到某個終端設備時傳回 True，否則傳回 False
next()	傳回檔案下一行
read([size])	從文字檔中讀取指定數目的位元組，如果不指定大小或指定為負則讀取所有文字
readline([size])	讀取行，包括分行符號，以串列的形式傳回
readlines([sizeint])	讀取所有行。如果設定 sizeint 參數，則讀取指定長度的位元組，並且這些位元組按行分割
seek(offset[, whence])	設定文字檔當前位置。offset 參數指定文字檔相對於某個位置偏移的位元組數，whence 參數指定相對於哪個位置，0 表示從檔案表頭開始，1 表示從檔案當前位置開始，2 表示從檔案結尾開始
tell()	傳回文字檔當前位置
truncate([size])	截取指定數目的位元組，size 指定數目
write(str)	將字串寫入文字檔，傳回值為寫入字串的長度
writelines(sequence)	向文字檔中寫入字串串列，串列中的每個元素佔一行

當使用 open 函式打開檔案時，如果指定 mode 參數的值為表 15-2 中的值，並且檔案不存在，則建立新檔案。

▼ 表 15-2　文字檔寫入時 mode 參數的設定

模式	說明
w	打開一個文字檔只用於寫入。如果該檔案已存在，則打開文字檔時原有內容會被刪除；如果該檔案不存在，則建立新檔案
w+	打開一個文字檔用於讀 / 寫。如果該檔案已存在則打開檔案，並從開頭開始編輯，即原有內容會被刪除；如果該檔案不存在，則建立新檔案

舉例來說，下面建立一個文字檔 test.txt，並放在 D 磁碟下。

```
>>> f= open('D:\\test.txt','w')
```

使用 open 函式可以傳回一個 file 物件，使用該物件的 write 方法在檔案中寫入資料。

```
>>> f.write(' 誰知盤中飧 \n 粒粒皆辛苦 ')
11
```

傳回值 11 表示文字檔 test.txt 中字串的長度。

此時打開 D 磁碟下的文字檔 test.txt 會發現什麼也沒有。使用 file 物件的 close 方法可以關閉檔案物件。

```
>>> f.close()
```

現在打開文字檔 test.txt 會發現剛剛寫入的字串顯示出來了，如圖 15-1 所示。

下面使用 with 敘述打開文字檔後寫入資料。使用這種方法的好處是執行完後會主動關閉檔案，不需要使用 file 物件的 close 方法進行關閉。

```
>>> with open ('D:\\test.txt','w') as f:
        f.write (' 誰知盤中飧 \n 粒粒皆辛苦 ')
```

打開文字檔 test.txt，發現檔案中原來的內容被刪除，重新寫入了新字串。

使用 file 物件的 writelines 方法可以用串列結合分行符號一次寫入多行資料。

```
>>> f= open('D:\\test.txt','w')
>>> f.writelines([' 誰知盤中飧 \n',' 粒粒皆辛苦 '])
>>> f.close()
```

打開該檔案，串列中的兩個元素資料已經分兩行寫入。

下面打開文字檔 test.txt 後使用迴圈連續寫入資料。其中,「\r」和「\n」表示確認和換行。

```
>>> f= open('D:\\test.txt','w')
>>> for i in range(10):
        f.write('Hello Python!\r\n')
>>> f.close()
```

打開該檔案,已經連續寫入了 10 行 "Hello Python!"。

15.1.2 讀取文字檔

15.1.1 節介紹了建立或打開文字檔並寫入資料的情況,本節介紹如何將資料從文字檔中讀取出來。

【Excel VBA】

在 Excel VBA 中,使用 Open 敘述可以讀取指定文字檔中的資料。Open 敘述的語法格式如下。

```
Open pathname For Input As filenumber [Len = buffersize]
```

當打開文字檔進行讀取時,該文字檔必須已經存在,否則會產生一個錯誤。可以使用 Input 敘述、Input 函式或 Line Input 敘述讀取資料。在打開一個文字檔以後,在為其他類型的操作重新打開它之前必須先使用 Close 敘述關閉它。

下面使用 Open 敘述打開文字檔並讀取資料。

```
Sub OpenFile()
  Dim intFileNum As Integer
  Dim LinesFromFile As String
  Dim NextLine As String
  Dim strFile As String

  strFile = 'D:\test.txt'

  intFileNum = FreeFile()          ' 找到空閒的檔案號
  If strFile <> '' Then            ' 如果指定了不可為空的檔案名稱
```

```
    ' 打開該檔案，準備讀取內容
    Open strFile For Input As #intFileNum
    ' 讀取檔案中的內容
    Do Until EOF(intFileNum)
      Line Input #intFileNum, NextLine
      LinesFromFile = LinesFromFile & NextLine & Chr(13) & Chr(10)
    Loop
  End If
  Debug.Print LinesFromFile

  ' 關閉檔案號
  Close #intFileNum
End Sub
```

執行過程，在「立即視窗」面板中輸出檔案資料。使用 Input 敘述和 Input 函式的情況請參見同模組中的 OpenFile2 和 OpenFile3 兩個過程。

【Python】

當使用 open 函式打開文字檔時，如果指定 mode 參數的值為表 15-3 中的值，則讀取該檔案中的內容。

▼ 表 15-3　當讀取文字檔時 mode 參數的設定

模式	說明
r	以唯讀方式打開文字檔，為預設模式
r+	打開一個文字檔用於讀 / 寫

下面使用 open 函式打開 D 磁碟下的文字檔 test.txt，將 mode 參數的值設定為 "r"，唯讀。使用 file 物件的 read 方法讀取文字檔 test.txt 中的內容。

```
>>> f= open('D:\\test.txt','r')
>>> f.read()
' 誰知盤中飧 \n 粒粒皆辛苦 '
```

下面使用 file 物件的 write 方法向文字檔 test.txt 中寫入資料。

```
>>> f.write('This is a test.')
Traceback (most recent call last):
```

```
  File '<pyshell#32>', line 1, in <module>
    f.write('This is a test.')
io.UnsupportedOperation: not writable
>>> f.close()
```

可見，因為打開文字檔 test.txt 時 mode 參數設定為 "r"，唯讀，所以試圖向該檔案寫入資料時顯示出錯。

使用 file 物件的 readline 方法可以逐行讀取資料。

```
>>> f= open('D:\\test.txt','r')
```

讀取第 1 行資料。

```
>>> f.readline()
'Hello Python!\n'
```

讀取第 2 行資料，是空行。

```
>>> f.readline()
'\n'
```

讀取第 3 行資料的前 5 個字元。

```
>>> f.readline(5)
'Hello'
>>> f.close()
```

使用 file 物件的 readlines 方法讀取全部行資料。

```
>>> f= open('D:\\test.txt','r')
>>> f.readlines()
['Hello Python!\n', '\n', 'Hello Python!\n', '\n', 'Hello Python!\n', '\n', 'Hello
Python!\n', '\n', 'Hello Python!\n', '\n', 'Hello Python!\n', '\n', 'Hello Python!\n',
'\n', 'Hello Python!\n', '\n', 'Hello Python!\n', '\n', 'Hello Python!\n', '\n']
>>> f.close()
```

15.1.3 向文字檔追加資料

15.1.1 節在打開已有文字檔並寫入新資料時，原有資料會被刪除。本節討論在保留原有資料的基礎上，向文字檔追加資料的情況。

【Excel VBA】

在 Excel VBA 中，使用 Open 敘述打開文字檔時用 Append 關鍵字可以實現向檔案追加資料。下面打開 D 磁碟下的文字檔 test.txt，保留原有內容，並在尾端追加新的字串。

```
Sub AppendFile()
  Dim intFileNum As Integer
  Dim strFile As String
  Dim strText As String

  strFile = 'D:\test.txt'
  strText = ' 鋤禾 '
  intFileNum = FreeFile()        ' 找到空閒的檔案號
  If strFile <> '' Then          ' 如果指定了不可為空的檔案名稱
    ' 打開該檔案，在尾端增加內容
    Open strFile For Append As #intFileNum
    ' 寫入文字標籤中的內容
    Print #1, strText
  End If

  ' 關閉檔案號
  Close #intFileNum
End Sub
```

執行過程，在原有內容的後面增加新的字串。

【Python】

在 Python 中，當使用 open 函式打開文字檔時，如果指定 mode 參數的值為表 15-4 中的值，則可以在原有內容的後面追加資料，即保留原有資料，繼續追加。

▼ 表 15-4 向文字檔追加資料時 mode 參數的設定

模式	說明
a	打開一個文字檔用於追加。如果該檔案已經存在，則新的內容將被寫入已有內容之後；如果該檔案不存在，則建立新檔案
a+	打開一個文字檔用於讀／寫。如果該檔案已經存在，則新的內容將被寫入已有內容之後；如果該檔案不存在，則建立新檔案

下面打開 D 磁碟下的文字檔 test.txt，設定 mode 參數的值為「a」。

```
>>> f= open('D:\\test.txt','a')
```

增加新行，如下所示。

```
>>> f.write(' 鋤禾 ')
>>> f.close()
```

打開該檔案，發現在原有內容的後面增加了新行，原有內容仍然保留。

15.2 | 二進位檔案的讀／寫

將資料儲存為二進位檔案有以下幾個方面的好處。首先，如果將相同的內容儲存為二進位檔案，那麼其大小比儲存為文字檔的小；其次，二進位檔案用文字編輯器打開時無法辨識，可以造成加密的作用；最後，將資料儲存為二進位檔案可以自己指定檔案的副檔名。

15.2.1 建立二進位檔案並寫入資料

本節介紹建立新的二進位檔案或打開已經存在的二進位檔案並寫入資料的操作。

【Excel VBA】

在 Excel VBA 中，使用 Open 敘述寫入資料，可以把資料儲存為二進位檔案。反過來，也可以打開二進位檔案，並把檔案中的資料寫入字串中。

將資料儲存到二進位檔案中的語法格式如下。

```
Open FileName For Binary Access Write As #FileNumber
```

下面將一筆直線段的起點座標和終點座標的資料以二進位檔案的形式進行儲存，並將檔案的副檔名指定為 cad。

```
Sub SaveToBinary()
  Dim intFileNum As Integer
  Dim strFile As String
  Dim varText As Variant

  strFile = "D:\test.cad"
  varText = "10 10 100 200"                ' 直線段 (10,10)-(100,100)
  intFileNum = FreeFile()                  ' 找到空閒的檔案號
  If strFile <> "" Then                    ' 如果指定了不可為空的檔案名稱
    ' 打開該檔案，準備作為二進位檔案寫入內容
    Open strFile For Binary Access Write As #intFileNum
    ' 寫入文字標籤中的內容
    Put #intFileNum, 1, varText
  End If

  ' 關閉檔案號
  Close #intFileNum
End Sub
```

執行過程，打開二進位檔案 test.cad 並寫入直線段的資料。

【Python】

在 Python 中，可以使用 open 函式或 struct 模組實現二進位檔案的讀 / 寫。

如果使用 open 函式實現，則只需要修改 mode 參數的設定值即可。表 15-5 中列舉了讀 / 寫二進位檔案時 mode 參數的設定，這些參數與文字檔設定的大致相同，只是多了一個「b」。「b」是指 binary，即二進位的意思。

▼ 表 15-5　讀 / 寫二進位檔案時 mode 參數的設定

模式	說明
rb	以二進位格式打開一個檔案用於唯讀
rb+	以二進位格式打開一個檔案用於讀 / 寫
wb	以二進位格式打開一個檔案只用於寫入。如果該檔案已存在,則原有內容會被刪除;如果該檔案不存在,則建立新檔案
wb+	以二進位格式打開一個檔案用於讀 / 寫。如果該檔案已存在,則原有內容會被刪除;如果該檔案不存在,則建立新檔案
ab	以二進位格式打開一個檔案用於追加。如果該檔案已存在,則新的內容將被寫入已有內容之後;如果該檔案不存在,則建立新檔案進行寫入
ab+	以二進位格式打開一個檔案用於追加。如果該檔案已存在,則檔案指標將放在檔案的結尾;如果該檔案不存在,則建立新檔案用於讀 / 寫

　　二進位檔案是以位元組為單位儲存的,所以使用 file 物件的 write 方法寫入資料時需要先將資料由字串轉為位元組流,可以使用 bytes 函式進行轉換,並指定編碼格式。從二進位檔案中讀取資料時需要對 read 方法讀出的資料用 decode 方法進行解碼,同樣需要指定編碼格式。

　　下面假設要儲存一筆直線段的資料,包括直線段的起點座標 (10,10) 和終點座標 (100,200),儲存為 D 磁碟下的二進位檔案 test.cad,cad 為自訂的副檔名。

```
>>> #mode 參數的設定值為 "wb"
>>> f= open('D:\\test.cad','wb')
>>> #用字串表示座標資料,轉為位元組流,寫入檔案中
>>> #需要注意的是,資料之間使用空格進行間隔
>>> f.write(bytes(('10 '+'10 '+'100 '+'200'),'utf-8'))
>>> f.close()
```

　　現在可以在 D 磁碟下找到剛剛建立的二進位檔案 test.cad。

　　使用 Python 的 struct 模組實現二進位檔案的讀 / 寫相對簡單。下面使用 struct 模組處理與上面相同的直線段資料的二進位檔案的寫入和讀取。使用 struct 模組,需要先用 import 命令匯入它。

```
>>> from struct import *
```

　　當使用 file 物件的 write 方法寫入資料時，使用 struct 模組的 pack 函式可以將座標資料轉為字串，並寫入該字串。pack 函式的語法格式如下。

```
pack(fmt, v1, v2, ...)
```

　　其中，參數 fmt 指定資料的類型，如整數數字用 i 表示，浮點數數字用 f 表示。按照先後次序，每個資料都要指定資料型態。

```
>>> #打開二進位檔案，mode 參數的設定值為 "wb"
>>> f=open('d:\\test2.cad', 'wb')
>>> 寫入資料，4 個座標值都是整數的
>>> f.write(pack('iiii',10,10,100,200))
>>> f.close()
```

　　現在直線段的座標資料被儲存到 D 磁碟下的二進位檔案 test2.cad 中。

15.2.2　讀取二進位檔案

　　15.2.1 節介紹了建立或打開二進位檔案並寫入資料的情況，本節介紹如何將資料從二進位檔案中讀取出來。

【Excel VBA】

　　在 Excel VBA 中，使用 Open 敘述可以打開二進位檔案並讀取資料。打開二進位檔案的語法格式如下。

```
Open FileName For Binary Access Read As #FileNumber
```

　　下面打開 D 磁碟下的二進位檔案 test.cad，讀取檔案中的資料並輸出到「立即視窗」面板。

```
Sub OpenBinary()
  Dim intFileNum As Integer
  Dim varText As Variant
  Dim strFile As String
```

```
    strFile = "D:\test.cad"

    intFileNum = FreeFile()           '找到空閒的檔案號
    If strFile <> "" Then             '如果指定了不可為空的檔案名稱
      '打開該二進位檔案
      Open strFile For Binary Access Read As #intFileNum
      Get #intFileNum, 1, varText
      Debug.Print varText
    End If

    '關閉檔案號
    Close #intFileNum
End Sub
```

執行過程，在「立即視窗」面板中輸入檔案的資料。

【Python】

當使用 open 函式打開二進位檔案時，先將 mode 參數的值設定為 rb 或 rb+，以二進位格式讀取。然後用 file 物件的 read 方法讀取資料。該資料不能直接用，還需要用 decode 方法以先前儲存時使用的編碼方式解碼得到字串。最後用 split 方法從該字串獲取直線段起點和終點的座標資料字串，並用 int 函式轉為整數數字。

```
>>> f= open('D:\\test.cad','rb')
>>> ln=f.read().decode('utf-8')          # 讀取資料，解碼
>>> f.close()
>>> dt=ln.split(' ')                      # 用空格分割字串，得到座標資料字串
>>> x1=int(dt[0])                         # 將資料字串轉為整數數字
>>> x1
10
>>> y1=int(dt[1])
>>> y1
10
```

得到座標資料字串以後，就可以使用繪圖函式把直線段重新繪製出來。

當使用 struct 模組讀取資料時，需要用該模組的 unpack 函式進行解壓縮，解壓縮得到的資料以元組的形式傳回。

```
>>> # 打開二進位檔案，mode 參數的設定值為 "rb"
>>> f=open('d:\\test2.cad', 'rb')
>>> # 使用 unpack 函式解壓縮資料，並以元組的形式傳回
>>> (a,b,c,d)=unpack('iiii',f.read())
>>> print(a,b,c,d)
10 10 100 200
>>> type(a)    #a 變數的資料型態
<class 'int'>
```

第 16 章

Excel 工作表函式

　　在 Excel 中使用工作表函式可以輕鬆快捷地完成很多工,本章並不是詳細地介紹這些函式,而是介紹在 Excel、Excel VBA 和 Python 中使用工作表函式的方法。Python 部分會用到 xlwings 套件,關於 xlwings 套件的相關內容,請參考第 4 章和第 13 章。

16.1 │ Excel 工作表函式概述

本節簡單介紹 Excel 工作表函式，並結合簡單範例分多種情況介紹在 Excel、Excel VBA 和 Python 中如何使用 Excel 工作表函式。

16.1.1 Excel 工作表函式簡介

Excel 工作表函式是 Excel 中重要的內容，既可以作為函式程式庫使用，也可以看作一門公式語言。

Excel 工作表函式目前共有 300 多個，其中不僅有資料型態、運算子、流程控制、函式等與語言有關的函式，還有 VBA 中沒有的資料分析、財務、專案和統計等方面的比較專業的函式。

所以，熟練掌握 Excel 工作表函式，可以幫助使用者更快、更進一步地完成資料處理任務。

16.1.2 在 Excel 中使用工作表函式

如圖 16-1 所示，工作表的 A 列給定了 5 個資料，現在要求計算這 5 個資料的平均值並顯示在 C1 儲存格中。在 C1 儲存格中輸入公式 =AVERAGE(A1:A5)，按 Enter 鍵，得到給定資料的平均值為 4.8，並顯示在 C1 儲存格中。範例檔案的存放路徑為 Samples\ch16\Excel 函數 \ 均值 .xlsx。

🎧 圖 16-1 計算給定資料的平均值

　　下面計算圖 16-1 中工作表的 A 列資料的離差。各資料的離差等於各資料減去它們的平均值。在 B1 儲存格中輸入公式 =A1-AVERAGE($A$1:$A$5)，其中「$」表示對應位置是固定的，用 AVERAGE 函式計算平均值。按 Enter 鍵後在 B1 儲存格中顯示的第 1 個資料 2 與平均值 4.8 之間的離差為 -2.8。點擊 B1 儲存格，按兩下它右下角的點向下複製填充公式並計算其他資料的離差。執行結果如圖 16-2 中的 B 列所示。範例檔案的存放路徑為 Samples\ch16\Excel 函數 \ 离差 .xlsx。

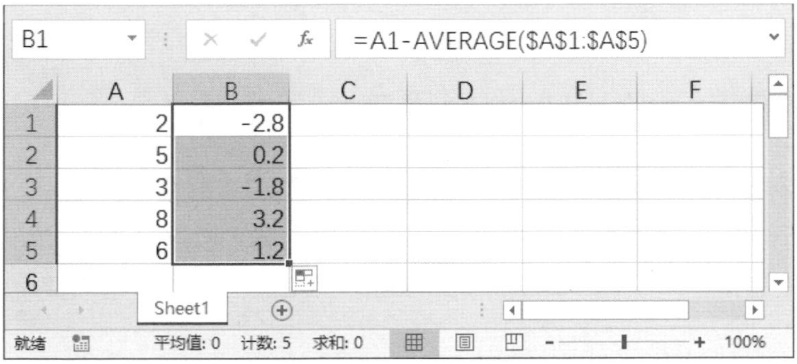

🎧 圖 16-2　求給定資料的離差

　　下面使用圖 16-1 中工作表的 A 列資料，計算各資料的最大平方值，並顯示在 C1 儲存格中。在 C1 儲存格中輸入公式 =MAX(A1:A5*A1:A5)，採用陣列運算進行計算。A1:A5*A1:A5 分別計算 A1 至 A5 各儲存格中資料的平方值，MAX 函式傳回各平方值的最大值。在 C1 儲存格中輸入公式後，同時按下 Ctrl 鍵、Shift 鍵和 Enter 鍵，在 C1 儲存格中顯示 8 的平方值 64，它是各平方值中最大的。執行結果如圖 16-3 所示。範例檔案的存放路徑為 Samples\ch16\Excel 函數 \ 最大平方值 .xlsx。

〇 圖 16-3　求一組資料的最大平方值

16.1.3　在 Excel VBA 中使用工作表函式

16.1.2 節介紹了幾個在 Excel 中使用工作表函式的範例，它們在操作上有一定的代表性。下面使用 Excel VBA 來完成相同的任務。使用 Excel VBA 來完成，既可以直接呼叫工作表函式，也可以使用 VBA 自己的方法來實現。

在 Excel VBA 中，使用 Application 物件的 WorksheetFunction 屬性可以呼叫 Excel 工作表函式。對於圖 16-1 中工作表的 A 列給定的 5 個資料，下面的程式用於計算它們的平均值並將結果顯示在 C1 儲存格中。範例檔案的存放路徑為 Samples\ch16\Excel VBA\ 均值 .xlsm。

```
Sub Test()
  Cells(1, 3) = Application.WorksheetFunction.Average(Range("A1:A5"))
End Sub
```

上述程式使用工作表函式 Average 計算給定資料的平均值。需要注意的是，所有函式的參數需要使用 Excel VBA 指定的引用方式進行設定。

下面的程式用於計算圖 16-1 中工作表的 A 列資料的離差。首先求出所有資料的平均值，然後計算每個資料與平均值的差並顯示在 B 列。範例檔案的存放路徑為 Samples\ch16\Excel VBA\ 离差 .xlsm。

```
Sub Test()
  Dim intI As Integer
  Dim sngMean As Single
  '平均值
  sngMean = Application.WorksheetFunction.Average(Range("A1:A5"))
  '離差 = 資料 - 平均值
  For intI = 1 To 5
    Cells(intI, 2) = Cells(intI, 1) - sngMean
  Next
End Sub
```

　　也可以使用 Application 物件的 Evaluate 方法，直接呼叫 16.1.2 節中求離差的公式進行計算，以下面的程式所示（Application 可以省略）。如果説 16.1.2 節中需要透過向下複製公式求其他資料的離差是半自動化操作，那麼利用 Excel VBA 的 For 迴圈可以實現真正的自動化計算。範例檔案的存放路徑為 Samples\ch16\Excel VBA\ 离差 .xlsm。

```
Sub Test2()
  Dim intI As Integer
  For intI = 1 To 5
    '直接呼叫公式進行計算
    Cells(intI, 2) = Evaluate("=A" & intI & "-AVERAGE($A$1:$A$5)")
  Next
End Sub
```

　　16.1.2 節中使用公式 =MAX(A1:A5*A1:A5) 計算給定資料的最大平方值，其中 A1:A5*A1:A5 是工作表函式中特定的計算格式，可以透過引用儲存格直接實現陣列運算。雖然 Excel VBA 中沒有這樣的使用方式，但可以使用 Evaluate 方法直接呼叫公式。範例檔案的存放路徑為 Samples\ch16\Excel VBA\ 最大平方值 .xlsm。

```
Sub Test2()
  Cells(1, 3) = Evaluate("=MAX(A1:A5*A1:A5)")
End Sub
```

如果不使用 Evaluate 方法，則在 Excel VBA 中需要用 For 迴圈計算每個資料的平方值並透過比較獲取最大平方值。範例檔案的存放路徑為 Samples\ch16\Excel VBA\ 最大平方值 .xlsm。

```
Sub Test()
  Dim intI As Integer
  Dim sngV As Single
  Dim sngMax As Single
  sngMax = 0
  For intI = 1 To 5
    sngV = Range("A" & intI)              ' 給定的資料
    If sngMax < sngV * sngV Then          ' 獲取最大平方值
      sngMax = sngV * sngV
    End If
  Next
  Cells(1, 3) = sngMax
End Sub
```

16.1.4 在 Python 中使用工作表函式

Python 中的 xlwings 套件因為使用與 Excel VBA 相同的物件模型，所以也可以透過 Excel 應用物件的 WorksheetFunction 屬性使用工作表函式，或用 Excel 應用物件的 Evaluate 方法直接使用公式。

對於圖 16-1 中工作表的 A 列給定的 5 個資料，使用下面的程式可以計算它們的平均值並將結果顯示在 C1 儲存格中。在 Python 中，需要先匯入 xlwings 套件和 os 套件，建立 Excel 應用，打開資料檔案，獲取工作表；然後使用工作表函式 Average 計算資料的平均值。指令檔的存放路徑為 Samples\ch16\Python\ 均值 .py。

```
import xlwings as xw              # 匯入 xlwings 套件
import os                        # 匯入 os 套件
root = os.getcwd()               # 獲取當前路徑
# 建立 Excel 應用，可見，不增加工作表
app=xw.App(visible=True, add_book=False)
# 打開資料檔案，寫入
bk=app.books.open(fullname=root+r'\ 平均值 .xlsx',read_only=False)
```

```
sht=bk.sheets.active              # 獲取工作表
# 呼叫 Average 函式計算平均值
sht.api.Cells(1,3).Value=\
    app.api.WorksheetFunction.Average(sht.api.Range('A1:A5'))
```

　　計算各資料的離差可以採用兩種方法。第 1 種方法是用工作表函式計算平均值後透過一個 for 迴圈計算各資料的離差；第 2 種方法是用 Evaluate 方法直接呼叫公式進行計算。下面程式中的兩種方法，當使用其中的一種方法時可以將另外一種方法註釋起來再執行。指令檔的存放路徑為 Samples\ch16\Python\離差 .py。

```
import xlwings as xw             # 匯入 xlwings 套件
import os                        # 匯入 os 套件
root = os.getcwd()              # 獲取當前路徑
# 建立 Excel 應用，可見，不增加工作表
app=xw.App(visible=True, add_book=False)
# 打開資料檔案，寫入
bk=app.books.open(fullname=root+r'\ 離差 .xlsx',read_only=False)
sht=bk.sheets.active            # 獲取工作表

# 第 1 種方法
# 計算平均值
m=app.api.WorksheetFunction.Average(sht.api.Range('A1:A5'))
# 計算離差
for i in range(5):
    sht.api.Cells(i+1,2).Value=sht.api.Cells(i+1,1).Value-m

# 第 2 種方法
# 直接呼叫公式進行計算
for i in range(5):
    sht.api.Cells(i+1,2).Value=\
        app.api.Evaluate('=A'+str(i+1)+'-AVERAGE($A$1:$A$5)')
```

　　下面的程式用兩種方法計算給定資料的最大平方值，當使用其中的一種方法時，同樣將另外一種方法註釋起來再執行。指令檔的存放路徑為 Samples\ch16\Python\ 最大平方值 .py。

```
import xlwings as xw          # 匯入 xlwings 套件
import os                     # 匯入 os 套件
root = os.getcwd()            # 獲取當前路徑
# 建立 Excel 應用，可見，不增加工作表
app=xw.App(visible=True, add_book=False)
# 打開資料檔案，寫入
bk=app.books.open(fullname=root+r'\ 最大平方值 .xlsx',read_only=False)
sht=bk.sheets.active          # 獲取工作表

# 第 1 種方法
# 直接呼叫公式進行計算
sht.api.Cells(1,3).Value=app.api.Evaluate('=MAX(A1:A5*A1:A5)')

# 第 2 種方法
max=0.0
# 計算最大平方值
for i in range(5):
    v=sht.api.Cells(i+1,1).Value
    if max<v*v:max=v*v
sht.api.Cells(1,3).Value=max
```

⊞ 16.2 | 常用的 Excel 工作表函式

為了幫助讀者加深對 16.1 節的內容的理解，本節使用常用的幾個 Excel 工作表函式，並結合範例詳細說明。

16.2.1 SUM 函式

SUM 函式主要用於對儲存格中的值求和。它將被指定為參數的所有數字相加，每個參數可以是儲存格、儲存格區域、陣列、常數、公式或另一個函式的結果。

SUM 函式的語法格式如下。

```
SUM(number1,[number2],...)
```

其中，number1 是必需參數，為相加的第 1 個數值參數；number2 是可選參數，為相加的第 2 ～ 255 個數值參數。

如圖 16-4 所示，工作表中為各種食材的採購資料，試根據單價和品質的資料計算採購食材的總費用。

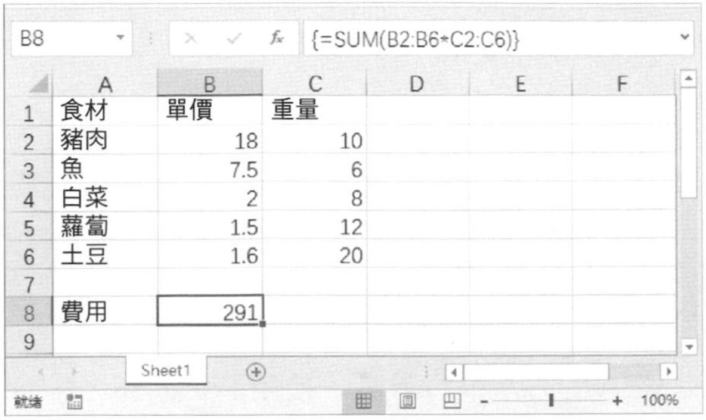

	A	B	C
1	食材	單價	重量
2	豬肉	18	10
3	魚	7.5	6
4	白菜	2	8
5	蘿蔔	1.5	12
6	土豆	1.6	20
7			
8	費用	291	
9			

圖 16-4 計算採購食材的總費用

【Excel】

在 B8 儲存格中輸入公式 =SUM(B2:B6*C2:C6)，同時按下 Ctrl 鍵、Shift 鍵和 Enter 鍵，在 B8 儲存格中顯示採購食材的總費用，即 291。執行結果如圖 16-4 所示。範例檔案的存放路徑為 Samples\ch16\Excel 函数 \ 函数 SUM.xlsx。

公式中首先將 B2:B6 儲存格區域和 C2:C6 儲存格區域中的對應資料相乘，得到各食材的採購費用，然後用 SUM 函式將所有費用相加，得到總費用。

【Excel VBA】

在 Excel VBA 中，既可以直接呼叫 Excel 函式進行計算，也可以採用 VBA 的方法，透過迴圈進行計算。範例檔案的存放路徑為 Samples\ch16\Excel VBA\ 函数 SUM.xlsm。

過程 Test 用 Evaluate 函式直接呼叫公式進行計算，並將計算結果輸出到 B8 儲存格中。

```
Sub Test()
  Range("B8") = Evaluate("=SUM(B2:B6*C2:C6)")
End Sub
```

執行過程，在工作表的 B8 儲存格中輸出各食材的採購總費用，即 291。

過程 Test2 也是用 Evaluate 函式呼叫公式進行計算的，不同之處在於，公式中使用 SUMPRODUCT 函式進行求和運算。

```
Sub Test2()
  Range("B8") = Evaluate("=SUMPRODUCT(B2:B6,C2:C6)")
End Sub
```

執行過程，在工作表的 B8 儲存格中輸出各食材的採購總費用，即 291。

過程 Test3 用 VBA 的方法進行計算。使用 For 迴圈，求每種食材的採購費用並累加求和。

```
Sub Test3()
  Dim arr
  Dim sngSum As Single
  Dim intI As Integer

  arr = Range("B2:C6")                  '將單價和品質的資料儲存到 arr 陣列中
  sngSum = 0#
  For intI = 1 To UBound(arr, 1)        '各食材費用累加求和
    sngSum = sngSum + arr(intI, 1) * arr(intI, 2)
  Next
  Range("B8") = sngSum                  '輸出總費用
End Sub
```

執行過程，在工作表的 B8 儲存格中輸出各食材的採購總費用，即 291。

【Python】

使用 Python 解決此問題，同樣有直接呼叫 Excel 函式和使用 for 迴圈進行計算兩種方法。範例檔案的存放路徑為 Samples\ch16\Python\ 函数 SUM.py。

　　下面的程式首先匯入 xlwings 套件和 os 套件，然後獲取 .py 檔案的當前路徑。建立 Excel 應用，打開資料檔案，獲取工作表。

```python
import xlwings as xw          # 匯入 xlwings 套件
import os·                    # 匯入 os 套件
root = os.getcwd()            # 獲取當前路徑
# 建立 Excel 應用，可見，不增加工作表
app=xw.App(visible=True, add_book=False)
# 打開資料檔案，寫入
bk=app.books.open(fullname=root+r'\ 函式 SUM.xlsx',read_only=False)
sht=bk.sheets.active          # 獲取工作表
```

　　第 1 種方法是用 xlwings 套件的 API 方式呼叫 Evaluate 函式，使用公式計算總費用，並將結果輸出到工作表的 B8 儲存格中。

```python
# 第 1 種方法
# 直接呼叫公式進行計算
sht.range('B8').value=app.api.Evaluate('=SUM(B2:B6*C2:C6)')
```

　　第 2 種方法是用 Python 透過 for 迴圈對各食材的採購費用進行累加求和得到總費用，並將結果輸出到工作表的 B8 儲存格中。

```python
# 第 2 種方法
d=sht.range('B2:C6').value
sm=0.0
for i in range(5):
    sm+=d[i][0]*d[i][1]
sht.range('B8').value=sm
```

　　執行腳本，在工作表的 B8 儲存格中輸出採購總費用，即 291。

16.2.2 IF 函式

　　IF 函式用於判斷結構，當條件為真時傳回一個值，當條件為假時傳回另一個值。IF 函式的語法格式如下。

```
IF(logical_test,value_if_true,value_if_false)
```

其中，logical_test 表示邏輯判斷運算式；value_if_true 表示當判斷條件為邏輯真（True）時，顯示該處給定的內容，如果忽略則傳回 True；value_if_false 表示當判斷條件為邏輯假（False）時，顯示該處給定的內容，如果忽略則傳回 False。

如圖 16-5 所示，工作表的 A 列為一組給定的成績資料，試根據各成績判斷其是否及格，並將判斷結果顯示在 B 列。

🔊 圖 16-5　判斷成績是否及格

【Excel】

在 B2 儲存格中輸入公式 =IF(A2>=60," 及格 "," 不及格 ")，按 Enter 鍵後在 B2 儲存格中顯示 A2 儲存格中資料 89 對應的判斷結果，即「及格」。點擊 B2 儲存格，按兩下它右下角的點向下複製填充公式並計算其他資料對應的判斷結果。執行結果如圖 16-5 中的 B 列所示。範例檔案的存放路徑為 Samples\ch16\ Excel 函數 \ 函數 IF-1.xlsx。

【Excel VBA】

在 Excel 中，透過向下複製填充公式處理多行資料，需要手動操作，所以整個處理過程是半自動化的。在 Excel VBA 和 Python 中，可以透過 for 迴圈自動處理每行資料。既可以直接呼叫 Excel 函式進行計算，也可以採用 VBA 的方法進行計算。範例檔案的存放路徑為 Samples\ch16\Excel VBA\ 函數 IF-1. xlsm。

　　過程 Test 透過一個 For 迴圈，先對 A 列的每個資料用 Evaluate 函式判斷是否及格，然後將判斷結果顯示在其右邊的儲存格中。

```
Sub Test()
  Dim intI As Integer
  For intI = 2 To 6   ' 對每個資料進行判斷
    Cells(intI, 2) = _
        Evaluate("=IF(A" & intI & ">=60,"" 及格 "","" 不及格 "")")
  Next
End Sub
```

　　執行過程，在工作表的 B 列輸出各資料的判斷結果。

　　過程 Test2 使用 IIf 函式對各給定資料進行判斷。

```
Sub Test2()
  Dim intI As Integer
  Dim arr
  Dim strR As String
  arr = Range("A2:A6")                                  ' 將資料儲存到 arr 陣列中
  For intI = 1 To UBound(arr, 1)                        ' 對每個資料進行判斷
    strR = IIf(arr(intI, 1) < 60, " 不及格 ", " 及格 ")   'IIf 函式
    Cells(intI + 1, 2) = strR                           ' 輸出判斷結果
  Next
End Sub
```

　　執行過程，在工作表的 B 列輸出各資料的判斷結果。

　　過程 Test3 在 For 迴圈中使用二分支的 If 結構進行判斷。

```
Sub Test3()
  Dim intI As Integer
  Dim arr
  Dim strR As String
  arr = Range("A2:A6")                    ' 將資料儲存到 arr 陣列中
  For intI = 1 To UBound(arr, 1)          ' 對每個資料進行判斷
    If arr(intI, 1) < 60 Then             ' 二分支的 If 結構
      Cells(intI + 1, 2) = " 不及格 "
    Else
```

```
      Cells(intI + 1, 2) = " 及格 "
    End If
  Next
End Sub
```

執行過程，在工作表的 B 列輸出各資料的判斷結果。

【Python】

在 Python 中，既可以直接呼叫 Excel 函式進行計算，也可以採用 Python 的方法進行計算。撰寫的 Python 指令檔的存放路徑為 Samples\ch16\Python\ 函數 IF-1.py。

```
# 前面程式省略，請參見 Python 指令檔
#......
```

第 1 種方法是呼叫 Evaluate 函式直接使用公式進行計算。需要注意的是，不能在 IF 函式的參數處直接指定判斷結果「及格」或「不及格」，而是先傳回數字 1 或 0，然後根據該數字輸出「及格」或「不及格」。

```
# 第 1 種方法
# 直接使用公式進行計算
for i in range(5):
    rs=app.api.Evaluate('=IF(A'+str(i+2)+'>=60,1,0)')
    if rs==1:
        sht.range('B'+str(i+2)).value=' 及格 '
    else:
        sht.range('B'+str(i+2)).value=' 不及格 '
```

第 2 種方法是使用 Python 的三元操作運算式進行處理。

```
# 第 2 種方法
# 使用三元操作運算式
for i in range(5):
    sht.range('B'+str(i+2)).value=\
        ' 及格 ' if sht.range('A'+str(i+2)).value>=60 else ' 不及格 '
```

第 3 種方法是使用 Python 的二分支判斷結構進行處理。

```
# 第 3 種方法
# 使用二分支判斷結構
for i in range(5):
    if sht.range('A'+str(i+2)).value>=60:
        sht.range('B'+str(i+2)).value=' 及格 '
    else:
        sht.range('B'+str(i+2)).value=' 不及格 '
```

採用上面的任何一種方法（同時註釋起來另外兩種方法），執行腳本，在工作表的 B 列輸出各成績對應的判斷結果，如圖 16-5 所示。

下面對給定的資料做出更細緻的等級判斷，即將成績分為不及格、中等、良好和優秀等多個等級，如圖 16-6 所示。

🎧 圖 16-6　判斷成績的等級

【Excel】

在 B2 儲 存 格 中 輸 入 公 式 = IF(A2<60," 不 及 格 ",IF(A2<80," 中 等 ",IF(A2<90," 良好 "," 優秀 ")))，按 Enter 鍵後在 B2 儲存格中顯示左側成績 89 對應的等級，即「良好」。點擊 B2 儲存格，按兩下它右下角的點向下複製填充公式並判斷其他成績的等級。執行結果如圖 16-6 中的 B 列所示。範例檔案的存放路徑為 Samples\ch16\Excel 函數 \ 函數 IF-2.xlsx。

【Excel VBA】

範例檔案的存放路徑為 Samples\ch16\Excel VBA\ 函數 IF-2.xlsm。

　　過程 Test 透過一個 For 迴圈，先對 A 列的每個資料用 Evaluate 函式使用公式判斷成績等級，然後將判斷結果顯示在其右邊的儲存格中。

```
Sub Test()
  Dim intI As Integer
  For intI = 2 To 6
    Cells(intI, 2) = _
      Evaluate("=IF(A" & intI & "<60,"" 不及格 "",IF(A" & _
        intI & "<80,"" 中等 "",IF(A" & intI & "<90,"" 良好 "","" 優秀 "")))")
  Next
End Sub
```

　　執行過程，在工作表的 B 列輸出各資料的判斷結果。

　　過程 Test2 使用多分支 If 判斷結構對各給定資料進行判斷。

```
Sub Test2()
  Dim intI As Integer
  Dim arr
  arr = Range("A2:A6")
  For intI = 1 To UBound(arr, 1)
    If arr(intI, 1) < 60 Then
      Cells(intI + 1, 2) = " 不及格 "
    ElseIf arr(intI, 1) < 80 Then
      Cells(intI + 1, 2) = " 中等 "
    ElseIf arr(intI, 1) < 90 Then
      Cells(intI + 1, 2) = " 良好 "
    Else
      Cells(intI + 1, 2) = " 優秀 "
    End If
  Next
End Sub
```

　　執行過程，在工作表的 B 列輸出各資料的判斷結果。

【Python】

　　撰寫的 Python 指令檔的存放路徑為 Samples\ch16\Python\ 函数 IF-1.py。

```
# 前面程式省略，請參考 Python 指令檔
#......
```

　　由於不能在 IF 函式的參數處直接指定判斷結果為「不及格」或「中等」等，因此在 Python 中呼叫公式進行處理不太方便。下面使用 Python 的多分支判斷結構進行處理。

```
# 使用多分支判斷結構
d=sht.range('A2:A6').value
for i in range(5):
    if sht.range('A'+str(i+2)).value<60:
        sht.range('B'+str(i+2)).value=' 不及格 '
    elif sht.range('A'+str(i+2)).value<80:
        sht.range('B'+str(i+2)).value=' 中等 '
    elif sht.range('A'+str(i+2)).value<90:
        sht.range('B'+str(i+2)).value=' 良好 '
    else:
        sht.range('B'+str(i+2)).value=' 優秀 '
```

　　執行腳本，在工作表的 B 列輸出各資料的判斷結果。

16.2.3　LOOKUP 函式

　　LOOKUP 函式具有向量和陣列兩種語法形式。

　　向量是只包含一行或一列的區域。LOOKUP 函式的向量形式在單行區域或單列區域（稱為向量）中查詢值，並傳回第 2 個單行區域或單列區域中相同位置的值，語法格式如下。

```
LOOKUP(lookup_value, lookup_vector, [result_vector])
```

　　其中，lookup_value 表示 LOOKUP 函式在第 1 個向量中搜索的值，可以是數字、文字、邏輯值、名稱或對值的引用；lookup_vector 表示只包含一行或一列的區域，可以是文字、數字或邏輯值；result_vector 為可選參數，只包含一行或一列的區域，必須與 lookup_vector 的大小相同。

LOOKUP 函式的陣列形式在陣列的第 1 行或第 1 列中查詢指定的值，並傳回陣列最後一行或最後一列中同一位置的值，語法格式如下。

```
LOOKUP(lookup_value, array)
```

其中，lookup_value 表示 LOOKUP 函式在陣列中搜索的值，可以是數字、文字、邏輯值、名稱或對值的引用；array 表示包含要與 lookup_value 進行比較的文字、數字或邏輯值的儲存格區域。

如圖 16-7 所示，工作表前 5 行舉出了不同人員的編號、姓名、額度和名次，現在要求根據這些資料，對工作表中 A8:A10 儲存格區域指定的編號查詢各編號對應的姓名、額度和名次，並顯示在右側的各儲存格中。

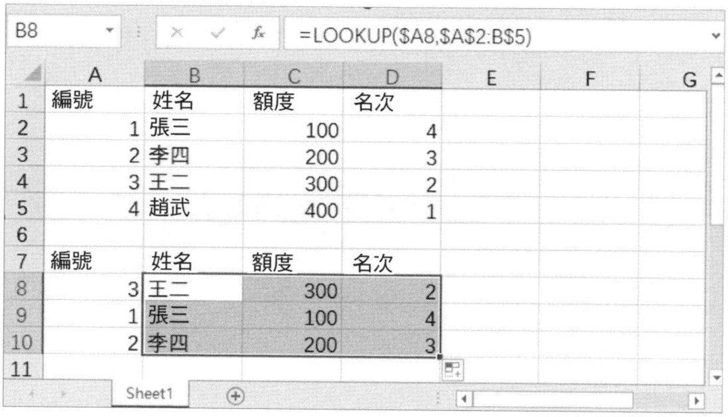
B8 =LOOKUP($A8,$A$2:B$5)

	A	B	C	D
1	編號	姓名	額度	名次
2	1	張三	100	4
3	2	李四	200	3
4	3	王二	300	2
5	4	趙武	400	1
6				
7	編號	姓名	額度	名次
8	3	王二	300	2
9	1	張三	100	4
10	2	李四	200	3

圖 16-7 根據編號查詢資料

【Excel】

在 B8 儲存格中輸入公式 = LOOKUP($A8,$A$2:B$5)，其中「$」表示對應位置是固定的。公式在 A2:B5 儲存格區域內傳回 A8 儲存格的值對應的姓名。按 Enter 鍵後在 B8 儲存格中顯示編號 3 對應的姓名，即「王二」。點擊 B8 儲存格，向右拖曳其右下角的點複製填充公式，並獲取編號 3 對應的額度和名次；再向下拖曳該點，向下複製填充公式獲取其他指定編號對應的資料。執行結果如圖 16-7 中的陰影區域所示。範例檔案的存放路徑為 Samples\ch16\Excel 函数 \ 函数 LOOKUP.xlsx。

【Excel VBA】

範例檔案的存放路徑為 Samples\ch16\Excel VBA\ 函數 LOOKUP.xlsm。

過程 Test 透過一個兩層嵌套的 For 迴圈，使用 Evaluate 函式呼叫 LOOKUP 函式查詢 A8:A10 儲存格區域中各編號對應的資料，並輸出到指定的儲存格。

```
Sub Test()
  Dim intI As Integer
  Dim intJ As Integer
  Dim strCol As String

  For intI = 8 To 10
    For intJ = 2 To 4
      If intJ = 2 Then strCol = "B"
      If intJ = 3 Then strCol = "C"
      If intJ = 4 Then strCol = "D"
      Cells(intI, intJ) = _
            Evaluate("=LOOKUP($A" & intI & ",$A$2:" & strCol & "$5)")
    Next
  Next
End Sub
```

執行過程，生成的查詢結果如圖 16-7 所示。

過程 Test2 使用字典進行處理。在建構字典中的鍵值對時，將每個人員的編號作為鍵，編號對應的姓名、額度和名次一起作為值，並在指定的位置輸出指定編號（即鍵）對應的資料（即值）。

```
Sub Test2()
  Dim intI As Integer
  Dim arr
  Dim dicT As New Dictionary

  On Error Resume Next

  arr = Range("A2:D5")            ' 獲取資料
  For intI = 1 To UBound(arr)     ' 建構字典
```

```
   '編號作為鍵,編號對應的資料作為值
   dicT(arr(intI, 1)) = Array(arr(intI, 2), arr(intI, 3), arr(intI, 4))
  Next
  For intI = 8 To Cells(7, "A").End(xlDown).Row    '輸出指定編號對應的資料
   '輸出結果
   Cells(intI, "B").Resize(1, 3) = dicT(Cells(intI, "A").Value2)
  Next
End Sub
```

執行過程,生成的查詢結果如圖 16-7 所示。

【Python】

撰寫的 Python 指令檔的存放路徑為 Samples\ch16\Python\ 函數 LOOKUP. py。

```
# 前面程式省略,請參考 Python 指令檔
#......
```

第 1 種方法是直接呼叫公式進行查詢。

```
# 第 1 種方法
# 直接呼叫公式進行查詢
for i in range(8,11):
    for j in range(2,5):
        if j==2:col='B'
        if j==3:col='C'
        if j==4:col='D'
        sht.cells(i,j).value=\
            app.api.Evaluate('=LOOKUP($A'+str(i)+',$A$2:'+col+'$5)')
```

第 2 種方法是使用字典實現資料查詢。字典的建構和使用與 VBA 的相同。

```
# 第 2 種方法
d=sht.range('A2:D5').value
dicT={}
for i in range(len(d)):                          # 遍歷每行資料
    dicT[d[i][0]]=[d[i][1],d[i][2],d[i][3]]       # 將編號作為鍵,對應的資料作為值
for i in range(8,11):                             # 根據給定編號查詢值
    sht.cells(i,'B').value=dicT[sht.cells(i,'A').value]
```

使用任意一種方法，執行腳本，生成的查詢結果如圖 16-7 所示。

16.2.4 VLOOKUP 函式

VLOOKUP 函式在表格或數值陣列的首行查詢指定的數值，並傳回表格或陣列當前行中指定列處的值，語法格式如下。

```
VLOOKUP(lookup_value, table_array, col_index_num,[range_lookup])
```

其中，lookup_value 表示要在表格或儲存格區域的第 1 列中搜索的值，可以是值或引用；table_array 表示包含資料的儲存格區域，可以使用對儲存格區域或儲存格區域名稱的引用；col_index_num 表示 table_array 參數中必須傳回的匹配值的列號；range_lookup 為可選參數，是一個邏輯值，指定希望 VLOOKUP 是精確匹配還是近似匹配。

如圖 16-8 所示，工作表的 A ～ D 列為採購到的各種食材的名稱、品質、產地和單價，現在要求利用食材的品質和單價計算它們的採購費用。

❶ 圖 16-8 計算各食材的採購費用

【Excel】

在 E2 儲存格中輸入公式 =VLOOKUP(A2,A$1:D$6,4,FALSE)*B2，其中「$」表示對應位置是固定的。先用 VLOOKUP 函式查詢 A1:D6 儲存格區域 D 列與 A2 儲存格中食材名稱對應的單價，然後用它乘以 B2 儲存格中的品質值，結果顯示在 E2 儲存格中。

按 Enter 鍵後在 E2 儲存格中顯示豬肉的費用為 180。點擊 E2 儲存格，按兩下它右下角的點向下複製填充公式並計算其他食材的採購費用。執行結果如圖 16-8 中的 E 列所示。範例檔案的存放路徑為 Samples\ch16\Excel 函數 \ 函數 VLOOKUP.xlsx。

【Excel VBA】

範例檔案的存放路徑為 Samples\ch16\Excel VBA\ 函數 VLOOKUP.xlsm。

過程 Test 使用 For 迴圈，對於每種食材，先透過 Evaluate 函式呼叫 VLOOKUP 函式查詢食材對應的單價，再乘以品質得到採購費用，並將結果輸出到指定的儲存格中。

```vba
Sub Test()
  '直接呼叫公式
  Dim intI As Integer
  For intI = 2 To 6
    Cells(intI, 5) = Evaluate("=VLOOKUP(A" & intI _
        & ",A$1:D$6,4,FALSE)*B" & intI)
  Next
End Sub
```

執行過程，生成的計算結果如圖 16-8 所示。

過程 Test2 將工作表中 A ～ D 列的資料作為給定參照資料，用 A 列的食材名稱與參照資料中的第 1 列資料進行比較，得到食材對應的品質和單價，將它們相乘得到採購費用，並輸出到指定的儲存格中。

```vba
Sub Test2()
  Dim intI As Integer
  Dim intJ As Integer
  Dim arr
  arr = Range("A2:D6")    '獲取資料
  For intI = 2 To 6
    For intJ = 1 To UBound(arr)
      '如果目標食材在資料中存在，
      '則將對應行的價格和品質相乘，得到採購費用
      If Range("A" & intI) = arr(intJ, 1) Then
```

```
        Cells(intI, 5) = arr(intJ, 2) * arr(intJ, 4)
      End If
    Next
  Next
End Sub
```

執行過程，生成的計算結果如圖 16-8 所示。

【Python】

撰寫的 Python 指令檔的存放路徑為 Samples\ch16\Python\ 函數 VLOOKUP.py。

```
# 前面程式省略，請參考 Python 指令檔
#......
```

第 1 種方法是直接呼叫公式進行計算。

```
# 第 1 種方法
# 直接呼叫公式進行計算
for i in range(2,7):
    sht.cells(i,5).value=\
        app.api.Evaluate('=VLOOKUP(A'+str(i)+',A$1:D$6,4,FALSE)*B'+str(i))
```

第 2 種方法是將工作表中 A ～ D 列的資料作為給定參照資料，用 A 列的食材名稱與參照資料中的第 1 列資料進行比較，得到食材對應的品質和單價，先將它們相乘得到採購費用，然後輸出到指定儲存格中。

```
# 第 2 種方法
d=sht.range('A2:D6').value
for i in range(2,7):                     # 遍歷目標食材
    for j in range(len(d)):              # 遍歷每行資料
        # 如果目標食材在資料中存在，
        # 則將對應行的價格和品質相乘，得到採購費用
        if sht.cells(i,1).value==d[j][0]:
            sht.cells(i,5).value=d[j][1]*d[j][3]
```

使用上面的任意一種方法，執行腳本，生成的計算結果如圖 16-8 所示。

16.2.5 CHOOSE 函式

CHOOSE 函式用於從給定的參數中傳回指定的值，語法格式如下。

```
CHOOSE(index_num, value1, [value2], ...)
```

其中，index_num 表示指定所選定的值參數，必須為介於 1 和 254 之間的數字，或為公式或對包含介於 1 和 254 之間某個數字的儲存格的引用；value1, value2, ... 中的 value1 是必需的，後續值是可選的，這些值參數的個數介於 1 和 254 之間，CHOOSE 函式基於 index_num 從這些值參數中選擇一個數值或一項要執行的操作。

下面使用 CHOOSE 函式實現成績的多等級判斷，如圖 16-9 所示。

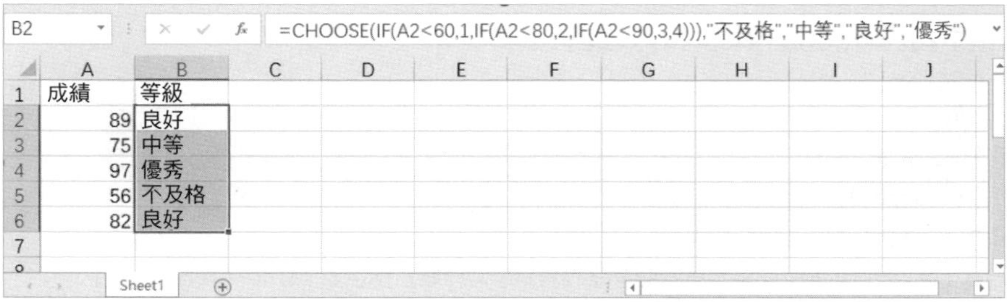

● 圖 16-9　判斷給定成績的等級

【Excel】

在 B2 儲存格中輸入公式 =CHOOSE(IF(A2<60,1,IF(A2<80,2,IF(A2<90,3,4)))," 不及格 "," 中等 "," 良好 "," 優秀 ")，按 Enter 鍵後在 B2 儲存格顯示 A2 儲存格中資料對應的等級，即 ' 良好 '。點擊 B2 儲存格，按兩下它右下角的點向下複製填充公式並計算成績等級。執行結果如圖 16-9 中的 B 列所示。

公式先透過 IF 函式得到滿足不同條件時的數字，即 1 ～ 4，然後用 CHOOSE 函式指定各數字對應的表示成績等級的字串，最後根據得到的數字傳回字串，輸出到 B 列。範例檔案的存放路徑為 Samples\ch16\Excel 函數 \ 函数 CHOOSE.xlsx。

【Excel VBA】

範例檔案的存放路徑為 Samples\ch16\Excel VBA\ 函數 CHOOSE.xlsm。

過程 Test 使用 For 迴圈，對於每個資料，透過 Evaluate 函式呼叫 CHOOSE 函式傳回對應的等級並將結果輸出到指定的儲存格中。

```
Sub Test()
  Dim intI As Integer
  For intI = 2 To 6
    Cells(intI, 2) = _
      Evaluate("=CHOOSE(IF(A" & intI & _
          "<60,1,IF(A" & intI & "<80,2,IF(A" & intI _
          & "<90,3,4))),"" 不及格 "","" 中等 "","" 良好 "","" 優秀 "")")
  Next
End Sub
```

執行過程，結果如圖 16-9 中的 B 列所示。

【Python】

撰寫的 Python 指令檔的存放路徑為 Samples\ch16\Python\ 函數 CHOOSE.py。

```
# 前面程式省略，請參考 Python 指令檔
#......
```

Python 中使用多分支判斷結構來實現。

```
# 使用的多分支判斷結構
d=sht.range('A2:A6').value
for i in range(5):
    if sht.range('A'+str(i+2)).value<60:
        sht.range('B'+str(i+2)).value=' 不及格 '
    elif sht.range('A'+str(i+2)).value<80:
        sht.range('B'+str(i+2)).value=' 中等 '
    elif sht.range('A'+str(i+2)).value<90:
        sht.range('B'+str(i+2)).value=' 良好 '
```

```
else:
    sht.range('B'+str(i+2)).value=' 優秀 '
```

執行腳本，結果如圖 16-9 中的 B 列所示。

第17章

Excel 圖形

　　Excel 提供了比較強大和完整的圖形繪製功能。學習本章可以幫助讀者深入理解圖表。因為不管是哪種圖表，它都是由點、線、面和文字等這樣一些基本的圖形元素組合而成的。如果有必要，也可以使用這些基本的圖形元素訂製自己的圖表類型。

　　使用 Python 中提供的 win32com 套件、comtypes 套件和 xlwings 套件等，可以實現用 Python 繪製 Excel 圖形。本章主要結合 xlwings 套件介紹，所以在學習本章內容之前，讀者需要熟練掌握第 13 章介紹的關於 xlwings 套件的內容。在建立多義線、多邊形和曲線時會使用 comtypes 套件。

17.1 建立圖形

本節介紹 Excel 提供的基本圖形元素的建立，包括點、直線段、矩形、橢圓、多義線、多邊形、曲線、標籤、文字標籤、標注、自選圖形和藝術字等。

在 Excel 物件模型中，用 Shape 物件表示圖形。Shapes 物件作為集合對所有圖形進行儲存和管理。透過程式設計建立圖形的過程，就是建立 Shape 物件並利用它本身及與之相關的一系列物件的屬性和方法進行程式設計。

17.1.1 點

Shapes 物件雖然沒有提供專門用於繪製點的方法，但是提供的自選圖形中有若干特殊的圖形類型可以用來表示點，如星形、矩形、圓形、菱形等，這些自選圖形可以用 Shapes 物件的 AddShape 方法建立。AddShape 方法的語法格式如下。

【Excel VBA】

```
sht.Shapes.AddShape Type, Left, Top, Width, Height
```

【Python】

```
sht.api.Shapes.AddShape(Type, Left, Top, Width, Height)
```

Python 採用的是 xlwings 套件的 API 呼叫方式。sht 表示一個工作表物件。AddShape 方法傳回一個 Shape 物件，各參數的意義如表 17-1 所示。

▼ 表 17-1 AddShape 方法各參數的意義

名稱	必需 / 可選	資料類型	意義
Type	必需	msoAutoShapeType	指定要建立的自選圖形的類型
Left	必需	Single	自選圖形邊框左上角相對於文件左上角的位置（以磅為單位）
Top	必需	Single	自選圖形邊框左上角相對於文件頂部的位置（以磅為單位）

（續表）

名稱	必需 / 可選	資料類型	意義
Width	必需	Single	自選圖形邊框的寬度（以磅為單位）
Height	必需	Single	自選圖形邊框的高度（以磅為單位）

其中，Type 參數的值為 msoAutoShapeType 列舉類型，可以有很多的選擇。表 17-2 中列舉了一些星形點的設定值。

▼ 表 17-2 AddShape 方法的 Type 參數中星形點的設定值

名稱	值	說明
msoShape10pointStar	149	十角星
msoShape12pointStar	150	十二角星
msoShape16pointStar	94	十六角星
msoShape24pointStar	95	二十四角星
msoShape32pointStar	96	三十二角星
msoShape4pointStar	91	四角星
msoShape5pointStar	92	五角星
msoShape6pointStar	147	六角星

下面建立五角星、十二角星和三十二角星表示的點。

【Excel VBA】

範例檔案的存放路徑為 Samples\ch17\Excel VBA\ 点 .xlsm。

```
Sub Test()
  ActiveSheet.Shapes.AddShape 92, 180, 80, 10, 10    ' 在指定位置增加點
  ActiveSheet.Shapes.AddShape 150, 150, 40, 15, 15
  ActiveSheet.Shapes.AddShape 96, 80, 80, 3, 3
End Sub
```

執行過程，生成的星形點如圖 17-1 所示。

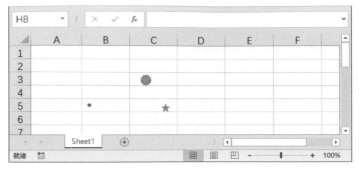

● 圖 17-1　星形點

【Python】

在 Python Shell 視窗中輸入下面的命令列。

```
>>> import xlwings as xw                          # 匯入 xlwings 套件
>>> bk=xw.Book()                                  # 新建工作表
>>> sht=bk.sheets(1)                              # 獲取第 1 個工作表
>>> sht.api.Shapes.AddShape(92,180,80,10,10)      # 在指定位置增加點
>>> sht.api.Shapes.AddShape(150,150,40,15,15)
>>> sht.api.Shapes.AddShape(96,80,80,3,3)
```

生成的星形點如圖 17-1 所示。

也可以用矩形和圓表示點，這部分內容會在 17.1.3 節介紹。

17.1.2　直線段

用 Shapes 物件的 AddLine 方法可以建立直線段。AddLine 方法的語法格式如下。

【Excel VBA】

```
sht.Shapes.AddLine BeginX, BeginY, EndX, EndY
```

【Python】

```
sht.api.Shapes.AddLine(BeginX, BeginY, EndX, EndY)
```

其中，sht 表示一個工作表物件；參數 BeginX 和 BeginY 表示起點的水平座標和垂直座標；EndX 和 EndY 表示終點的水平座標和垂直座標。AddLine 方法傳回一個表示直線段的 Shape 物件。

下面在工作表 sht 中增加一條起點為 (10,10)、終點為 (250, 250) 的直線段。將該直線段的線型設定為小數點線，顏色設定為紅色，線寬設定為 5 磅。

【Excel VBA】

範例檔案的存放路徑為 Samples\ch17\Excel VBA\ 直线段 .xlsm。

```vba
Sub Test()
  Dim shp As Shape
  Dim objLn As Object
  ' 建立直線段 Shape 物件
  Set shp = ActiveSheet.Shapes.AddLine(10, 10, 250, 250)
  Set objLn = shp.Line              ' 獲取線形物件
  objLn.DashStyle = 3               ' 設定線形物件的屬性，如線型、顏色和線寬
  objLn.ForeColor.RGB = RGB(255, 0, 0)
  objLn.Weight = 5
End Sub
```

執行過程，生成的直線段如圖 17-2 所示。

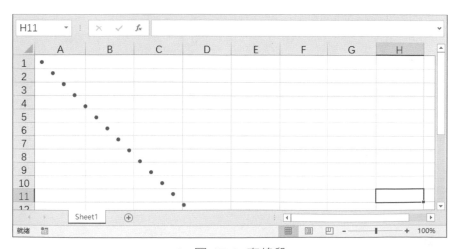

♠ 圖 17-2 直線段

【Python】

在 Python Shell 視窗中輸入下面的命令列。

```
>>> shp=sht.api.Shapes.AddLine(10,10,250,250)  # 建立直線段 Shape 物件
>>> ln=shp.Line          # 獲取線形物件
>>> ln.DashStyle=3         # 設定線形物件的屬性，如線型、顏色和線寬
>>> ln.ForeColor.RGB=xw.utils.rgb_to_int((255, 0, 0))
>>> ln.Weight=5
```

生成的直線段如圖 17-2 所示。

17.1.3　矩形、圓角矩形、橢圓和圓

使用 Shapes 物件的 AddShape 方法可以建立矩形、圓角矩形、橢圓和圓。17.1.1 節已經介紹過，本節不再贅述。實際上，AddShape 方法是透過建立自選圖形的方法來建立的。AddShape 方法相關的 Type 參數的設定值如表 17-3 所示。其中，圓是特殊的橢圓，即橫軸和縱軸相等的橢圓。

▼ 表 17-3　AddShape 方法相關的 Type 參數的設定值

名稱	值	說明
msoShapeRectangle	1	矩形
msoShapeRoundedRectangle	5	圓角矩形
msoShapeOval	9	橢圓

在預設情況下，生成的矩形和圓都是實心的，是矩形面和圓形面。設定它們的 Fill 屬性傳回物件的 Visible 屬性的值為 False，可以生成線型的矩形和圓。

下面向工作表 sht 中增加矩形、圓角矩形、橢圓和圓，皆為實心的面。

【Excel VBA】

範例檔案的存放路徑為 Samples\ch17\Excel VBA\ 矩形橢圓 .xlsm。

```
Sub Test()
  ActiveSheet.Shapes.AddShape 1, 50, 50, 100, 200        '矩形區域
  ActiveSheet.Shapes.AddShape 5, 100, 100, 100, 200        '圓角矩形區域
```

```
   ActiveSheet.Shapes.AddShape 9, 150, 150, 100, 200        ' 橢圓區域
   ActiveSheet.Shapes.AddShape 9, 200, 200, 100, 100        ' 圓形區域
End Sub
```

執行過程，生成的矩形、圓角矩形、橢圓和圓形面如圖 17-3 所示。

【Python】

在 Python Shell 視窗中輸入下面的命令列。

```
>>> sht.api.Shapes.AddShape(1, 50, 50, 100, 200)          # 矩形區域
>>> sht.api.Shapes.AddShape(5, 100, 100, 100, 200)        # 圓角矩形區域
>>> sht.api.Shapes.AddShape(9, 150, 150, 100, 200)        # 橢圓區域
>>> sht.api.Shapes.AddShape(9, 200, 200, 100, 100)        # 圓形區域
```

生成的矩形、圓角矩形、橢圓和圓形面如圖 17-3 所示。

下面生成沒有填充的線型的矩形、圓角矩形、橢圓和圓。

【Excel VBA】

範例檔案的存放路徑為 Samples\ch17\Excel VBA\ 矩形橢圓 .xlsm。

```
Sub Test2()
  Dim shp1 As Shape
  Dim shp2 As Shape
  Dim shp3 As Shape
  Dim shp4 As Shape
  Set shp1 = ActiveSheet.Shapes.AddShape(1, 50, 50, 100, 200) ' 矩形區域
  Set shp2 = ActiveSheet.Shapes.AddShape(5, 100, 100, 100, 200)' 圓角矩形區域
  Set shp3 = ActiveSheet.Shapes.AddShape(9, 150, 150, 100, 200)' 橢圓區域
  Set shp4 = ActiveSheet.Shapes.AddShape(9, 200, 200, 100, 100)' 圓形區域
  shp1.Fill.Visible = msoFalse
  shp2.Fill.Visible = msoFalse
  shp3.Fill.Visible = msoFalse
  shp4.Fill.Visible = msoFalse
End Sub
```

執行過程，生成的矩形、圓角矩形、橢圓和圓形線如圖 17-4 所示。

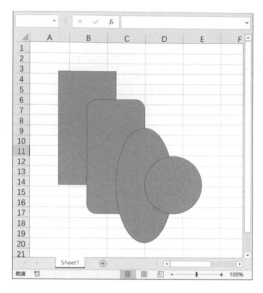

🎧 圖 17-3　矩形、圓角矩形、橢圓和
　　　　 圓形面

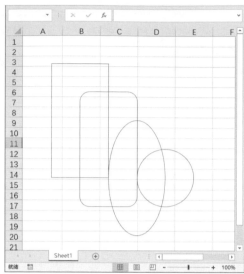

🎧 圖 17-4　矩形、圓角矩形、橢圓和
　　　　 圓形線

【Python】

在 Python Shell 視窗中輸入下面的命令列。

```
>>> shp1=sht.api.Shapes.AddShape(1, 50, 50, 100, 200)      #矩形區域
>>> shp1.Fill.Visible = False
>>> shp2=sht.api.Shapes.AddShape(5, 100, 100, 100, 200)    #圓角矩形區域
>>> shp2.Fill.Visible = False
>>> shp3=sht.api.Shapes.AddShape(9, 150, 150, 100, 200)    #橢圓區域
>>> shp3.Fill.Visible = False
>>> shp4=sht.api.Shapes.AddShape(9, 200, 200, 100, 100)    #圓形區域
>>> shp4.Fill.Visible = False
```

生成的矩形、圓角矩形、橢圓和圓形線如圖 17-4 所示。

17.1.4 多義線和多邊形

使用 Shapes 物件的 AddPolyline 方法可以建立多義線和多邊形。AddPolyline 方法的語法格式如下。

【Excel VBA】

```
sht.Shapes.AddPolyline SafeArrayOfPoints
```

【Python】

```
sht.api.Shapes.AddPolyline(SafeArrayOfPoints)
```

其中，sht 表示一個工作表物件。參數 SafeArrayOfPoints 指定多義線或多邊形的頂點座標。AddPolyline 方法傳回一個表示多義線或多邊形的 Shape 物件。各頂點用其水平座標和垂直座標對表示，全部頂點用一個二維串列表示。

下面給定頂點座標，繪製一個多邊形。

【Excel VBA】

範例檔案的存放路徑為 Samples\ch17\Excel VBA\ 多义线和多边形 .xlsm。

```
Sub Test()
  Dim pts(4, 1) As Single   '頂點
  pts(0, 0) = 10: pts(0, 1) = 10
  pts(1, 0) = 50: pts(1, 1) = 150
  pts(2, 0) = 90: pts(2, 1) = 80
  pts(3, 0) = 70: pts(3, 1) = 30
  pts(4, 0) = 10: pts(4, 1) = 10
  ActiveSheet.Shapes.AddPolyline pts
End Sub
```

執行過程，生成的多邊形區域如圖 17-5 所示。

【Python】

因為使用 xlwings 套件繪製多義線和多邊形存在問題，所以本節使用 Python 中的 comtypes 套件來實現。與 win32com 套件和 xlwings 套件類似，comtypes 套件是基於 COM 機制的。

首先，在 Power Shell 視窗中使用 pip 命令安裝 comtypes 套件。

```
pip install comtypes
```

然後，在 Python Shell 視窗中輸入以下內容。

```
>>> # 從 comtypes 套件中匯入 CreateObject 函式
>>> from comtypes.client import CreateObject
>>> app2=CreateObject('Excel.Application')          # 建立 Excel 應用
>>> app2.Visible=True                               # 應用視窗可見
>>> bk2=app2.Workbooks.Add()                        # 增加工作表
>>> sht2=bk2.Sheets(1)                              # 獲取第 1 個工作表
>>> pts=[[10,10], [50,150],[90,80], [70,30], [10,10]]    # 多邊形頂點
>>> sht2.Shapes.AddPolyline(pts)                    # 增加多邊形區域
```

生成的多邊形區域如圖 17-5 所示。

如果只生成多邊形線條，則將表示多邊形區域的 Shape 物件的 Fill 屬性傳回物件的 Visible 屬性的值設定為 False。

【Excel VBA】

範例檔案的存放路徑為 Samples\ch17\Excel VBA\ 多义线和多边形 .xlsm。

```
Sub Test2()
  Dim shp As Shape
  Dim pts(4, 1) As Single
  pts(0, 0) = 10: pts(0, 1) = 10
  pts(1, 0) = 50: pts(1, 1) = 150
  pts(2, 0) = 90: pts(2, 1) = 80
  pts(3, 0) = 70: pts(3, 1) = 30
  pts(4, 0) = 10: pts(4, 1) = 10
  Set shp = ActiveSheet.Shapes.AddPolyline(pts)
  shp.Fill.Visible = msoFalse
End Sub
```

執行過程，生成的多義線如圖 17-6 所示。

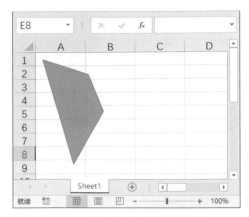

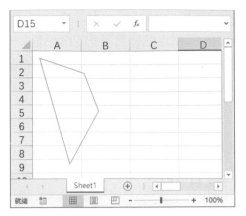

⋂ 圖 17-5　多邊形區域　　　　　⋂ 圖 17-6　多義線

【Python】

　　在 Python Shell 視窗中輸入以下內容。

```
>>> pts=[[10,10], [50,150],[90,80], [70,30], [10,10]]
>>> shp=sht2.Shapes.AddPolyline(pts)
>>> shp.Fill.Visible=False   #多義線
```

　　生成的多義線如圖 17-6 所示。

17.1.5　曲線

　　使用 Shapes 物件的 AddCurve 方法可以建立曲線。AddCurve 方法的語法格式如下。

【Excel VBA】

```
sht.Shapes.AddCurve SafeArrayOfPoints
```

【Python】

```
sht.api.Shapes.AddCurve(SafeArrayOfPoints)
```

其中，sht 表示一個工作表物件。參數 SafeArrayOfPoints 指定貝茲曲線頂點和控制點的座標。指定的點數始終為 $3n + 1$，其中 n 為曲線的線段筆數。AddCurve 方法傳回一個表示貝茲曲線的 Shape 物件。各頂點用其水平座標和垂直座標對表示，全部頂點用一個二維串列表示。

下面向工作表 sht 中增加貝茲曲線。基於與 17.1.5 節中範例相同的原因，本節使用 comTypes 套件進行繪製。

【Excel VBA】

範例檔案的存放路徑為 Samples\ch17\Excel VBA\ 曲线 .xlsm。

```
Sub Test()
  Dim pts(6, 1) As Single  '頂點
  pts(0, 0) = 0: pts(0, 1) = 0
  pts(1, 0) = 72: pts(1, 1) = 72
  pts(2, 0) = 100: pts(2, 1) = 40
  pts(3, 0) = 20: pts(3, 1) = 50
  pts(4, 0) = 90: pts(4, 1) = 120
  pts(5, 0) = 60: pts(5, 1) = 30
  pts(6, 0) = 150: pts(6, 1) = 90
  ActiveSheet.Shapes.AddCurve pts
End Sub
```

執行過程，生成的貝茲曲線如圖 17-7 所示。

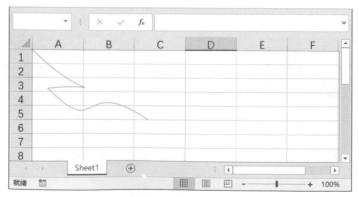

🎧 圖 17-7　貝茲曲線

【Python】

在 Python Shell 視窗中輸入以下內容。

```
>>> from comtypes.client import CreateObject
>>> app2=CreateObject('Excel.Application')
>>> app2.Visible=True
>>> bk2=app2.Workbooks.Add()
>>> sht2=bk2.Sheets(1)
>>> pts=[[0,0],[72,72],[100,40],[20,50],[90,120],[60,30],[150,90]]  #頂點
>>> sht2.Shapes.AddCurve(pts)  #增加貝茲曲線
```

生成的貝茲曲線如圖 17-7 所示。

17.1.6 標籤

使用 Shapes 物件的 AddLabel 方法可以建立標籤。AddLabel 方法的語法格式如下。

【Excel VBA】

```
sht.Shapes.AddLabel Orientation,Left,Top,Width,Height
```

【Python】

```
sht.api.Shapes.AddLabel(Orientation,Left,Top,Width,Height)
```

其中，sht 表示一個工作表物件。AddLabel 方法的參數如表 17-4 所示。AddLabel 方法傳回一個表示標籤的 Shape 物件。

▼ 表 17-4 AddLabel 方法的參數

名稱	必需 / 可選	資料類型	說明
Orientation	必需	msoTextOrientation	標籤中文字的方向
Left	必需	Single	標籤左上角相對於文件左上角的位置（以磅為單位）
Top	必需	Single	標籤左上角相對於文件頂部的位置（以磅為單位）

（續表）

名稱	必需 / 可選	資料類型	說明
Width	必需	Single	標籤的寬度（以磅為單位）
Height	必需	Single	標籤的高度（以磅為單位）

Orientation 參數表示標籤中文字的方向，其設定值如表 17-5 所示。

▼ 表 17-5　Orientation 參數的設定值

名稱	值	說明
msoTextOrientationDownward	3	朝下
msoTextOrientationHorizontal	1	水平
msoTextOrientationHorizontalRotatedFarEast	6	亞洲語言支援所需的水平和旋轉
msoTextOrientationMixed	-2	不支持
msoTextOrientationUpward	2	朝上
msoTextOrientationVertical	5	垂直
msoTextOrientationVerticalFarEast	4	亞洲語言支援所需的垂直

下工作表 sht 中增加包含文字導向的垂直標籤。

【 Excel VBA 】

範例檔案的存放路徑為 Samples\ch17\Excel VBA\ 标签 .xlsm。

```
Sub Test()
  Dim shp As Shape
  Set shp = ActiveSheet.Shapes.AddLabel(1, 100, 20, 60, 150)    ' 增加標籤
  shp.TextFrame.Characters.Text = "Test Python Label"           ' 標籤文字
End Sub
```

執行過程，生成的標籤如圖 17-8 所示。

🎧 圖 17-8　標籤

【Python】

在 Python Shell 視窗中輸入以下內容。

```
>>> shp=sht.api.Shapes.AddLabel(1,100,20,60,150)              #增加標籤
>>> shp.TextFrame2.TextRange.Characters.Text ='Test Python Label'   #標籤文字
```

生成的標籤如圖 17-8 所示。

17.1.7 文字標籤

使用 Shapes 物件的 AddTextbox 方法可以生成文字標籤。AddTextbox 方法的呼叫格式和各參數的意義與 AddLabel 方法的相同。

下工作表 sht 中增加包含文字導向的文字標籤。

【Excel VBA】

範例檔案的存放路徑為 Samples\ch17\Excel VBA\ 文本框 .xlsm。

```
Sub Test()
  Dim shp As Shape
  Set shp = ActiveSheet.Shapes.AddTextbox(1, 10, 10, 100, 50)
  shp.TextFrame.Characters.Text = "Test Box"
End Sub
```

執行過程，生成的文字標籤如圖 17-9 所示。

【Python】

在 Python Shell 視窗中輸入以下內容。

```
>>> shp=sht.api.Shapes.AddTextbox(1,10,10,100,50)
>>> shp.TextFrame2.TextRange.Characters.Text='Test Box'
```

生成的文字標籤如圖 17-9 所示。

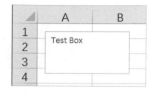

▲ 圖 17-9　文字標籤

17.1.8　標注

使用 Shapes 物件的 AddCallout 方法可以增加標注。AddCallout 方法的語法格式如下。

【Excel VBA】

```
sht.Shapes.AddCallout Type,Left,Top,Width,Height
```

【Python】

```
sht.api.Shapes.AddCallout(Type,Left,Top,Width,Height)
```

其中，sht 表示一個工作表物件。AddCallout 方法的參數如表 17-6 所示。AddCallout 方法傳回一個表示標注的 Shape 物件。

▼ 表 17-6　AddCallout 方法的參數

名稱	必需 / 可選	資料類型	說明
Type	必需	msoCalloutType	標注線的類型
Left	必需	Single	標注邊界框左上角相對於文件左上角的位置（以磅為單位）
Top	必需	Single	標注邊界框左上角相對於文件頂部的位置（以磅為單位）
Width	必需	Single	標注邊框的寬度（以磅為單位）
Height	必需	Single	標注邊框的高度（以磅為單位）

Type 參數的設定值為 msoCalloutType 列舉類型的值，如表 17-7 所示，指定標注線的類型。

▼ 表 17-7 AddCallout 方法的 Type 參數的設定值

名稱	值	說明
msoCalloutFour	4	由兩條線段組成的標注線。 標注線附加在文字邊界框的右側
msoCalloutMixed	-2	只傳回值，表示其他狀態的組合
msoCalloutOne	1	單線段水平標注線
msoCalloutThree	3	由兩條線段組成的標注線。 標注線連接在文字邊界框的左側
msoCalloutTwo	2	單線段傾斜標注線

下工作表 sht 中增加包含文字導向的標注。

【Excel VBA】

範例檔案的存放路徑為 Samples\ch17\Excel VBA\ 标注 .xlsm。

```
Sub Test()
  Dim shp As Shape
  Set shp = ActiveSheet.Shapes.AddCallout(2, 10, 10, 100, 50)
  shp.TextFrame.Characters.Text = "Test Box"
End Sub
```

生成的標注框如圖 17-10 所示。

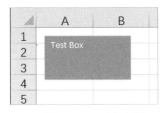

🎧 圖 17-10 標注框

【Python】

在 Python Shell 視窗中輸入以下內容。

```
>>> shp=sht.api.Shapes. AddCallout(2, 10, 10, 100, 50)
>>> shp.TextFrame2.TextRange.Characters.Text='Test Box'
```

生成的標注框如圖 17-10 所示。

下面設定 shp 物件的 Callout 屬性。

【Excel VBA】

範例檔案的存放路徑為 Samples\ch17\Excel VBA\ 标注 .xlsm。

```
Sub Test2()
  Dim shp As Shape
  Set shp = ActiveSheet.Shapes.AddCallout(2, 110, 40, 200, 60)
  shp.TextFrame.Characters.Text = "Test Box"
  shp.Callout.Accent = True
  shp.Callout.Border = True
  shp.Callout.Angle = 2
End Sub
```

生成的標注框如圖 17-11 所示。

【Python】

在 Python Shell 視窗中輸入以下內容。

```
>>> shp=sht.api.Shapes. AddCallout(2, 110, 40, 200, 60)
>>> shp.TextFrame2.TextRange.Characters.Text='Test Box'
>>> shp.Callout.Accent=True
>>> shp.Callout.Border=True
>>> shp.Callout.Angle=2
```

其中，Accent 屬性設定引線右側的分隔號；Border 屬性設定標注區域的外框；Angle 屬性設定引線的角度，這裡設定為 30°。生成的標注框如圖 17-11 所示。

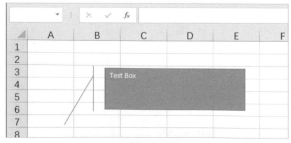

🎧 圖 17-11　設定了屬性的標注框

17.1.9 自選圖形

所謂的自選圖形，是 Excel 預先定義的很多圖形物件。使用 Shapes 物件的 AddShape 方法可以建立自選圖形。前面使用 AddShape 方法建立了點、矩形、橢圓等。實際上，還有很多其他的圖形類型，表 17-8 中列舉了部分自選圖形。

▼ 表 17-8 部分自選圖形

名稱	值	說明
msoShapeOval	9	橢圓
msoShapeOvalCallout	107	橢圓標注
msoShapeParallelogram	12	斜平行四邊形
msoShapePie	142	圓形（「圓形圖」），缺少部分
msoShapeQuadArrow	39	指向向上、向下、向左和向右的箭頭
msoShapeQuadArrowCallout	59	附帶向上、向下、向左和向右的箭頭的標注
msoShapeRectangle	1	矩形
msoShapeRectangularCallout	105	矩形標注
msoShapeRightArrow	33	右箭頭
msoShapeRightArrowCallout	53	附帶右箭頭的標注
msoShapeRightBrace	32	右大括號
msoShapeRightBracket	30	右小括號
msoShapeRightTriangle	utf-8	直角三角形
msoShapeRound1Rectangle	151	有一個圓角的矩形
msoShapeRound2DiagRectangle	157	有兩個圓角的矩形，對角相對
msoShapeRound2SameRectangle	152	具有兩個圓角的矩形，在一側
msoShapeRoundedRectangle	5	圓角矩形
msoShapeRoundedRectangularCallout	106	圓角矩形標注

下面向工作表 sht 中增加矩形、平行四邊形和一個笑臉圖形。

【Excel VBA】

範例檔案的存放路徑為 Samples\ch17\Excel VBA\ 自选图形 .xlsm。

```
Sub Test()
  ActiveSheet.Shapes.AddShape 1, 50, 50, 100, 200
  ActiveSheet.Shapes.AddShape 12, 250, 50, 100, 100
  ActiveSheet.Shapes.AddShape 17, 450, 50, 100, 100
End Sub
```

執行過程，生成的自選圖形如圖 17-12 所示。

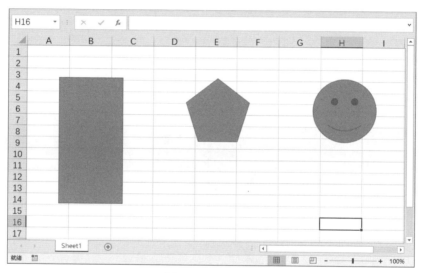

图 17-12　自選圖形

【Python】

在 Python Shell 視窗中輸入以下內容。

```
>>> sht.api.Shapes. AddShape(1, 50, 50, 100, 200)
>>> sht.api.Shapes. AddShape(12, 250, 50, 100, 100)
>>> sht.api.Shapes. AddShape(17, 450, 50, 100, 100)
```

生成的自選圖形如圖 17-12 所示。

17.1.10　藝術字

使用 Shapes 物件的 AddTextEffect 方法可以建立藝術字。AddTexEffect 方法的語法格式如下。

【Excel VBA】

```
sht.Shapes.AddTextEffect PresetTextEffect,Text,FontName, _
FontSize,FontBold,FontItalic,Left,Top
```

【Python】

```
sht.api.Shapes.AddTextEffect(PresetTextEffect,Text,FontName,\
FontSize,FontBold,FontItalic,Left,Top)
```

其中，sht 為當前工作表。AddTextEffect 方法的參數如表 17-9 所示。

▼ 表 17-9　AddTextEffect 方法的參數

名稱	必需 / 可選	資料類型	說明
PresetTextEffect	必需	msoPresetTextEffect	預置藝術字的效果
Text	必需	String	藝術字中的文字
FontName	必需	String	藝術字中所用字型的名稱
FontSize	必需	Single	在藝術字中使用的字型的字型大小（以磅為單位）
FontBold	必需	msoTriState	在藝術字中要粗體的字型
FontItalic	必需	msoTriState	在藝術字中要傾斜的字型
Left	必需	Single	左上角點的水平座標
Top	必需	Single	左上角點的垂直座標

PresetTextEffect 參數表示藝術字的效果。Excel 預置了大約 50 種藝術字的效果，表 17-10 中列舉了少部分。在建立藝術字時給 PresetTextEffect 參數賦對應的值即可。

▼ 表 17-10　PresetTextEffect 參數的設定值

名稱	值	說明
msoTextEffect1	0	第 1 種文字效果
msoTextEffect2	1	第 2 種文字效果
msoTextEffect3	2	第 3 種文字效果

下面建立兩種不同效果的藝術字。

【 Excel VBA 】

範例檔案的存放路徑為 Samples\ch17\Excel VBA\ 艺术字 .xlsm。

```
Sub Test()
  ActiveSheet.Shapes.AddTextEffect 19, _
            "學習 PYTHON", "Arial Black", 36, _
            False, False, 10, 10
  ActiveSheet.Shapes.AddTextEffect 25, _
            "春眠不覺曉", "黑體", 40, _
            False, False, 30, 50
End Sub
```

執行過程，生成的藝術字如圖 17-13 所示。

⋒ 圖 17-13　藝術字

【 Python 】

在 Python Shell 視窗中輸入以下程式。

```
>>> sht.api.Shapes.AddTextEffect(9,'學習 PYTHON',\
'Arial Black',36,False,False,10,10)
>>> sht.api.Shapes.AddTextEffect(29,'春眠不覺曉',\
'黑體',40,False,False,30,50)
```

生成的藝術字如圖 17-13 所示。

🔲 17.2 │ 圖形變換

使用幾何變換，可以利用已有圖形快速得到新的圖形或新的位置上的圖形。利用 Shape 物件的屬性，可以實現圖形平移、旋轉、縮放和翻轉等幾何變換操作。

17.2.1　圖形平移

使用 Shape 物件的 IncrementLeft 方法，可以將該物件所表示的圖形進行水平方向的平移。IncrementLeft 方法有一個參數，當參數的值大於 0 時圖形向右移，當參數的值小於 0 時圖形向左移。

使用 Shape 物件的 IncrementTop 方法，可以將該物件所表示的圖形進行垂直方向的平移。IncrementTop 方法有一個參數，當參數的值大於 0 時圖形向下移，當參數的值小於 0 時圖形向上移。

下面建立一個增加水滴預設紋理的矩形區域，並將該區域向右平移 70 個單位，向下平移 50 個單位。

【Excel VBA】

範例檔案的存放路徑為 Samples\ch17\Excel VBA\ 圖形平移 .xlsm。

```
Sub Test()
  Dim shp As Shape
  Set shp = ActiveSheet.Shapes.AddShape(1, 100, 50, 200, 100) ' 矩形區域
  shp.Fill.PresetTextured 5        ' 水滴預設紋理
  shp.IncrementLeft 70             ' 右移 70 個單位
```

```
    shp.IncrementTop 50                    '下移 50 個單位
End Sub
```

執行過程，生成圖形並進行平移。

【Python】

在 Python Shell 視窗中輸入以下內容。

```
>>> shp=sht.api.Shapes.AddShape(1, 100, 50, 200, 100)  # 矩形區域
>>> shp.Fill.PresetTextured(5)     # 水滴預設紋理
>>> shp.IncrementLeft(70)          # 右移 70 個單位
>>> shp.IncrementTop(50)           # 下移 50 個單位
```

平移前後的矩形區域如圖 17-14 和圖 17-15 所示。

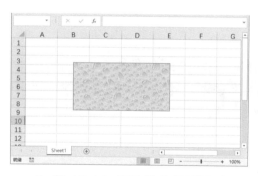

⋂ 圖 17-14　平移前的矩形區域

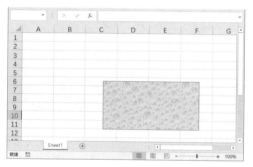

⋂ 圖 17-15　平移後的矩形區域

17.2.2　圖形旋轉

使用 Shape 物件的 IncrementRotation 方法可以實現圖形的旋轉。
IncrementRotation 方法繞 Z 軸旋轉指定的角度。該方法有一個參數，表示旋轉
的角度，以度為單位。當參數的值大於 0 時按順時鐘方向旋轉圖形，當參數的
值小於 0 時按逆時鐘方向旋轉圖形。

下面建立一個增加水滴預設紋理的矩形區域，並將該區域繞 Z 軸按順時鐘
方向旋轉 30°。

【Excel VBA】

範例檔案的存放路徑為 Samples\ch17\Excel VBA\ 图形旋转 .xlsm。

```
Sub Test()
  Dim shp As Shape
  Set shp = ActiveSheet.Shapes.AddShape(1, 100, 50, 200, 100) ' 矩形區域
  shp.Fill.PresetTextured 5              ' 水滴預設紋理
  shp.IncrementRotation 30               ' 按順時鐘方向旋轉 30°
End Sub
```

執行過程，生成圖形並進行旋轉。

【Python】

在 Python Shell 視窗中輸入以下內容。

```
>>> shp=sht.api.Shapes.AddShape(1, 100, 50, 200, 100)   # 矩形區域
>>> shp.Fill.PresetTextured(5)                # 水滴預設紋理
>>> shp.IncrementRotation(30)                 # 按順時鐘方向旋轉 30°
```

旋轉前後的矩形區域如圖 17-16 和圖 17-17 所示。

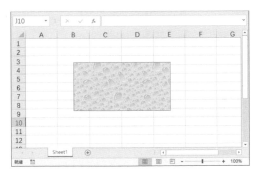

🎧 圖 17-16　旋轉前的矩形區域

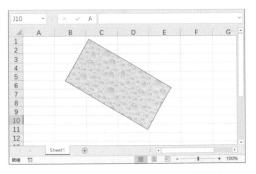

🎧 圖 17-17　旋轉後的矩形區域

17.2.3　圖形縮放

圖形縮放又稱為比例變換，是指將給定的圖形按照一定的比例放大或縮小。使用 Shape 物件的 ScaleWidth 方法和 ScaleHeight 方法可以指定水平方向和垂直方向的縮放比例，實現圖形的縮放操作。

ScaleWidth 方法和 ScaleHeight 方法都有 3 個參數，如表 17-11 所示。

▼ 表 17-11　ScaleWidth 方法和 ScaleHeight 方法的參數

名稱	必需 / 可選	資料型態	說明
Factor	必需	Single	指定圖形調整後的寬度與當前或原始寬度的比例
RelativeToOriginalSize	必需	msoTriState	當值為 False 時，相對於其當前大小進行縮放。僅當指定的圖形是圖片或 OLE 物件時，才能將此參數指定為 True
Scale	可選	Variant	msoScaleFrom 類型的常數之一，指定縮放圖形時，該圖形的哪一部分保持在原來的位置

Scale 參數的值為 msoScaleFrom 列舉類型常數，表示縮放以後圖形哪一部分保持原來的位置。Scale 參數的設定值如表 17-12 所示。

▼ 表 17-12　Scale 參數的設定值

名稱	值	說明
msoScaleFromBottomRight	2	圖形的右下角保持在原來的位置
msoScaleFromMiddle	1	圖形的中點保持在原來的位置
msoScaleFromTopLeft	0	圖形的左上角保持在原來的位置

下面先建立一個橢圓區域，並增加花崗岩紋理。然後將該區域圖形水平方向縮小為原來寬度的 75%，垂直方向放大為原來高度的 1.75 倍。

【Excel VBA】

範例檔案的存放路徑為 Samples\ch17\Excel VBA\ 图形缩放 .xlsm。

```
Sub Test()
  Dim shp As Shape
  Set shp = ActiveSheet.Shapes.AddShape(9, 100, 50, 200, 100)       '橢圓區域
  shp.Fill.PresetTextured 12              '預設紋理，花崗岩
  shp.ScaleWidth 0.75, False              '寬度 *0.75
```

```
    shp.ScaleHeight 1.75, False                    ' 高度 *1.75
End Sub
```

　　執行過程，生成圖形並進行縮放。

【Python】

　　在 Python Shell 視窗中輸入以下內容。

```
>>> shp=sht.api.Shapes.AddShape(9, 100, 50, 200, 100)          # 橢圓區域
>>> shp.Fill.PresetTextured(12)            # 預設紋理，花崗岩
>>> shp.ScaleWidth(0.75,False)             # 寬度 *0.75
>>> shp.ScaleHeight(1.75,False)            # 高度 *1.75
```

　　縮放前後的橢圓區域如圖 17-18 和圖 17-19 所示。

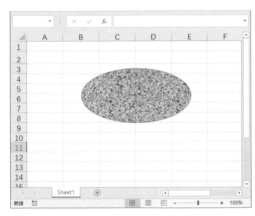
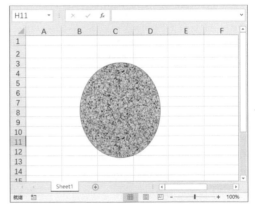

🎧 圖 17-18　縮放前的橢圓區域　　　　🎧 圖 17-19　縮放後的橢圓區域

17.2.4　圖形翻轉

　　圖形翻轉也叫圖形鏡像變換或圖形對稱變換。使用 Shape 物件的 Flip 方法可以實現圖形翻轉。Filp 方法是相對於水平對稱軸或垂直對稱軸進行翻轉的。該方法有一個參數，用於指定是水平翻轉還是垂直翻轉。水平翻轉和垂直翻轉對應的設定值分別為 0 和 1。

　　下面先建立一個矩形區域，為了便於對比，增加了木質紋理。然後對該區域進行水平翻轉和垂直翻轉操作。

【Excel VBA】

範例檔案的存放路徑為 Samples\ch17\Excel VBA\ 图形翻转 .xlsm。

```
Sub Test()
  Dim shp As Shape
  Set shp = ActiveSheet.Shapes.AddShape(1, 100, 50, 200, 100)  '矩形區域
  shp.Fill.PresetTextured 22              '預設紋理
  shp.Flip 0                              '水平翻轉
  shp.Flip 1                              '垂直翻轉
End Sub
```

執行過程，生成圖形並進行翻轉。

【Python】

在 Python Shell 視窗中輸入以下內容。

```
>>> shp=sht.api.Shapes.AddShape(1, 100, 50, 200, 100)  #矩形區域
>>> shp.Fill.PresetTextured(22)          #預設紋理
>>> shp.Flip(0)                          #水平翻轉
>>> shp.Flip(1)                          #垂直翻轉
```

翻轉前的矩形區域如圖 17-20 所示，水平翻轉後的矩形區域如圖 17-21 所示，水平翻轉後再垂直翻轉的矩形區域如圖 17-22 所示。所以，當前翻轉操作是針對前一步的變換結果進行的，而非針對原圖形進行的。

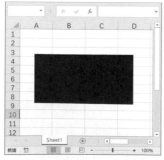
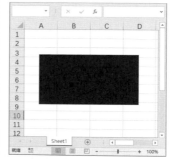

| 圖 17-20　翻轉前的矩形區域 | 圖 17-21　水平翻轉後的矩形區域 | 圖 17-22　水平翻轉後再垂直翻轉的矩形區域 |

🔲 17.3 │ 圖片操作

本節介紹圖片的增加和幾何變換。

17.3.1 圖片的增加

使用 Shapes 物件的 AddPicture 方法可以在現有檔案中增加圖片。AddPicture 方法傳回一個表示新圖片的 Shape 物件，語法格式如下。

【Excel VBA】

```
sht.Shapes.AddPicture FileName,LinkToFile, _
SaveWithDocument,Left,Top,Width,Height
```

【Python】

```
sht.api.Shapes.AddPicture(FileName,LinkToFile,\
SaveWithDocument,Left,Top,Width,Height)
```

其中，sht 為工作表。AddPicture 方法的參數如表 17-13 所示。

▼ 表 17-13　AddPicture 方法的參數

名稱	必需 / 可選	資料類型	說明
FileName	必需	String	圖片檔案名稱
LinkToFile	必需	msoTriState	當設定為 False 時，使圖片成為檔案的獨立副本，不連結；當設定為 True 時，將圖片連結到建立它的檔案
SaveWithDocument	必需	msoTriState	將圖片與文件一起儲存。當設定為 False 時，僅將連結資訊儲存在文件中；當設定為 True 時，將連結的圖片與插入的文件一起儲存。如果 LinkToFile 的值為 False，則此參數的值必須為 True
Left	必需	Single	圖片左上角相對於文件左上角的位置（以磅為單位）

（續表）

名稱	必需 / 可選	資料類型	說明
Top	必需	Single	圖片左上角相對於文件頂部的位置（以磅為單位）
Width	必需	Single	圖片的寬度,以磅為單位（輸入 -1 可保留現有檔案的寬度）
Height	必需	Single	圖片的高度,以磅為單位（輸入 -1 可保留現有檔案的高度）

下面將一張圖片增加到工作表 sht 中,該圖片連結到建立它的檔案,並與工作表 sht 一起儲存。

【Excel VBA】

範例檔案的存放路徑為 Samples\ch17\Excel VBA\ 图片 .xlsm。

```
Sub Test()
  ActiveSheet.Shapes.AddPicture "D:\picpy.jpg",True,True,100,50,100,100
End Sub
```

執行過程,生成的圖片如圖 17-23 所示。

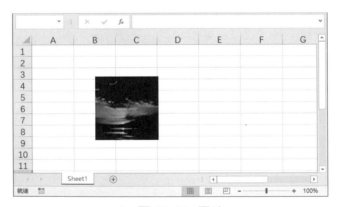

🎧 圖 17-23 圖片

【Python】

在 Python Shell 視窗中輸入以下內容。

```
>>> sht.api.Shapes.AddPicture(r'D:\picpy.jpg',True,True,100,50,100,100)
```

生成的圖片如圖 17-23 所示。

17.3.2 圖片的幾何變換

17.2 節介紹了圖形變換，使用 Shape 物件提供的方法，可以對給定的圖形進行平移變換、旋轉變換、比例變換和對稱變換。在實現方法上，圖片的幾何變換與圖形的幾何變換完全相同。

下面利用指定檔案建立圖片後，對它連續進行旋轉變換和水平對稱變換。

【Excel VBA】

範例檔案的存放路徑為 Samples\ch17\Excel VBA\ 图片的几何变换 .xlsm。

```
Sub Test()
  Dim shp As Shape
  Set shp = ActiveSheet.Shapes.AddPicture("D:\picpy.jpg", _
                            True, True, 100, 50, 100, 100)
  shp.IncrementRotation 30            ' 繞中心按順時鐘方向旋轉 30°
  shp.Flip 0                          ' 水平翻轉
End Sub
```

執行過程，生成圖片並進行幾何變換。

【Python】

在 Python Shell 視窗中輸入以下內容。

```
>>> shp=sht.api.Shapes.AddPicture(r'D:\picpy.jpg', True, True, 100, 50, 100, 100)
>>> shp.IncrementRotation(30)         # 繞中心按順時鐘方向旋轉 30°
>>> shp.Flip(0)                       # 水平翻轉
```

旋轉變換和對稱變換後的圖片如圖 17-24 和圖 17-25 所示。需要注意的是，對稱變換是在前面旋轉變換結果的基礎上進行的，而非針對原始圖片進行的。

⋂ 圖 17-24 旋轉變換後的圖片　　　⋂ 圖 17-25 對稱變換後的圖片

第**18**章

Excel 圖表

　　作為辦公和資料分析軟體，Excel 提供了非常豐富的圖表類型。使用 Python 中提供的 win32com 套件、comtypes 套件和 xlwings 套件等，可以實現使用 Python 繪製 Excel 圖表，從而把 Excel 提供的資料視覺化功能利用起來。本章的 Python 部分結合 xlwings 套件介紹，所以讀者在學習本章內容之前，需要熟練掌握第 13 章介紹的關於 xlwings 套件的知識。

📦 18.1 | 建立圖表

使用 Excel VBA 和 Python xlwings API 方式可以建立圖表工作表和嵌入式圖表。使用 Python xlwings 方式可以建立嵌入式圖表。另外，使用 Shapes 物件的方法也可以建立圖表。

18.1.1 建立圖表工作表

圖表工作表是工作表的一種類型，在圖表工作表中，圖表佔據整個工作表。使用 Excel VBA 和 Python xlwings API 方式可以建立圖表工作表。

【Excel VBA】

使用 Charts 物件的 Add 方法可以建立一個新的圖表工作表。Add 方法的語法格式如下。

```
Set cht=wb.Charts.Add(Before,After,Count,Type)
```

其中，wb 表示指定的工作表物件。Add 方法的參數都可以省略，各參數的含義如下。

- Before：指定工作表物件，新建的工作表將置於此工作表之前。
- After：指定工作表物件，新建的工作表將置於此工作表之後。
- Count：要增加的工作表個數，預設值為 1。
- Type：指定要增加的圖表類型。

需要注意的是，如果參數 Before 和 After 都省略，則新建的圖表工作表將插入到活動工作表之前。

Add 方法傳回一個圖表工作表物件。

下面利用部分省 2011—2016 年的 GDP 資料（見圖 18-1）建立圖表工作表。

🎧 圖 18-1　部分省 2011—2016 年的 GDP 資料

範例檔案的存放路徑為 Samples\ch18\Excel VBA\ 创建图表工作表 .xlsm。

```
Sub CreatCharts()
  Dim cht As Chart
  Set cht = Charts.Add                                    ' 建立圖表工作表
  With cht                                                ' 設定圖表的屬性
    ' 綁定資料
    .SetSourceData Source:=Sheets("Sheet1").Range("A1:H7"), PlotBy:=xlRows
    .ChartType = xlColumnClustered                        ' 圖表類型
    .HasTitle = True                                      ' 有標題
    .ChartTitle.Text = " 部分省 2011—2016 年的 GDP 資料 "   ' 標題文字
  End With
End Sub
```

執行過程，生成的圖表工作表如圖 18-2 所示。

【Python xlwings API】

在 Python xlwings API 方式下建立圖表工作表，使用 Charts 物件的 Add 方法。Add 方法的語法格式如下。

```
wb.api.Charts.Add(Before,After,Count,Type)
```

其中，wb 表示指定的工作表物件。Add 方法的參數都可以省略，各參數的含義如下。

- Before：指定工作表物件，新建的工作表將置於此工作表之前。

- After：指定工作表物件，新建的工作表將置於此工作表之後。

- Count：要增加的工作表個數，預設值為 1。

- Type：指定要增加的圖表類型。

需要注意的是，如果參數 Before 和 After 都省略，則新建的圖表工作表將插入活動工作表之前。

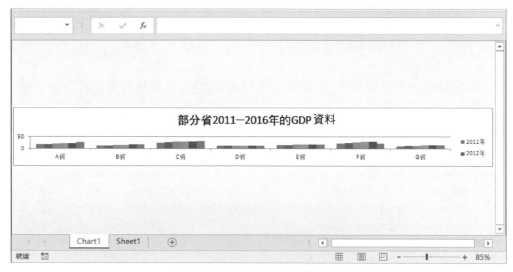

⊙ 圖 18-2　圖表工作表

Add 方法傳回一個圖表工作表物件。

下面使用圖 18-1 所示的資料，採用 Python xlwings API 方式建立複合柱狀圖。撰寫的 Python 指令檔的存放路徑為 Samples\ch18\Python\ 創建圖表—xlwings API.py。

```
import xlwings as xw                              # 匯入 xlwings 套件
import os                                         # 匯入 os 套件
root = os.getcwd()                                # 獲取當前路徑
app = xw.App(visible=True, add_book=False)   # 建立 Excel 應用，不增加工作表
# 打開與本檔案相同路徑下的資料檔案，寫入
wb=app.books.open(root+r'/GDP 資料 .xlsx',read_only=False)
sht=wb.sheets(1)                                  # 獲取工作表物件
sht.api.Range('A1:H7').Select()                   # 選擇繪圖資料
cht=wb.api.Charts.Add()                           # 增加圖表工作表
```

```
cht.ChartType= xw.constants.ChartType.xlColumnClustered    #圖表類型
cht.HasTitle=True                                          #有標題
cht.ChartTitle.Text = '部分省 2011—2016 年的 GDP 資料 '       #標題文字
```

執行腳本，生成的圖表工作表如圖 18-2 所示。

在程式中，綁定資料的方式如下：先用 Select 方法選擇資料區域。然後用 Charts 物件的 Add 方法建立圖表工作表。Add 方法傳回一個 Chart 物件，用 Chart 物件的 ChartType 屬性設定圖表類型為複合柱狀圖（需要注意指定圖表類型常數的方式）。最後指定圖表的標題。

18.1.2 建立嵌入式圖表

嵌入式圖表可以嵌入普通工作表，與繪圖資料和其他圖形圖表融為一體。使用 Excel VBA 中的 ChartObjects 物件和 Python xlwings 使用方式可以建立嵌入式圖表。

【Excel VBA】

利用工作表物件的 ChartObjects 物件的 Add 方法可以建立嵌入式圖表。Add 方法的語法格式如下。

```
Set chtObj=sht.ChartObjects.Add(Left,Top,Width,Height)
```

其中，sht 表示工作表物件，參數 Left、Top、Width 和 Height 分別表示圖表的左側位置、頂部位置、寬度和高度，Left 和 Width 為必需參數。

Add 方法傳回一個 ChartObject 物件，可以利用該物件的 Chart 屬性對圖表進行更多的設定。

ChartObject 物件的 Chart 屬性傳回圖表物件。

```
Set cht=chtObj.Chart
```

下面用圖 18-1 所示的資料建立嵌入式圖表。在繪圖資料所在的工作表中建立圖表。範例檔案的存放路徑為 Samples\ch18\Excel VBA\ 創建嵌入式圖表 .xlsm。

```
Sub CreateCharts()
  Dim cht As ChartObject
  ' 生成 ChartObject 物件，指定位置和大小
  Set cht = ActiveSheet.ChartObjects.Add(50, 200, 355, 211)
  With cht
    With .Chart    'Chart 屬性傳回 Chart 物件，用它設定圖表屬性
      ' 綁定資料
      .SetSourceData Source:=Sheets("Sheet1").Range("A1:H7"), PlotBy:=xlRows
      .ChartType = xlColumnClustered                      ' 圖表類型
      .SetElement msoElementChartTitleCenteredOverlay      ' 標題置中顯示
      .ChartTitle.Text = " 部分省 2011—2016 年的 GDP 資料 "   ' 標題文字
    End With
  End With
End Sub
```

執行過程，生成的嵌入式圖表如圖 18-3 所示。可以用滑鼠滑動該圖表。

🎧 圖 18-3 嵌入式圖表

【Python xlwings】

利用 xlwings 套件提供的 charts 物件的 add 方法可以建立圖表。add 方法的語法格式如下。

```
sht.charts.add(left=0,top=0,width=355,height=211)
```

其中，sht 表示工作表物件。

- left：表示圖表左側的位置，單位為點，預設值為 0。

- top：表示圖表頂端的位置，單位為點，預設值為 0。

- width：表示圖表的寬度，單位為點，預設值為 355。

- height：表示圖表的高度，單位為點，預設值為 211。

該方法傳回一個 chart 物件。

下面利用圖 18-1 所示的資料繪製複合條形柱狀圖。撰寫的 Python 指令檔的存放路徑為 Samples\ch18\Python\ 創建图表—xlwings.py。

```
# 前面程式省略，請參考 Python 檔案
#......
cht=sht.charts.add(50, 200)                          #增加圖表
cht.set_source_data(sht.range('A1').expand())        #圖表綁定資料
cht.chart_type='column_clustered'                    #圖表類型
cht.api[1].HasTitle=True                             #圖表標題
cht.api[1].ChartTitle.Text=' 部分省 2011—2016 年的 GDP 資料 '  #標題文字
```

執行腳本，生成的嵌入式圖表如圖 18-3 所示。在上面的程式中，使用 charts 物件的 add 方法傳回一個表示空白圖表的 chart 物件，圖表左上角的位置為 (50,200)。使用 chart 物件的 set_source_data 方法可以綁定繪圖資料。set_source_data 方法的參數中用 range 物件的 expand 方法獲取儲存格 A1 所在的資料表。使用 chart_type 屬性指定圖表類型為複合柱狀圖。最後用 API 方式指定圖表的標題，需要設定 HasTitle 屬性的值為 True。

程式最後兩行為什麼要在 api 後面增加一個索引呢？將指令檔各行敘述在 Python Shell 視窗中輸入執行時期，會發現 cht.api 是一個有兩個元素的元組，如下所示。

```
>>> cht.api
(<win32com.gen_py.Microsoft Excel 16.0 Object Library.ChartObject instance at
0x101988744>, <win32com.gen_py.None.Chart>)
```

可見，元組中的第 1 個元素為 ChartObject 物件，第 2 個元素為 Chart 物件，引用 ChartObject 物件的 Chart 屬性得到後面的 Chart 物件。

所以，透過索引獲取圖表物件以後才能引用它的屬性進行設定。另外，元組中提供的資訊也說明 xlwings 套件對 win32com 套件進行二次封裝時是將 Excel 類別庫中的 ChartObject 物件封裝成了新的 chart 物件。

18.1.3　使用 Shapes 物件建立圖表

使用 Excel 物件模型中 Shapes 物件的 AddChart2 方法也可以建立圖表。使用該方法建立的是一個表示圖表的 Shape 物件，引用它的 Chart 屬性傳回一個 Chart 物件，即圖表物件。

【Excel VBA】

使用 Shapes 物件的 AddChart2 方法可以建立圖表。AddChart2 方法的語法格式如下。

```
sht.Shapes.AddChart2 Style,xlChartType,Left,Top,Width,Height,NewLayout
```

其中，sht 為指定工作表。AddChart2 方法一共有 7 個參數，均可選。

- Style：圖表樣式，當值為 -1 時表示各圖形類型的預設樣式。

- xlChartType：圖表類型，值為 xlChartType 列舉類型。

- Left：圖表左側位置，省略時水平置中。

- Top：圖表頂端位置，省略時垂直置中。

- Width：圖表的寬度，省略時取預設值 354。

- Height：圖表的高度，省略時取預設值 210。

- NewLayout：表示圖表版面配置，如果值為 True，則只有複合圖表才會顯示圖例。

該方法傳回一個表示圖表的 Shape 物件。

　　下面用圖 18-1 所示的資料建立嵌入式圖表。在繪圖資料所在的工作表中建立圖表。範例檔案的存放路徑為 Samples\ch18\Excel VBA\ 創建图表—使用 Shapes 对象 .xlsm。

```
Sub CreateCharts()
  '用 Shapes 建立圖表
  ActiveSheet.Range("A1").CurrentRegion.Select   '綁定資料
  ActiveSheet.Shapes.AddChart2 -1, xlColumnClustered, _
                    30, 150, 300, 200, True
End Sub
```

　　執行過程，生成的複合柱狀圖如圖 18-4 所示。

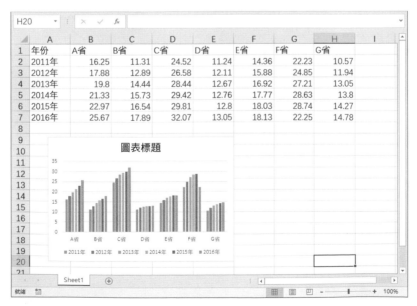

🎧 圖 18-4 利用給定資料繪製的複合柱狀圖

【Python xlwings API】

在 Python 中，可以使用 Shapes 物件建立圖表，在 Python xlwings API 方式下實現。在該方式下，使用 Shapes 物件的 AddChart2 方法可以建立圖表。AddChart2 方法的語法格式如下。

```
sht.api.Shapes.AddChart2(Style,xlChartType,Left,Top,Width,Height,NewLayout)
```

其中，各變數和參數的意義與 VBA 環境下的相同。該方法傳回一個表示圖表的 Shape 物件。

下面利用圖 18-1 所示的資料繪製複合柱狀圖。先選擇資料區域，再使用 Shapes 物件的 AddChart2 方法繪製。撰寫的 Python 指令檔的存放路徑為 Samples\ch18\Python\ 創建图表—**Shapes** 对象 .py。

```
# 前面程式省略，請參考 Python 檔案
#......
sht.api.Range('A1').CurrentRegion.Select()  # 綁定資料
sht.api.Shapes.AddChart2(-1,xw.constants.ChartType.xlColumnClustered,\
        30,150,300,200,True)
```

生成的複合柱狀圖如圖 18-4 所示。

18.1.4 綁定資料

如 18.1.1 ～ 18.1.3 節所述，可以採用兩種方法綁定資料。

第 1 種方法是使用儲存格區域的 Select 方法選擇資料。

對於工作表 sht，可以使用類似於下面的形式撰寫程式。

【Excel VBA】

```
>>> sht.Range("A1").CurrentRegion.Select
```

或使用下面的形式。

```
>>> sht.Range("A1:H7").Select
```

【Python xlwings API】

```
>>> sht.api.Range('A1').CurrentRegion.Select()
```

或使用下面的形式。

```
>>> sht.api.Range('A1:H7').Select()
```

第 2 種方法是使用 chart(Chart) 物件的 set_source_data(SetSourceData) 方法綁定資料。

【Excel VBA】

使用 Chart 物件的 SetSourceData 方法，可以為指定的圖表設定來源資料區域。SetSourceData 方法的語法格式如下。

```
cht.SetSourceData Source, PlotBy
```

其中，cht 為 Chart 物件。SetSourceData 方法有兩個參數，含義如下。

- Source：為 Range 物件，用來指定圖表的來源資料區域。

- PlotBy：指定獲取資料的方式。當值為 1 時表示按列獲取資料，當值為 2 時表示按行獲取資料。

對於工作表 sht 和圖表 cht，可以使用類似於下面的形式撰寫程式。

```
cht.SetSourceData Source:=Range("A1:H7"), PlotBy:=1
```

【Python xlwings】

在 Python xlwings 方式下，使用 chart 物件的 set_source_data 方法可以綁定資料。舉例來說，對於工作表 sht 和圖表 cht，可以使用類似於下面的形式撰寫程式。

```
>>> cht.set_source_data(sht.range('A1').expand())
```

該方法只有一個參數，為 range 物件，用於指定資料的範圍。

【Python xlwings API】

對於工作表 sht 和圖表 cht，可以使用類似於下面的形式撰寫程式。

```
>>> cht.SetSourceData(Source=sht.api.Range('A1:H7'), PlotBy=1)
```

18.2 ｜ 圖表及其序列

利用 18.1.1 節和 18.1.2 節介紹的方法可以獲得 chart 物件與 Chart 物件；利用 18.1.3 節介紹的方法可以獲得 Shape 物件，引用 Shape 物件的 Chart 屬性可以獲取 Chart 物件。利用 chart(Chart) 物件的屬性和方法就可以對圖表的類型、座標系、標題、圖例等進行各種設定。

對使用多變數資料繪製的複合圖表類型，圖中的每組簡單圖形稱為一個序列。可以從複合圖表中獲取序列物件，並利用其屬性和方法進行設定。舉例來說，改變一組簡單圖形的圖表類型、設定條形區域或線條的顏色和線型、顯示和設定點標記與資料標籤等。

對特殊的圖表類型，如折線圖、點圖等，可以對圖形的某個或某些控制點進行單獨的設定。舉例來說，對於折線圖上的第 5 個資料點，可以改變它的標記大小、顯示資料標籤等。

18.2.1 設定圖表的類型

使用 chart 物件的 chart_type 屬性或 Chart 物件的 ChartType 屬性可以設定圖表的類型。對於圖表物件 cht，可以按照以下形式設定圖表類型。

【Excel VBA】

```
cht.ChartType=xlColumnClustered
```

【Python xlwings】

```
>>> cht.chart_type='column_clustered'
```

【Python xlwings API】

```
>>> cht.ChartType=xw.constants.ChartType.xlColumnClustered
```

chart_type 屬性或 ChartType 屬性的設定值如表 18-1 所示。表 18-1 中的第 3 串列示圖表類型的字串作為 xlwings 方式下 chart_type 屬性的設定值，前兩列的常數或值作為 Excel VBA 和 API 方式下 ChartType 屬性的設定值。值可以直接寫入，常數的形式與 xw.constants.ChartType.xlLine 類似。

▼ 表 18-1 Excel 的圖表類型

Excel VBA 和 API 常數	常數值	xlwings 設定值	說明
xl3DArea	-4098	"3d_area"	立體區域圖
xl3DAreaStacked	78	"3d_area_stacked"	三維堆疊面積圖
xl3DAreaStacked100	79	"3d_area_stacked_100"	百分比堆疊面積圖
xl3DBarClustered	60	"3d_bar_clustered"	三維複合橫條圖
xl3DBarStacked	61	"3d_bar_stacked"	三維堆疊橫條圖
xl3DBarStacked100	62	"3d_bar_stacked_100"	三維百分比堆疊橫條圖
xl3DColumn	-4100	"3d_column"	立體直條圖
xl3DColumnClustered	54	"3d_column_clustered"	三維複合直條圖
xl3DColumnStacked	55	"3d_column_stacked"	三維堆疊直條圖
xl3DColumnStacked100	56	"3d_column_stacked_100"	三維百分比堆疊直條圖
xl3DLine	-4101	"3d_line"	立體折線圖
xl3DPie	-4102	"3d_pie"	立體圓形圖
xl3DPieExploded	70	"3d_pie_exploded"	分離型立體圓形圖

（續表）

Excel VBA 和 API 常數	常數值	xlwings 設定值	說明
xlArea	1	"area"	圓形圖
xlAreaStacked	76	"area_stacked"	堆疊面積圖
xlAreaStacked100	77	"area_stacked_100"	百分比堆疊面積圖
xlBarClustered	57	"bar_clustered"	複合橫條圖
xlBarOfPie	71	"bar_of_pie"	複合條圓形圖
xlBarStacked	58	"bar_stacked"	堆疊橫條圖
xlBarStacked100	59	"bar_stacked_100"	百分比堆疊橫條圖
xlBubble	個	"bubble"	泡泡圖
xlBubble3DEffect	87	"bubble_3d_effect"	三維泡泡圖
xlColumnClustered	51	"column_clustered"	複合直條圖
xlColumnStacked	52	"column_stacked"	堆疊直條圖
xlColumnStacked100	53	"column_stacked_100"	百分比堆疊直條圖
xlConeBarClustered	102	"cone_bar_clustered"	複合條形圓錐圖
xlConeBarStacked	103	"cone_bar_stacked"	堆疊條形圓錐圖
xlConeBarStacked100	104	"cone_bar_stacked_100"	百分比堆疊條形圓錐圖
xlConeCol	105	"cone_col"	三維柱形圓錐圖
xlConeColClustered	99	"cone_col_clustered"	複合柱形圓錐圖
xlConeColStacked	100	"cone_col_stacked"	堆疊柱形圓錐圖
xlConeColStacked100	101	"cone_col_stacked_100"	百分比堆疊柱形圓錐圖
xlCylinderBarClustered	95	"cylinder_bar_clustered"	複合條形圓柱圖

（續表）

Excel VBA 和 API 常數	常數值	xlwings 設定值	說明
xlCylinderBarStacked	96	"cylinder_bar_stacked"	堆疊條形圓柱圖
xlCylinderBarStacked100	97	"cylinder_bar_stacked_100"	百分比堆疊條形圓柱圖
xlCylinderCol	98	"cylinder_col"	三維柱形圓柱圖
xlCylinderColClustered	92	"cylinder_col_clustered"	複合柱形圓錐圖
xlCylinderColStacked	93	"cylinder_col_stacked"	堆疊柱形圓錐圖
xlCylinderColStacked100	94	"cylinder_col_stacked_100"	百分比堆疊柱形圓柱圖
xlDoughnut	-4120	"doughnut"	圓環圖
xlDoughnutExploded	80	"doughnut_exploded"	分離型圓環圖
xlLine	4	"line"	折線圖
xlLineMarkers	65	"line_markers"	資料點折線圖
xlLineMarkersStacked	66	"line_markers_stacked"	堆疊資料點折線圖
xlLineMarkersStacked100	67	"line_markers_stacked_100"	百分比堆疊資料點折線圖
xlLineStacked	63	"line_stacked"	堆疊折線圖
xlLineStacked100	64	"line_stacked_100"	百分比堆疊折線圖
xlPie	5	"pie"	圓形圖
xlPieExploded	69	"pie_exploded"	分離型圓形圖
xlPieOfPie	68	"pie_of_pie"	複合圓形圖
xlPyramidBarClustered	109	"pyramid_bar_clustered"	複合條形金字塔圖表
xlPyramidBarStacked	110	"pyramid_bar_stacked"	堆疊條形金字塔圖表

（續表）

Excel VBA 和 API 常數	常數值	xlwings 設定值	說明
xlPyramidBarStacked100	111	"pyramid_bar_stacked_100"	百分比堆疊條形金字塔圖表
xlPyramidCol	112	"pyramid_col"	三維柱形金字塔圖表
xlPyramidColClustered	106	"pyramid_col_clustered"	複合柱形金字塔圖表
xlPyramidColStacked	107	"pyramid_col_stacked"	堆疊柱形金字塔圖表
xlPyramidColStacked100	108	"pyramid_col_stacked_100"	百分比堆疊柱形金字塔圖表
xlRadar	-4151	"radar"	雷達圖
xlRadarFilled	82	"radar_filled"	填充雷達圖
xlRadarMarkers	81	"radar_markers"	資料點雷達圖
xlRegionMap	140		地圖
xlStockHLC	88	"stock_hlc"	碟高 - 碟低 - 收盤圖
xlStockOHLC	89	"stock_ohlc"	開盤 - 碟高 - 碟低 - 收盤圖
xlStockVHLC	90	"stock_vhlc"	成交量 - 碟高 - 碟低 - 收盤圖
xlStockVOHLC	91	"stock_vohlc"	Volume - 開盤 - 碟高 - 碟低 - 收盤圖
xlSurface	83	"surface"	立體曲面圖
xlSurfaceTopView	85	"surface_top_view"	曲面圖（俯檢視）
xlSurfaceTopViewWireframe	86	"surface_top_view_wireframe"	曲面圖（俯視線方塊圖）
xlSurfaceWireframe	84	"surface_wireframe"	立體曲面圖（線方塊圖）
xlXYScatter	-4169	"xy_scatter"	散點圖

（續表）

Excel VBA 和 API 常數	常數值	xlwings 設定值	說明
xlXYScatterLines	74	"xy_scatter_lines"	折線散點圖
xlXYScatterLinesNoMarkers	75	"xy_scatter_lines_no_markers"	無資料點折線散點圖
xlXYScatterSmooth	72	"xy_scatter_smooth"	平滑線散點圖
xlXYScatterSmoothNoMarkers	73	"xy_scatter_smooth_no_markers"	無資料點平滑線散點圖

下面利用 18.1 節提供的資料，使用 Shapes 物件的 AddChart2 方法建立更多類型的圖表。

【Excel VBA】

範例檔案的存放路徑為 Samples\ch18\Excel VBA\ 图表类型 .xlsm。

```vba
Sub CreateCharts()
  ActiveSheet.Range("A1").CurrentRegion.Select   ' 資料
  ActiveSheet.Shapes.AddChart2 -1, xlColumnClustered, _
                        20, 150, 300, 200, True
  ActiveSheet.Shapes.AddChart2 -1, xlBarClustered, _
                        400, 150, 300, 200, True
  ActiveSheet.Shapes.AddChart2 -1, xlConeBarStacked, _
                        20, 400, 300, 200, True
  ActiveSheet.Shapes.AddChart2 -1, xlLineMarkersStacked, _
                        400, 400, 300, 200, True
  ActiveSheet.Shapes.AddChart2 -1, xlXYScatter, _
                        20, 650, 300, 200, True
  ActiveSheet.Shapes.AddChart2 -1, xlPieOfPie, _
                        400, 650, 300, 200, True
End Sub
```

執行過程，生成的不同類型的圖表如圖 18-5 所示。

【Python xlwings API】

撰寫的 Python 指令檔的存放路徑為 Samples\ch18\Python\ 图表类型 .py。

```
# 前面程式省略，請參考 Python 檔案
#......
sht.api.Range('A1').CurrentRegion.Select()   #資料
sht.api.Shapes.AddChart2(-1,xw.constants.ChartType.xlColumnClustered,\
                             20,150,300,200,True)
sht.api.Shapes.AddChart2(-1,xw.constants.ChartType.xlBarClustered,\
                             400,150,300,200,True)
sht.api.Shapes.AddChart2(-1,xw.constants.ChartType.xlConeBarStacked,\
                             20,400,300,200,True)
sht.api.Shapes.AddChart2(-1,xw.constants.ChartType.xlLineMarkersStacked,\
                             400,400,300,200,True)
sht.api.Shapes.AddChart2(-1,xw.constants.ChartType.xlXYScatter,\
                             20,650,300,200,True)
sht.api.Shapes.AddChart2(-1,xw.constants.ChartType.xlPieOfPie,\
                             400,650,300,200,True)
```

執行腳本，生成的不同類型的圖表如圖 18-5 所示。

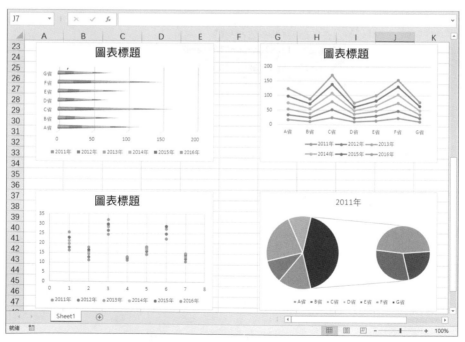

🎧 圖 18-5 不同類型的圖表

18.2.2 Chart 物件的常用屬性和方法

前面使用 Chart 物件的 ChartType 屬性設定圖表的類型，實際上，Chart 物件還有很多其他的屬性和方法，使用它們可以對圖表進行各種設定。Chart 物件的常用屬性如表 18-2 所示，後面會陸續介紹。

▼ 表 18-2 Chart 物件的常用屬性

名稱	意義
BackWall	傳回 Walls 物件，該物件允許使用者單獨對三維圖表的背景牆進行格式設定
BarShape	條形的形狀
ChartArea	傳回 ChartArea 物件，該物件表示圖表的整個圖表區
ChartStyle	傳回或設定圖表的圖表樣式。可以使用介於 1 和 48 之間的數字設定圖表樣式
ChartTitle	傳回 ChartTitle 物件，表示指定圖表的標題
ChartType	傳回或設定圖表類型
Copy	將圖表工作表複製到工作表的另一個位置
CopyPicture	將圖表以圖片的形式複製到剪貼簿中
DataTable	傳回 DataTable 物件，表示此圖表的資料表
Delete	刪除圖表
Export	將圖表以圖片的格式匯出到檔案中
HasAxis	傳回或設定圖表上顯示的座標軸
HasDataTable	如果圖表有資料表，則該屬性的值為 True，否則為 False
HasTitle	設定是否顯示標題
Legend	傳回一個 Legend 物件，表示圖表的圖例
Move	將圖表工作表移到工作表中的另一個位置
Name	圖表的名稱
PlotArea	傳回一個 PlotArea 物件，表示圖表的繪圖區
PlotBy	傳回或設定行或列在圖表中作為資料數列使用的方式。可以作為以下 xlRowCol 常數之一：xlColumns 或 xlRows
SaveAs	將圖表另存到不同的檔案中

（續表）

名稱	意義
Select	選擇圖表
SeriesCollection	傳回包含圖表所有序列的集合
SetElement	設定圖表元素
SetSourceData	綁定繪製圖表的資料
Visible	傳回或設定一個 xlSheetVisibility 值，用於確定物件是否可見
Walls	傳回一個 Walls 物件，表示三維圖表的背景牆

18.2.3　設定序列

每個 Chart 物件都有一個 SeriesCollection 屬性，該屬性傳回一個包含圖表中所有序列的集合。那什麼是序列呢？對於圖 18-3 所示的複合柱狀圖，每個省份對應一個複合柱形，每個複合柱形中有 6 個不同顏色的單一柱形，所有省份相同顏色的單一柱形組成一個序列。所以，圖 18-3 所示的複合柱狀圖一共有 6 個序列。可以用 Series 物件表示序列。

下面利用給定的資料（見圖 18-6），使用 Shapes 物件繪製圖表。

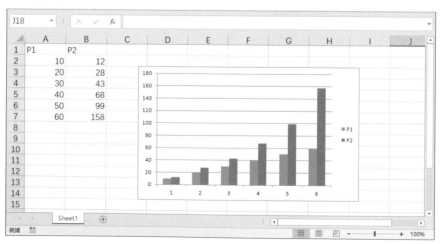

🎧 圖 18-6　在預設情況下生成的圖表

【Excel VBA】

範例檔案的存放路徑為 Samples\ch18\Excel VBA\ 序列 .xlsm。

```
Sub Test()
  '建立圖表
  ActiveSheet.Range("A1:B7").Select
  ActiveSheet.Shapes.AddChart
End Sub
```

執行過程，生成的圖表如圖 18-6 所示。

【Python xlwings API】

撰寫的 Python 指令檔的存放路徑為 Samples\ch18\Python\ 設置序列 .py。

```
# 前面程式省略，請參考 Python 檔案
#......
sht.api.Range("A1:B7").Select()
cht=sht.api.Shapes.AddChart().Chart
```

執行腳本，生成的圖表如圖 18-6 所示。程式中的第 1 行選擇繪圖資料，第 2 行使用 Shapes 物件的 AddChart 方法建立表示圖表的 Shape 物件，用該物件的 Chart 屬性傳回一個 Chart 物件。

使用 Chart 物件的 SeriesCollection 屬性可以傳回包含圖表中所有序列的集合。下面使用 Count 屬性獲取集合中序列的個數。

【Excel VBA】

範例檔案的存放路徑為 Samples\ch18\Excel VBA\ 序列 .xlsm。

```
Sub Test2()
  Dim cht As Chart
  ActiveSheet.Range("A1:B7").Select
  Set cht = ActiveSheet.Shapes.AddChart.Chart
  Debug.Print cht.SeriesCollection.Count
End Sub
```

執行過程，在「立即視窗」面板中輸出圖表包含的序列的個數，即 2。

【Python xlwings API】

在 Python xlwings API 方式下獲取圖表中序列的個數的程式如下。

```
>>> cht.SeriesCollection().Count
2
```

如圖 18-6 所示，有兩種不同顏色的柱形，每種顏色的柱形組成一個序列，所以共有兩個序列。

使用序列的名稱或序列在集合中的索引編號可以引用序列。下面引用第 2 個序列（P2），使用它的 ChartType 屬性將圖形類型改為折線圖；將 Smooth 屬性的值設定為 True，對折線進行平滑處理；使用 MarkerStyle 屬性將各資料點處的標記設定為三角形；使用 MarkerForegroundColor 屬性將標記的顏色設定為藍色；將 HasDataLabel 屬性的值設定為 True，顯示資料標籤。

【Excel VBA】

範例檔案的存放路徑為 Samples\ch18\Excel VBA\ 序列 .xlsm。

```
Sub Test3()
  Dim cht As Chart
  Dim ser2 As Series
  ActiveSheet.Range("A1:B7").Select
  Set cht = ActiveSheet.Shapes.AddChart.Chart
  Set ser2 = cht.SeriesCollection("P2")              '第 2 個序列
  ser2.ChartType = xlLine                            '線形圖
  ser2.Smooth = True                                 '平滑處理
  ser2.MarkerStyle = xlMarkerStyleTriangle           '標記
  ser2.MarkerForegroundColor = RGB(0, 0, 255)        '顏色
  ser2.HasDataLabels = True                          '資料標籤
End Sub
```

執行過程，設定第 2 個序列之後的效果如圖 18-7 所示。

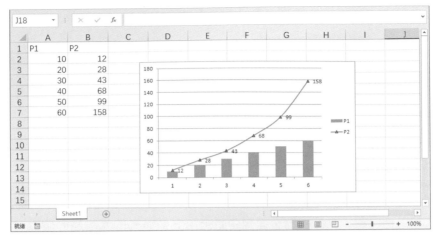

🎧 圖 18-7 設定第 2 個序列之後的效果

【Python xlwings API】

撰寫的 Python 指令檔的存放路徑為 Samples\ch18\Python\ 設置序列 .py。

```python
# 前面程式省略，請參考 Python 檔案
#......
ser2=cht.SeriesCollection('P2')                          # 第 2 個序列
ser2.ChartType=xw.constants.ChartType.xlLine             # 線形圖
ser2.Smooth=True                                         # 平滑處理
ser2.MarkerStyle=xw.constants.MarkerStyle.xlMarkerStyleTriangle    # 標記
ser2.MarkerForegroundColor=xw.utils.rgb_to_int((0,0,255))          # 顏色
ser2.HasDataLabels=True                                  # 資料標籤
```

執行腳本，圖表變成圖 18-7 所示的效果。由此可知，透過設定圖表中 Series 物件的屬性，可以改變單一序列。

18.2.4 設定序列中單一點的屬性

使用 Series 物件的 Points 屬性，可以獲取序列中的全部資料點。透過索引，可以把其中的某個或某些點提取出來進行設定。單一的點用 Point 物件表示，利用該物件的屬性和方法，可以對指定的點進行設定。點的設定主要用於折線圖、散點圖和雷達圖等。

下面接著 18.2.3 節的範例，獲取第 2 個序列中資料點的數量。

【Excel VBA】

範例檔案的存放路徑為 Samples\ch18\Excel VBA\ 序列 .xlsm。

```
Sub Test3()
  ' 省略前面的程式，請參考範例檔案
  '......
  Debug.Print ser2.Points.Count
End Sub
```

執行過程，在「立即視窗」面板中輸出第 2 個序列的資料點的個數，即 6。

【Python xlwings API】

在 Python xlwings API 方式下，獲取第 2 個序列的資料點的個數的程式如下。

```
>>> ser2.Points().Count
6
```

Point 物件的常用屬性如表 18-3 所示。

▼ 表 18-3　Point 物件的常用屬性

名稱	意義
DataLabel	傳回一個 DataLabel 物件，表示資料標籤
HasDataLabel	是否顯示資料標籤
MarkerBackgroundColor	標記背景顏色，RGB 著色
MarkerBackgroundColorIndex	標記背景顏色，索引著色
MarkerForegroundColor	標記前景顏色，RGB 著色
MarkerForegroundColorIndex	標記前景顏色，索引著色
MarkerSize	標記的大小
MarkerStyle	標記的樣式
Name	點的名稱
PictureType	設定在柱狀圖或橫條圖上顯示圖片時圖片的顯示方式，可以伸展或堆疊顯示

使用 Point 物件的 MarkerStyle 屬性可以設定標記的樣式。該屬性的值為 xlMarkerStyle 列舉類型,如表 18-4 所示。

▼ 表 18-4 Point 物件的 MarkerStyle 屬性的值

名稱	值	說明
xlMarkerStyleAutomatic	-4105	自動設定標記
xlMarkerStyleCircle	8	圓形標記
xlMarkerStyleDash	-4115	長條形標記
xlMarkerStyleDiamond	2	菱形標記
xlMarkerStyleDot	-4118	短條形標記
xlMarkerStyleNone	-4142	無標記
xlMarkerStylePicture	-4147	圖片標記
xlMarkerStylePlus	9	附帶加號的方形標記
xlMarkerStyleSquare	1	方形標記
xlMarkerStyleStar	5	附帶星號的方形標記
xlMarkerStyleTriangle	3	三角形標記
xlMarkerStyleX	-4168	附帶 X 記號的方形標記

下面在表示第 2 個序列的折線圖中改變第 3 個點的屬性。將其前景顏色和背景顏色設定為藍色,標記樣式設定為菱形,標記大小設定為 10 磅。

【Excel VBA】

範例檔案的存放路徑為 Samples\ch18\Excel VBA\ 序列 .xlsm。

```
Sub Test4()
  Dim cht As Chart
  Dim ser2 As Series
  ActiveSheet.Range("A1:B7").Select
  Set cht = ActiveSheet.Shapes.AddChart.Chart
  Set ser2 = cht.SeriesCollection("P2")        ' 第 2 個序列
  ser2.ChartType = xlLine                       ' 線形圖
  ser2.Smooth = True                            ' 平滑處理
  ser2.MarkerStyle = xlMarkerStyleTriangle      ' 標記
```

```
    ser2.MarkerForegroundColor = RGB(0, 0, 255)        '顏色
    ser2.HasDataLabels = True                          '資料標籤

    ser2.Points(3).MarkerForegroundColor = RGB(0, 0, 255)
    ser2.Points(3).MarkerBackgroundColor = RGB(0, 0, 255)
    ser2.Points(3).MarkerStyle = xlMarkerStyleDiamond
    ser2.Points(3).MarkerSize = 10
End Sub
```

執行過程，生成的圖表如圖 18-8 所示。完成設定以後，序列中的第 3 個點
會突出顯示。

【Python xlwings API】

撰寫的 Python 指令檔的存放路徑為 Samples\ch18\Python\ 設置序列中的
点 .py。

```
# 前面程式省略，請參考 Python 檔案
#......
ser2.Points(3).MarkerForegroundColor=xw.utils.rgb_to_int((0,0,255))
ser2.Points(3).MarkerBackgroundColor=xw.utils.rgb_to_int((0,0,255))
ser2.Points(3).MarkerStyle=xw.constants.MarkerStyle.xlMarkerStyleDiamond
ser2.Points(3).MarkerSize=10
```

執行腳本，最終效果如圖 18-8 所示。

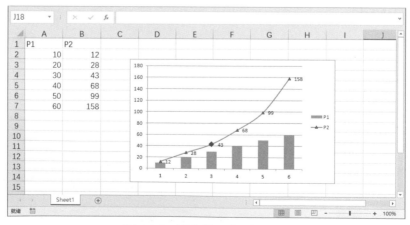

❶ 圖 18-8　設定第 3 個點的屬性值

18.3 座標系

座標系是圖表的重要組成部分，有了座標系，圖表中的每個點和每個基本圖形元素的位置、長度度量、方向度量才能確定下來。座標系是一個基本的參照系。利用 Excel 提供的圖表座標系相關的物件及其屬性和方法，可以對座標系進行各種設定，以達到所需要的圖形效果。

18.3.1 Axes 物件和 Axis 物件

在 Excel 中，用 Axis 物件表示單一座標軸，用其複數形式 Axes 物件表示多個座標軸及它們組成的座標系。二維平面座標系有兩個座標軸（水平軸和垂直軸），三維空間座標系有 3 個方向上的座標軸。

透過 Chart 物件獲取 Axis 物件。

【Excel VBA】

```
Set axs=cht.Axes(Type,AxisGroup)
```

【Python xlwings API】

```
axs=cht.Axes(Type,AxisGroup)
```

其中，cht 為 Chart 物件。

- Type：必選項，設定值為 1、2 或 3。當 Type 的設定值為 1 時座標軸顯示類別，常用於設定圖表的水平軸；當 Type 的設定值為 2 時座標軸顯示值，常用於設定圖表的垂直軸；當 Type 的設定值為 3 時座標軸顯示資料數列，只能用於 3D 圖表。

- AxisGroup：可選項，指定座標軸主次之分。當 AxisGroup 的設定值為 2 時，說明座標軸為輔助軸；當 AxisGroup 的設定值為 1 時，說明座標軸為主座標軸。

下面首先選擇繪圖資料，使用 Shapes 物件的 AddChart2 方法建立一個表示圖表的 Shape 物件，然後利用它的 Chart 屬性獲取 Chart 物件。

【Excel VBA】

範例檔案的存放路徑為 Samples\ch18\Excel VBA\ 坐标系 .xlsm。

```
Sub Test()
  Dim cht As Chart
  ActiveSheet.Range("A1:B7").Select
  Set cht = ActiveSheet.Shapes.AddChart2(-1, xlColumnClustered, _
                      200, 20, 300, 200, True).Chart
End Sub
```

執行過程，生成的圖表如圖 18-9 所示。

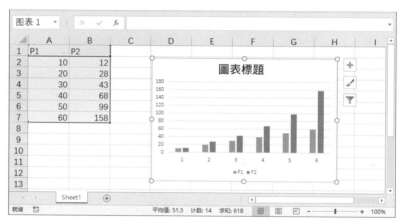

● 圖 18-9　生成的圖表

【Python xlwings API】

撰寫的 Python 指令檔的存放路徑為 Samples\ch18\Python\ 坐标系 - 創建圖表 .py。

```
import xlwings as xw                      # 匯入 xlwings 套件
import os                                 # 匯入 os 套件
root = os.getcwd()                        # 獲取當前路徑
app = xw.App(visible=True, add_book=False) # 建立 Excel 應用，無工作表
```

```
wb=app.books.open(root+r'/P1P2.xlsx',read_only=False)      #打開檔案，寫入
sht=wb.sheets(1)                                           #獲取工作表
sht.api.Range('A1:B7').Select()                            #選擇資料
cht=sht.api.Shapes.AddChart2(-1,xw.constants.ChartType.xlColumnClustered,\
               200,20,300,200,True).Chart                 #建立圖表
```

執行腳本，生成的圖表如圖 18-9 所示。

利用 Chart 物件的 Axes 屬性可以獲取水平座標軸和垂直座標軸，並設定各座標軸的屬性。利用 Border 屬性可以對座標軸本身的顏色、線型和線寬等進行設定。

下面建立圖表，設定兩個座標軸的 Border 屬性，將 HasMinorGridlines 屬性的值設定為 True，顯示次級格線。

【Excel VBA】

範例檔案的存放路徑為 Samples\ch18\Excel VBA\ 坐标系 .xlsm。

```
Sub Test2()
  Dim cht As Chart
  Dim axs As Axis
  ActiveSheet.Range("A1:B7").Select          '資料
  Set cht = ActiveSheet.Shapes.AddChart.Chart  '增加圖表
  Set axs = cht.Axes(1)                      '水平軸
  axs.Border.ColorIndex = 3                  '紅色
  axs.Border.Weight = 3                      '線寬
  axs.HasMinorGridlines = True               '顯示次級格線
  Set axs2 = cht.Axes(2)                     '縱軸
  axs2.Border.Color = RGB(0, 0, 255)         '藍色
  axs2.Border.Weight = 3                     '線寬
  axs2.HasMinorGridlines = True              '顯示次級格線
End Sub
```

執行過程，生成的圖表如圖 18-10 所示。

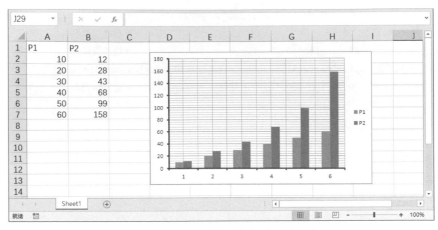

● 圖 18-10　獲取和設定座標軸

【Python xlwings API】

撰寫的 Python 指令檔的存放路徑為 Samples\ch18\Python\ 坐标軸設置 .py。

```
# 前面程式省略，請參考 Python 檔案
#......
sht.api.Range('A1:B7').Select()              # 資料
cht=sht.api.Shapes.AddChart().Chart          # 增加圖表
axs=cht.Axes(1)                              # 水平軸
axs.Border.ColorIndex=3                      # 紅色
axs.Border.Weight=3                          # 線寬
axs.HasMinorGridlines=True                   # 顯示次級格線
axs2=cht.Axes(2)                             # 縱軸
axs2.Border.Color=xw.utils.rgb_to_int((0,0,255))   # 藍色
axs2.Border.Weight=3                         # 線寬
axs2.HasMinorGridlines=True                  # 顯示次級格線
```

執行效果如圖 18-10 所示。

18.3.2　座標軸標題

使用 Axis 物件的 HasTitle 屬性可以設定是否顯示座標軸標題，使用 AxisTitle 屬性可以設定座標軸標題的文字內容。需要注意的是，必須將 HasTitle

屬性的值設定為 True 以後才能設定 AxisTitle 屬性。AxisTitle 屬性傳回一個 AxisTitle 物件,利用該物件可以設定座標軸標題的文字和字型。

　　下面接著 18.3.1 節的繪圖程式,為兩個座標軸增加標題。水平座標軸的標題使紅色顯示,字型傾斜;垂直座標軸的標題的字型粗體。

【Excel VBA】

　　範例檔案的存放路徑為 Samples\ch18\Excel VBA\ 坐标系 .xlsm。

```
Sub Test3()
  Dim cht As Chart
  Dim axs As Axis
  ActiveSheet.Range("A1:B7").Select              ' 資料
  Set cht = ActiveSheet.Shapes.AddChart.Chart   ' 增加圖表
  Set axs = cht.Axes(1)                         ' 水平座標軸
  Set axs2 = cht.Axes(2)                        ' 垂直座標軸
  axs.HasTitle = True                           ' 水平座標軸有標題
  axs.AxisTitle.Caption = " 水平座標軸標題 "       ' 標題文字
  axs.AxisTitle.Font.Italic = True              ' 字型傾斜
  axs.AxisTitle.Font.Color = RGB(255, 0, 0)     ' 文字紅色
  axs2.HasTitle = True                          ' 垂直座標軸有標題
  axs2.AxisTitle.Caption = " 垂直座標軸標題 "      ' 標題文字
  axs2.AxisTitle.Font.Bold = True               ' 字型粗體
End Sub
```

　　執行過程,生成的圖表如圖 18-11 所示。

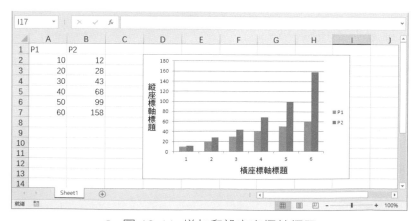

⌒ 圖 18-11　增加和設定座標軸標題

【Python xlwings API】

撰寫的 Python 指令檔的存放路徑為 Samples\ch18\Python\ 坐標軸標題 .py。

```
#前面程式省略,請參考 Python 檔案
#......
axs.HasTitle=True                                    # 水平座標軸有標題
axs.AxisTitle.Caption='水平座標軸標題'                  # 標題文字
axs.AxisTitle.Font.Italic=True                       # 字型傾斜
axs.AxisTitle.Font.Color=xw.utils.rgb_to_int((255,0,0))  # 文字紅色
axs2.HasTitle=True                                   # 垂直座標軸有標題
axs2.AxisTitle.Caption='垂直座標軸標題'                 # 標題文字
axs2.AxisTitle.Font.Bold=True                        # 字型粗體
```

執行腳本,生成的圖表如圖 18-11 所示。

18.3.3　數值軸的設定值範圍

垂直座標軸為數值軸。使用垂直座標軸物件的 MinimumScale 屬性和 MaximumScale 屬性可以設定數值軸的最小值和最大值。

下面設定垂直座標軸的最小值和最大值分別為 10 和 200。

【Excel VBA】

範例檔案的存放路徑為 Samples\ch18\Excel VBA\ 坐标系 .xlsm。

```
Sub Test4()
  '省略前面的程式,請參考範例檔案
  '......
  axs2.MinimumScale = 10
  axs2.MaximumScale = 200
End Sub
```

執行過程,設定效果如圖 18-12 所示。需要注意的是,垂直座標軸(即數值軸)的設定值範圍已經被修改,圖表顯示也對應改變。

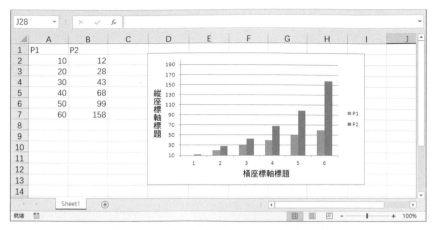

○ 圖 18-12 設定垂直座標軸的設定值範圍

【Python xlwings API】

撰寫的 Python 指令檔的存放路徑為 Samples\ch18\Python\ 坐标轴 - 数值軸的取值范围 .py。

```
# 前面程式省略，請參考 Python 檔案
#......
axs2.MinimumScale=10
axs2.MaximumScale=200
```

執行腳本，設定效果如圖 18-12 所示。

18.3.4 刻度線

刻度線是座標軸上的短線，用來輔助確定圖表上各點的位置。刻度線有主刻度線和次刻度線。使用 Axis 物件的 MajorTickMark 屬性和 MinorTickMark 屬性可以設定主刻度線和次刻度線。

MajorTickMark 屬性和 MinorTickMark 屬性的值如表 18-5 所示，可以有不同的表示形式。

▼ 表 18-5　MajorTickMark 和 MinorTickMark 屬性的值

名稱	值	說明
xlTickMarkCross	4	跨軸
xlTickMarkInside	2	在軸內
xlTickMarkNone	-4142	無標識
xlTickMarkOutside	3	在軸外

下面的程式將水平座標軸的主刻度線設定為跨軸形式，將次刻度線設定為軸內顯示。

【Excel VBA】

範例檔案的存放路徑為 Samples\ch18\Excel VBA\ 坐标系 .xlsm。

```
Sub Test5()
  '省略前面的程式，請參考範例檔案
  '......
  axs.MajorTickMark = 4
  axs.MinorTickMark = 2
End Sub
```

【Python xlwings API】

撰寫的 Python 指令檔的存放路徑為 Samples\ch18\Python\ 坐标轴 - 刻度线 .py。

```
# 前面程式省略，請參考 Python 檔案
#......
axs.MajorTickMark = 4
axs.MinorTickMark = 2
```

使用 TickMarkSpacing 屬性可以傳回或設定每隔多少個資料顯示一個主刻度線，但僅用於分類軸和系列軸，可以是介於 1 和 31 999 之間的數值。

使用 MajorUnit 屬性和 MinorUnit 屬性可以設定數值軸上的主要刻度單位和次要刻度單位。

設定刻度線後數值軸上從最小值開始每隔 40 個單位顯示一個主刻度線，次刻度線之間的間隔是 10 個單位。

如果將 MajorUnitIsAuto 屬性和 MinorUnitIsAuto 屬性的值設定為 True，Excel 就會自動計算數值軸上的主要刻度單位和次要刻度單位。

當設定 MajorUnit 屬性和 MinorUnit 屬性的值時，MajorUnitIsAuto 屬性和 MinorUnitIsAuto 屬性的值自動設定為 False。

18.3.5　刻度標籤

座標軸上與主刻度線位置對應的文字標籤稱為刻度標籤，它們對主刻度線對應的數值或分類進行標注說明。

分類軸刻度標籤的文字為圖表中連結分類的名稱。分類軸的預設刻度標籤文字為數字，按照從左到右的順序從 1 開始累加編號。使用 TickLabelSpacing 屬性可以設定間隔多少個分類顯示一個刻度標籤。

數值軸刻度標籤的文字數字對應數值軸的 MajorUnit 屬性、MinimumScale 屬性和 MaximumScale 屬性。若要更改數值軸的刻度標籤文字，則必須更改這些屬性的值。

Axis 物件的 TickLabels 屬性傳回一個 TickLabels 物件，該物件表示座標軸上的刻度標籤。使用 TickLabels 物件的屬性和方法，可以對刻度標籤的字型、數字顯示格式、顯示方向、偏移量和對齊方式等進行設定。

下面設定數值軸刻度標籤的數字顯示格式、字型和顯示方向。

【Excel VBA】

範例檔案的存放路徑為 Samples\ch18\Excel VBA\ 坐标系 .xlsm。

```
Sub Test6()
    '省略前面的程式，請參考範例檔案
    '......
    Set tl = axs2.TickLabels                '垂直座標軸刻度標籤
    tl.NumberFormat = "0.00"                 '數字格式
```

```
    tl.Font.Italic = True                    '字型傾斜
    tl.Font.Name = "Times New Roman"         '字型名稱
    tl.Orientation = 45                      '45°方向
End Sub
```

執行過程，生成的圖表如圖 18-13 所示。

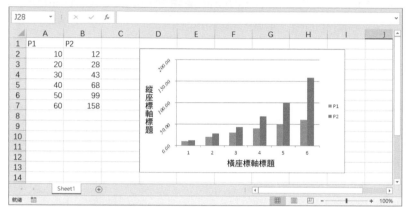

🎧 圖 18-13　數值軸刻度標籤的設定

【Python xlwings API】

撰寫的 Python 指令檔的存放路徑為 Samples\ch18\Python\ 坐标軸 - 刻度標签 .py。

```
#前面程式省略，請參見 Python 檔案
#......
tl=axs2.TickLabels                       #垂直座標軸刻度標籤
tl.NumberFormat = '0.00'                  #數字格式
tl.Font.Italic=True                       #字型傾斜
tl.Font.Name='Times New Roman'            #字型名稱
tl.Orientation=45                         #45°方向
```

執行腳本，生成的圖表如圖 18-13 所示。

在上述程式中，TickLabels 物件的 Orientation 屬性用於指定刻度線標籤的文字方向，當標籤比較長時這個屬性很有用。Orientation 屬性的值可以設定為 -90° ～ 90°。

使用 Axis 物件的 TickLabelPosition 屬性可以指定座標軸上刻度標籤的位置。TickLabelPosition 屬性的值如表 18-6 所示。

▼ 表 18-6 TickLabelPosition 屬性的值

名稱	值	說明
xlTickLabelPositionHigh	-4127	圖表的頂部或右側
xlTickLabelPositionLow	-4134	圖表的底部或左側
xlTickLabelPositionNextToAxis	4	座標軸旁邊（其中座標軸不在圖表的任意一側）
xlTickLabelPositionNone	-4142	無刻度線

使用 TickLabelSpacing 屬性可以傳回或設定主刻度標籤之間的分組個數，即每隔幾個分組顯示一個主刻度標籤。TickLabelSpacing 屬性僅用於分類軸和系列軸，可以取介於 1 和 31 999 之間的數值。

將 TickLabelSpacingIsAuto 屬性的值設定為 True，可以自動設定刻度標籤的間距。

第**19**章

Excel 樞紐分析表

　　Excel 樞紐分析表提供了一種互動式快速整理大量資料的方法。本章主要介紹如何使用 Excel VBA 和 Python 方式建立與引用 Excel 樞紐分析表。關於 xlwings 套件的相關知識，讀者可以參考第 4 章和第 13 章的內容。

19.1 樞紐分析表的建立與引用

　　透過程式設計建立 Excel 樞紐分析表，主要有兩種方法：一種是使用工作表物件的 PivotTableWizard 方法，透過精靈進行建立；另一種是使用快取物件的 CreatePivotTable 方法進行建立。

19.1.1 使用 PivotTableWizard 方法建立樞紐分析表

　　如圖 19-1 所示，工作表中為訂購各種蔬菜和水果的資料，下面使用工作表物件的 PivotTableWizard 方法建立樞紐分析表。將資料中的「類別」作為頁欄位、「產品」作為列欄位、「產地」作為行欄位、「金額」作為值欄位。

【Excel VBA】

　　範例檔案的存放路徑為 Samples\ch19\Excel VBA\ 創建透視表 1.xlsm。在 PVT 過程中用工作表物件的 PivotTableWizard 方法建立樞紐分析表。

　　首先獲取資料來源，新建存放樞紐分析表的工作表。

```
Dim shtData As Worksheet
Dim shtPVT As Worksheet
Dim rngData As Range
Dim PVT As PivotTable
' 資料所在工作表
Set shtData = Worksheets(" 資料來源 ")
' 資料所在儲存格區域
Set rngData = shtData.Range("A1").CurrentRegion
' 新建樞紐分析表所在的工作表
Set shtPVT = Worksheets.Add()
shtPVT.Name = " 樞紐分析表 "    ' 工作表的名稱
```

🔈 圖 19-1　建立樞紐分析表的資料來源

指定資料來源的類型和儲存格區域，建立樞紐分析表。

```
Set PVT = shtPVT.PivotTableWizard(SourceType:=xlDatabase, _
            SourceData:=rngData)
PVT.Name = " 透視表 "   ' 透視表的名稱
```

然後設定樞紐分析表的各種欄位。將資料中的「類別」作為頁欄位、「產品」作為列欄位、「產地」作為行欄位、「金額」作為值欄位。

```
With PVT
  .PivotFields(" 類別 ").Orientation = xlPageField        ' 頁欄位
  .PivotFields(" 類別 ").Position = 1                     ' 頁欄位中的第 1 個欄位
  .PivotFields(" 產品 ").Orientation = xlColumnField      ' 列欄位
  .PivotFields(" 產品 ").Position = 1                     ' 列欄位中的第 1 個欄位
  .PivotFields(" 產地 ").Orientation = xlRowField         ' 行欄位
  .PivotFields(" 產地 ").Position = 1                     ' 行欄位中的第 1 個欄位
  .PivotFields(" 金額 ").Orientation = xlDataField        ' 值欄位
End With
```

PVT 過程的完整程式請參考範例檔案。執行過程，新建名為「樞紐分析表」的工作表並在工作表中生成樞紐分析表，如圖 19-2 所示。

🎧 圖 19-2　建立的樞紐分析表

【Python】

撰寫的 Python 指令檔的存放路徑為 Samples\ch19\Python\ 創建透視表 1.py。

首先匯入 xlwings 套件和 os 套件，建立 Excel 應用並打開指定路徑下的資料檔案，獲取資料來源工作表。

```python
import xlwings as xw          # 匯入 xlwings 套件
import os                     # 匯入 os 套件
root = os.getcwd()            # 獲取當前路徑
# 建立 Excel 應用，可見，不增加工作表
app=xw.App(visible=True, add_book=False)
# 打開資料檔案，寫入
bk=app.books.open(fullname=root+r'\ 建立透視表 .xlsx',read_only=False)
# 獲取資料來源工作表
sht_data=bk.sheets.active
```

然後獲取資料所在的儲存格區域，新建存放樞紐分析表的工作表。

```python
rng_data=sht_data.api.Range('A1').CurrentRegion
# 新建樞紐分析表所在的工作表
sht_pvt=bk.sheets.add()
sht_pvt.name=' 樞紐分析表 '
```

最後使用 xlwings 套件的 API 方式建立樞紐分析表。

```
Pvt=sht_pvt.api.PivotTableWizard(\
    SourceType=xw.constants.PivotTableSourceType.xlDatabase,\
    SourceData=rng_data)
pvt.Name=' 透視表 '
```

為樞紐分析表設定欄位及該欄位在所屬類別欄位中的位置。將資料中的「類別」作為頁欄位、「產品」作為列欄位、「產地」作為行欄位、「金額」作為值欄位。

```
pvt.PivotFields(' 類別 ').Orientation=\
    xw.constants.PivotFieldOrientation.xlPageField          #頁欄位
pvt.PivotFields(' 類別 ').Position=1                         #頁欄位中的第 1 個欄位
pvt.PivotFields(' 產品 ').Orientation=\
    xw.constants.PivotFieldOrientation.xlColumnField        #列欄位
pvt.PivotFields(' 產品 ').Position=1                         #列欄位中的第 1 個欄位
pvt.PivotFields(' 產地 ').Orientation=\
    xw.constants.PivotFieldOrientation.xlRowField           #行欄位
pvt.PivotFields(' 產地 ').Position=1                         #行欄位中的第 1 個欄位
pvt.PivotFields(' 金額 ').Orientation=\
    xw.constants.PivotFieldOrientation.xlDataField          #值欄位
```

執行腳本,生成的樞紐分析表如圖 19-2 所示。

19.1.2 使用快取建立樞紐分析表

使用快取建立樞紐分析表,Excel 會為樞紐分析表建立一個快取,透過該快取,可以實現對資料來源中資料的快速讀取。先使用 PivotCaches 物件的 Create 方法建立 PivotCache 物件,即快取物件,然後使用快取物件的 CreatePivotTable 方法建立樞紐分析表。

【 Excel VBA 】

範例檔案的存放路徑為 Samples\ch19\Excel VBA\ 創建透視表 2.xlsm。使用 PVT 過程可以實現樞紐分析表的建立。

首先獲取資料來源，新建存放樞紐分析表的工作表，指定在工作表中存放樞紐分析表的位置。

```
Dim shtData As Worksheet
Dim shtPVT As Worksheet
Dim rngData As Range
Dim rngPVT As Range
Dim pvc As PivotCache
Dim PVT As PivotTable
' 資料所在的工作表
Set shtData = Worksheets(" 資料來源 ")
' 資料所在的儲存格區域
Set rngData = shtData.Range("A1").CurrentRegion
' 新建樞紐分析表所在的工作表
Set shtPVT = Worksheets.Add()
shtPVT.Name = " 樞紐分析表 "
' 存放樞紐分析表的位置
Set rngPVT = shtPVT.Range("A1")
```

建立樞紐分析表連結的快取，用快取物件建立樞紐分析表。使用 PivotCaches 物件的 Create 方法可以指定資料來源的類型和資料來源所在的儲存格區域。使用快取物件的 CreatePivotTable 方法可以建立樞紐分析表，參數指定樞紐分析表的存放位置和名稱。樞紐分析表的存放位置實際上是指定樞紐分析表所在儲存格區域的左上角。

```
' 建立樞紐分析表連結的快取
Set PVC= ActiveWorkbook.PivotCaches.Create( _
            SourceType:=xlDatabase, SourceData:=rngData)
' 建立樞紐分析表
Set PVT =PVC.CreatePivotTable(TableDestination:=rngPVT, _
            TableName:=" 透視表 ")
```

為樞紐分析表設定欄位。將資料中的「類別」作為頁欄位、「產品」作為列欄位、「產地」作為行欄位、「金額」作為值欄位。

```
With PVT
  .PivotFields(" 類別 ").Orientation = xlPageField          ' 頁欄位
  .PivotFields(" 類別 ").Position = 1
```

```
  .PivotFields(" 產品 ").Orientation = xlColumnField        ' 列欄位
  .PivotFields(" 產品 ").Position = 1
  .PivotFields(" 產地 ").Orientation = xlRowField           ' 行欄位
  .PivotFields(" 產地 ").Position = 1
  .PivotFields(" 金額 ").Orientation = xlDataField          ' 值欄位
End With
```

執行過程，生成的樞紐分析表如圖 19-3 所示。

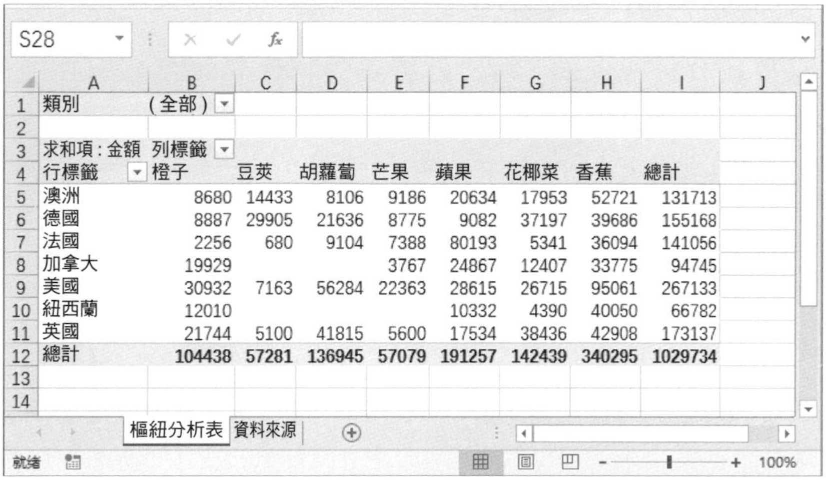

類別	(全部)							
求和項:金額	列標籤							
行標籤	橙子	豆莢	胡蘿蔔	芒果	蘋果	花椰菜	香蕉	總計
澳洲	8680	14433	8106	9186	20634	17953	52721	131713
德國	8887	29905	21636	8775	9082	37197	39686	155168
法國	2256	680	9104	7388	80193	5341	36094	141056
加拿大	19929			3767	24867	12407	33775	94745
美國	30932	7163	56284	22363	28615	26715	95061	267133
紐西蘭	12010				10332	4390	40050	66782
英國	21744	5100	41815	5600	17534	38436	42908	173137
總計	104438	57281	136945	57079	191257	142439	340295	1029734

圖 19-3 使用快取建立的樞紐分析表

【Python】

撰寫的 Python 指令檔的存放路徑為 Samples\ch19\Python\ 创建透视表 2.py。

```
# 前面程式省略，請參考 Python 檔案
#......

# 存放樞紐分析表的位置
rng_pvt=sht_pvt.api.Range('A1')
# 建立樞紐分析表連結的緩衝區
pvc=bk.api.PivotCaches().Create(\
        SourceType=xw.constants.PivotTableSourceType.xlDatabase,\
        SourceData=rng_data)
# 建立樞紐分析表
```

```
pvt=pvc.CreatePivotTable(\
        TableDestination=rng_pvt,\
        TableName='透視表 ')
# 設定欄位
#...... 省略
```

執行腳本，生成的樞紐分析表如圖 19-3 所示。

19.1.3　樞紐分析表的引用

建立樞紐分析表以後，樞紐分析表的物件就儲存在所在工作表的 PivotTables 物件中。如果需要對該物件中的某個樞紐分析表進行修改，就要先從物件中找到它並提取出來。所以，樞紐分析表的引用就是從物件中找到需要的樞紐分析表。

樞紐分析表的引用有使用索引編號和使用名稱兩種方法。

【Excel VBA】

範例檔案的存放路徑為 Samples\ch19\Excel VBA\ 透視表的引用 .xlsm。檔案中有兩個過程：CreatePVT 過程用於建立樞紐分析表，IndexPVT 過程用於引用樞紐分析表。為簡潔計，省略 CreatePVT 過程的程式。在進行樞紐分析表的引用之前，必須先執行 CreatePVT 過程，建立樞紐分析表。

IndexPVT 過程的程式如下所示。先使用 PivotTables 物件的 Count 屬性獲取工作表中樞紐分析表的個數，然後用索引編號引用該物件中的第 1 個樞紐分析表，用名稱引用該物件中名為「透視表」的樞紐分析表。

```
Sub IndexPVT()
  ' 樞紐分析表的引用
  Dim shtPVT As Worksheet
  Set shtPVT = Worksheets(" 樞紐分析表 ")
  Debug.Print shtPVT.PivotTables.Count            ' 工作表中樞紐分析表的個數
  Debug.Print shtPVT.PivotTables(1).Name          ' 用索引編號引用
  Debug.Print shtPVT.PivotTables(" 透視表 ").Name   ' 用名稱引用
End Sub
```

執行過程，在「立即視窗」面板中輸出結果。

```
1
透視表
透視表
```

【Python】

撰寫的 Python 指令檔的存放路徑為 Samples\ch19\Python\ 透視表的引用 .py。

```
# 前面程式省略，請參考 Python 檔案
#......

# 樞紐分析表的引用
#print(sht_pvt.api.PivotTables().Count)        # 樞紐分析表的個數
print(sht_pvt.api.PivotTables(1).Name)         # 用索引編號引用
print(sht_pvt.api.PivotTables(' 透視表 ').Name)   # 用名稱引用
```

執行腳本，在 Python Shell 視窗中輸出樞紐分析表的名稱。

```
>>> = RESTART: ...\Samples\ch19\Python\ 透視表的引用 .py
1
透視表
透視表
```

19.1.4 樞紐分析表的更新

更新樞紐分析表可以使用 PivotTable 物件的 RefreshTable 方法。

【Excel VBA】

範例檔案的存放路徑為 Samples\ch19\Excel VBA\ 刷新透視表 .xlsm。檔案中有兩個過程：CreatePVT 過程用於建立樞紐分析表，UpdatePVT 過程用於更新樞紐分析表。為簡潔計，省略 CreatePVT 過程的程式。在更新樞紐分析表之前，必須先執行 CreatePVT 過程，建立樞紐分析表。

UpdatePVT 過程的程式如下所示。

```
Sub UpdatePVT()
  '省略,獲取樞紐分析表 pvt
  '...
  pvt.RefreshTable
End Sub
```

執行過程,更新樞紐分析表。

【Python】

撰寫的 Python 指令檔的存放路徑為 Samples\ch19\Python\ 刷新透視表 .py。

```
# 前面程式省略,請參考 Python 檔案
#......

# 更新透視表
pvt.RefreshTable()
```

執行腳本,更新樞紐分析表。

⬚ 19.2 ┃ 樞紐分析表的編輯

建立或獲取樞紐分析表以後,可以對樞紐分析表中的元素進行編輯,如增加或修改欄位、設定表欄位的數字格式、設定儲存格區域的格式等。

19.2.1 增加欄位

對於已有的樞紐分析表,可以增加欄位。增加頁欄位、列欄位和行欄位使用 PivotTable 物件的 AddFields 方法,增加值欄位使用 PivotTable 物件的 AddDataField 方法。

【Excel VBA】

範例檔案的存放路徑為 Samples\ch19\Excel VBA\ 添加字段 .xlsm。執行 CreatePVT 過程建立一個簡單的樞紐分析表,將「產品」設定為列欄位、「產地」設定為行欄位,以下面的程式所示。

```
Sub CreatePVT()
  '前面程式省略
  '...

  '設定欄位
  With pvt
    .PivotFields("產品").Orientation = xlColumnField    '列欄位
    .PivotFields("產品").Position = 1
    .PivotFields("產地").Orientation = xlRowField       '行欄位
    .PivotFields("產地").Position = 1
  End With
End Sub
```

執行過程，建立的樞紐分析表如圖 19-4 所示。

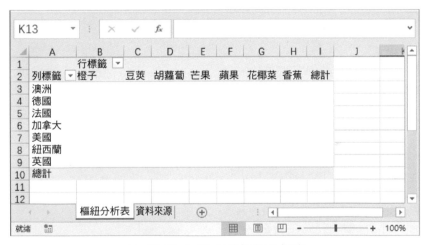

◑ 圖 19-4 建立的樞紐分析表

AddFields 過程向剛剛建立的樞紐分析表中增加欄位，使用 PivotTable 物件的 AddFields 方法將「類別」增加為頁欄位，使用 AddDataField 方法將「金額」增加為值欄位。

```
Sub AddFields()
  '省略，獲取樞紐分析表 pvt
  '...
  With pvt
```

```
      .AddFields PageFields:=" 類別 ", AddToTable:=True               ' 頁欄位
      .AddDataField .PivotFields(" 金額 "), " 求和項：金額 ", xlSum      ' 值欄位
   End With
End Sub
```

執行過程，生成的樞紐分析表如圖 19-3 所示。

【Python】

撰寫的 Python 指令檔的存放路徑為 Samples\ch19\Python\ 添加字段 .py。

```
# 前面程式省略，請參考 Python 檔案
#......
```

先建立一個簡單的樞紐分析表，將「產品」設定為列欄位、「產地」設定為行欄位。

```
# 建立樞紐分析表
pvt=sht_pvt.api.PivotTableWizard(\
    SourceType=xw.constants.PivotTableSourceType.xlDatabase,\
    SourceData=rng_data)
pvt.Name=' 透視表 '

# 設定欄位
pvt.PivotFields(' 產品 ').Orientation=\
    xw.constants.PivotFieldOrientation.xlColumnField      # 列欄位
pvt.PivotFields(' 產品 ').Position=1
pvt.PivotFields(' 產地 ').Orientation=\
    xw.constants.PivotFieldOrientation.xlRowField         # 行欄位
pvt.PivotFields(' 產地 ').Position=1
```

使用 PivotTable 物件的 AddFields 方法將「類別」增加為頁欄位，使用 AddDataField 方法將「金額」增加為值欄位。

```
# 增加頁欄位
pvt.AddFields(PageFields=' 類別 ',AddToTable=True)
# 增加值欄位
pvt.AddDataField(pvt.PivotFields(' 金額 '),' 求和項：金額 ',\
    xw.constants.ConsolidationFunction.xlSum)
```

執行腳本，生成的樞紐分析表如圖 19-3 所示。

19.2.2　修改欄位

可以修改已有樞紐分析表中欄位物件的屬性。舉例來說，如果在建立樞紐分析表時將「金額」指定為值欄位，則預設會生成名為「求和項：金額」的活動欄位，如圖 19-2 的工作表中的 A3 儲存格所示。下面使用 PivotField 物件的 Name 屬性將該欄位的名稱修改為「金額」。需要注意的是，「金額」是已有欄位名稱，所以新名稱在「金額」前後各增加了一個空格。

【Excel VBA】

範例檔案的存放路徑為 Samples\ch19\Excel VBA\ 修改字段 .xlsm。執行 CreatePVT 過程生成樞紐分析表，執行 RenameField 過程修改欄位名稱。省略 CreatePVT 過程的程式，先執行該過程生成樞紐分析表。

RenameField 過程的程式如下所示。使用 PivotField 物件的 Name 屬性將欄位「求和項：金額」的名稱修改為「金額」。

```
Sub RenameField()
  '省略，獲取樞紐分析表 pvt
  '...
  pvt.PivotFields(" 求和項：金額 ").Name = " 金額 "   '修改欄位名稱
End Sub
```

執行過程，生成的樞紐分析表如圖 19-5 所示。需要注意的是，儲存格 A3 中的欄位名稱已經改變。

🎧 圖 19-5　修改樞紐分析表中的欄位名稱

【Python】

撰寫的 Python 指令檔的存放路徑為 Samples\ch19\Python\ 修改字段 .py。
首先建立樞紐分析表，將「金額」作為值欄位，自動生成活動欄位「求和項：金
額」，然後使用 PivotField 物件的 Name 屬性將該名稱修改為「金額 」。

```python
# 前面程式省略，請參考 Python 檔案
#......

# 設定欄位
...
pvt.PivotFields(' 金額 ').Orientation=\
    xw.constants.PivotFieldOrientation.xlDataField   # 值欄位

# 修改欄位名稱
pvt.PivotFields(' 求和項：金額 ').Name=' 金額 '
```

執行腳本，完成欄位名稱的修改。

19.2.3　設定欄位的數字格式

使用 PivotField 物件的 NumberFormat 屬性可以修改指定欄位的數字格式。舉例來說，下面建立樞紐分析表，並將其中的活動欄位「求和項：金額」的數字格式設定為保留兩位小數。

【 Excel VBA 】

範例檔案的存放路徑為 Samples\ch19\Excel VBA\ 數字格式 .xlsm。先執行 CreatePVT 過程生成樞紐分析表。

執行 NumberFormat 過程，將活動欄位「求和項：金額」的數字格式設定為保留兩位小數。

```
Sub NumberFormat()
  ' 省略，獲取樞紐分析表 pvt
  '...
  pvt.PivotFields(" 求和項：金額 ").NumberFormat = "0.00"    ' 保留兩位小數
End Sub
```

執行過程，生成的樞紐分析表如圖 19-6 所示。

🎧 圖 19-6　設定欄位的數字格式

【 Python 】

撰寫的 Python 指令檔的存放路徑為 Samples\ch19\Python\ 數字格式 .py。

```
# 前面程式省略，請參考 Python 檔案
#......

# 設定數字格式
pvt.PivotFields(' 求和項：金額 ').NumberFormat='0.00'
```

執行腳本，生成的樞紐分析表如圖 19-6 所示。

19.2.4　設定儲存格區域的格式

使用 PivotTable 物件的 DataBodyRange 屬性可以設定資料區儲存格區域的屬性，包括儲存格區域的背景顏色、字型屬性等；使用 PivotField 物件的 DataRange 屬性可以設定欄位對應儲存格區域的屬性。

下面建立樞紐分析表，將資料區的背景顏色設定為灰色，字型設定為 Times New Roman，「產品」欄位儲存格區域的背景顏色設定為綠色，「產地」欄位儲存格區域的背景顏色設定為黃色。

【Excel VBA】

範例檔案的存放路徑為 Samples\ch19\Excel VBA\ 单元格区域属性 .xlsm。先執行 CreatePVT 過程生成樞紐分析表。

執行 RangeFormat 過程，將資料區的背景顏色設定為灰色，字型設定為 Times New Roman。

```
Sub RangeFormat()
    ' 省略，獲取樞紐分析表 pvt
    '...
  ' 設定資料區背景顏色為灰色
  pvt.DataBodyRange.Interior.Color = RGB(200, 200, 200)
  ' 設定資料區字型為 "Times New Roman"
  pvt.DataBodyRange.Font.Name = "Times New Roman"
End Sub
```

執行 RangeFormat2 過程，將「產品」欄位儲存格區域的背景顏色設定為綠色，「產地」欄位儲存格區域的背景顏色設定為黃色。

```
Sub RangeFormat2()
  ' 省略，獲取樞紐分析表 pvt
  '...
  ' 設定 " 產品 " 欄位儲存格區域的背景顏色為綠色
  pvt.PivotFields(" 產品 ").DataRange.Interior.Color = RGB(0, 255, 0)
  ' 設定 " 產地 " 欄位儲存格區域的背景顏色為黃色
  pvt.PivotFields(" 產地 ").DataRange.Interior.Color = RGB(255, 255, 0)
End Sub
```

執行過程，生成的樞紐分析表如圖 19-7 所示。

☉ 圖 19-7 設定樞紐分析表儲存格區域的屬性

【 Python 】

撰寫的 Python 指令檔的存放路徑為 Samples\ch19\Python\ 单元格区域属性 .py。

```
# 前面程式省略，請參考 Python 檔案
#......

# 設定資料區儲存格區域的屬性
pvt.DataBodyRange.Interior.Color = xw.utils.rgb_to_int((200,200,200))
pvt.DataBodyRange.Font.Name = 'Times New Roman'

# 設定 " 產品 " 欄位儲存格的區域背景顏色為綠色
```

```
pvt.PivotFields(' 產品 ').DataRange.Interior.Color=\
                     xw.utils.rgb_to_int((0,255,0))
# 設定 " 產地 " 欄位儲存格區域的背景顏色為黃色
pvt.PivotFields(' 產地 ').DataRange.Interior.Color=\
                     xw.utils.rgb_to_int((255,255,0))
```

執行腳本，生成的樞紐分析表如圖 19-7 所示。

19.3 ｜ 樞紐分析表的版面配置和樣式

在程式設計時，可以套用 Excel 內建的樞紐分析表的版面配置和樣式。

19.3.1　設定樞紐分析表的版面配置

樞紐分析表的版面配置有壓縮形式、大綱形式和表格形式等，預設以壓縮形式版面配置，即圖 19-2 所示的樞紐分析表採用的版面配置。使用 PivotTable 物件的 RowAxisLayout 方法可以設定樞紐分析表的版面配置。

【 Excel VBA 】

範例檔案的存放路徑為 Samples\ch19\Excel VBA\ 布局方式 .xlsm。執行 CreatePVT 過程生成樞紐分析表，將「產品」設定為列欄位，「類別」和「產地」設定為行欄位，「金額」設定為值欄位。

```
Sub CreatePVT()
  ' 省略，建立樞紐分析表
  '...

  ' 設定欄位
  With pvt
    .PivotFields(" 產品 ").Orientation = xlColumnField    ' 列欄位
    .PivotFields(" 產品 ").Position = 1
    .PivotFields(" 類別 ").Orientation = xlRowField       ' 行欄位
    .PivotFields(" 類別 ").Position = 1
    .PivotFields(" 產地 ").Orientation = xlRowField       ' 行欄位
    .PivotFields(" 產地 ").Position = 2
```

```
   .PivotFields(" 金額 ").Orientation = xlDataField        ' 值欄位
 End With
End Sub
```

執行 CreatePVT 過程建立樞紐分析表，預設採用壓縮形式的版面配置。

執行 Layout 過程獲取樞紐分析表，將版面配置修改為大綱形式。

```
Sub Layout()
 ' 省略，獲取樞紐分析表 pvt
 '...
 ' 大綱版面配置
 pvt.RowAxisLayout xlOutlineRow
End Sub
```

執行 Layout 過程，生成的大綱形式版面配置的樞紐分析表如圖 19-8 所示。

		產品								
求和項:金額										
類別	產地	橙子	豆莢	胡蘿蔔	芒果	蘋果	花椰菜	香蕉	總計	
⊟ 蔬菜			57281	136945			142439		336665	
	澳洲		14433	8106			17953		40492	
	德國		29905	21636			37197		88738	
	法國		680	9104			5341		15125	
	加拿大						12407		12407	
	美國		7163	56284			26715		90162	
	紐西蘭						4390		4390	
	英國		5100	41815			38436		85351	
⊟ 水果		104438			57079	191257		340295	693069	
	澳洲	8680			9186	20634		52721	91221	
	德國	8887			8775	9082		39686	66430	
	法國	2256			7388	80193		36094	125931	
	加拿大	19929			3767	24867		33775	82338	
	美國	30932			22363	28615		95061	176971	
	紐西蘭	12010				10332		40050	62392	
	英國	21744			5600	17534		42908	87786	
		104438	57281	136945	57079	191257	142439	340295	1029734	

🎧 圖 19-8 大綱形式版面配置的樞紐分析表

【Python】

撰寫的 Python 指令檔的存放路徑為 Samples\ch19\Python\ 布局方式 .py。

```
# 前面程式省略,請參考 Python 檔案
#......

# 大綱形式版面配置
pvt.RowAxisLayout(xw.constants.LayoutRowType.xlOutlineRow)
```

執行腳本,生成的大綱形式版面配置的樞紐分析表如圖 19-8 所示。

19.3.2　設定樞紐分析表的樣式

樣式是 Excel 內建的樞紐分析表的外觀格式。使用 PivotTable 物件的 TableStyle2 屬性可以設定樞紐分析表的樣式。

【Excel VBA】

範例檔案的存放路徑為 Samples\ch19\Excel VBA\ 設置樣式 .xlsm。執行 CreatePVT 過程,生成樞紐分析表。

執行 SetStyle 過程,將樞紐分析表的樣式設定為常數「PivotStyleLight10」定義的樣式。

```
Sub SetStyle()
  ' 省略,獲取樞紐分析表 pvt
  '...
  pvt.TableStyle2 = "PivotStyleLight10"
End Sub
```

執行過程,生成的樞紐分析表如圖 19-9 所示。

⌒ 圖 19-9 設定樞紐分析表的樣式

【Python】

撰寫的 Python 指令檔的存放路徑為 Samples\ch19\Python\ 設置样式 .py。

```
# 前面程式省略，請參考 Python 檔案
#......

# 設定樣式
pvt.TableStyle2 = 'PivotStyleLight10'
```

執行腳本，生成的樞紐分析表如圖 19-9 所示。

⊞ 19.4 ┃ 樞紐分析表的排序和篩選

本節介紹對樞紐分析表的指定欄位進行排序和篩選。

19.4.1 樞紐分析表的排序

使用 PivotField 物件的 AutoSort 方法可以對指定欄位進行排序。下面建立樞紐分析表，並將欄位「求和項：金額」按降冪排列。

【Excel VBA】

範例檔案的存放路徑為 Samples\ch19\Excel VBA\排序.xlsm。執行 CreatePVT 過程，生成樞紐分析表。Sort 過程使用 PivotField 物件的 AutoSort 方法對欄位「求和項：金額」進行降冪排列。

```
Sub Sort()
  '省略，獲取樞紐分析表 pvt
  '...
  pvt.PivotFields(" 產地 ").AutoSort _
     Order:=xlDescending, Field:=" 求和項：金額 "
End Sub
```

執行過程，生成的樞紐分析表如圖 19-10 所示。

🔊 圖 19-10　將欄位「求和項：金額」按降冪排列

【Python】

撰寫的 Python 指令檔的存放路徑為 Samples\ch19\Python\排序.py。

```
# 前面程式省略，請參考 Python 檔案
#......

# 排序
pvt.PivotFields(' 產地 ').AutoSort(\
```

```
Order=xw.constants.SortOrder.xlDescending, \
Field=' 求和項：金額 ')
```

執行腳本，生成的樞紐分析表如圖 19-10 所示。

19.4.2　樞紐分析表的篩選

指定欄位取單一值或多個值，可以實現樞紐分析表的單選和多選。

【Excel VBA】

範例檔案的存放路徑為 Samples\ch19\Excel VBA\ 篩選 .xlsm。執行 CreatePVT 過程，生成樞紐分析表。Filter1 過程指定使用「類別」欄位的「蔬菜」值。

```
Sub Filter1()
  ' 省略，獲取樞紐分析表 pvt
  '...
  Dim pf As PivotField
  Set pf = pvt.PivotFields(" 類別 ")         '「類別」欄位
  pf.ClearAllFilters
  pf.CurrentPage = " 蔬菜 "                   ' 選擇值
End Sub
```

執行過程，生成的樞紐分析表如圖 19-11 所示。

🎧 圖 19-11　使用「類別」欄位的「蔬菜」值篩選樞紐分析表

Filter2 過程指定隱藏「產地」欄位的「澳洲」、「加拿大」和「英國」這 3 個透視項。

```
Sub Filter2()
  '篩選 - 多選
  Dim shtPVT As Worksheet
  Dim pvt As PivotTable
  Dim pf As PivotField
  Set shtPVT = Worksheets(" 樞紐分析表 ")
  Set pvt = shtPVT.PivotTables(" 透視表 ")
  Set pf = pvt.PivotFields(" 產地 ")
  pf.ClearAllFilters
  'pf.EnableMultiplePageItems = True
  pf.PivotItems(" 澳洲 ").Visible = False
  pf.PivotItems(" 加拿大 ").Visible = False
  pf.PivotItems(" 英國 ").Visible = False
End Sub
```

執行過程，生成的樞紐分析表如圖 19-12 所示。

🎧 圖 19-12 隱藏「產地」欄位的多個透視項

【 Python 】

撰寫的 Python 指令檔的存放路徑為 Samples\ch19\Python\ 篩选 .py。

```
# 前面程式省略，請參考 Python 檔案
#......
```

下面使用兩種方法進行篩選。

第 1 種篩選方法如下。

```
# 篩選 - 單選
pf = pvt.PivotFields(' 類別 ')
pf.ClearAllFilters()
pf.CurrentPage = ' 蔬菜 '
```

第 2 種篩選方法如下。

```
# 篩選 - 多選
pf2 = pvt.PivotFields(' 產地 ')
pf2.ClearAllFilters()
pf2.PivotItems(' 澳洲 ').Visible = False
pf2.PivotItems(' 加拿大 ').Visible = False
pf2.PivotItems(' 英國 ').Visible = False
```

選擇單選或多選，執行腳本，生成的樞紐分析表如圖 19-11 和圖 19-12 所示。

⊞ 19.5 │ 樞紐分析表的計算

本節介紹樞紐分析表的計算的相關內容，包括設定總計行和總計列的顯示方式、欄位的整理方式和資料的顯示方式等。

19.5.1 設定總計行和總計列的顯示方式

使用 PivotTable 物件的 RowGrand 屬性和 ColumnGrand 屬性，可以顯示或隱藏樞紐分析表中的總計行和總計列。

【Excel VBA】

範例檔案的存放路徑為 Samples\ch19\Excel VBA\ 总计行和总计列的显示方式 .xlsm。執行 CreatePVT 過程，生成樞紐分析表。RowColumnGrand 過程指定隱藏樞紐分析表中的總計行和總計列。

```
Sub RowColumnGrand()
  ' 省略，獲取樞紐分析表 pvt
  '...
  pvt.RowGrand = False
  pvt.ColumnGrand = False
End Sub
```

執行過程，生成的樞紐分析表如圖 19-13 所示。

♪ 圖 19-13　隱藏樞紐分析表中的總計行和總計列

【Python】

撰寫的 Python 指令檔的存放路徑為 Samples\ch19\Python\ 总计行和总计列的显示方式 .py。

```
# 前面程式省略，請參考 Python 檔案
#......

# 總計行和總計列的顯示方式
pvt.RowGrand = False
pvt.ColumnGrand = False
```

執行腳本，生成的樞紐分析表如圖 19-13 所示。

19.5.2 設定欄位的整理方式

使用 PivotField 物件的 Function 屬性可以設定欄位的整理方式，預設採用求和整理。

【 Excel VBA 】

範例檔案的存放路徑為 Samples\ch19\Excel VBA\ 字段汇总方式 .xlsm。執行 CreatePVT 過程，生成樞紐分析表。SetStyle 過程指定「求和項：金額」按計數進行整理。

```
Sub SetStyle()
  ' 省略，獲取樞紐分析表 pvt
  '...
  pvt.PivotFields(" 求和項：金額 ").Function = xlCount   ' 計數整理
End Sub
```

執行過程，生成的樞紐分析表如圖 19-14 所示。

⚪ 圖 19-14 計數整理

【 Python 】

撰寫的 Python 指令檔的存放路徑為 Samples\ch19\Python\ 字段汇总方式 .py。

```
# 前面程式省略，請參考 Python 檔案
#......

# 欄位的整理方式
pvt.PivotFields(' 求和項：金額 ').Function=\
    xw.constants.ConsolidationFunction.xlCount
```

執行腳本，生成的樞紐分析表如圖 19-14 所示。

19.5.3　設定資料的顯示方式

使用 PivotField 物件的 Calculation 屬性可以設定樞紐分析表中資料的顯示方式。

【 Excel VBA 】

範例檔案的存放路徑為 Samples\ch19\Excel VBA\ 数据的显示方式 .xlsm。執行 CreatePVT 過程，生成樞紐分析表。SetFieldData 過程指定「求和項：金額」欄位按行百分比顯示，即每行中的每個資料按佔行總和的百分比顯示。

```
Sub SetFieldData()
  ' 省略，獲取樞紐分析表 pvt
  '...
  pvt.PivotFields(" 求和項：金額 ").Calculation = xlPercentOfRow
End Sub
```

執行過程，生成的樞紐分析表如圖 19-15 所示。

🎧 圖 19-15　樞紐分析表的資料按行百分比顯示

【Python】

撰寫的 Python 指令檔的存放路徑為 Samples\ch19\Python\ 数据的显示方式 .py。

```
# 前面程式省略，請參考 Python 檔案
# ......

# 設定資料的顯示方式
pvt.PivotFields(' 求和項：金額 ').Calculation=\
    xw.constants.PivotFieldCalculation.xlPercentOfRow
```

執行腳本，生成的樞紐分析表如圖 19-15 所示。

第20章

正規表示法

　　正規表示法指定一個匹配規則，通常用來查詢或替換給定字串中匹配的文字。本章主要介紹在 Excel VBA 和 Python 中如何使用正規表示法，以及正規表示法的撰寫規則。同時，結合一些 Excel 資料介紹正規表示法在 Excel 中的應用。

🔲 20.1 │ 正規表示法概述

　　正規表示法在文字驗證、查詢和替換方面具有廣泛的應用。本節介紹正規表示法的基本概念，並結合簡單的範例幫助讀者了解正規表示法的撰寫和應用。

20.1.1　什麼是正規表示法

　　關於文字的查詢和替換，常見的有兩種典型應用。一種是在 Windows 資源管理器中查詢指定目錄下的檔案，通常是指定檔案名稱或檔案名稱中的一部分進行查詢，還可以指定萬用字元？和 *，分別表示一個字元或任意個字元，如 *.exe 表示所有可執行檔。另一種是在記事本、Word 等辦公軟體中進行查詢和替換。這兩種情況舉出的搜索文字都是簡單的正規表示法。

　　通常需要匹配形式更複雜的文字，如從一個網頁的文字中提取出電話號碼、手機號碼、電子電子郵件等，以及從給定的文字中提取出以某字串開頭、以某字串結尾的子文字等，這就需要使用正規表示法。

　　正規表示法是由普通字元和一些萬用字元組成的邏輯運算式，普通字元包括數字和大小寫字母，萬用字元則用字元或字元的組合表達特殊的含義。所以，正規表示法其實就是按照事先定義好的規則來組合普通字元和萬用字元，表達字串的匹配邏輯，執行查詢時對運算式進行解析，了解它所表達的意圖並進行匹配，同時找到需要查詢的內容。

20.1.2　使用正規表示法

　　由於文字查詢和替換的需求很常見，因此在各種語言中都有關於正規表示法的內容。在不同的語言中，正規表示法的撰寫規則幾乎是相同的，區別在於編譯和處理正規表示法的語法有所不同，即使用正規表示法的方式有所不同。

【Excel VBA】

　　在 Excel VBA 中，使用正規表示法需要先匯入正規物件。進入 Excel 的 VBA 程式設計環境，選擇「工具」→「引用」命令，打開「引用」對話方塊，

如圖 20-1 所示。選取「可使用的引用」串列方塊中的「Microsoft VBScript
Regular Expressions 5.5」核取方塊，點擊「確定」按鈕。

△ 圖 20-1　「引用」對話方塊

　　引用正規物件相關的函式庫以後，就可以使用 Excel VBA 的物件瀏覽器進
行查看。選擇「檢視」→「物件瀏覽器」命令，打開的物件瀏覽器如圖 20-2 所
示。在左上角的下拉式串列方塊中選擇 VBScript_RegExp_55 選項，「類別」
串列方塊顯示函式庫中的所有類別。選擇一個類別，在右側的串列方塊中會顯
示該類別的所有成員。選擇一個成員，在下面的文字標籤中會顯示成員說明。

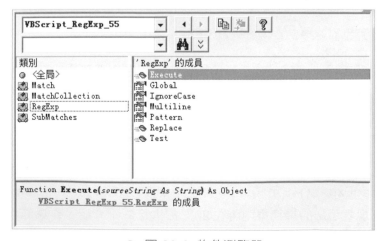

△ 圖 20-2　物件瀏覽器

在物件瀏覽器中，RegExp 類別生成的物件就是正規物件，Excel VBA 中使用正規物件實現正規表示法的功能，即文字內容的查詢和替換。MatchCollection 類別生成的物件為進行文字查詢後得到的匹配文字的集合，Match 類別生成的物件表示其中的某個匹配文字，SubMatches 類別生成的物件在正規表示法有分組的情況下儲存各分組的資料。具體什麼是分組，請參考捕捉分組和非捕捉分組的內容。

建立正規物件有後期綁定和前期綁定兩種方法。

當使用後期綁定時，將變數宣告為 Object 類型，用 CreateObject 函式建立正規物件。

```
Dim objReg As Object
Set objReg=CreateObject("VBScript.RegExp")
```

前期綁定有以下兩種使用方式。

前期綁定的第 1 種使用方式如下。

```
Dim objReg As RegExp
Set objReg=New RegExp
```

前期綁定的第 2 種使用方式如下。

```
Dim objReg As New RegExp
```

這兩種方式都將變數直接宣告為 RegExp 類型。

與後期綁定相比，前期綁定的程式在執行效率方面具有明顯優勢，所以通常使用前期綁定建立正規物件。建立正規物件以後，用它結合正規表示法可以實現文字內容的查詢和替換。

1・查詢

使用 RegExp 物件，用 Pattern 屬性指定正規表示法，用 Execute 方法執行查詢。正規表示法的撰寫規則將在 20.2 節進行詳細介紹，作為範例，本節使用一些比較簡單的正規表示法進行演示。

使用 Execute 方法查詢的結果儲存在 MatchCollection 集合中，使用 For Each 可以遍歷集合中的每個 Match 物件，即匹配結果物件。在預設情況下，找到第 1 個匹配物件就停止查詢，設定正規物件的 Global 屬性的值為 True，可以找出全部的匹配結果；設定 IgnoreCase 屬性的值為 True，不區分大小寫。

下面的程式在替定的字串 "A1B2C3" 中找出所有非數字的字元。

```
Sub Test()
  Dim objReg As New RegExp        ' 生成正規物件
  Dim strT As String
  Dim mcT As MatchCollection      ' 儲存查詢結果
  Dim matT As Match               ' 每個查詢結果
  strT = "A1B2C3"                 ' 給定字串
  With objReg
    .Global = True                ' 全域查詢
    .Pattern = "\D"               ' 指定正規表示法，定義匹配規則，非數字
    Set mcT = .Execute(strT)      ' 執行查詢
  End With
  For Each matT In mcT            ' 遍歷每個查詢結果
    If matT <> " " Then Debug.Print matT.Value  ' 輸出查詢結果
  Next matT
End Sub
```

執行過程，在「立即視窗」面板中輸出匹配結果。

```
1
2
3
```

2．替換

使用正規物件的 Replace 方法用指定字串替換找到的內容。下面的程式在替定的字串 "A1B2C3" 中找出所有非數字的字元，並替換為空，即刪除它。

```
Sub Test2()
  Dim objReg As New RegExp                    ' 生成正規物件
  Dim strT As String
  strT = "A1B2C3"                             ' 給定的字串
```

```
   With objReg
      .Global = True                      ' 全域替換
      .Pattern = "\D"                     ' 查詢非數字
      Debug.Print .Replace(strT, "")      ' 將找到的字串替換為空，即刪除
   End With
End Sub
```

執行過程，在「立即視窗」面板中輸出替換後的結果。

123

【Python】

在 Python 中，使用 re 模組提供的函式，既可以直接用指定的正規表示法對給定文字進行字串的搜索和替換，也可以透過建立正規物件並使用該物件的屬性和方法來實現。搜索結果以 Match 物件的形式傳回，可以利用該物件提供的屬性和方法進行進一步的顯示和處理。

1・查詢

re 模組中提供了 4 個用來實現不同形式的查詢功能的函式，即 match、search、findall 和 finditer，前兩個函式傳回一個滿足要求的匹配物件，後兩個函式傳回所有滿足要求的匹配物件。使用 re 模組需要先進行匯入。

```
>>> import re
```

1）re.match 函式

re.match 函式從給定文字開頭的位置開始匹配，如果匹配不成功則傳回 None。該函式的語法格式如下。

```
re.match(pattern, string, flags=0)
```

其中，pattern 參數表示進行匹配的正規表示法，string 參數表示給定的文字，flags 參數指定標記。標記的設定如表 20-1 所示。如果同時設定多個標記，那麼標記之間可以用分隔號連接，如 re.Mre.I。

▼ 表 20-1　標記的設定

標記	完整寫法	說明
re.I	re.IGNORECASE	不區分大小寫
re.M	re.MULTILINE	支持多行
re.S	re.DOTALL	用點做任意匹配，包括分行符號在內的任意字元
re.L	re.LOCALE	進行當地語系化辨識匹配
re.U	re.UNICODE	根據 Unicode 字元集解析字元
re.X	re.VERBOSE	支援更靈活、更詳細的模式，如多行、忽略空白、加入註釋等

　　如果匹配成功，那麼 re.match 函式傳回一個 Match 物件，否則傳回 None。

　　下面給定一個字串和一個匹配規則，並使用 re.match 函式進行匹配。

```
>>> import re
>>> a='abc123def456'
>>> m=re.match('abc',a)
>>> m
<re.Match object; span=(0, 3), match='abc'>
```

　　從字串 a 的開頭位置開始匹配 "abc"，若匹配成功則傳回一個 Match 物件，它的值為 "abc"，位置是第 1 ～ 3 個字元。

　　如果給定的字串和匹配字串有大小寫區分，那麼傳回的 m 為空，表示匹配不成功。範例如下。

```
>>> b='aBC123dEf456'
>>> m=re.match('abc',b)
>>> m
```

　　如果不區分大小寫，那麼使用 re.I 標記。

```
>>> m2=re.match('abc',b,re.I)
>>> m2
<re.Match object; span=(0, 3), match='Abc'>
```

匹配成功，傳回匹配結果 "Abc"。

2）re.search 函式

與 re.match 函式不同，re.search 函式在整個給定的字串中進行查詢，並傳回第 1 個匹配成功的物件。該函式的語法格式與 re.match 函式的相同。

下面給定一個字串，在整個字串中查詢 "def"，不區分大小寫，傳回查詢到的第 1 個結果。

```
>>> import re
>>> a='aBC123dEf456'
>>> m=re.search('def',a,re.I)
>>> m
<re.Match object; span=(6, 9), match='dEf'>
```

匹配成功，傳回匹配結果 "dEf"。

3）re.findall 函式

re.findall 函式在替定的字串中查詢正規表示法所匹配的所有子字串，並將結果以串列的形式傳回，若匹配不成功則傳回空串列。re.match 函式和 re.search 函式只匹配一次，re.findall 函式則找出所有匹配結果。re.findall 函式的語法格式也與 re.match 函式的相同。

下面給定一個字串，在整個字串中查詢 "abc"，不區分大小寫，傳回查詢到的所有結果。

```
>>> import re
>>> a='aBC123dEf456abc789abC'
>>> m=re.findall('abc',a,re.I)
>>> m
['aBC', 'abc', 'abC']
```

由此可知，匹配成功的結果以串列的形式舉出。

4）re.finditer 函式

　　與 re.findall 函式一樣，re.finditer 函式也是在替定的字串中查詢正規表示法所匹配的所有子字串。不同的是，前者將匹配結果以串列的形式舉出，後者將匹配結果以迭代器的形式傳回。該函式的語法格式與 re.match 函式的相同。

　　下面給定一個字串，在整個字串中查詢 "abc"，不區分大小寫，傳回查詢到的所有結果。

```
>>> import re
>>> a='aBC123dEf456abc789abC'
>>> m=re.finditer('abc',a,re.I)
>>> m
<callable_iterator object at 0x0000000005BF0F48>
```

　　由此可知，re.finditer 函式將匹配結果以迭代器的形式舉出。使用 for 迴圈可以輸出迭代器中的物件。

```
>>> for i in m:
        print(i)

<re.Match object; span=(0, 3), match='aBC'>
<re.Match object; span=(12, 15), match='abc'>
<re.Match object; span=(18, 21), match='abC'>
```

　　由此可知，迭代器 m 中有 3 個匹配物件，for 迴圈輸出了它們的值和在替定字串中的位置。

2・替換

　　所謂替換，就是在查詢的基礎上，用給定的物件替換匹配到的物件。使用 re.sub 函式和 re.subn 函式可以進行替換。

1）re.sub 函式

re.sub 函式的語法格式如下。

```
re.sub(pattern, repl, string, count=0, flags=0)
```

其中，各參數的意義如下。

- pattern：進行匹配的正規表示法。

- repl：用作替換的字串，可以是一個函式。

- string：給定的原始字串。

- count：進行替換的最大次數，預設 0 表示全部替換。

- flags：指定正規表示法匹配方式的標記。

下面給定一個字串，在整個字串中查詢 "abc"，不區分大小寫，匹配結果全部替換為 "xyz"。

```
>>> import re
>>> a='aBC123dEf456abc789abC'
>>> m=re.sub('abc','xyz',a,0,re.I)
>>> m
'xyz123dEf456xyz789xyz'
```

由此可知，所有匹配結果都被替換為 "xyz"。

2）re.subn 函式

re.subn 函式的作用與 re.sub 函式的相同。但是，re.subn 函式的傳回值是一個元組，元組有兩個值，第 1 個值為實現替換後的字串，第 2 個值為進行替換的次數。

re.sub 函式的語法格式如下。

```
subn(pattern, repl, string, count=0, flags=0)
```

其中，各參數的意義與 re.subn 函式的相同，此處不再贅述。

下面給定一個字串，在整個字串中查詢 "abc"，不區分大小寫，匹配結果全部替換為 "xyz"。

```
>>> import re
>>> a='aBC123dEf456abc789abC'
>>> m=re.subn('abc','xyz',a,0,re.I)
>>> m
('xyz123dEf456xyz789xyz', 3)
```

試比較 re.subn 函式與 re.sub 函式的傳回值。

另外，使用 re.compile 函式可以建立 Pattern 物件，即編譯好的正規物件，利用它的屬性與方法可以實現字串的查詢和替換。

下面給定原始字串和正規表示法，先用 re.compile 函式將正規表示法字串編譯為正規物件，然後用正規物件的 match 方法從原始字串開頭的位置開始進行匹配，不區分大小寫。

```
>>> import re
>>> a='aBc123def456'
>>> p=re.compile('abc',re.I)
>>> m=p.match(a)
>>> m
<re.Match object; span=(0, 3), match='aBc'>
```

匹配成功，匹配子字串為 "aBc"，匹配位置為第 1 ～ 3 個字元。

20.2　正規表示法的撰寫規則

使用正規表示法可以實現較複雜的文字搜索和替換。本節介紹正規表示法的撰寫規則。這部分內容是正規表示法的核心，在不同的電腦語言中基本上是相同的。

20.2.1　萬用字元

萬用字元是正規表示法中具有特殊含義的字元，其含義超出了它本身的含義。舉例來說，在 Python 正規表示法中，用 \d 表示數字，用 \s 表示空白。常見的萬用字元如表 20-2 所示。

▼ 表 20-2　常見的萬用字元

萬用字元	說明	萬用字元	說明
.	匹配除分行符號以外的任意字元	^	匹配字串的開始
\w	匹配字母、數字、底線或中文字	$	匹配字串的結束
\s	匹配任意空白符	\n	匹配一個分行符號
\d	匹配數字	\r	匹配一個確認符號
\b	匹配單字的開始或結束	\t	匹配一個定位字元

在一般情況下，指定要查詢的字元或在指定的範圍內進行查詢，但有時情況會反過來，即排除指定的字元或在指定的字元範圍之外進行查詢。在這種情況下，可以使用表示反義的萬用字元，如用 \D 表示非數字的字元，用 \S 表示不可為空白的字元。常見的反義萬用字元如表 20-3 所示。

▼ 表 20-3　常見的反義萬用字元

反義萬用字元	說明
\W	匹配任意不是字母、數字、底線、中文字的字元
\S	匹配任意不可為空白的字元
\D	匹配任意非數字的字元
\B	匹配不是單字開頭或結束的位置
[^x]	匹配除 x 之外的任意字元
[^aeiou]	匹配除 a、e、i、o、u 這幾個字母之外的任意字元

下面結合一些範例深入介紹萬用字元。

給定原始字串 "BC_101PW%"，查詢其中的數字，並將數字替換為空，即刪除。

【Excel VBA】

範例檔案的存放路徑為 Samples\ch20\Excel VBA\ 元字符 .xlsm。正規表示法 "\d" 表示單一的數字。

```
Sub Sam01()
  Dim objReg As New RegExp                         ' 輸出正規物件
  Dim strT As String
  Dim mcT As MatchCollection                       ' 存放全部的查詢結果
  Dim matT As Match                                ' 單一查詢結果
  strT = "BC_101PW%"                               ' 給定字串
  With objReg
    .Global = True                                 ' 全域匹配
    .Pattern = "\d"                                ' 匹配單一數字
    Set mcT = .Execute(strT)                       ' 執行查詢，將結果傳回集合中
    Debug.Print .Replace(strT, "")                 ' 查詢結果替換為空
  End With
  For Each matT In mcT                             ' 遍歷每個查詢結果
    If matT <> " " Then Debug.Print matT.Value     ' 輸出到「立即視窗」面板中
  Next matT
End Sub
```

執行過程，在「立即視窗」面板中輸出替換和查詢的結果。

```
BC_PW%
1
0
1
```

【Python】

下面給定原始字串，用 re.findall 函式查詢其中的全部數字，用 re.sub 函式將所有數字替換為空。單一的數字用萬用字元 \d 表示。

在 Python Shell 視窗中輸入以下內容。

```
>>> import re
>>> a='BC_101PW%'              # 原始字串
>>> m0=re.findall(r'\d',a)     # 查詢所有數字
>>> m0
['1', '0', '1']
>>> for i in m0:               # 一個一個輸出數字
        print(i)

1
```

```
0
1
>>> ms=re.sub(r'\d','',a)                    #所有數字替換為空（刪除）
>>> ms
'BC_PW%'
```

下面的範例測試萬用字元 \b（表示單字的開頭或結尾）。正規表示法為 r"\bC\d"，表示匹配字串必須是原始字串以 C 開頭或 C 前面為空格，C 的後面是數字。匹配的字串置換為空。

【 Excel VBA 】

範例檔案的存放路徑為 Samples\ch20\Excel VBA\ 元字符 .xlsm。

```
Sub Sam02()
  Dim objReg As New RegExp                    ' 輸出正規物件
  Dim strT As String
  strT = "C5dC56 C5"                          ' 給定字串
  With objReg
    .Global = True                            ' 全域匹配
    .Pattern = "\bC\d"                        ' 正規表示法
    Debug.Print .Replace(strT, "")            ' 將匹配結果置換為空
  End With
End Sub
```

執行過程，在「立即視窗」面板中輸出的結果如下。

```
dC56
```

第 1 個 C5 位於原始字串的開頭，滿足 C 加數字的條件，匹配；第 2 個 C5 前面為空格，滿足 \b 的條件。因此，將它們置換為空後剩下的字串為 "dC56"。

【 Python 】

在 Python Shell 視窗中輸入以下內容。

```
>>> import re
>>> a='C5dC56 C5'
```

```
>>> m=re.sub(r'\bC\d','',a)
>>> m
'dC56 '
```

　　萬用字元 ^ 限制字元在原始字串的最前面，如 ^\d 表示原始字串以數字開頭。下面給定原始字串，如果它以一個以上的數字開頭，則傳回該數字。

【Excel VBA】

　　範例檔案的存放路徑為 Samples\ch20\Excel VBA\ 元字符 .xlsm。

```
Sub Sam03()
  ' 省略部分程式
  '...
  strT = "12345my09"            ' 給定字串
  With objReg
    .Global = True              ' 全域匹配
    .Pattern = "^\d+"           ' 正規表示法
    Set mcT = .Execute(strT)    ' 執行查詢
    For Each matT In mcT        ' 遍歷集合
      Debug.Print matT          ' 輸出每個查詢結果
    Next matT
  End With
End Sub
```

　　執行過程，在「立即視窗」面板中輸出的結果如下。

```
12345
```

　　因為 "12345" 位於原始字串的開頭，匹配；而 "09" 雖然也是數字，但不在開頭位置，不匹配。正規表示法中的加號是表示重複的萬用字元，前面為 d，表示一個以上的數字。

【Python】

　　在 Python Shell 視窗中輸入以下內容。

```
>>> import re
>>> a='12345my09'
```

```
>>> m=re.findall(r'^\d+',a)
>>> for i in m:
        print(i)

12345
```

　　在下面的程式中，\D 表示不是數字的字元，萬用字元 $ 限制字元在原始字串的結尾處，如 C$ 表示最後一個字元是 C。

【Excel VBA】

　　範例檔案的存放路徑為 Samples\ch20\Excel VBA\ 元字符 .xlsm。

```
Sub Sam04()
  ' 省略部分程式
  '...
  strT = "m12345my09W"          ' 給定的字串
  With objReg
    .Global = True              ' 全域匹配
    .Pattern = "\d+\D"          ' 正規表示法，前面是數字，後面是非數字
    '.Pattern = "\d+\D$"        ' 正規表示法，匹配字串必須位於結尾處
    Set mcT = .Execute(strT)    ' 執行查詢
    For Each matT In mcT        ' 遍歷集合
      Debug.Print matT          ' 輸出結果
    Next matT
  End With
End Sub
```

　　執行過程，在「立即視窗」面板中輸出查詢結果。

```
12345m
09W
```

　　第 1 個正規表示法 r"\d+\D" 表示前面是 1 個以上的數字，後面跟的字元不是數字。

　　當使用第 2 個正規表示法時執行過程，在「立即視窗」面板中輸出的結果如下。

```
09W
```

第 2 個正規表示法 r"\d+\D$" 在最後面增加了 $，表示匹配的字串必須位於原始字串的結尾處，所以只匹配到 "09W"。

【Python】

在 Python Shell 視窗中輸入以下內容。

```
>>> import re
>>> a='12345my09W'
>>> m=re.findall(r'\d+\D',a)
>>> m
['12345m', '09W']
>>> m=re.findall(r'\d+\D$',a)
>>> m
['09W']
```

20.2.2　重複

在進行查詢或替換時有時需要連續查詢或替換多個某種類型的字元，這就是重複。重複次數既可以是確定的，也可以是不確定的。舉例來說，在 Python 正規表示法中，用 \d+ 表示一個以上的數字，重複次數不確定；\d{5} 表示 5 個數字，重複次數是確定的。

在 Python 正規表示法中，表示重複的萬用字元如表 20-4 所示。

▼ 表 20-4　表示重複的萬用字元

萬用字元	說明	萬用字元	說明
*	重複零次或更多次	{n}	重複 n 次
+	重複一次或更多次	{n,}	重複 n 次或更多次
?	重複零次或一次	{n,m}	重複 n 到 m 次

萬用字元 * 表示前面定義的字元可以重複零次或任意次，相當於 {0,}。下面給定一個字串，找出所有 W 開頭，後面跟零個或零個以上數字的子字串。

下面查詢給定字串中所有以 W 開頭，後面跟零個或零個以上數字的子字串。

【Excel VBA】

範例檔案的存放路徑為 Samples\ch20\Excel VBA\ 重复 .xlsm。

```
Sub Sam08()
  '省略部分程式
  '...
  strT = "W123YZW85CW0DFWU"        ' 給定的字串
  With objReg
    .Global = True                 ' 全域匹配
    .Pattern = "W\d*"              ' 正規表示法，以 W 開頭，後面跟零個或零個以上數字
    Set mcT = .Execute(strT)       ' 執行查詢
    For Each matT In mcT           ' 遍歷查詢到的結果
      Debug.Print matT             ' 輸出結果
    Next matT
  End With
End Sub
```

執行過程，在「立即視窗」面板中輸出的結果如下。

```
W123
W85
W0
W
```

需要注意的是，最後一個子字串在 W 後面沒有跟數字。

【Python】

在 Python Shell 視窗中輸入以下內容。

```
>>> import re
>>> a='W123YZW85CW0DFWU'
>>> m=re.findall(r'W\d*',a)
>>> m
['W123', 'W85', 'W0', 'W']
```

　　萬用字元 + 表示前面定義的字元可以重複一次或任意次，相當於 {1,}。下面給定一個字串，找出所有 W 開頭，後面跟一個或一個以上數字的子字串。

【 Excel VBA 】

　　範例檔案的存放路徑為 Samples\ch20\Excel VBA\ 重复 .xlsm。

```
Sub Sam081()
  ' 省略部分程式
  '...
  strT = "W123YZW85CW0DFWU"        ' 給定的字串
  With objReg
    .Global = True                 ' 全域匹配
    .Pattern = "W\d+"              ' 正規表示法，W 開頭，後面跟一個或一個以上數字
    Set mcT = .Execute(strT)       ' 執行查詢
    For Each matT In mcT           ' 遍歷查詢結果
      Debug.Print matT             ' 輸出
    Next matT
  End With
End Sub
```

　　執行過程，在「立即視窗」面板中輸出匹配結果。

```
W123
W85
W0
```

【 Python 】

　　在 Python Shell 視窗中輸入以下內容。

```
>>> import re
>>> a='W123YZW85CW0DFWU'
>>> m=re.findall(r'W\d+',a)
>>> m
['W123', 'W85', 'W0']
```

　　萬用字元？表示前面定義的字元可以重複零次或一次，相當於 {0,1}。下面給定一個字串，找出所有前後都是數字，以及中間有小數點或沒有小數點的子字串。

　　下面在替定的字串中查詢有小數點或沒有小數點的數字。

【Excel VBA】

　　範例檔案的存放路徑為 Samples\ch20\Excel VBA\ 重复 .xlsm。

```
Sub Sam09()
  '省略部分程式
  '...
  strT = "W10.23RWA908C5..1"      ' 給定的字串
  With objReg
    .Global = True               ' 全域查詢
    .Pattern = "\d+\.?\d+"       ' 正規表示法，數字有小數點或沒有小數點
    Set mcT = .Execute(strT)     ' 執行查詢
    For Each matT In mcT         ' 遍歷查詢結果
      Debug.Print matT           ' 輸出結果
    Next matT
  End With
End Sub
```

　　執行過程，在「立即視窗」面板中輸出的結果如下。

```
10.23
908
```

【Python】

　　在 Python Shell 視窗中輸入以下內容。

```
>>> import re
>>> a='W10.23RWA908C5..1'
>>> m=re.findall(r'\d+\.?\d+',a)
>>> m
['10.23', '908']
```

使用 {} 可以設定重複次數。{n} 表示前面定義的字元重複 n 次。下面給定一個字串,找出其中連續出現 3 個數字的子字串。

下面從給定的字串中刪除連續出現 3 個數字的子字串。

【 Excel VBA 】

範例檔案的存放路徑為 Samples\ch20\Excel VBA\ 重复 .xlsm。

```vba
Sub Sam10()
    Dim objReg As New RegExp
    Dim strT As String
    strT = "WT123Pq89C"                    ' 給定的字串
    With objReg
      .Global = True                       ' 全域匹配
      .Pattern = "\d{3}"                   ' 正規表示法,連續 3 個數字
      Debug.Print .Replace(strT, "")       ' 刪除匹配的子字串
    End With
 End Sub
```

執行過程,在「立即視窗」面板中輸出的結果如下。

```
WTPq89C
```

【 Python 】

在 Python Shell 視窗中輸入以下內容。

```python
>>> import re
>>> a='WT123Pq89C'
>>> m=re.findall(r'\d{3}',a)
>>> re.sub(r'\d{3}','',a)
'WTPq89C'
```

{m,n} 表示前面定義的字元的重複次數在一個指定的範圍內設定值,最小重複 m 次,最多重複 n 次。下面給定一個字串,找出其中連續出現兩個或 3 個數字的子字串。

下面從給定的字串中刪除連續出現兩個或 3 個數字的子字串。

【Excel VBA】

範例檔案的存放路徑為 Samples\ch20\Excel VBA\ 重复 .xlsm。

```
Sub Sam11()
   Dim objReg As New RegExp              ' 輸出正規物件
   Dim strT As String
   strT = "WT123Pq89C"                   ' 給定的字串
   With objReg
     .Global = True                      ' 全域匹配
     .Pattern = "\d{2,3}"                ' 正規表示法，連續出現兩個或 3 個數字
     Debug.Print .Replace(strT, "")      ' 刪除匹配的子字串
   End With
 End Sub
```

執行過程，在「立即視窗」面板中輸出的結果如下。

```
WTPqC
```

【Python】

在 Python Shell 視窗中輸入以下內容。

```
>>> import re
>>> a='WT123Pq89C'
>>> re.sub(r'\d{2,3}','',a)
 'WTPqC'
```

{m,} 表示前面定義的字元最少重複 m 次，相當於萬用字元 +。下面給定一個字串，找出其中連續出現兩個或兩個以上數字的子字串。

下面從給定的字串中刪除連續出現兩個或兩個以上數字的子字串。

【Excel VBA】

範例檔案的存放路徑為 Samples\ch20\Excel VBA\ 重复 .xlsm。

```
Sub Sam12()
  Dim objReg As New RegExp                ' 輸出正規物件
  Dim strT As String
  strT = "WT123Pq89C"                     ' 給定的字串
```

```
   With objReg
      .Global = True                        ' 全域匹配
      .Pattern = "\d{2,}"                   ' 正規表示法，連續出現兩個或兩個以上數字
      Debug.Print .Replace(strT, "")        ' 刪除匹配的子字串
   End With
End Sub
```

執行過程，在「立即視窗」面板中輸出的結果如下。

```
WTPqC
```

【Python】

在 Python Shell 視窗中輸入以下內容。

```
>>> import re
>>> a='WT123Pq89C'
>>> re.sub(r'\d{2,}','',a)
 'WTPqC'
```

20.2.3　字元類別

使用前面的方法可以查詢指定的數字、字母或空白，但是如果給定的是一個字元集，要求查詢的字元只在這個集合中取或在這個集合外取，就需要使用中括號。使用中括號定義字元集的方式如表 20-5 所示。

▼ 表 20-5　使用中括號定義字元集的方式

應用方式範例	說明
[adwkf]	查詢的字元是中括號內字元中的
[^adwkf]	查詢的字元不是中括號內的字元就行
[b-f]	查詢的字元是 b ～ f 中的
[^b-f]	查詢的字元不是 b ～ f 中的
[2-5]	查詢的字元是 2 ～ 5 中的
[2-46-9]	查詢的字元是 2 ～ 4 或 6 ～ 9 中的
[a-w2-5A-W]	查詢的字元是 a ～ w、2 ～ 5 或 A ～ W 中的
[^ 一 - 顧] 或 [^\u4e00-\u9fa5]	查詢的字元是中文字元

使用中括號包含一個字元集，能夠匹配其中任意一個字元。若使用 [^]，則不匹配中括號內的字元，只能匹配該字元集之外的任意一個字元。

下面給定一個字串，找出字串中與中括號內任意字元匹配的字元。

【Excel VBA】

範例檔案的存放路徑為 Samples\ch20\Excel VBA\ 字符类 .xlsm。

```
Sub Sam15()
    Dim objReg As New RegExp                '生成正規物件
    Dim strT As String
    strT = "ABCDEFGHIJKLMNOPQRSTUVWXYZ"     '給定的字串
    With objReg
      .Global = True
      .Pattern = "[AEIOU]"                  '正規表示法，與中括號內的任意字元匹配
      Debug.Print .Replace(strT, "")        '刪除匹配的物件
    End With
End Sub
```

執行過程，在「立即視窗」面板中輸出的結果如下。

```
BCDFGHJKLMNPQRSTVWXYZ
```

【Python】

在 Python Shell 視窗中輸入以下內容。

```
>>> import re
>>> a='ABCDEFGHIJKLMNOPQRSTUVWXYZ'
>>> re.sub('[AEIOU]','',a)
'BCDFGHJKLMNPQRSTVWXYZ'
```

下面找出字串中與中括號內任意字元不匹配的字元。

【Excel VBA】

範例檔案的存放路徑為 Samples\ch20\Excel VBA\ 字符类 .xlsm。

```
Sub Sam16()
    Dim objReg As New RegExp                    ' 輸出正規物件
    Dim strT As String
    strT = "ABCDEFGHIJKLMNOPQRSTUVWXYZ"         ' 給定的字串
    With objReg
      .Global = True
      .Pattern = "[^AEIOU]"                      ' 正規表示法，與中括號內的字元不匹配
      Debug.Print .Replace(strT, "")             ' 刪除匹配的物件
    End With
End Sub
```

執行過程，在「立即視窗」面板中輸出的結果如下。

```
AEIOU
```

【Python】

在 Python Shell 視窗中輸入以下內容。

```
>>> impoirt re
>>> a='ABCDEFGHIJKLMNOPQRSTUVWXYZ'
>>> re.sub(r'[^AEIOU]','',a)
'AEIOU'
```

給定一個字串，找出字串中落在中括號內指定字元範圍的字元。

【Excel VBA】

範例檔案的存放路徑為 Samples\ch20\Excel VBA\ 字符類 .xlsm。

```
Sub Sam17()
    Dim objReg As New RegExp
    Dim strT As String
    strT = "ABCDEFGHIJKLMNOPQRSTUVWXYZ"         ' 給定的字串
    With objReg
      .Global = True
      .Pattern = "[G-T]"                         ' 正規表示法，與給定範圍內的字元匹配
      Debug.Print .Replace(strT, "")             ' 刪除匹配的物件
    End With
End Sub
```

執行過程，在「立即視窗」面板中輸出的結果如下。

```
ABCDEFUVWXYZ
```

【Python】

在 Python Shell 視窗中輸入以下內容。

```
>>> import re
>>> a='ABCDEFGHIJKLMNOPQRSTUVWXYZ'
>>> re.sub(r'[G-T]','',a)
 'ABCDEFUVWXYZ'
```

給定一個字串，找出字串中 1～5 和 G～T 範圍內的字元。

【Excel VBA】

範例檔案的存放路徑為 Samples\ch20\Excel VBA\ 字符类 .xlsm。

```
Sub Sam18()
   Dim objReg As New RegExp
   Dim strT As String
   strT = "ABCDEFGHIJKLMNOPQRSTUVWXYZ1234567890"
   With objReg
     .Global = True
     .Pattern = "[1-5G-T]"                ' 正規表示法，匹配 1～5 和 G～T 範圍內的字元
     Debug.Print .Replace(strT, "")       ' 刪除匹配的物件
   End With
End Sub
```

執行過程，在「立即視窗」面板中輸出的結果如下。

```
ABCDEFUVWXYZ67890
```

【Python】

在 Python Shell 視窗中輸入以下內容。

```
>>> import re
>>> a='ABCDEFGHIJKLMNOPQRSTUVWXYZ1234567890'
```

```
>>> re.sub(r'[1-5G-T]','',a)
'ABCDEFUVWXYZ67890'
```

　　當查詢字串中的中文字時，正規表示法中用中括號指定中文字範圍。可以有兩種指定方式，即 [一 - 龥] 和 [\u4e00-\u9fa5]。後一種方式是以 4 位元十六進位整數表示的 Unicode 字元。中文字「一」的編碼是 4e00，最後一個中文字的編碼是 9fa5。

　　下面給定一個包含中文字的字串，找出其中的中文字，並將它們替換為 ""。

【Excel VBA】

　　範例檔案的存放路徑為 Samples\ch20\Excel VBA\ 字符类 .xlsm。

```
Sub Sam06()
    Dim objReg As New RegExp
    Dim strT As String
    strT = "123 中 hwo 文 tr89 字元 "        ' 給定的字串
    With objReg
      .Global = True
      .Pattern = "[\u4e00-\u9fa5]"          ' 正規表示法，指定中文字範圍進行匹配
      '.Pattern = "[ 一 - 龥 ]"             ' 用另外一種方式指定中文字範圍
      Debug.Print .Replace(strT, "")        ' 刪除匹配的中文字
    End With
 End Sub
```

　　執行過程，在「立即視窗」面板中輸出的結果如下。

```
123  hwo  tr89
```

【Python】

　　在 Python Shell 視窗中輸入以下內容。

```
>>> import re
>>> a='123 中 hwo 文 tr89 字元 '
>>> m=re.findall('[\u4e00-\u9fa5]',a)
>>> m
['中', '文', '字', '元']
```

```
>>> m=re.sub('[\u4e00-\u9fa5]','',a)
>>> m
'123  hwo  tr89 '
```

20.2.4 分支條件

假設有幾種規則，只要滿足其中一種即可完成匹配，這就需要使用分支條件。可以使用｜將不同的規則隔開。舉例來說，數字後面是品質單位，有的記錄為公斤，有的記錄為千克，可以用 "\d+(公斤｜千克) " 進行提取，相當於 "\d+ 公斤｜ d+ 千克 "。

下面給定的字串中數字後面是公斤、kg 或千克，使用分支條件撰寫正規表示法進行查詢。

【Excel VBA】

範例檔案的存放路徑為 Samples\ch20\Excel VBA\ 元字符 .xlsm。

```
Sub Sam27()
  ' 省略部分程式
  '...
  strT = "10 公斤 20kg 30 千克 "                ' 給定的字串
  With objReg
    .Global = True
    .Pattern = "\d+( 公斤｜千克｜ kg)"          ' 正規表示法，數字後面跟單位
    '.Pattern = "\d+ 公斤｜ \d+ 千克｜ \d+kg"    ' 等值寫法
    Set mcT = .Execute(strT)                    ' 執行查詢
    For Each matT In mcT                        ' 遍歷查詢結果
      Debug.Print matT                          ' 輸出結果
    Next
  End With
End Sub
```

執行過程，在「立即視窗」面板中輸出的結果如下。

```
10 公斤
20kg
30 千克
```

【Python】

在 Python Shell 視窗中輸入以下內容。

```
>>> import re
>>> a='10 公斤 20kg 30 千克 '
>>> m=re.finditer(r'\d+( 公斤 | 千克 | kg)',a)
>>> for i in m:
        print(i.group(0))

10 公斤
20kg
30 千克
```

20.2.5 捕捉分組和非捕捉分組

正規表示法中存在有子運算式的情況，子運算式用小括號指定並作為一個整體操作。舉例來說，下面程式中的正規表示法 "((ABC){2})" 將 "ABC" 作為一個整體重複兩次。

【Excel VBA】

範例檔案的存放路徑為 Samples\ch20\Excel VBA\ 分組 .xlsm。

```
Sub Sam19()
   Dim objReg As New RegExp
   Dim strT As String
   strT = "ABCABCWTU238"                  ' 給定的字串
   With objReg
     .Global = True
     .Pattern = "((ABC){2})"              ' 正規表示法，"ABC" 作為一個整體重複兩次
     Debug.Print .Replace(strT, "")       ' 刪除匹配的物件
   End With
End Sub
```

執行過程，在「立即視窗」面板中輸出的結果如下。

```
WTU238
```

【Python】

在 Python Shell 視窗中輸入以下內容。

```
>>> import re
>>> a='ABCABCWTU238'
>>> m=re.search('((ABC){2})',a)
>>> re.sub('((ABC){2})','',a)
'WTU238'
```

當使用小括號對正規表示法進行分組時，會自動分配組號。分配組號的原則是從左到右、從外到內。使用組號可以對對應的分組進行反向引用。

在下面的程式中，正規表示法 r"(WT)\d+\1" 匹配原始字串中前後都是 "WT" 且中間是一個或多個數字的子字串。需要注意的是，其中的 \1 表示小括號內的 "WT"，這個分組自動分配組號 1，使用 \1 進行反向引用。

【Excel VBA】

範例檔案的存放路徑為 Samples\ch20\Excel VBA\ 分组 .xlsm。

```
Sub Sam20()
  ' 省略部分程式
  '...
  strT = "abcWT12389WT"                   ' 給定的字串
  With objReg
    .Global = True
    .Pattern = "(WT)\d+\1"                ' 正規表示法，兩個 WT 中間是數字
    Set mcT = .Execute(strT)              ' 執行查詢
    For Each matT In mcT                   ' 遍歷查詢結果
      Debug.Print matT                     ' 輸出結果
    Next
  End With
End Sub
```

執行過程，在「立即視窗」面板中輸出的結果如下。

```
WT12389WT
```

【 Python 】

在 Python Shell 視窗中輸入以下內容。

```
>>> import re
>>> a='abcWT12389WT'
>>> m=re.finditer(r'(WT)\d+\1',a)
>>> for i in m:
        print(i.group())

WT12389WT
```

匹配結果 "WT12389WT" 的兩端都是 "WT"，中間全是數字，滿足匹配要求。

下面的範例演示有更多分組的情況。正規表示法 r"((WT){2})((PR){2})\d+\2\4" 中一共有 4 對小括號，前面兩層、後面兩層，下面探查各小括號對應的分組的編號。

【 Excel VBA 】

範例檔案的存放路徑為 Samples\ch20\Excel VBA\ 分组 .xlsm。

```
Sub Sam21()
  '省略部分程式
  '...
  strT = "abWTWTPRPR123WTPR56"                '給定的字串
  With objReg
    .Global = True
    .Pattern = "((WT){2})((PR){2})\d+\2\4"    '正規表示法
    Set mcT = .Execute(strT)                  '執行查詢
    For Each matT In mcT                       '遍歷查詢結果
      Debug.Print matT
      Debug.Print matT.SubMatches(0)          '輸出匹配結果中的分組子字串
      Debug.Print matT.SubMatches(1)
      Debug.Print matT.SubMatches(2)
      Debug.Print matT.SubMatches(3)
    Next
  End With
End Sub
```

執行過程，在「立即視窗」面板中輸出的結果如下。

```
WTWTPRPR123WTPR
WTWT
WT
PRPR
PR
```

輸出結果顯示，按照從左到右的原則，首先給左邊的兩層小括號對應的分組編號，此時按照從外到內的順序編號。當外層小括號中為 " (WT){2}" 時，匹配 "WTWT"；當內層小括號中為 "WT" 時，它們對應的分組編號為 1 和 2。右邊兩層小括號的情況與此類似，匹配第 3 個分組 "PRPR" 和第 4 個分組 "PR"。

【Python】

在 Python Shell 視窗中輸入以下內容。

```
>>> import re
>>> a='abWTWTPRPR123WTPR56'
>>> m=re.search(r'((WT){2})((PR){2})\d+\2\4',a)
>>> m.group(1)
'WTWT'
>>> m.group(2)
'WT'
>>> m.group(3)
'PRPR'
>>> m.group(4)
'PR'
```

上面用小括號定義了分組，每個分組都自動進行編號，並且可以用 Match 物件的 group 方法進行捕捉，匹配結果儲存到記憶體，稱為捕捉分組。但有時不需要關注匹配到的內容，即分組參與匹配，但沒有必要進行捕捉，不用在記憶體中儲存匹配到的內容。此時仍然用小括號進行分組，但是在小括號裡面的最前端加上 "?:"，如 (?:\d{3})，這種分組稱為非捕捉分組。非捕捉分組不參與編號，不在記憶體中儲存匹配結果，所以能節省記憶體空間，提高工作效率。

下面給定一個原始字串，正規表示法為 r"(?:ab)(CD)\d+\1"，其中包含兩個分組，第 1 個分組在小括號裡面的最前端有 "?:"，為非捕捉分組。

【 Excel VBA 】

範例檔案的存放路徑為 Samples\ch20\Excel VBA\ 分組 .xlsm。

```
Sub Sam22()
  Dim objReg As New RegExp
  Dim strT As String, mc, c
  Dim m As Match
  strT = "abCD123CDbc"                   ' 給定的字串
  With objReg
    .Global = True
    .Pattern = "(?:ab)(CD)\d+\1"         ' 正規表示法
    Set mc = .Execute(strT)              ' 執行查詢
    For Each m In mc                     ' 遍歷查詢結果
      Debug.Print m.Value                ' 輸出匹配結果的值
      Debug.Print m.SubMatches(0)        ' 輸出儲存的第 1 個分組
    Next
  End With
End Sub
```

執行過程，在「立即視窗」面板中輸出的結果如下。

```
abCD123CD
CD
```

由此可見，由於正規表示法中的第 1 個分組為非捕捉分組，不參與編號，因此輸出儲存的第 1 個分組結果為 CD，而非 ab。

【 Python 】

在 Python Shell 視窗中輸入以下內容。

```
>>> import re
>>> a='abCD123CDbc'
>>> m=re.finditer(r'(?:ab)(CD)\d+\1',a)
>>> for i in m:
        print(i.group())
abCD123CD
```

用 re.finditer 函式可以獲取匹配迭代器，用 for 迴圈獲取匹配結果。輸出結果顯示，匹配字串中是包括 "ab" 的。

下面用 re.search 函式進行查詢，傳回 Match 物件 m，呼叫該物件的 groups 屬性查看各分組的子字串。

```
>>> m=re.search(r'(?:ab)(CD)\d+\1',a)
>>> m.groups()
('CD',)
```

僅傳回 1 個分組結果 "CD"。此結果說明第 1 個分組因為宣告為非捕捉分組，所以既不參與編號，也不儲存。

20.2.6　零寬斷言

零寬斷言 (zero-width assertion) 用於查詢指定內容之前或之後的內容，不包括指定內容。零寬斷言有以下兩種類型。

- 零寬度正預測先行斷言：運算式為 (?=exp)，查詢 exp 表示的內容之前的內容。
- 零寬度正回顧後發斷言：運算式為 (?<=exp)，查詢 exp 表示的內容之後的內容。

結合上面兩種情況，可以查詢指定內容之間的內容。

下面給定原始字串，要求提取出單位 " 公斤 " 前面的數字，並且只提取數字。使用零寬度正預測先行斷言進行提取。

【Excel VBA】

範例檔案的存放路徑為 Samples\ch20\Excel VBA\ 零宽断言 .xlsm。

```
Sub Sam28()
 ' 省略部分程式
 '...
 strT = "10 公斤 20 公斤 30 公斤 "          ' 給定的字串
```

```
  With objReg
    .Global = True
    .Pattern = "\d+(?= 公斤 )"        ' 正規表示法
    Set mcT = .Execute(strT)          ' 執行查詢
    For Each matT In mcT              ' 變數查詢結果
      Debug.Print matT               ' 輸出結果
    Next
  End With
End Sub
```

執行過程，在「立即視窗」面板中輸出的結果如下。

```
10
20
30
```

正規表示法 r"\d+(?= 公斤)" 表示匹配 " 公斤 " 前面的數字，並且不包括 " 公斤 "。輸出結果顯示匹配正確。

【 Python 】

在 Python Shell 視窗中輸入以下內容。

```
>>> import re
>>> a='10 公斤 20 公斤 30 公斤 '
>>> m=re.finditer(r'\d+(?= 公斤 )',a)   # 只取單位之前的數字
>>> for i in m:
        print(i.group())


10
20
30
```

下面給定原始字串，要求提取出 " 同學 "、" 戰友 " 和 " 師兄 " 等稱謂後面的姓名。使用零寬度正回顧後發斷言進行提取。

```
>>> import re
>>> a=' 同學李海 戰友王剛  師兄張三 '
>>> m=re.finditer(r'(?<= 同學戰友師兄 )\w+',a)   # 只提取稱呼後面的姓名
```

```
>>> for i in m:
        print(i.group())

李海
王剛
張三
```

　　正規表示法 r"(?<= 同學戰友師兄)\w+" 表示匹配 " 同學 "、" 戰友 " 和 " 師兄 " 等稱謂後面的子字串。各稱謂使用分支條件進行匹配，匹配的結果不包括稱謂。

　　當使用 Excel VBA 進行此項操作時失敗，無法完成。

20.2.7 負向零寬斷言

　　負向零寬斷言用於斷言指定位置的前面或後面不能匹配指定的運算式。負向零寬斷言有以下兩種類型。

- 零寬度負預測先行斷言：運算式為 (?:exp)，斷言此位置的後面不能匹配運算式 exp。

- 零寬度負回顧後發斷言：運算式為 (?<!exp)，斷言此位置的前面不能匹配運算式 exp。

　　下面給定原始字串，要求匹配數字 "123" 前面是字母、數字或底線，後面不能跟大寫字母。使用零寬度負預測先行斷言進行匹配。

【Excel VBA】

　　範例檔案的存放路徑為 Samples\ch20\Excel VBA\ 負向零宽斷言 .xlsm。

```
Sub Sam31()
  ' 匹配數字 "123" 前面是字母、數字或底線，後面不能跟大寫字母
  ' 省略部分程式
  '...
  strT = "5123Wgh123hp123456"              ' 給定的字串
  With objReg
    .Global = True
```

```
    .Pattern = "\w123(?![A-Z])"          ' 正規表示法
    Set mcT = .Execute(strT)             ' 執行查詢
    For Each matT In mcT                 ' 遍歷結果
      Debug.Print matT                   ' 輸出結果
    Next
  End With
End Sub
```

執行過程，在「立即視窗」面板中輸出的結果如下。

```
h123
p123
```

【 Python 】

在 Python Shell 視窗中輸入以下內容。

```
>>> import re
>>> a='5123Wgh123hp123456'
>>> m=re.finditer('\w123(?![A-Z])',a)
>>> for i in m:
        print(i.group())

h123
p123
```

由此可知，給定的字串中第 1 個 "123" 因為後面是大寫字母，所以不能匹配。

20.2.8　貪婪與懶惰

前面在介紹 * 和 + 時，是匹配盡可能多的字元，即貪婪匹配。但有時需要匹配盡可能少的字元，即懶惰匹配。懶惰匹配是在貪婪匹配的後面增加一個問號。

常見的懶惰匹配格式如表 20-6 所示。

▼ 表 20-6　常見的懶惰匹配格式

懶惰匹配格式	說明
*?	重複任意次，但盡可能少重複
+?	重複一次或更多次，但盡可能少重複
??	重複零次或一次，但盡可能少重複
{n,m}?	重複 n ～ m 次，但盡可能少重複
{n,}?	重複 n 次以上，但盡可能少重複

下面給定原始字串，分別使用貪婪匹配和懶惰匹配比較匹配結果。

【 Excel VBA 】

範例檔案的存放路徑為 Samples\ch20\Excel VBA\ 貪婪与懶惰 .xlsm。

```
Sub Sam32()
  '省略部分程式
  '...
  strT = " 123  abc53  59wt ""    '給定的字串
  With objReg
    .Global = True
    .Pattern = "\s.+?\s""          '正規表示法
    Set mcT = .Execute(strT) "     '執行查詢
    For Each matT In mcT"          '遍歷查詢結果
      Debug.Print matT"            '輸出結果
    Next
  End With
End Sub
```

執行過程，在「立即視窗」面板中輸出的結果如下。

```
123
abc53
59wt
```

正規表示法 "\s.+?\s" 中 + 後面有 ?，此為懶惰匹配，在兩個空白符號之間匹配盡可能少的字元，所以匹配結果是空格間隔的 3 個子字串。

【Python】

在 Python Shell 視窗中輸入以下內容。

```
>>> import re
>>> a=' 123  abc53  59wt '
>>> m=re.finditer('\s.+\s',a)
>>> for i in m:
        print(i.group())


123  abc53  59wt
```

正規表示法 "\s.+\s" 中沒有？，此為貪婪匹配，在兩個空白符號之間匹配盡可能多的字元，所以匹配結果是整個字串。

```
>>> m=re.finditer('\s.+?\s',a)
>>> for i in m:
        print(i.group())


123
abc53
59wt
```

正規表示法 "\s.+?\s" 中 + 後面有？，此為懶惰匹配，在兩個空白符號之間匹配盡可能少的字元，所以匹配結果是空格間隔的 3 個子字串。

🗄 20.3 │ 正規表示法的應用範例

本節結合幾個具體的範例介紹正規表示法在 Excel 資料處理中的應用。

20.3.1　應用範例 1：計算各班的總人數

如圖 20-3 所示，處理前工作表中的 B 列為各班成績為優、良、中、及格和不及格的人數，現要求根據這些人數計算各班的總人數並輸入 C 列。

∩ 圖 20-3　計算各班的總人數

可以發現，工作表中 B2 ～ B4 的各儲存格的字串，把數字前面的中文字及其後面的 * 去掉後就剩下只有數字和 + 的公式，計算該公式即可得到各班的總人數。所以，問題的關鍵在於查詢到這些中文字和 *，並刪除它們。

【Excel VBA】

範例檔案的存放路徑為 Samples\ch20\Excel VBA\計算各班的总人数 .xlsm。

```
Sub 正規 01()
    Dim objReg As New RegExp
    Dim strTxt As String
    With objReg
        .Global = True                  ' 全域查詢
        .Pattern = "[\u4e00-\u9fa5]+\*"   ' 正規表示法，中文字後面跟 *
        ' 遍歷 B2 ～ B4 的各儲存格
        For Each c In Range([B2], Cells(Rows.Count, "B").End(xlUp))
```

```
        strTxt = .Replace(Trim(c.Value), "")   ' 刪除匹配的物件，剩下求和公式
        ' 計算求和公式，結果輸入工作表的指定位置
        c.Offset(0, 1).Value = Application.Evaluate(strTxt)
      Next
   End With
   Set objRegEx = Nothing
End Sub
```

執行程式，計算各班的總人數並輸入 C 列，如圖 20-3 中處理後的工作表所示。

【Python】

範例的資料檔案的存放路徑為 Samples\ch20\Python\ 計算各班的总人數 .xlsx，.py 檔案的存放路徑為 Samples\ch20\Python\ 計算各班的总人數 .py。

```
import xlwings as xw                              # 匯入 xlwings 套件
import os                                         # 匯入 os 套件
import re                                         # 匯入 re 套件
root = os.getcwd()                                # 獲取 .py 檔案的當前路徑
app = xw.App(visible=True, add_book=False)        # 建立 Excel 應用，無工作表
# 打開當前路徑下的資料檔案，寫入
wb=app.books.open(fullname=root+r'\ 計算各班的總人數 .xlsx',read_only=False)
sht=wb.sheets(1)                                  # 獲取工作表
# 獲取 B2 ～ B4 各儲存格中的資料
arr=sht.range('B2', sht.cells(sht.cells(1,'B').end('down').row, 'B')).value
for i in range(len(arr)):                         # 遍歷每行資料
    m=re.sub(r'[\u4e00-\u9fa5]+\*',''，arr[i])    # 中文字和 * 替換為空
    v=eval(str(m))                                # 剩下計算公式，計算結果
    sht.cells(i+2,3).value=v                      # 結果輸入工作表
```

在 Python IDLE 檔案腳本視窗中，選擇 Run → Run Module 命令，計算各班的總人數並輸入 C 列，如圖 20-3 中處理後的工作表所示。

20.3.2　應用範例 2：整理食材資料

如圖 20-4 所示，處理前工作表中 A1 儲存格的資料為某次食材採購的記錄，現在要求整理成處理後工作表中 B 列和 C 列所示的比較整齊的形式。

● 圖 20-4　使用捕捉分組整理資料

　　處理想法如下：將各食材和它們的採購金額提取出來，在正規表示法中對食材名稱和採購金額進行捕捉分組，這樣在輸出時可以將食材名稱和採購金額用分組區分開並分為兩列。

【Excel VBA】

　　範例檔案的存放路徑為 Samples\ch20\Excel VBA\ 整理食材數据 .xlsm。

```
Sub 正規 25()
  Dim objReg As New RegExp                '生成正規物件
  Dim mcT As MatchCollection              '存放全部結果的集合
  Dim strT As String
  With objReg
    .Global = True                        '全域查詢
    '正規表示法，一個或多個中文字後面跟數字和 " 元 "，數字可附帶小數點
    '前面的中文字和後面的資料分別分組
    .Pattern = "([ 一 - 龥 ]{1,}) (\d+\.?\d* 元 )"
    strT = [A1]                           '資料來源
    Set mcT = .Execute(strT)              '執行查詢
    For i = 0 To mcT.Count - 1            '遍歷匹配結果
      Cells(i + 2, 2) = mcT(i).SubMatches(0)    '輸出第 1 個分組，名稱
      Cells(i + 2, 3) = mcT(i).SubMatches(1)    '輸出第 2 個分組，資料
    Next
  End With
```

```
  Set objReg = Nothing
  Set mcT = Nothing
End Sub
```

　　執行程式，輸出的結果如圖 20-4 中處理後的工作表所示。

【Python】

　　範例的資料檔案的存放路徑為 Samples\ch20\Python\ 整理食材數據 .xlsx，.py 檔案的存放路徑為 Samples\ch20\Python\ 整理食材數據 .py。

```
import xlwings as xw              # 匯入 xlwings 套件
import os                        # 匯入 os 套件
import re                        # 匯入 re 套件
root = os.getcwd()               # 獲取 .py 檔案的當前路徑
app = xw.App(visible=True, add_book=False)  # 建立 Excel 應用，無工作表
# 打開當前路徑下的資料檔案，寫入
wb=app.books.open(fullname=root+r'\ 整理食材資料 .xlsx',read_only=False)
sht=wb.sheets(1)                 # 獲取工作表
p=r'([ 一 - 龢 ]{1,}) (\d+\.?\d* 元 )'    # 一個以上中文字後跟數字和 " 元 "，有分組
arr=sht.range('A1').value        # 原始字串
m=re.finditer(p,arr)             # 查詢匹配文字，以可迭代物件的形式傳回
num=1                            # 記錄行號
for i in m:                      # 遍歷全部匹配文字
    num+=1                       # 行號加 1
    sht.cells(num,2).value=i.group(1)  # 輸入分組 1，食材名稱
    sht.cells(num,3).value=i.group(2)  # 輸入分組 2，採購金額
```

　　在 Python IDLE 檔案腳本視窗中，選擇 Run → Run Module 命令，提取食材名稱和採購金額並輸入 B 列和 C 列，如圖 20-4 中處理後的工作表所示。

20.3.3　應用範例 3：資料整理

　　如圖 20-5 所示，處理前的工作表的 B 列的資料為多次採購食材的記錄，現在要求計算每次採購的食材的總品質。

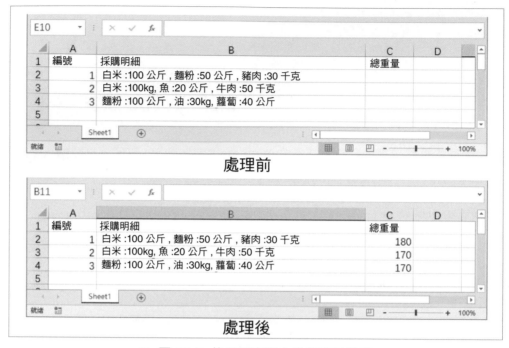

♠ 圖 20-5　使用零寬斷言進行資料整理

處理想法如下：使用零寬度正預測先行斷言提取品質單位前面的數字進行累加。

【Excel VBA】

範例檔案的存放路徑為 Samples\ch20\Excel VBA\ 數據匯总 .xlsm。

```
Sub 正規 29()
    Dim objReg As New RegExp             ' 輸出正規物件
    Dim mcT As MatchCollection           ' 存放所有的匹配結果
    Dim matT As Match                    ' 存放單一匹配結果
    Dim dblSum As Double                 ' 存放累加和
    With objReg
        .Global = True                   ' 全域查詢
        ' 正規表示法，零寬斷言 + 分支條件
        .Pattern = "\d+\.?\d*(?=( 公斤 | 千克 | kg))"
        ' 遍歷 B2 ～ B4 各儲存格中的每筆資料
        For Each c In Range("B2", Cells(Rows.Count, "B").End(xlUp))
```

```
        Set mcT = .Execute(c)              ' 執行查詢
        dblSum = 0                         ' 累加和初始化為 0
        For Each matT In mcT               ' 遍歷每個匹配結果
            dblSum = dblSum + matT         ' 累加求和
        Next
        c.Offset(0, 1) = dblSum            ' 將累加和輸入工作表
    Next
  End With
End Sub
```

執行程式，輸出的結果如圖 20-5 中處理後的工作表所示。

【Python】

範例的資料檔案的存放路徑為 Samples\ch20\Python\ 数据汇总 .xlsx，.py
檔案的存放路徑為 Samples\ch20\Python\ 数据汇总 .py。

```
import xlwings as xw                    # 匯入 xlwings 套件
import os                               # 匯入 os 套件
import re                               # 匯入 re 套件
root = os.getcwd()                      # 獲取 .py 檔案的當前路徑
app = xw.App(visible=True, add_book=False)  # 建立 Excel 應用，無工作表
# 打開當前路徑下的資料檔案，寫入
wb=app.books.open(fullname=root+r'\ 資料整理 .xlsx',read_only=False)
sht=wb.sheets(1)                        # 獲取工作表
p=r'\d+\.?\d*(?=( 公斤 | 千克 | kg))'   # 匹配單位前的數字
# 獲取 B2 ～ B4 各儲存格中的資料
arr=sht.range('B2', sht.cells(sht.cells(1,'B').end('down').row, 'B')).value
for i in range(len(arr)):               # 遍歷每筆資料
    sm=0                                # 記錄累加品質
    m=re.finditer(p,arr[i])             # 找到所有的匹配資料
    for j in m:                         # 遍歷匹配資料
        sm+=int(j.group(0))             # 求它們的和，就是總品質
    sht.cells(i+2,3).value=sm           # 輸出總品質
```

在 Python IDLE 檔案腳本視窗中，選擇 Run → Run Module 命令，計算各
次採購食材的總品質並輸入 C 列，如圖 20-5 中處理後的工作表所示。

第21章

統計分析

　　目前，對 Excel 資料進行統計分析有多種方法可以選擇。對於傳統的中小型態資料，可以使用 Excel 函式、Excel VBA 和 Python xlwings 等進行分析；對於大型態資料，可以使用 Power Query 和 Python pandas 等進行資料清洗，使用 Python 的 SciPy 套件和 statsmodels 套件等進行統計分析。當然，使用處理大型態資料的方法處理中小型態資料也是可以的。

⊞ 21.1 ｜ 資料的匯入

根據要處理的資料量的大小，以及所使用的工具的不同，有不同的資料匯入方法。本節主要介紹使用物件模型匯入資料和使用 pandas 套件匯入資料的方法。

21.1.1　使用物件模型匯入資料

當資料量不大時，可以先將資料匯入 Excel 工作表，然後用 Excel、Excel 函式、Excel VBA 或 Python xlwings 等工具進行資料處理和分析。

13.3.1 節介紹了使用工作表物件的 Open 方法打開已有的 Excel 檔案，此處不再贅述。

21.1.2　使用 Python pandas 套件匯入資料

Excel 的 Power Query 和 Python 的 pandas 套件都是為大型態資料的資料清洗而產生的，使用它們可以輕鬆處理數百萬行的資料。而使用 Excel 和 Excel VBA 只能處理幾十萬行資料。關於 Power Query 的處理方法，讀者可以參考相關資料，本節重點介紹如何使用 pandas 套件匯入資料。

1．讀 / 寫 Excel 檔案

利用 Python pandas 套件的 read_excel 方法可以讀取 Excel 資料。read_excel 方法的參數比較多，常用的參數如表 21-1 所示。利用這些參數，既可以匯入規整資料，也可以處理很多不規範的 Excel 資料。匯入後的資料是 DataFrame 類型的。

▼ 表 21-1　read_excel 方法常用的參數

參數	說明
io	Excel 檔案的路徑和名稱
sheet_name	讀取資料的工作表的名稱，既可以指定名稱，也可以指定索引編號，當不指定時讀取第 1 個工作表

（續表）

參數	說明
header	指定用哪行資料作為索引行，如果是多層索引，則用多行的行號組成串列進行指定
index_col	指定用哪列資料作為索引列，如果是多層索引，則用多列的列號或名稱組成串列進行指定
usecols	如果只需要匯入原始資料中的部分列資料，則使用該參數用串列進行指定
dtype	用字典指定特定列的資料型態，如 {"A":np.float64 } 指定 A 列的資料型態為 64 位元浮點數
nrows	指定需要讀取的行數
skiprows	指定讀取時忽略前面多少行
skip_footer	指定讀取時忽略後面多少行
names	用串列指定列的列索引標籤
engine	執行資料匯入的引擎，如 xlrd、openpyxl 等

需要注意的是，當使用 read_excel 方法匯入資料時有時會出現類似沒有安裝 xlrd 的錯誤及其他各種錯誤。建議安裝 openpyxl 套件，在使用 read_excel 方法時指定 engine 參數的值為 openpyxl。

安裝 openpyxl 套件，需要先選擇 Windows →「附屬應用程式」→「命令提示字元」命令，打開 Power Shell 視窗，在提示字元後面輸入以下內容。

```
pip install openpyxl
```

按 Enter 鍵即可進行安裝。安裝成功後顯示類似 Finished processing dependencies for openpyxl 的提示。

下面的 Python 指令檔使用 pandas 套件打開當前路徑下的 Excel 檔案「身份證字號 .xlsx」。該檔案中有兩個工作表，儲存的是部分工作人員的身份資訊。使用 pandas 套件的 read_excel 方法匯入該檔案中第 1 個工作表的資料。指令檔的存放路徑為 Samples\ch21\Python\ 身份证号 .py。

```
import pandas as pd              # 匯入 pandas 套件
import os                        # 匯入 os 套件

root = os.getcwd()               # 獲取當前路徑
# 讀取指定檔案中的資料
df=pd.read_excel(io=root+r'\ 身份證字號 .xlsx',engine='openpyxl')
print(df)  # 輸出資料
```

執行腳本，在 Python Shell 視窗中輸出第 1 個工作表中的資料。

```
>>> = RESTART: .../ 基礎篇 /Samples/ch21/Python/ 身份證字號 .py
   員工編號    部門      姓名   身份證字號           性別
0  1001    財務部     陳東   5103211978100300**   女
1  1002    財務部     田菊   4128231980052512**   男
2  1003    生產部     王偉   4302251980031135**   男
3  1004    生產部     韋龍   4302251985111635**   女
4  1005    銷售部     劉洋   4302251980081235**   女
```

在預設情況下，將第 1 行資料作為標頭，即列索引標籤。行索引從 0 開始自動對行進行編號。

使用 sheet_name 參數可以指定打開某一個或多個工作表，使用 index_col 參數可以指定某列作為行索引。下面同時打開兩個工作表，指定「員工編號」列作為行索引，在指令檔中增加下面的敘述行。

```
df2=pd.read_excel(io='D:\ 身份證字號 .xlsx',sheet_name=[0,1],\
                  index_col=' 員工編號 ',engine='openpyxl')
print(df2)
```

執行腳本，在 Python Shell 視窗中輸出前兩個工作表中的資料。

```
>>> = RESTART: .../ 基礎篇 /Samples/ch21/Python/ 身份證字號 .py
{0:    部門   姓名      身份證字號          性別
員工編號
1001  財務部  陳東   510321197810030016   女
1002  財務部  田菊   412823198005251008   男
1003  生產部  王偉   430225198003113024   男
1004  生產部  韋龍   430225198511163008   女
1005  銷售部  劉洋   430225198008123008   女 , 1:         部門     姓名
```

```
身份證字號 性別
員工編號
1006  生產部    呂川   3203251970001017024   女
1007  銷售部    楊莉   420117197302174976    男
1008  財務部    夏東   132801194705058000    女
1009  銷售部    吳曉   430225198001153024    男
1010  銷售部    宋恩龍  320325198001017984    女 }
```

現在同時匯入了兩個工作表中的資料，並且將「員工編號」列的資料用作行索引。由此可知，此時傳回的結果為字典類型，字典中鍵值對的鍵為工作表的索引編號，值為工作表的資料，且為 DataFrame 類型。

使用 DataFrame 物件的 to_excel 方法可以將 pandas 資料寫入 Excel 檔案。舉例來說，上面匯入了前兩個工作表的資料，現在希望將這兩個工作表的資料合併後儲存到另一個 Excel 檔案中。下面使用 pandas 套件的 concat 方法垂直拼接兩個工作表的資料，在指令檔中增加下面的敘述行。

```
df3=df2[0]   # 第 1 個工作表的資料
df4=df2[1]   # 第 2 個工作表的資料
df5=pd.concat([df3,df4])        # 拼接兩個工作表的資料
print(df5)                      # 輸出資料
```

執行腳本，在 Python Shell 視窗中輸出拼接後的資料。

```
>>> = RESTART: .../ 基礎篇 /Samples/ch21/Python/ 身份證字號 .py
        部門    姓名  身份證字號            性別
員工編號
1001  財務部    陳東   510321197810030016   女
1002  財務部    田菊   412823198005251008   男
1003  生產部    王偉   430225198003113024   男
1004  生產部    韋龍   430225198511163008   女
1005  銷售部    劉洋   430225198008123008   女
1006  生產部    呂川   3203251970001017024   女
1007  銷售部    楊莉   420117197302174976    男
1008  財務部    夏東   132801194705058000    女
1009  銷售部    吳曉   430225198001153024    男
1010  銷售部    宋恩龍  320325198001017984    女
```

將合併後的資料儲存到當前路徑下的 new_file.xlsx 檔案中。在指令檔中增加下面的敘述行。

```
df5.to_excel(root+r'\new_file.xlsx')
```

執行腳本，合併後的資料被正確儲存到指定檔案中。

2．讀 / 寫 CSV 檔案

CSV 是目前最常用的資料儲存格式之一，使用 pandas 套件的 read_csv 方法可以讀取 CSV 檔案中的資料。read_csv 方法的常用參數如表 21-2 所示。

▼ 表 21-2　read_csv 方法的常用參數

參數	說明
filepath	Excel 檔案的路徑和名稱
sep	指定分隔符號，預設使用逗點作為分隔符號
header	指定用哪行資料作為索引行，如果是多層索引，則用多行的行號組成串列進行指定
index_col	指定用哪列資料作為索引列，如果是多層索引，則用多列的列號或名稱組成串列進行指定
usecols	如果只需要匯入原始資料中的部分列資料，則使用該參數用串列進行指定
dtype	用字典指定特定列的資料型態，如 {"A":np.float64 } 指定 A 列的資料為 64 位元浮點數
prefix	在沒有列標籤時，給列增加首碼，如增加首碼 Col，生成列標籤 Col0、Col1、Col2 等
skiprows	指定讀取時忽略前面多少行
skipfooter	指定讀取時忽略後面多少行
nrows	指定需要讀取的行數
names	用串列指定列的列索引標籤
encoding	指定編碼方式，預設採用 UTF-8，還可以指定為 GBK 等

下面的 Python 指令檔用 pandas 套件打開當前路徑下的 Excel 檔案「身份證字號 .csv」。使用 pandas 套件的 read_csv 方法匯入該檔案的第 1 個工作表中的資料。指令檔的存放路徑為 Samples\ch21\Python 身份证号 2.py。

```
import pandas as pd
import os

root = os.getcwd()
df=pd.read_csv(root+r'\ 身份證字號 .csv',encoding='gbk')
print(df)
```

執行腳本，在 Python Shell 視窗中輸出第 1 個工作表中的資料。

```
>>> = RESTART: ...\ 基礎篇 \Samples\ch21\Python\ 身份證字號 2.py
   員工編號 部門    姓名    身份證字號        性別
0  1001  財務部   陳東   5103211978100300**  女
1  1002  財務部   田菊   4128231980052512**  男
2  1003  生產部   王偉   4302251980031135**  男
3  1004  生產部   韋龍   4302251985111635**  女
4  1005  銷售部   劉洋   4302251980081235**  女
5  1006  生產部   呂川   3203251970010171**  女
6  1007  銷售部   楊莉   4201171973021753**  男
7  1008  財務部   夏東   1328011947050583**  女
8  1009  銷售部   吳曉   4302251980011535**  男
9  1010  銷售部   宋恩龍  3203251980010181**  女
```

使用 DataFrame 物件的 to_csv 方法可以將 pandas 資料儲存到 CSV 檔案中。在指令檔中增加下面的敘述行，從 df 資料中提取女性工作人員的資訊資料。

```
df2=df[df[' 性別 ']==' 女 ']
print(df2)
```

執行腳本，在 Python Shell 視窗中輸出女性工作人員的資訊資料。

```
>>> = RESTART: ...\ 基礎篇 \Samples\ch21\Python\ 身份證字號 2.py
   員工編號 部門    姓名        身份證字號  性別
0  1001  財務部   陳東   5103211978100300**  女
3  1004  生產部   韋龍   4302251985111635**  女
4  1005  銷售部   劉洋   4302251980081235**  女
5  1006  生產部   呂川   3203251970010171**  女
7  1008  財務部   夏東   1328011947050583**  女
9  1010  銷售部   宋恩龍  3203251980010181**  女
```

　　將女性工作人員的資訊資料儲存到目前的目錄下的 new_file.csv 檔案中。在指令檔中增加下面的敘述行。

```
df2.to_csv(root+r'\new_file.csv',encoding='gbk')
```

　　執行腳本，資料被正確儲存到指定的檔案中。

⊞ 21.2 ｜ 資料整理

　　資料整理是在檔案這個層面上對匯入的資料進行處理，包括行資料與列資料的增加、移動和刪除等，以及資料排序、篩選、合併、拼接等操作。

21.2.1 使用物件模型進行資料整理

　　使用 Excel VBA 和 Python xlwings，可以將資料匯入 Excel 工作表中並使用工作表物件和儲存格物件提供的方法進行行與列的複製、移動、插入和刪除等，可以對資料進行排序、過濾等操作，實現資料整理，請參考第 4 章和第 13 章的內容，本節不再贅述。可以用資料圖形、圖表和樞紐分析表等處理資料，請參考第 17 ～ 19 章的內容，本節不再贅述。

21.2.2 使用 Excel 函式進行資料整理

　　使用 Excel、Excel VBA 和 Python xlwings，可以呼叫 Excel 函式處理資料，請參考第 16 章的內容，本節不再贅述。

21.2.3 使用 Power Query 和 Python pandas 套件進行資料整理

　　Power Query 和 Python pandas 套件都是為處理大型態資料設計的，都不能操作 Excel 物件模型，因為資料量很大時再展示在 Excel 工作表中是沒什麼意義的。另外，在工作表中載入和移除資料都需要時間，會影響處理資料的速度。

　　Power Query 和 Python pandas 套件都提供了很多進行行操作、列操作、資料合併、拆分、排序、過濾等操作的工具或函式，所以可以輕鬆實現資料整理。21.1.2節介紹了一個使用pandas套件的contact方法進行資料拼接的例子，下面再介紹一個資料篩選的例子。

　　在進行資料處理時，有時只需要原始資料中的一部分資料。當使用 pandas 套件的 read_excel 方法時，用參數 usecols、skiprows、nrows、skip_footer、sheet_name 等可以有選擇地匯入部分資料。對於匯入後的資料，可以使用布林索引進行篩選。

　　下面的 Python 指令檔使用 pandas 套件打開當前路徑下的 Excel 檔案「各科室人員 .xlsx」。使用 pandas 套件的 read_excel 方法匯入該檔案中指定列的資料。指令檔的存放路徑為 Samples\ch21\Python\ 各科室人員 .py。

```python
import pandas as pd
import os

root = os.getcwd()
df=pd.read_excel(io=root+r'\ 各科室人員 .xlsx',\
         usecols=[' 編號 ',' 性別 ',' 年齡 ',' 科室 ',' 薪水 '],\
         engine='openpyxl')
print(df)
```

　　執行腳本，在 Python Shell 視窗中輸出選定的資料。

```
>>> = RESTART: ...\ 基礎篇 \Samples\ch21\Python\ 各科室人員 .py
   編號 性別  年齡   科室    薪水
0  10001  女  45  科室 2  4300
1  10002  女  42  科室 1  3800
2  10003  男  29  科室 1  3600
3  10004  女  40  科室 1  4400
4  10005  男  55  科室 2  4500
5  10006  男  35  科室 3  4100
6  10007  男  23  科室 2  3500
7  10008  男  36  科室 1  3700
8  10009  男  50  科室 1  4800
```

選擇女性工作人員的資料。在指令檔中增加下面的敘述行。

```
df2=df[df[' 性別 ']==' 女 ']
print(df2)
```

執行腳本，在 Python Shell 視窗中輸出選定的資料。

```
>>> = RESTART: ...\ 基礎篇 \Samples\ch21\Python\ 各科室人員 .py
   編號 性別  年齡  科室   薪水
0  10001  女  45  科室 2  4300
1  10002  女  42  科室 1  3800
3  10004  女  40  科室 1  4400
```

選擇薪水大於 4000 元並且年齡小於或等於 40 歲的工作人員的資料。在指令檔中增加下面的敘述行。

```
df3=df[(df[' 薪水 ']>4000) & (df[' 年齡 ']<=40)]
print(df3)
```

執行腳本，在 Python Shell 視窗中輸出選定的資料。

```
>>> = RESTART: ...\ 基礎篇 \Samples\ch21\Python\ 各科室人員 .py
   編號   性別 年齡  科室   薪水
3  10004  女  40  科室 1  4400
5  10006  男  35  科室 3  4100
```

也可以使用 DataFrame 物件的 where 方法篩選資料，該方法也是基於布林索引實現的。下面篩選年齡大於或等於 35 歲的工作人員的資料。在指令檔中增加下面的敘述行。

```
df4=df.where(df[' 年齡 ']>=35)
print(df4)
```

執行腳本，在 Python Shell 視窗中輸出選定的資料。

```
>>> = RESTART: ...\ 基礎篇 \Samples\ch21\Python\ 各科室人員 .py
      編號   性別 年齡  科室   薪水
0  10001.0  女  45.0  科室 2  4300.0
1  10002.0  女  42.0  科室 1  3800.0
```

```
2      NaN   NaN   NaN  NaN     NaN
3   10004.0    女  40.0  科室 1  4400.0
4   10005.0    男  55.0  科室 2  4500.0
5   10006.0    男  35.0  科室 3  4100.0
6      NaN   NaN   NaN  NaN     NaN
7   10008.0    男  36.0  科室 1  3700.0
8   10009.0    男  50.0  科室 1  4800.0
```

在預設情況下，where 方法將不匹配的資料用 NaN 代替，即清空。可以使用 other 參數指定一個替換值。

21.2.4 使用 SQL 進行資料整理

在 Python 中，可 以 使 用 pandasql 套 件 處 理 DataFrame 資料。 安 裝 pandasql，需要先選擇 Windows →「附屬應用程式」→「命令提示字元」命令，打開 Power Shell 視窗，在提示符號後面輸入以下內容。

```
pip install -U pandasql
```

按 Enter 鍵即可進行安裝。

pandasql 套件中使用的主要函式是 sqldf。sqldf 函式有兩個參數：第 1 個參數是進行查詢的 SQL 敘述；第 2 個參數指定環境變數，可以是 locals() 或 globals()。

為了便於使用，常常用 lambda 定義一個匿名函式，這樣使用時只需要指定 SQL 敘述即可。

```
from pandasql import sqldf
pysqldf = lambda q: sqldf(q, globals())
q=...  # 從表 df 中進行查詢的 SQL 敘述
df2=pysqldf(q)
```

df2 是執行查詢後得到的表資料。

下面的 Python 指令檔用 pandas 套件打開當前路徑下的 Excel 檔案「各科室人員 .xlsx」。使用 pandas 套件的 read_excel 方法先匯入該檔案中的資料，

然後用 SQL 查詢提取出男性的全部資料。指令檔的存放路徑為 Samples\ch21\
Python\sql.py。

```python
import pandas as pd                    # 匯入 pandas 套件
from pandasql import sqldf             # 匯入 pandasql 套件
import os                              # 匯入 os 套件

root = os.getcwd()                     # 獲取當前路徑
# 從指定檔案中讀取資料
df=pd.read_excel(io=root+r'\ 各科室人員 .xlsx',engine='openpyxl')

pysqldf=lambda q:sqldf(q,globals())    # 定義匿名函式
q="SELECT * FROM df WHERE 性別 ='男'"   #SQL 查詢敘述
df2=pysqldf(q)                         # 呼叫匿名函式，參數為查詢敘述，傳回查詢結果
print(df2)                             # 輸出查詢結果
```

執行腳本，在 Python Shell 視窗中輸出查詢結果。

```
>>> = RESTART: ...\ 基礎篇 \Samples\ch21\Python\sql.py
   編號   性別 年齡 學歷    科室   職務等級   薪水
0  10003  男  29  博士   科室1    正處級   3600
1  10005  男  55  大學   科室2    副局級   4500
2  10006  男  35  碩士   科室3    正處級   4100
3  10007  男  23  大學   科室2    科員    3500
4  10008  男  36  大專   科室1    科員    3700
5  10009  男  50  碩士   科室1    正局級   4800
```

21.3 | 資料前置處理

資料前置處理是對資料中的特殊資料進行處理，包括重復資料、遺漏值和
異常值的處理。在進行統計分析時，經常要求資料滿足一定的要求，如果不滿
足則對資料進行轉換處理，這也是資料前置處理的內容。

21.3.1　資料去除重複

由於各種原因，可能會出現重復資料。可以使用 Excel 函式、字典、Power Query 和 Python 等多種方法刪除重復資料。

1．使用 Excel 函式去除重複

13.4.8 節介紹了使用 COUNTIF 函式可以找到資料中的重複行，同時用 Range 物件的 Delete 方法刪除重複行。

2．使用字典去除重複

字典中的鍵在整個字典中必須是唯一的，利用字典的這個性質可以對資料去除重複。各部門人員的身份證字號資訊如圖 21-1 所示。觀察發現，工作表中員工編號為 1002 和 1008 的人員資訊有重複，下面用 Excel VBA 和 Python xlwings 使用字典進行去除重複處理。

	A	B	C	D	E
1	員工編號	部門	姓名	身份證字號	性別
2	1001	財務部	陳東	5103211978100300**	男
3	1002	財務部	田菊	4128231980052512**	女
4	1008	財務部	夏東	1328011947050583**	男
5	1003	生產部	王偉	4302251980031135**	男
6	1004	生產部	韋龍	4302251985111635**	男
7	1005	銷售部	劉洋	4302251980081235**	男
8	1002	財務部	田菊	4128231980052512**	女
9	1006	生產部	呂川	3203251970010171**	男
10	1007	銷售部	楊莉	4201171973021753**	女
11	1008	財務部	夏東	1328011947050583**	男
12	1009	銷售部	吳曉	4302251980011535**	男
13	1010	銷售部	宋恩龍	3203251980010181**	男

図 21-1　各部門人員的身份證字號資訊

【Excel VBA】

在 Excel VBA 中，使用字典需要先引用相關的函式庫，讀者可以參考第 8 章的內容。建立字典時，字典中鍵值對的鍵由 A 列的員工編號組成，值由它對

應的其他各列的資料組成，這樣可以建構 4 個字典。因為字典中的鍵是唯一的，所以字典建構完成以後，字典中的鍵和鍵對應的這組資料是唯一的，達到了去除重複的目的。範例檔案的存放路徑為 Samples\ch21\Excel VBA\ 身份证号 - 去重 .xlsm。

```
Sub 去除重複()
  Dim intI As Integer
  Dim arr
  Dim dicT1 As New Dictionary
  Dim dicT2 As New Dictionary
  Dim dicT3 As New Dictionary
  Dim dicT4 As New Dictionary

  ' 獲取資料
  arr = Range("A1", Cells(Rows.Count, "E").End(xlUp))
  For intI = 1 To UBound(arr)      ' 建構字典，去除重複
    dicT1(arr(intI, 1)) = arr(intI, 2)
    dicT2(arr(intI, 1)) = arr(intI, 3)
    dicT3(arr(intI, 1)) = arr(intI, 4)
    dicT4(arr(intI, 1)) = arr(intI, 5)
  Next

  ' 輸出去除重複後的資料
  [G1].Resize(dicT1.Count) = Application.Transpose(dicT1.Keys)    ' 員工編號
  [H1].Resize(dicT1.Count) = Application.Transpose(dicT1.Items)   ' 部門
  [I1].Resize(dicT1.Count) = Application.Transpose(dicT2.Items)   ' 姓名
  [J1].Resize(dicT1.Count) = Application.Transpose(dicT3.Items)   ' 身份證字號
  [K1].Resize(dicT1.Count) = Application.Transpose(dicT4.Items)   ' 性別
End Sub
```

執行過程，在工作表的 G ～ K 列輸出去除重複後的資料。

【Python xlwings】

對圖 21-1 所示的工作表中的資料進行去除重複處理。建立字典時，字典中鍵值對的鍵由 A 列的員工編號組成，值由它對應的行資料組成。使用字典物件的 keys 方法可以獲取當前所有的鍵。在增加鍵值對時如果鍵已經存在，則不增

加，否則增加。這樣，最後得到的所有鍵值對的值就是去除重複後的資料。指令檔的存放路徑為 Samples\ch21\Python\ 身份证号 - 去重 .py。

```python
import xlwings as xw
import os
root = os.getcwd()
app = xw.App(visible=True, add_book=False)
wb=app.books.open(root+r'/ 身份證字號 - 去除重複 .xlsx',read_only=False)
sht=wb.sheets(1)
rng=sht.range('A1', sht.cells(sht.cells(1,'B').end('down').row, 'E'))
dd={}
# 建立字典 dd
for i in range(rng.rows.count):                      # 遍歷行資料
    if sht[i,0].value not in dd.keys():     # 如果字典 dd 的鍵中不包括該行的員工編號
        dd[sht[i,0].value]=rng.rows(i+1).value      # 則將行資料增加到字典的值中
lst=list(dd.values())                         # 字典的值轉成串列
sht.range('G1').options(expand='table').value=lst           # 串列資料登錄工作表中
```

執行腳本，去除重複後的資料如圖 21-2 所示。

❍ 圖 21-2　去除重複後的資料

3 · 使用 Power Query 和 pandas 套件去除重複

當資料量比較大時，可以用 Power Query 或 pandas 套件進行處理（處理中小資料也可以）。下面使用 pandas DataFrame 物件的 drop_duplicates 方法給資料去除重複。

下面的 Python 指令檔用 pandas 套件打開當前路徑下的 Excel 檔案「身份證字號 - 去除重複 .xlsx」。先使用 pandas 套件的 read_excel 方法匯入該檔案中的資料，然後用 DataFrame 物件的 drop_duplicates 方法刪除重復資料，用 keep 參數指定保留重復資料中的第 1 筆資料，設定 ignore_index 參數的值為 True，重排行索引編號。指令檔的存放路徑為 Samples\ch21\Python\ 身份证号 - 去重 2.py。

```python
import pandas as pd
import os

root = os.getcwd()
df=pd.read_excel(io=root+r'\ 身份證字號 - 去除重複 .xlsx',engine='openpyxl')

df2=df.drop_duplicates(subset=[' 員工編號 '], keep='first', ignore_index=True)
print(df2)
```

執行腳本，在 Python Shell 視窗中輸出查詢結果。

```
>>> = RESTART: ...\ 基礎篇 \Samples\ch21\Python\ 身份證字號 - 去除重複 2.py
    員工編號    部門   姓名      身份證字號        性別
0   1001    財務部  陳東   5103211978100300**  男
1   1002    財務部  田菊   4128231980052512**  女
2   1008    財務部  夏東   1328011947050583**  男
3   1003    生產部  王偉   4302251980031135**  男
4   1004    生產部  韋龍   4302251985111635**  男
5   1005    銷售部  劉洋   4302251980081235**  男
6   1006    生產部  呂川   3203251970010171**  男
7   1007    銷售部  楊莉   4201171973021753**  女
```

由此得到去除重複後的資料。在預設情況下，生成新的 DataFrame 物件，設定 inplace 參數的值為 True，不生成新物件，直接修改原資料 df。

21.3.2 遺漏值處理

在資料獲取過程中，由於條件受限無法擷取到資料，或擷取到的資料遺失了，出現了資料缺失，這就是遺漏值。遺漏值不是 0，而是這個位置沒有資料，是空的。資料中存在遺漏值，會導致資料處理無法進行，所以必須先對遺漏值進行處理，不是刪除，就是用指定的值進行填充。

【Excel VBA】

13.5.7 節提及，使用儲存格區域物件的 SpecialCells 方法可以引用儲存格區域中的特殊儲存格，其中就包括空儲存格。空儲存格的引用效果如圖 13-17 所示。這是發現資料中遺漏值的一種方式。

使用該方法，還可以將空儲存格用指定的值進行填充，如指定為資料的平均值或中值等。下面使用儲存格區域物件的 SpecialCells 方法找到工作表已用儲存格區域中的空儲存格，將它們的值指定為 10。範例檔案的存放路徑為 Samples\ch21\Excel VBA\ 缺失值 .xlsm。

```
Sub MissingValues()
  Dim sht As Worksheet, rngN As Range

  Set sht = ActiveSheet
  ' 找到空儲存格
  Set rngN = sht.UsedRange.SpecialCells(xlCellTypeBlanks)
  If Not rngN Is Nothing Then
    rngN.value = 10     ' 指定空儲存格的值為 10
  End If
End Sub
```

執行過程，生成的工作表如圖 21-3 所示。對比圖 13-17 可以發現，原來為空的儲存格現在都填充了資料 10。

🔊 圖 21-3　用固定值填充空儲存格

　　如果想將空儲存格的值指定為它周圍某個儲存格的值，則需要透過迴圈結構來實現。判斷儲存格的值是否等於 "" 可以判斷該儲存格是否為空。

　　如果希望刪除儲存格區域中有空儲存格的行或列，則可以使用下面的程式。範例檔案的存放路徑為 Samples\ch21\Excel VBA\ 缺失值 .xlsm。

```
Sub MissingValues2()
  ' 刪除有空儲存格的行
  Dim sht As Worksheet, rngN As Range

  Set sht = ActiveSheet
  ' 找到空儲存格
  Set rngN = sht.UsedRange.SpecialCells(xlCellTypeBlanks)
  If Not rngN Is Nothing Then      ' 如果是空儲存格
    rngN.EntireRow.Delete          ' 刪除該行
    'rngN.EntireColumn.Delete      ' 刪除該列
  End If
End Sub
```

【Python xlwings】

　　撰寫指令檔，用 Python xlwings 將指定儲存格區域內的空儲存格用資料 10 進行填充。指令檔的存放路徑為 Samples\ch21\Python\ 缺失值 .py。

```
import xlwings as xw
import os
root = os.getcwd()
app = xw.App(visible=True, add_book=False)
wb=app.books.open(root+r'/ 遺漏值 .xlsx',read_only=False)
sht=wb.sheets(1)   # 獲取工作表
# 獲取空儲存格
rng=sht.api.Range('A1').CurrentRegion.\
        SpecialCells(xw.constants.CellType.xlCellTypeBlanks)
if not rng is None:
    rng.Value=10   # 用資料 10 填充
```

　　執行腳本，生成的工作表如圖 21-3 所示。

　　如果刪除含空儲存格的行，則可以使用下面的敘述行。

```
# 獲取空儲存格
rng=sht.api.Range('A1').CurrentRegion.\
        SpecialCells(xw.constants.CellType.xlCellTypeBlanks)
if not rng is None:
    rng.EntireRow.Delete()              # 刪除包含空儲存格的行
    #rng.EntireColumn.Delete()          # 刪除包含空儲存格的列
```

【Python pandas】

pandas 套件中的 DataFrame 物件提供了一些查詢和處理資料中遺漏值的方法。用 isnull 方法可以查看是否有遺漏值，用 dropna 方法可以刪除遺漏值所在的行或列，用 fillna 方法可以對遺漏值進行填充。指令檔的存放路徑為 Samples\ch21\Python\ 缺失值 2.py。包含遺漏值的資料如圖 21-4 所示。

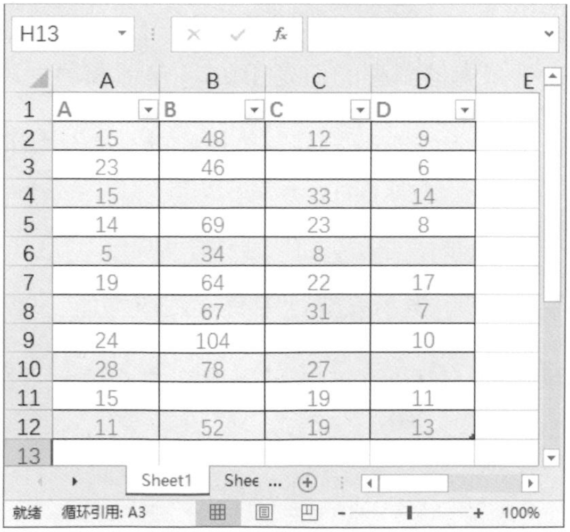

● 圖 21-4　包含遺漏值的資料

使用 DataFrame 物件的 isnull 方法可以查詢遺漏值。

```
import pandas as pd
import os

root = os.getcwd()
df=pd.read_excel(io=root+r'\ 遺漏值 2.xlsx',engine='openpyxl')

df2=df.isnull()
print(df2)
```

執行腳本，在 Python Shell 視窗中輸出的結果如下。

```
>>> = RESTART: ...\ 基礎篇 \Samples\ch21\Python\ 遺漏值 2.py
        A       B       C       D
0   False   False   False   False
1   False   False    True   False
2   False    True   False   False
3   False   False   False   False
4   False   False   False    True
5   False   False   False   False
6    True   False   False   False
7   False   False    True   False
8   False   False   False    True
9   False    True   False   False
10  False   False   False   False
```

在上面的結果中，遺漏值對應的值是 True，非遺漏值對應的值是 False。

使用 DataFrame 物件的 dropna 方法可以刪除包含遺漏值的行。

```
df3=df.dropna(how='any')
```

how 參數的值為 "any"，表示只要行中有一個遺漏值，就刪除整行。

使用 DataFrame 物件的 fillna 方法可以填充遺漏值。下面的敘述用資料 10 填充所有遺漏值。

```
df4=df.fillna(10)
```

下面的敘述用每列的平均值填充該列的遺漏值。

```
df5=df.fillna({'A':df['A'].mean(),'B':df['B'].mean(),\
        'C':df['C'].mean(),'D':df['D'].mean()})
```

下面的敘述用遺漏值下方的值填充遺漏值。

```
df6=df.fillna(method='backfill')
```

21.3.3 異常值處理

異常值是由於某種原因造成的資料中出現的統計上過大或過小的值，將它們納入資料分析會影響分析結果。判斷一個值是否異常有各種不同的方法。下面介紹比較常用的兩種方法。

第 1 種方法是使用資料的平均值和標準差進行判斷，如果資料落在 [平均值 -3× 標準差 , 平均值 +3× 標準差] 範圍外，則認為資料是異常值，否則不是。第 2 種方法是使用分位數進行判斷。0.75 分位數減去 0.25 分位數得到資料的內四分極值，如果資料落在 [0.25 分位數 -1.5× 內四分極值 , 0.75 分位數 + 1.5× 內四分極值] 範圍外，則認為資料是異常值，否則不是。第 2 種方法用箱形圖判斷異常值。

對於判斷為異常值的資料，常常將它作為遺漏值進行處理，刪除或指定為特殊的值。

下面介紹用 Excel 函式、Excel VBA、Python xlwings 和 Python pandas 進行異常值查詢與處理的方法。對圖 21-5 所示的工作表中的 A 列的資料，查詢異常值並進行處理。

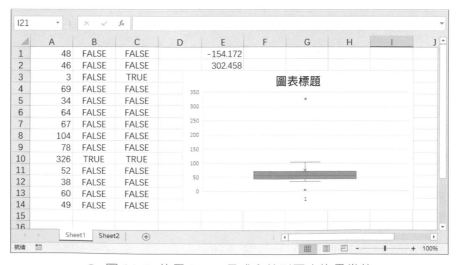

🎧 圖 21-5 使用 Excel 函式和箱形圖查詢異常值

【Excel】

範例檔案的存放路徑為 Samples\ch21\Excel 函数 \ 异常值 .xlsx。

使用第 1 種方法，即用資料的平均值和標準差進行查詢，在 B1 儲存格中輸入 =OR($A1<AVERAGE($A$1:$A$14)-3*STDEV($A$1:$A$14),$A1>AVERAGE($A$1:$A$14)+3*STDEV($A$1:$A$14))。

其中，AVERAGE 函式用於計算資料的平均值，STDEV 函式用於計算資料的標準差。按 Enter 鍵，儲存格中顯示的結果為 FALSE，説明 A1 儲存格中的資料不是異常值。按兩下儲存格右下角的小數點，向下複製和填充公式，得到其他資料的判斷結果，發現資料 326 被判斷為異常值。

使用第 2 種方法，即用資料的分位數進行查詢，在 C1 儲存格中輸入 =OR($A1<PERCENTILE.EXC($A$1:$A$14,0.25)-1.5*(PERCENTILE.EXC($A$1:$A$14,0.75)-PERCENTILE.EXC($A$1:$A$14,0.25)),$A1>PERCENTILE.EXC($A$1:$A$14,0.75)+1.5*(PERCENTILE.EXC($A$1:$A$14,0.75)-PERCENTILE.EXC($A$1:$A$14,0.25))).

其中，PERCENTILE.EXC 函式用於計算資料的分位數，參數指定資料範圍和分位數的位置。0.75 分位數減去 0.25 分位數得到資料的內四分極值。按 Enter 鍵，儲存格中顯示結果為 FALSE，説明 A1 儲存格中的資料不是異常值。按兩下儲存格右下角的小數點，向下複製和填充公式，得到其他資料的判斷結果，發現資料 3、104 和 326 被判斷為異常值。方法不同，計算結果會存在差異。

選定 A 列資料後，在工作表中插入箱形圖，如圖 21-5 所示。箱形圖中間箱體的上下界表示資料的 0.75 分位數和 0.25 分位數，向外擴充 1.5× 內四分極值的距離得到上、下兩個觸鬚。觸鬚之外的點就是異常值點。

【Excel VBA】

在 Excel VBA 中，可以呼叫 Excel 函式處理異常值。範例檔案的存放路徑為 Samples\ch21\Excel VBA\ 异常值 .xlsm。

過程 Test 用平均值和標準差查詢異常值。

```
Sub Test()
  ' 用平均值和標準差查詢異常值
  Dim intI As Integer
  Dim sngMean As Single
  Dim sngSTDEV As Single
  ' 平均值
  sngMean = Application.WorksheetFunction.Average(Range("A1:A14"))
  ' 標準差
  sngSTDEV = Application.WorksheetFunction.StDev(Range("A1:A14"))
  ' 遍歷每個資料，如果小於（平均值 -3* 標準差）或大於（平均值 +3* 標準差），則為異常值
  For intI = 1 To 14
    If Cells(intI, 1) < sngMean - 3 * sngSTDEV Or Cells(intI, 1) > _
          sngMean + 3 * sngSTDEV Then
      Cells(intI, 2).Value = True
    Else
      Cells(intI, 2).Value = False
    End If
  Next
End Sub
```

過程 Test2 用分位數查詢異常值。

```
Sub Test2()
  ' 用分位數查詢異常值
  Dim intI As Integer
  Dim sngP25 As Single
  Dim sngP75 As Single
  Dim sngIQR As Single
  '0.75 分位數
  sngP75 = Application.WorksheetFunction.Percentile(Range("A1:A14"), 0.75)
  '0.25 分位數
  sngP25 = Application.WorksheetFunction.Percentile(Range("A1:A14"), 0.25)
  ' 內四分極值
  sngIQR = sngP75 - sngP25
  ' 遍歷每個資料，如果小於（0.25 分位數 -1.5* 內四分極值）或
  ' 大於（0.75 分位數 +1.5* 內四分極值），則為異常值
  For intI = 1 To 14
    If Cells(intI, 1) < sngP25 - 1.5 * sngIQR Or Cells(intI, 1) > _
          sngP75 + 1.5 * sngIQR Then
      Cells(intI, 3).Value = True
```

```
    Else
      Cells(intI, 3).Value = False
    End If
  Next
End Sub
```

執行兩個過程，分別在工作表中的 B 列和 C 列輸出判斷結果。

【Python xlwings】

下面在 Python 中結合 xlwings 套件呼叫 Excel 函式查詢資料的異常值。

使用平均值和標準差進行判斷。指令檔的存放路徑為 Samples\ch21\Python\ 异常值 -xlwings-1.py。

```python
import xlwings as xw
import os
root=os.getcwd()
app=xw.App(visible=True, add_book=False)
wb=app.books.open(root+r'/ 異常值 .xlsx',read_only=False)
sht=wb.sheets(1)

# 計算平均值
mean_v=app.api.WorksheetFunction.Average(sht.api.Range('A1:A14'))
# 計算標準差
stdev_v=app.api.WorksheetFunction.StDev(sht.api.Range('A1:A14'))

# 遍歷每個資料，如果小於（平均值 -3* 標準差）或大於（平均值 +3* 標準差），則為異常值
for i in range(1,15):
    if sht.api.Cells(i,1).Value<mean_v-3*stdev_v or\
            sht.api.Cells(i,1).Value>mean_v+3*stdev_v:
        sht.api.Cells(i,2).Value=True
    else:
        sht.api.Cells(i,2).Value=False
```

使用分位數進行判斷。指令檔的存放路徑為 Samples\ch21\Python\ 异常值 -xlwings-2.py。

```python
import xlwings as xw
import os
root=os.getcwd()
app=xw.App(visible=True, add_book=False)
wb=app.books.open(root+r'/ 異常值 .xlsx',read_only=False)
sht=wb.sheets(1)

# 計算 0.75 分位數
stp75=app.api.WorksheetFunction.Percentile(sht.api.Range('A1:A14'),0.75)
# 計算 0.25 分位數
stp25=app.api.WorksheetFunction.Percentile(sht.api.Range('A1:A14'),0.25)
# 計算內四分極值
iqr=stp75-stp25

# 遍歷每個資料，如果小於（0.25 分位數 -1.5* 內四分極值）或
# 大於（0.75 分位數 +1.5* 內四分極值），則為異常值
for i in range(1,15):
    if sht.api.Cells(i,1).Value<stp25-1.5*iqr or\
            sht.api.Cells(i,1).Value>stp75+1.5*iqr:
        sht.api.Cells(i,3).Value=True
    else:
        sht.api.Cells(i,3).Value=False
```

執行兩個指令檔，將兩種方法的判斷結果輸出到工作表的 B 列和 C 列。

【 Python pandas 】

Python 的 pandas 套件提供了計算平均值、標準差和分位數的函式，下面使用 pandas 套件在資料中查詢異常值。

使用平均值和標準差進行判斷，pandas 套件中用序列物件的 mean 函式和 std 函式計算平均值和標準差。指令檔的存放路徑為 Samples\ch21\Python\ 异常值 -pandas-1.py。

```python
import pandas as pd
import numpy as np
import os

root = os.getcwd()
```

```
df=pd.read_excel(io=root+r'\ 異常值 2.xlsx',engine='openpyxl')

# 計算平均值
mean_v=df['A'].mean()
# 計算標準差
stdev_v=df['A'].std()
# 資料
data=df['A']

# 輸出異常值
print(data[(data>mean_v+3*stdev_v)(data<mean_v-3*stdev_v)])

# 處理異常值，換成遺漏值
data[(data>mean_v+3*stdev_v)(data<mean_v-3*stdev_v)]=np.nan
print(data)
```

使用分位數進行判斷，pandas 套件中用序列物件的 quantile 函式計算分位數。指令檔的存放路徑為 Samples\ch21\Python\ 异常值 -pandas-2.py。

```
import pandas as pd
import numpy as np
import os

root = os.getcwd()
df=pd.read_excel(io=root+r'\ 異常值 2.xlsx',engine='openpyxl')

# 計算 0.75 分位數
stp75=df['A'].quantile(0.75)
# 計算 0.25 分位數
stp25=df['A'].quantile(0.25)
# 計算內四分極值
iqr=stp75-stp25
# 資料
data=df['A']

# 輸出異常值
print(data[(data>stp75+1.5*iqr)  (data<stp25-1.5*iqr)])

# 處理異常值，換成遺漏值
```

```
data[(data>stp75+1.5*iqr)  (data<stp25-1.5*iqr)]=np.nan
print(data)
```

分別執行兩個指令檔,在 Python Shell 視窗中輸出異常值和將異常值處理為遺漏值後的結果。

使用 Python 中的 Matplotlib 套件可以繪製箱形圖。撰寫的指令檔的存放路徑為 Samples\ch21\Python\ 箱形图 .py。

```
import pandas as pd
import matplotlib.pyplot as plt
import os

root = os.getcwd()
df=pd.read_excel(io=root+r'\ 異常值 2.xlsx',engine='openpyxl')

plt.boxplot(df['A'])
plt.show()
```

執行腳本,生成的箱形圖如圖 21-6 所示。

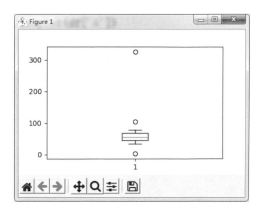

⊙ 圖 21-6 使用 Matplotlib 套件生成的箱形圖

21.3.4 資料轉換

對資料進行統計分析時,為了消除量綱和量級的影響,或為了滿足統計方法對資料的要求,經常需要在統計分析之前對資料進行轉換。常見的資料轉換方法有對數轉換、平方根轉換、反正弦轉換、中心化、標準化和歸一化等。下面主要介紹中心化、標準化、歸一化。

中心化是將資料點向中心點平移，演算法比較簡單，將每個資料減去它們的平均值即可。

標準化則使資料變換後服從標準正態分佈。標準化的作用是消除量綱和量級的影響，使表示樣本的多個指標具有相同的尺度。標準化的演算法是將每個資料減去它們的平均值後除以標準差。

歸一化是將所有資料轉換到 0 ～ 1。歸一化的演算法是將每個數減去資料最小值得到的差除以資料的極差。極差是用資料的最大值減去最小值得到的。

下面對圖 21-7 所示的 A 列的資料分別用中心化、歸一化和標準化進行轉換。

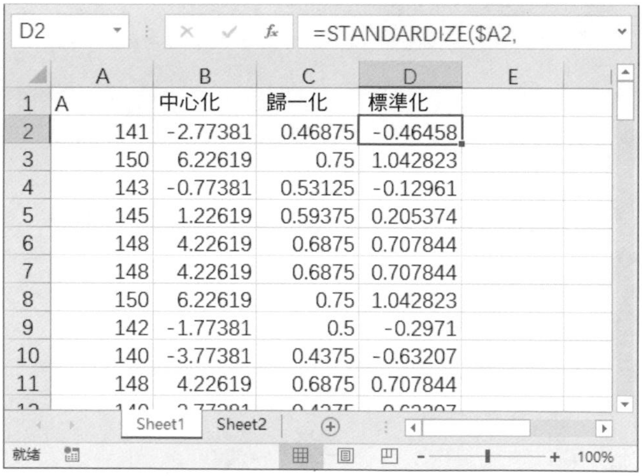

	A	B	C	D	E
1	A	中心化	歸一化	標準化	
2	141	-2.77381	0.46875	-0.46458	
3	150	6.22619	0.75	1.042823	
4	143	-0.77381	0.53125	-0.12961	
5	145	1.22619	0.59375	0.205374	
6	148	4.22619	0.6875	0.707844	
7	148	4.22619	0.6875	0.707844	
8	150	6.22619	0.75	1.042823	
9	142	-1.77381	0.5	-0.2971	
10	140	-3.77381	0.4375	-0.63207	
11	148	4.22619	0.6875	0.707844	

圖 21-7 資料轉換

【Excel】

範例檔案的存放路徑為 Samples\ch21\Excel 函数 \ 数据转换 .xlsx。

在工作表的 B2 儲存格中輸入公式 =$A2-AVERAGE($A$2:$A$85)。

按 Enter 鍵，按兩下 B2 儲存格右下角的小數點，得到中心化資料的結果，如圖 21-7 中的 B 列所示。

在工作表的 C2 儲存格中輸入公式 =($A2-MIN($A$2:$A$85))/(MAX($A$2:$A$85)-MIN($A$2:$A$85))。

按 Enter 鍵，按兩下 C2 儲存格右下角的小數點，得到歸一化資料的結果，如圖 21-7 中的 C 列所示。

在工作表的 D2 儲存格中輸入公式 =STANDARDIZE($A2,AVERAGE($A$1:$A$85),STDEV($A$1:$A$85))。

按 Enter 鍵，按兩下 D2 儲存格右下角的小數點，得到標準化資料的結果，如圖 21-7 中的 D 列所示。

【Excel VBA, Python】

仿照 21.3.3 節的內容，讀者可以在 Excel VBA、Python xlwings 和 Python pandas 環境下實現對應的資料轉換，此處不再贅述。

⬚ 21.4 │ 描述性統計

擷取到大量的樣本資料以後，常常需要用一些統計量來描述資料的集中程度和離散程度，並透過這些指標來對資料的整體特徵進行歸納。

21.4.1 描述集中趨勢

描述樣本資料集中趨勢的統計量有算術平均值、中值、眾數、幾何平均值、調和平均值和截尾平均值等。

算術平均值是將所有資料求和後用和除以資料個數。中值是資料的中位數，即 0.5 分位數。眾數是資料中出現次數最多的數。

樣本資料 $x_1, x_2, \cdots, x_n$ 的幾何平均值 m 的計算公式如下：

$$m = \left[\prod_{i=1}^{n} x_i \right]^{\frac{1}{n}}$$

樣本資料 $x_1, x_2, \cdots, x_n$ 的調和平均值 m 的計算公式如下：

$$m = \frac{n}{\displaystyle\sum_{i=1}^{n} \frac{1}{x_i}}$$

截尾平均值是資料排序後，將最大部分和最小部分刪除指定百分比的資料後根據剩下的資料求算術平均值。

下面對圖 21-8 所示的 A 列資料求集中趨勢統計量。

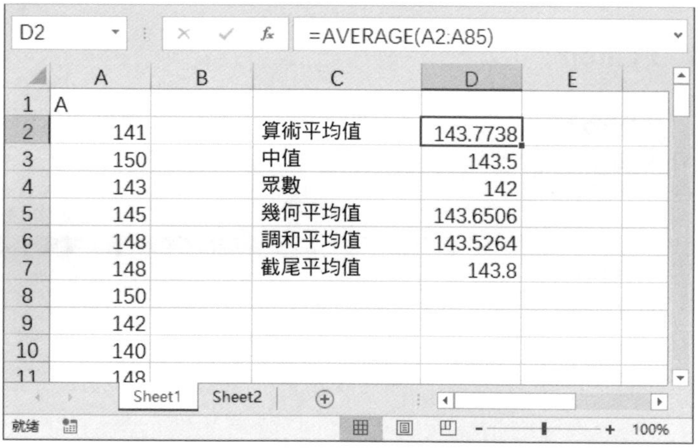

○ 圖 21-8　描述資料的集中趨勢

【Excel】

範例檔案的存放路徑為 Samples\ch21\Excel 函數 \ 描述性統計 – 集中趨勢 .xlsx。

在工作表的 D2 儲存格中輸入公式 =AVERAGE(A2:A85)，按 Enter 鍵，得到資料的算術平均值，即 143.7738。

在 D3 儲存格中輸入公式 =MEDIAN(A2:A85)，按 Enter 鍵，得到資料的中值，即 143.5。

在 D4 儲存格中輸入公式 =MODE(A2:A85)，按 Enter 鍵，得到資料的眾數，即 142。

在 D5 儲存格中輸入公式 =GEOMEAN(A2:A85)，按 Enter 鍵，得到資料的幾何平均值，即 143.6506。

在 D6 儲存格中輸入公式 =HARMEAN(A2:A85)，按 Enter 鍵，得到資料的調和平均值，即 143.5264。

在 D7 儲存格中輸入公式 =TRIMMEAN(A2:A85)，按 Enter 鍵，得到資料的截尾平均值，即 143.8。

各計算結果如圖 21-8 中的 D 列所示。

【Excel VBA, Python xlwings】

仿照 21.3.3 節的內容，讀者可以在 Excel VBA 和 Python xlwings 環境下實現對應的統計量計算，此處不再贅述。

【Python pandas】

使用 Series 物件的 mean 函式和 median 函式可以計算資料的平均值和中值。

21.4.2　描述離中趨勢

描述樣本資料離散趨勢的統計量包括極差、方差、平均值絕對差、標準差和內四分極值等。極差等於資料的最大值減去最小值。平均值絕對差等於各資料與資料平均值的差的絕對值的平均值。內四分極值等於 0.75 分位數減去 0.25 分位數。

下面對圖 21-9 所示的 A 列資料求離中趨勢統計量。

◉ 圖 21-9 描述資料的離中趨勢

【Excel】

範例檔案的存放路徑為 Samples\ch21\Excel 函數 \ 描述性統计 - 离中趋勢 .xlsx。

在工作表的 D2 儲存格中輸入公式 =MAX(A2:A85)-MIN(A2:A85)，按 Enter 鍵，得到資料的極差，即 32。

在 D3 儲存格中輸入公式 =VAR(A2:A85)，按 Enter 鍵，得到資料的方差，即 35.64702。

在 D4 儲存格中輸入公式 =AVEDEV(A2:A85)，按 Enter 鍵，得到資料的平均值絕對差，即 4.630952。

在 D5 儲存格中輸入公式 =STDEV(A2:A85)，按 Enter 鍵，得到資料的標準差，即 5.970512。

在 D6 儲存格中輸入公式 =PERCENTILE.EXC(A2:A85,0.75)-PERCENTILE.EXC(A2:A85,0.25)，按 Enter 鍵，得到資料的內四分極值，即 8。

各計算結果如圖 21-9 中的 D 列所示。

【Excel VBA, Python xlwings】

仿照 21.3.3 節的內容,讀者可以在 Excel VBA 和 Python xlwings 環境下實現對應的統計量計算,此處不再贅述。

【Python pandas】

使用 Series 物件的 max 函式、min 函式、var 函式、std 函式、mad 函式和 quantile 函式等可以計算資料的極值、方差、標準差、平均值絕對差和內四分極值。

第**22**章

Python 與 Excel VBA 混合程式設計

　　如果讀者懂 VBA，並希望使用 Python 的強大功能，就可以在 VBA 中呼叫 Python；如果讀者有很多使用 VBA 撰寫的程式，並希望在 Python 中能使用，則可以在 Python 中呼叫 VBA 函式。另外，在 Excel 中還可以用 Python 實現自訂函式。讀者可以參考第 3 章了解 xlwings 套件的相關內容。

⊞ 22.1 | 在 Python 中呼叫 Excel VBA 程式

在 Python 中呼叫 Excel VBA 程式，需要先在 Excel VBA 程式設計環境中先把 VBA 程式撰寫好，並儲存為 .xlsm 檔案，然後在 Python 中用 book 物件或 application 物件的 macro 方法呼叫 VBA 中的過程或函式，從而實現在 Python 中呼叫 VBA 程式，實現混合程式設計。

22.1.1 Excel VBA 程式設計環境

本書使用 Excel 2016 進行 VBA 程式設計。進行 Excel VBA 程式設計，需要先載入「開發人員」功能區。如果讀者的 Excel 2016 中沒有該功能區，就需要先載入它。載入「開發人員」功能區的步驟請參考 1.2.1 節，本節不再贅述。

22.1.2 撰寫 Excel VBA 程式

在 Python 中呼叫 Excel VBA 程式，需要先在 Excel VBA 程式設計環境中把 VBA 程式撰寫好，並儲存為 .xlsm 檔案。下面撰寫一個求兩個數的和的函式。增加一個模組，在程式編輯器中輸入下面的程式。

```
Function MySum(x, y)
    MySum=x+y
End Function
```

它可以實現一個簡單的加法運算。

把 Excel 檔案儲存為啟用巨集的工作表，即 .xlsm 檔案，在下載資料檔案中的 Samples 目錄下的 ch22\python-vba 子目錄下可以找到該檔案。

22.1.3 在 Python 中呼叫 Excel VBA 函式

撰寫好 VBA 函式並把 Excel 檔案儲存為 .xlsm 檔案後，就可以用 Python 進行呼叫，此時需要用到 book 物件或 application 物件的 macro 方法。macro 方法的語法格式如下。

```
bk.macro(name)
```

其中，bk 表示工作表物件，參數 name 為字串，表示附帶或不附帶模組名稱的過程或函式的名稱，如 "Module1.MyMacro" 或 "MyMacro"。

打開 Python IDLE，新建一個指令檔編輯視窗，輸入下面的程式（不要前面的行號）。將程式儲存為 .py 檔案，與 22.1.2 節建立的 .xlsm 檔案放在相同的目錄下。該 .py 檔案在下載資料檔案中的 Samples 目錄下的 ch22\python-vba 子目錄下可以找到，檔案名稱為 test-py-vba.py。

```
1    import xlwings as xw  #匯入 xlwings 套件
2    app=xw.App(visible=False, add_book=False)
3    bk=app.books.open('py-vba.xlsm')
4    my_sum=bk.macro('MySum')
5    s=my_sum(1, 2)
6    print(s)
```

第 1 行匯入 xlwings 套件。

第 2 行建立 Excel 應用，不可見，不增加工作表。

第 3 行打開相同目錄下的 py-vba.xlsm 檔案。

第 4 行用工作表物件的 macro 方法呼叫 VBA 函式 MySum，將物件傳回到 my_sum。

第 5 行給 my_sum 賦參數 1 和 2，將它們的和傳回到 s。

第 6 行輸出 s。

在 Python IDLE 檔案腳本視窗中，選擇 Run → Run Module 命令，在 Shell 視窗中輸出 1 和 2 的和 3。

```
>>> = RESTART: .../Samples/ch22/python-vba/test-py-vba.py
3
```

⊞ 22.2 │ 在 Excel VBA 中呼叫 Python 程式

使用 xlwings 增益集，可以幫助使用者在 Excel VBA 中呼叫 Python 程式。在使用它之前，需要先進行安裝。

22.2.1 xlwings 增益集

完成 xlwings 套件的安裝之後，在 Power Shell 視窗輸入下面的命令列可以直接安裝 xlwings 增益集。

```
xlwings addin install
```

安裝完成後，Excel 主介面中會增加 xlwings 功能區，設定功能區中的選項，可以完成混合程式設計前的設定工作。

這是一種安裝方法，如果這種方法失敗，也可以直接載入巨集檔案。安裝 xlwings 套件之後，在 Python 安裝路徑的 Lib\site-packages\xlwings\addin 目錄下會放置一個 xlwings.xlsm 的 Excel 巨集檔案，可以直接載入它。按照以下步驟進行。

- 載入「開發人員」功能區，讀者可參考 1.2.1 節的內容。

- 在「開發人員」功能區點擊「Excel 增益集」按鈕，打開「增益集」對話方塊，如圖 22-1 所示。

⋂ 圖 22-1 「增益集」對話方塊

- 點擊「瀏覽」按鈕找到 Python 安裝路徑的 Lib\site-packages\xlwings\addin 目錄下的 xlwings.xlsm 檔案。

- 點擊「確定」按鈕。在 Excel 主介面中增加 xlwings 功能區，如圖 22-2 所示。

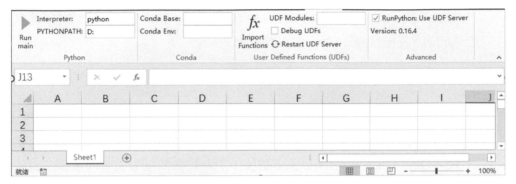

🎧 圖 22-2　xlwings 功能區

xlwings 功能區中各選項的功能如下。

- Interpreter：指定 Python 解譯器的路徑。輸入 python 或 pythonw，也可以輸入可執行檔的完整路徑，如 "C:\Python37\pythonw.exe"。如果使用的是 Anaconda，則使用 Conda Base 和 Conda Env。如果留空，則將解譯器設定為 pythonw。

- PYTHONPATH：指定 Python 原始檔案的路徑，如果 .py 檔案在 D 磁碟下，則輸入路徑為 "D:"。最後不要增加反斜線，即輸入 "D:\" 會導致出錯。

- Conda Base：如果使用的是 Windows 並使用 Conda Env，在此處輸入 Anaconda 或 Miniconda 安裝的路徑和名稱，如 "C:\Users\Username\Miniconda3" 或 "%USERPROFILE%\Anaconda"。需要注意的是，至少需要 Conda 4.6。

- Conda Env：如果使用的是 Windows 並使用 Conda Env，則在此輸入 Conda Env 的名稱，如 myenv。需要注意的是，這要求將 Interpreter 留空或將其設定為 python 或 pythonw。

- UDF Modules：用於自訂函式（UDF）的設定。指定匯入 UDF 的 Python 模組的名稱（沒有 .py 副檔名）。用「;」分隔多個模組。舉例來說，UDF_MODULES ="common_udfs; myproject" 預設匯入與 Excel 試算表相同的目錄下的檔案，該檔案具有相同的名稱，但以 .py 結尾。如果留空，則需要 .xlsm 檔案與 .py 檔案的名稱相同且在同一目錄下；如果不同，則需要輸入檔案名稱（不需要 .py 副檔名），並將 .py 檔案放入 PYTHONPATH 所在的資料夾內。

- Debug UDFs：選擇此項時，手動執行 xlwings COM 伺服器進行偵錯。

- Import Functions：第 1 次使用，或在 .py 檔案更新後點擊此按鈕匯入它。

- RunPython：Use UDF Server：選擇它，RunPython 使用與 UDF 相同的 COM 伺服器。 這樣做速度更快，因為解譯器在每次呼叫後都不會關閉。

- Restart UDF Server：點擊它會關閉 UDF Server / Python 解譯器。它將在下一個函式呼叫時重新啟動。

22.2.2 撰寫 Python 檔案

設定相關選項後，撰寫 Python 檔案。既可以在 Python IDLE 的腳本編輯器中撰寫，也可以用記事本撰寫，撰寫完成以後儲存為 .py 檔案。本節用 Matplotlib 套件根據給定的資料繪製堆疊面積圖，繪製完成以後將圖形增加到 Excel 工作表中的指定位置。該 .py 檔案在下載資料檔案中的 Samples 目錄下的 ch22\vba-python 子目錄下可以找到，檔案名稱為 plt.py。測試時可以將它與相同目錄下的 Excel 巨集檔案 xw-test.xlsm 一起複製到 D 磁碟下。

```
import xlwings as xw            # 匯入 xlwings 套件
import matplotlib.pyplot as plt # 匯入 Matplotlib 套件
def pltplot():                  # 定義函式繪圖
    bk=xw.Book.caller()         # 獲取工作表
    sht=bk.sheets[0]            # 獲取工作表
    fig=plt.figure()            # 新建繪圖視窗
    x=[1,2,3,4,5]               # 繪圖資料
```

```
y1=[2,1,4,3,5]
y2=[0,2,1,6,4]
y3=[1,4,5,8,6]
plt.stackplot(x, y1, y2, y3)          # 利用獲取的資料繪製堆疊面積圖
# 將建立的圖形增加到工作表的指定位置
sht.pictures.add(fig,name="plt_test",left=20,top=140,width=250,height=160)
```

22.2.3　在 Excel VBA 中呼叫 Python 檔案

新建一個 Excel 工作表，儲存為 xw-test.xlsm，為啟用巨集的 Excel 工作表檔案。該檔案在下載資料檔案中的 Samples 目錄下的 ch22\ vba-python 子目錄下可以找到。測試時可以將 xw-test.xlsm 檔案與相同目錄下的 Python 檔案 plt.py 一起複製到 D 磁碟下。

在 Excel 主介面中點擊「開發人員」功能區，點擊 Visual Basic 按鈕，打開 Excel VBA 程式設計環境。在「工具」選單中選擇「引用」命令，打開「引用」對話方塊，如圖 22-3 所示。點擊「引用」對話方塊中的「瀏覽」按鈕，在右下角將副檔名設定為任意檔案，找到 Python 安裝路徑的 Lib\site-packages\xlwings\addin 目錄下的 xlwings.xlsm 檔案，引用它。

🎧 圖 22-3　「引用」對話方塊

選擇「插入」→「模組」命令，增加一個模組。在模組的程式編輯器中輸入下面的程式，用 RunPython 函式執行 22.2.2 節建立的 plt.py 檔案中的 pltplot 函式，使用之前需要用 import 命令匯入該模組。

```
Sub plttest()
  RunPython "import plt;plt.pltplot()"
End Sub
```

執行過程，繪製堆疊面積圖並增加到工作表中，如圖 22-4 所示。

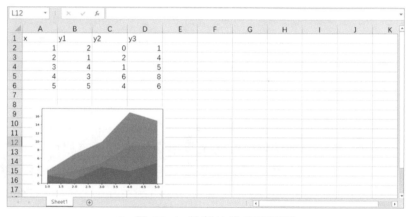

● 圖 22-4　繪製的堆疊面積圖

22.2.4　xlwings 增益集使用「避坑」指南

使用 xlwings 增益集時操作並不難，最難的是在安裝階段容易出現問題。下面根據筆者在使用過程中遇到的「坑」做一些說明。

1．「檔案未找到：xlwings32-0.16.4.dll」錯誤

出現該錯誤是因為 xlwings 套件的安裝有問題，需要重新安裝，其中的版本編號根據具體情況存在差異。在 Power Shell 視窗中使用 python -m pip install xlwings 命令安裝時一般不會出現錯誤，筆者觸發該錯誤是在下載舊版本的 xlwings 套件並用 setup.py 手動安裝時出現的。此時要避免手動安裝，使用下面介紹的方法安裝舊版本。

2 · could not activate Python COM server 錯誤

筆者發現 xlwings 增益集對 xlwings 套件的版本比較敏感，使用某個舊版本時沒有問題，升級到新版本後就不能正常執行，並提示類似 could not activate Python COM server 的錯誤。舉例來説，筆者使用 0.22.1 版本的 xlwings 套件時出現上面的錯誤，使用 0.16.4 版本的 xlwings 套件時正確。

此時關閉所有的 Excel 檔案，在 Power Shell 視窗中先用 python -m pip uninstall xlwings 命令移除 xlwings 套件，然後安裝舊版本。在安裝舊版本的 xlwings 套件時需要指定版本編號，如安裝 0.16.4 版本的 xlwings 套件，在 Power Shell 視窗輸入以下內容。

```
pip install xlwings==0.16.4
```

3 · Python process exited before…錯誤

該錯誤訊息的完整內容類別似於 "Python process exited before it was possible to create the interface object. Command: pythonw.exe -c" "import sys;sys.path.append(r'D:\SkyDrive\APP\VDI\Project Journal');import xlwings.server; xlwings.server.serve('{4c3ae7ba-2be9-4782-a377-f13934ffc4a9}')"。出現這個錯誤，是在 xlwings 功能區設定 PYTHONPATH 參數的值時，在最後面加了反斜線，如 "D:" 是正確的，"D:\" 是錯誤的，此時編譯時會因為語法錯誤導致失敗。

⊞ 22.3 | 自訂函式

眾所皆知，Excel 工作表函式的功能非常強大，使用也很方便。如果 Excel 中提供的函式還不夠用，則可以用 VBA 自己定義函式（UDF）並在工作表中像內部工作表函式一樣使用。除此以外，本節主要介紹用 VBA 呼叫 Python 自訂函式在工作表中直接使用。

22.3.1　用 Excel VBA 自訂函式

在 Excel VBA 程式設計環境中增加模組，在模組程式視窗中輸入下面的函式 mysum，計算兩個給定資料的和。儲存為啟用巨集的 Excel 工作表檔案 vba-udf.xlsm，在下載資料檔案中的 Samples 目錄下的 ch22\vba-python 子目錄下可以找到它。

```
Function mysum(a As Double, b As Double) As Double
  mysum = a + b
End Function
```

在 Excel 主介面的工作表的 A1 儲存格中輸入公式 =mysum(1,2)，按 Enter 鍵，得到 1 和 2 的和，即 3，如圖 22-5 所示。

● 圖 22-5　用 VBA 自訂函式

所以，使用這種方式能夠實現自訂工作表函式。

22.3.2　用 Excel VBA 呼叫 Python 自訂函式的準備工作

22.3.1 節介紹了使用 Excel VBA 函式自訂函式，但本節重點介紹的是用 Excel VBA 呼叫 Python 自訂函式的準備工作。

　　第 1 個準備工作是在 Excel 主介面的「開發人員」功能區中點擊「巨集安全性」按鈕,打開「信任中心」對話方塊,如圖 22-6 所示。先在左側選單中點擊「巨集設定」連結,然後選取右側的「信任存取 VNBA 專案物件模型 (V)」核取方塊。

● 圖 22-6 「信任中心」對話方塊

　　第 2 個準備工作是載入 xlwings 增益集,此操作請參考 22.2.1 節內容,本節不再贅述。

22.3.3 撰寫 Python 檔案並在 Excel VBA 中呼叫

　　準備工作做好以後,在 Python IDLE 腳本編輯器或記事本中撰寫 Python 檔案,並儲存為 .py 檔案。該 .py 檔案在下載資料檔案中的 Samples 目錄下的 ch22\ vba-python 子目錄下可以找到,檔案名稱為 vba-py-mysum.py。檔案程式如下所示,包含一個 my_sum 函式,可以實現兩個給定變數的求和運算(程式中用到了 xw.func 修飾符號)。

```
import xlwings as xw

@xw.func
def my_sum(x,y):
    return x+y
```

在 Excel 主介面中將檔案儲存為啟用巨集的工作表檔案 vba_py_mysum. xlsm，儲存在與 .py 檔案相同的目錄下，並且與 .py 檔案的名稱相同。該檔案在下載資料檔案中的 Samples 目錄下的 ch22\ vba-python 子目錄下可以找到。

在 A1 儲存格中輸入公式 =my_sum(1,2)，按 Enter 鍵，得到 1 和 2 的和，即 3，如圖 22-7 所示。

🎧 圖 22-7　用 VBA 呼叫 Python 自訂函式

22.3.4　常見錯誤

用 VBA 呼叫 Python 自訂函式時可能會出現的錯誤主要有以下兩個。

第 1 個是⋯pywintypes.com_error:⋯錯誤，具體的出錯資訊與圖 22-8 所示的錯誤類似。出現該錯誤，是因為沒有進行 22.3.2 節介紹的第 1 個準備工作，進行對應設定即可解決問題。

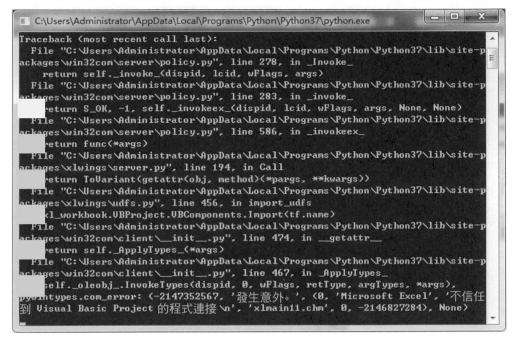

● 圖 22-8　…pywintypes.com_error:…錯誤

　　第 2 個是「要求物件」錯誤。該錯誤在撰寫完 .py 檔案和名稱相同的 .xlsm 檔案後，在工作表的儲存格中輸入自訂函式公式並按 Enter 鍵時觸發。在儲存格中顯示「要求物件」。出現該錯誤是因為沒有在 Excel VBA 程式設計環境中引用 xlwings 巨集檔案。按照 22.2.3 節的介紹進行引用後執行自訂函式的操作，即可解決問題。

NOTE

Deepen Your Mind

Deepen Your Mind